쉬운
식품공학

고정삼 · 최종욱 공저

머 리 말

사회발전과 생활수준의 향상에 힘입어 식품산업은 꾸준한 발전을 거듭하여 왔으며, 제조업 분야에서 매우 중요한 위치를 차지하고 있다. 식품의 특수성을 감안하면 식품산업은 장래 꾸준한 성장을 예측할 수 있다. 이에 따라 각 대학의 식품관련 학과에서 '식품공학'에 대한 강의 비중이 한층 높아지고 있다.

1980년대 초반부터 '식품공학'에 관한 국내 전문서적 출간이 이루어지기 시작하여, 현재 많은 종류의 도서가 출간되었다. 그러나 대부분 식품공학과 또는 식품관련 학과가 농업생명과학대학이나 생활과학대학 등에 속해 있다. 이에 따라 학생들이 생화학 등의 응용화학 분야에 관심을 가지고 있는데 비하여 수학이나 공학 등에 대하여 다소 기피증을 가지고 있다. 이들에게 보다 알기 쉽고, 효과적으로 식품공학에 접근할 수 있는 교재가 필요하다고 여겨졌다.

이러한 여건을 고려하여 그 동안 강의해 왔던 식품공학에 관련된 내용을 식품가공 공정의 순서에 따라 알기 쉽게 체계적으로 정리하였다. 그러나 식품공학 분야의 전체 내용을 정리하는 데 부족함이 많아 관련 내용을 계속하여 보완함으로써 식품관련 분야의 학생들이 식품공학을 이해하는 데 도움을 줄 수 있도록 노력할 생각이다. 이 책을 정리하는 과정에서 전재근 교수의 '식품공학'의 내용을 많이 참조하였으며, 저자에게 고마움과 양해를 구하는 바이다.

2000년 가을에 제주대학교 출판부에서 초판을 발행한 후 바로 매진됨으로써 초판에서 잘못된 많은 부분을 수정하여 개정판으로 2판을 출간하였다. 유한문화사를 통하여 3판을 출간하는 기회를 얻어 일부 잘못된 부분을 수정하고, 그림을 포함하여 내용의 일부를 보완하여 다시 편집하였다.

저자 씀

차 례

제 1 장 식품산업의 이해 / 15

제 2 장 단위의 환산 / 37

제 3 장 물질수지와 에너지 수지 / 49

제 4 장 식품산업과 유체 / 67

제 5 장 식품산업과 열전달 / 97

제 6 장 식품의 정선 · 분쇄 · 혼합 / 125

제 7 장 식품의 여과와 압착 / 159

제 8 장 식품의 침강과 원심분리 / 171

제 9 장 식품의 가열과 열교환장치 / 183

제 10 장 식품의 가열살균 / 197

제 11 장 식품의 냉장과 냉동 / 227

제 12 장 식품의 건조 / 265

제 13 장 식품의 농축 / 289

제 14 장 식품의 추출과 증류 / 303

제 15 장 식품의 성형과 포장 / 321

제 1 장

식품산업의 이해

화학공학에서 다루는 '단위조작(Unit Operations)'에 비하여 식품 단위조작 또는 식품공학은 천연물인 식품을 대상으로 다룬다. 따라서 식품원료가 가지고 있는 여러 가지 특성 때문에 단순한 물리적인 조작만으로 설명하기가 어려운 점이 있다. 식품공학을 이해하기 위하여 우선 식품산업에 관련된 전체적인 분야를 먼저 이해하는 일이 중요하다. 여기에서는 먼저 식품공학은 어떻게 시작되었으며, 식량문제를 중심으로 한 식품산업의 특성, 식품산업에 있어서의 문제 소재와 해결방법, 식품공학에서 다루는 주요한 분야 등을 알아보자.

1. 식품산업의 발전과 식품공학

1.1 식품산업의 발전과정

국내의 식품산업은 식량 부족시대에서부터 경제개발이 성공적으로 진행됨에 따라 식량 충족시대를 거쳐 이제 제품의 차별화 시대로 들어섰다. 선진국들이 오랜 기간에 걸쳐 이루어졌던 사회 변화인 농경사회에서부터 산업사회를 거쳐 정보화 사회로의 변천이 우리나라는 매우 짧은 기간에 빠르게 진행되었다. 제조업자가 중심이 되었던 생산체제에서 산업사회의 유형인 대량 생산체제와 선택 소비시대를 거쳐 고객 주권 시대로 전환됨에 따라 제품품질의 고급화와 다양화를 요구하게 되었다(표 1-1).

이를 시대별로 구분하면 다음과 같다. 1945년 해방 이전에는 장류(醬類), 통조림, 양조(釀造), 기름(油脂) 공장 등이 있었으나 그 규모와 시설이 매우 빈약하였다. 이후 미군이 주둔하면서 군수물자가 유통되었다. 이를 모방한 가공식품, 기호식품, 주류(酒類), 청량음료, 제과 등을 생산하는 식품공장이 설립되면서 국내 식품산업이 시작되는 시기라고 할 수 있다.

표 1-1. 국내 식품산업의 변천과정

구 분	1950년대~1960년대	1970년대	1980년대	1990년대~ 2000년대
경제 · 사회적 측면	〈식량 부족시대〉 • 소재식품, 수입대체 산업의 발달 • 경제개발 5개년 계획 착수	〈식품 충족시대〉 • 식생활 수준의 향상 • 가공식품기술의 향상		〈제품 차별화 시대〉 • 소비자 선택권 강화 • 여성 취업인구 증가 • 소비자 편의지향, • 고품질, 건강지향
생산구조와 소비구조	〈제조업자 주권시대〉 공급 부족시대	〈대량 생산〉 소품종 대량생산	〈선택 소비시대〉 품질지향	〈고객 주권시대〉 고급화, 다양화
식품산업의 변천	〈식품산업의 태동〉 제분, 제당, 제과, 유지가공품, 화학조미료(MSG), 청량음료, 커피	〈1차 성장기〉 카레, 마요네즈, 아이스크림, 육가공품, 과일음료		〈2차 성장기〉 건강보조식품, 기능성 식품, 레토르트, 인스턴트식품, 편의성 식품, 전통식품

1950년대에 들어서면서 한국전쟁으로 가공시설이 대부분 파괴되었다. 전쟁 후 장류(醬類), 제당, 제유(製油), 조미료, 청량음료, 통조림 등의 공장이 설립되었다. 그러나 생산기술의 부족, 미국 군수물자의 유출, 식중독의 발생, 부정식품의 범람, 식품 행정기관의 다원화로 인한 식품업계의 과잉단속 등으로 진통을 겪었다.

1950년대에 식품의 기본소재인 설탕과 밀가루의 수입대체를 시작으로 이루어진 국내 식품산업은 경제개발계획이 시작되던 1960년대 중반 이후 가공식품이 서서히 발달하기 시작하였다. 월남파병으로 통조림산업이 호황을 누렸으며 점차 커피, 라면, 제분(製粉), 아이스크림, 우유, 청량음료 등 서구화된 식품공장이 설립되면서 발전하였다. 1980년대 초반부터는 급속한 경제성장과 더불어 소비자의 요구에 따른 다양한 가공식품이 발달한 시기이었다.

최근 생활수준의 향상과 더불어 사회가 다양화함에 따라 편의 지향(便宜志向), 맛 지향, 건강 지향이라는 특징적인 상품개념이 이루어지고 있음을 알 수 있다.

편의지향으로서는 1970년대 이후 경제활동의 활성화와 미국과 유럽형의 간단한 식생활 스타일이 부합되면서 라면, 수프(soup), 빵 등의 등장과 프라이드치킨과 햄버거, 샌드위치, 피자의 확산이 이루어졌다. 이는 컵라면(용기면), 카레, 자장 등의 즉석 편의식품으로 발전하였다. 1990년대에 들어서면서 전통의 맛을 잊지 못하는 기성세대에게는 북어국, 호박죽, 식혜 등 전통식품의 인스턴트화가 이루어졌다. 그리고 젊은 세대를 겨냥한 패스트푸드(fast food) 취급점이 급속한 발전을 이루었다.

맛지향으로서는 MSG(monosodium glutamate)의 버섯 맛과 핵산계 조미료의 쇠고기 맛을 조합한 복합조미료가 맛을 내는 해결사로 자리를 잡으면서 본격적인 맛 시대를 열었다. 1990년대에 들어서면서 천연소재의 자연의 맛을 선호하는 경향이 나타났으며, 전통식품의 발전을 촉진하는 계기가 되었다. 가공기술의 발달은 물론 상온유통에서부터 냉장 및 냉동유통(cold chain system)으로 바뀌면서 신선식품을 선호하는 경향을 보이고 있다.

건강지향은 풍부한 구매력과 운동량의 부족, 지나친 칼로리 섭취로 발생하는 각종 성인병이 사회문제로 나타나면서 1980년대 중반 이후 빛을 보게 되었다. 자양강장식품으로 인삼 등 한약재나 특수 동식물 소재를 이용하던 소비자가 외국산 각종 건강보조식품의 무분별한 사용이 사회문제가 되기도 하였다. 건강지향 식품으로서 섬유음료, 미네랄 음료, 비타민 음료의 소비 증가는 물론 숙취해소를 위한 음료의 소비 신장이 두드러졌다. 또한 저염화(低鹽化), 저지방화, 저칼로리화 등 소비자의 욕구를 만족시키려는 차별화 전략이 이루어지고 있다. 그리고 여러 가지 기능성 물질을 가공식품에 첨가한 기능성 식품이 일반화되고 있다.

식생활의 발전단계를 생활수준의 향상에 따라 크게 5가지로 나눌 수 있다. 즉 생존을 위한 식생활(survival), 식생활의 인식(recognition), 식생활의 선택(selection 또는

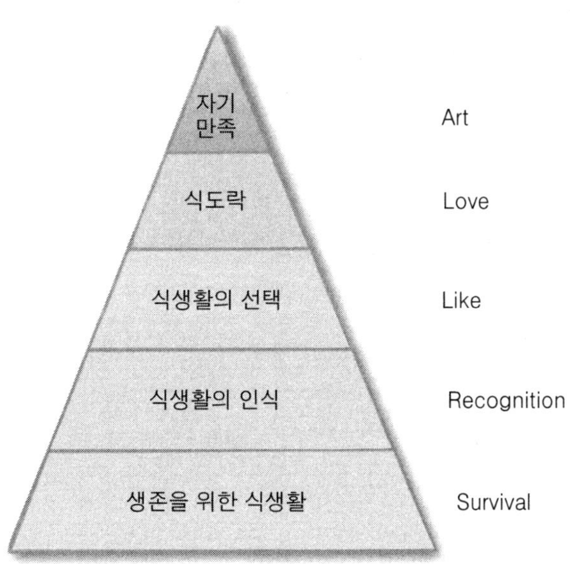

like), 식도락(love), 그리고 자기만족(art)으로 구분된다. 우리는 식생활의 선택단계에서 일부 식도락을 즐기는 단계에 와 있어서 이에 따라 국내 식품산업의 미래도 변화될 것이다.

미래의 소비자가 노령화, 개성화, 직업의 소프트(soft)화 등이 급속히 진행됨에 따라 이에 알맞은 편의식품(convenient food 또는 instant food), 건강식품(health food), 저칼로리 식품(diet food)의 요구가 커지고 있다. 특히 건강에 대한 관심이 많아짐에 따라 신선한 천연 무공해식품인 자연식품이나 최소가공식품(minimally processed food)의 수요가 늘어나고 있다. 이에 따라 소비자의 선호경향을 만족시켜야 함을 물론 수준 높은 저장 및 가공기술의 접근이 필요하다.

1.2 식품공학의 발전

식량문제는 인류의 시작과 함께 가장 중요한 문제의 하나로 여겨져 왔다. 이를 해결하기 위한 방법으로서 품질이 좋은 농산물의 대량 생산을 위한 농업기술 개발에 대한 끊임없는 노력이 이루어졌다. 생산된 농산물의 저장성을 높이며, 부가가치를 향상시키려는 식품산업의 발달은 각 국가의 경제발전과 일치하여 왔다.

가공식품의 생산은 단순한 제조기술 개발에 대한 차원을 넘어서 소비자가 요구하는 품질이 좋은 가공식품 생산을 위하여 수준이 높은 가공기술을 요구하게 되었다. 이에 따라 식품산업의 기초적인 학문으로서 식품공학은 더욱 중요한 위치를 차지하게 되었다.

미국에서는 주로 화학공학자들에 의해 식품공학의 연구와 그 응용을 시작함으로써 화학공학과 관련된 이론이 식품산업에 도입되어 공학적인 기초를 정립하게 되었다. 이에 따라 각 대학에서의 식품공학에 대한 강의를 초기에는 주로 화학공학과 또는 농업기계학과 등에서 강의를 개설하게 되었다. 그러나 식품원료의 특성이 매우 다양하여 생물을 소재로 한 가공기술을 전문으로 취급하는 분야가 필요하게 되었다. 이후 식품과학과(Department of Food Science and Technology)가 설치됨에 따라 가공기술과 공학적인 문제를 다루는 '식품공학'을 개설하게 되었고, 그의 강의 비중을 점차 높이고 있는 실정이다.

이와는 반대로 일본이나 유럽에서는 생산지 중심으로 식품산업이 발달함에 따라 식품화학, 식품가공학 등 응용생화학을 기초로 하여 화학공학의 이론이 도입되었다. 우리나라는 학문의 발전과정에서 일본의 영향을 비교적 많이 받았다. 국민소득 수준의 향상과 식생활 패턴(pattern)의 변화 등으로, 식품산업의 발달에 따라 1970년대 초반에 이르러 식품공학의 강의가 대학의 정규 교과목으로 개설을 보게 되었다.

그러나 주로 농업생명과학대학에 속해 있는 식품공학과 또는 식품관련 학과에서의 식품공학의 강의는 공학적인 면보다는 기술적인 면을 중심으로 한 단위조작의 기초 이론을 강의하는데 그치는 경우가 많다. 따라서 엄밀한 의미에서 본다면 식품공학자(Food Engineer)보다는 식품가공 기술자(Food Technologist)의 양성이라고 할 수 있나. 사회발전에 따라서 점차 가공식품의 수요가 크게 증가하고 있다.

식품산업의 규모와 시설은 종래의 수공업 단계를 벗어나 기계화·자동화 등의 추진으로 산업적인 대량 생산체제를 이루고 있다. 식품가공 기술을 다루는 식품가공학(Food Technology)의 내용에도 큰 변화를 가져오게 되었다. 이러한 변화에 따라 식품산업 시설을 구성하는 각종 기계와 장치, 그리고 이들의 조작(operation) 원리와 기술을 다루는 공학적 지식(engineering knowledge)도 상당한 수준을 요구하게 되었다. 따라서 식품산업에서 필요로 하는 공학적인 지식을 중점적으로 다루는 분야를 좁은 의미에서의 **식품공학**(Food Engineering, 또는 Food Process Engineering)이라고 한다.

식품공학의 내용은 식품제조 공정에 관여하는 **식품단위조작**(食品單位操作, Unit Operation in Food Processing)을 중심으로 이들 조작에 필요한 원리와 더불어 장치 또는 식품기계에 관한 내용을 다루게 된다. 여기에서 단위조작이라 함은 유체의 흐름, 열전달, 물질이동, 기계적 처리방법과 같은 물리적 변화를 취급하는 조작을 말한다. 이에 대하여 **식품단위공정**(Unit Process in Food Processing)은 식품성분의 화학적 변화를 중심으로 다루는 가공의 단계를 뜻한다.

진정한 식품과학자(Food Scientist)가 되기 위하여 식품공정의 개발, 공정의 설계와 개량, 공장의 설계를 비롯하여 기술서비스, 제품관리와 품질관리(Quality Control, QC) 등에 활용이 가능한 생산관리의 능력을 길러야 한다. 식품과학자와 식품가공 기술자의 구분에 대한 정의는 명확한 것은 아니다. Green에 의하면 식품과학자는 '식품이나 식품성분의 화학적·물리적·생화학적·생물리학적(biophysical) 특성을 연구하는 사람'이며, 식품가공 기술자는 '식품과학(Food Science)을 식품의 보존·제조·포장·수송 등에 응용하는 사람'이라고 하였다.

식품산업에 관련된 분야의 연구에 있어서는 기초적인 연구를 하는 사람과 그의 응용분야를 연구하는 사람으로 구분할 수 있으며, 식품가공학은 실제적인 응용을 강조하고 있다. 식품산업에 연관된 학문분야는 매우 다양하며, 우선 식품과학의 관련분야를 요약하면 그림 1-1에서 보는 바와 같다. 식품산업에서는 이러한 분야를 전부 이해하는 일은 매우 어렵기 때문에 점차 전문화된 여러 분야의 협동체제가 요구되고 있다.

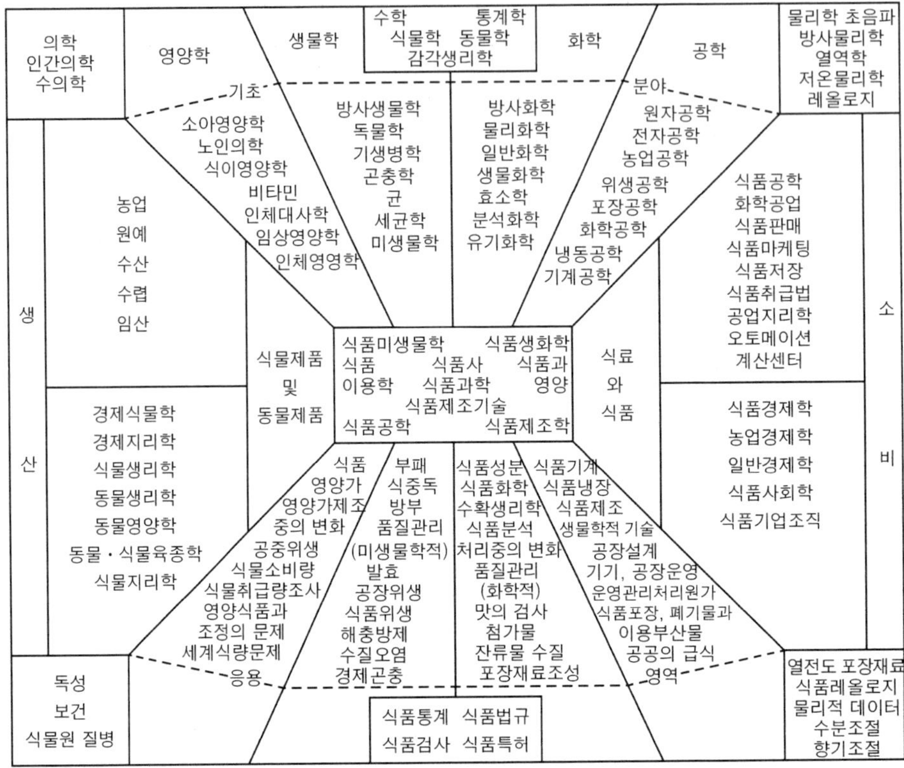

그림 1-1. 식품과학의 태양계

2. 식품산업의 특성

식품 단위조작이 왜 필요한가를 이해하기 위하여 우선 식품산업에 대한 전반적인 내용을 알아보자. 먼저 인류가 부딪치고 있는 식량문제, 자원문제, 환경문제의 해결을 위한 농업의 중요성과 아울러 수확한 농산물을 어떻게 활용할 수 있는가를 생각해 보자. 농업이 제한된 농지(農地)에서 최대의 생산성을 얻기 위한 여러 가지 노력이라면, 식품산업은 생산된 농산물의 부가가치를 높이기 위한 1차 가공과 2차 가공에 해당된다.

농산물 개방화에 따라 농업분야는 지역 또는 국가에 따른 구분이 엷아지고, 국제경쟁력을 갖출 수 있는 작물로의 전환과 아울러 수확한 농산물의 이용도를 높이는 방향으로 추진되고 있다. 농산물의 이용단계는 예전의 생산·유통·소비의 3단계에서 가공을 추가하는 4단계로 점차 전환되고 있다.

국내에서도 현재 약 40% 정도에 머물고 있는 가공식품의 소비비율을 21세기에 선진국 수준인 90%로 끌어올리려는 정책방향은 식품산업의 중요성을 인식하는 데에서 비롯된다. 따라서 우선 세계적인 식량문제를 비롯하여 식품산업의 특성과 전망에 대해 살펴보자.

2.1 식량문제

개발도상국들(developing countries)은 높은 인구 증가율에 비해 식량자원의 생산이 모자라며, 경제수준이 낮아 식량구입 자금이 충분하지 않다. 그리고 중진국(NIES)과 선진국들은 생활수준의 향상으로 특히 어류·육류 등 단백질 자원을 비롯한 식량소비와 에너지 소비의 급증, 공업화와 산업사회로의 이행에 따른 각종 공해물질의 배출과 배기가스의 집적 등에 따른 이상기온 현상 등으로 자연생태계의 파괴가 농업 생산성을 떨어뜨리고 있다.

해양자원의 이용에서도 특히 걸프전쟁에서의 경우처럼 인위적인 원유 유출뿐만 아니라 각종 유조선 사고 등으로 인한 원유 유출, 생활하수와 공장폐수와 같은 여러 가지 환경오염 문제들로 해양 생태계의 파괴를 가속화시키고 있다. 따라서 세계적으로 식량난은 점차 심해질 것으로 보이며, 식량공급을 위한 몇 가지 요인들을 살펴보면 다음과 같다.

1) 식량문제

(1) 발전도상국의 식량자급

식량공급 국가는 국토가 넓고 인구가 적은 미국, 캐나다, 호주, 뉴질랜드, 브라질, 아르헨티나 등의 일부 국가들로서 매우 한정되어 있다. 이에 비하여 식량수입 국가들은 상대적으로 점차 증가하고 있어 지역 간 불균형이 점차 커지고 있다. 대부분의 국가들은 식량을 수입에 의존하고 있다. 이들 국가 중에서 아프리카를 비롯하여 아시아 일부 등 발전도상국 대부분은 식량을 구입할 수 있는 경제력이 모자라 굶주림에 허덕이고 있다.

농산물 개방화에 따라 우리에게 직접적인 영향을 주고 있는 중국의 경우도 경제발전에 따라 경제작물로의 전환은 식량작물 생산의 감소를 가져와 일부 농산물을 제외하고는 농산물 수출국가로서의 위치를 잃게 될 것이다. 중국과 인도의 인구는 세계인구의 1/3을 차지하고 있어서 식량작물의 수요가 매우 큰 편으로 식량문제의 해결에 어려움을 더하고 있다.

세계적으로 볼 때 국가 간 빈부격차에 의한 농산물의 수급 불균형으로 인하여 일시적이지만 어느 정도 안정되어 있는 국제 식량가격은 장기적으로 볼 때 상승할 것으로 보인다. 또한 아프리카, 동남아시아에 위치한 대부분의 가난한 국가들은 경제력이 취약하여 농업에 대한 투자 여력이 없고, 식량 구입자금의 부족으로 식량사정은 더욱 어려워질 것이다.

(2) 농업의 형태

농업용수의 확보는 농업생산에 있어서 필수적이지만 관개시설에 대한 투자확대는 농업 생산비의 상승을 가져온다. 엘리뇨 현상을 비롯한 홍수, 가뭄, 한파 등 이상기온 현상과 더불어 농업용수 문제는 더욱 중요하게 여겨지고 있다. 그러나 개발도상국들은 농업용수의 확보를 위한 관개시설 건설에 필요한 투자 여력이 없어 농업 생산성 향상을 기대하기 어렵다.

선진국에서 이루어지고 있는 기계화 영농과 같은 에너지 소비가 많은 농업방식은 개발도상국에서 이루어지기 어렵다. 더욱이 농산물 개방화에 따라 대부분 국제경쟁력이 있는 작물재배로 전환됨에 따라 식량작물의 생산이 소외되고 있다. 그리고 대부분의 중진국들은 경제성장을 위한 공업화를 추진하는 과정에서 상대적으로 소득이 떨어지는 농업을 기피함에 따라 인구의 도시집중과 더불어 농촌의 노령화 현상은 심해지고 있다.

이에 따라 농업소득의 향상을 기대하기 어려워지고 있다. 노동력 부족과 더불어 점진적인 인건비 상승으로 유전자변형 농산물(GMO)를 비롯하여 기계화 영농의 도입은 불가피해지고 있다. 이에 따라 식량작물을 중심으로 한 농업 생산성이 상대적으로 떨어지고 있어서 세계적인 식량생산은 크게 증가하지 않고 있다. 대부분의 국가는 농업생산, 식량가격 등 농업분야를 정책적으로 낮은 위치에 둠으로써 이농현상과 도시집중 현상을 가져와 수출용 작물 위주로 농업생산이 이루어지고 있다. 이에 따라 자급할 수 있는 농업생산 기반이 점차 취약해지고, 농산물의 해외 의존도가 커지고 있다.

장기적으로는 식량과 자원의 무기화가 우려되어 국가 간 불균형이 점차 심각해질 것으로 보인다. 예를 들어 소련의 붕괴와 많은 공산국가의 와해는 주로 식량을 중심으로 한 경제문제로부터 기인되었다고 볼 때 농업을 국가 기간산업으로서의 재인식이 있어야 할 것이다.

(3) 식생활의 변화

경제발전에 따라 점차 동물성 식품의 섭취가 늘어남에 따라 사료용 곡물소비가 많아졌으며, 식량 수입국들의 증가로 식량가격이 상승할 것으로 보인다. 대부분의 농산물을 수입하고 있는 우리나라의 경우 점차 농산물의 해외 의존도가 더욱 커질 전망이다. 또한 점차 해양자원의 고갈과 더불어 수산물 가격의 상승이 예상된다.

2) 식량문제의 해결

우리나라의 경우를 살펴보자. 농산물 개방화를 추진하는 과정에서 국제 농산물 가격에 비해 상대적으로 비싼 국내 농업 생산비로 인하여 농업기반이 근본적으로 흔들리고 있다. 또한 물가상승에 따른 지속적인 인건비의 상승, 산업화의 가속에 따른 인구의 도시집중, 기계화 영농의 추진에 따른 농업 생산성의 한계 등 여러 가지 요인들에 의해 농업기반이 약해졌다. 쌀을 제외한 대부분의 식량자원과 가공용 식품원료를 수입에 의존함으로써 농산물을 최대한 활용할 수 있는 방안이 요구된다.

이와 같은 여건에서 가까운 장래에 일어날 수 있는 식량난을 해결하기 위하여 다음과 같은 방안들을 생각할 수 있다.

(1) 인구증가의 억제

세계적으로 인구증가에 따라 자원, 주거 공간, 식량생산 공간인 농지(農地)는 한계성을 가지고 있다. 국내적으로는 산업화의 진행에 따라 점차 많은 주거 공간과 공장부지가 요구되고 있다. 간척사업과 새로운 농지개발 등에 의한 농지 증가에 비해 매년 농경지의 잠식이 커서 농지면적은 감소하고 있다. 또한 인건비, 비료대금, 농약비용, 영농비 등의 상승은 농산물의 국제 경쟁력을 잃어 가고 있어 농업생산에 있어서 한계에 부딪치고 있다.

개발도상국들의 인구 증가율이 높게 유지되고 있어서 점차 선진국에 대한 개발도상국이 차지하는 인구비율이 계속적인 증가로 식량난을 가중시키고 있다. 따라서 가장 적극적인 식량난의 해결책은 국제적인 차원에서 인구증가를 억제하는 방법이라고 할 수 있다.

(2) 식량공급의 증대

식량공급을 증대시키기 위하여 농업 생산성을 높여야 하며, 이에 저해되는 요인을 가능한 한 줄여 나가야 할 것이다. 예를 들어 생활하수와 산업폐수의 유입, 폐비닐, 농약, 염류의 집적 등 각종 한경 오염인으로부터 농입생산을 위한 토양을 보존해야 할 것이다. 그리고 유전공학 기술의 도입 등을 통하여 다수확 내병성 품종을 개량하여 보급하고, 알맞은 비료와 농약의 사용 등을 통하여 지속적인 환경농업(sustainable agriculture) 형태로 재배기술을 정립해 나가야 한다.

또한 관개시설을 확대하고, 영농법을 개선해 나가며, 알맞은 시기(optimum maturity)에 수확 등을 통하여 전체적인 농업기술의 확립으로 단위 면적에 따른 생산량의 증대를 유도해야 한다. 이 외로 동물성 단백질의 수요 증가에 따라 가공식품에 있어서의 값싼 식품원료를 소재로 하는 조립식품(formulated foods) 등 단백질원으로서 식물단백질을 이용하는 것이 필요하다.

(3) 농산물의 효율적 이용

인구의 도시집중 현상은 점차 커지고 있으며, 상대적인 농촌인구의 감소로 농업의 기계화를 유발하고 있다. 이에 따라 단위 면적에 따른 농업 생산량의 한계를 가지고 있다. 그림 1-2에서 보는 바와 같이 농산물의 전처리, 수송, 저장, 가공, 포장, 유통과정에서 미생물·생물·물리화학적인 여러 가지 오염원에 의한 식품의 변질 등으로 식품폐기물(food waste)이 증가하고, 식생활 패턴의 변화로 이용하지 않고 버려지는 부분이 증가하고 있다. 농업 생산물의 변질 등에 의해 농업 생산량의 30% 정도가 이용되지 못하고 버려지고 있다.

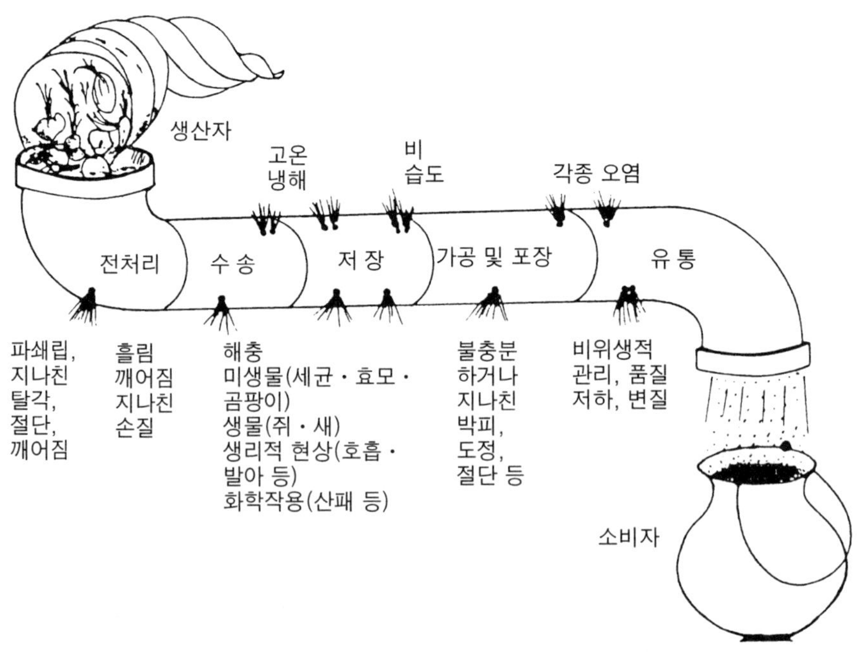

그림 1-2. 생산에서 소비까지 일어나는 식품의 흐름(pipeline)
(Losses in agriculture, USDA, 1965)

식품가공을 통한 농산물의 효율적인 이용은 식량증산을 통한 공급 증대에 못지않게 매우 중요하다. 미생물에 의한 변패, 각종 오염원에 의한 변질, 과일과 채소의 증산작용, 호흡작용, 발아, 생장작용 등의 수확 후에 일어나는 여러 가지 생리적 현상에서 오는 품질 저하, 어육류의 자기소화(autolysis), 산화반응에 의한 식품의 변질, 물리적 손상 등의 변질에 의한 폐기(spoilage) 등 여러 가지 요인에 의해 식품이 효율적으로 이용되지 못하고 있다.

이러한 문제를 해결하기 위하여 농산폐기물의 유효이용에 관한 연구가 많이 이루어지고 있다. 건강식품(health food)으로서 식이섬유(dietary fiber)를 농업 부산물에서 추출하여 가공식품에 첨가하거나 미생물을 이용한 에탄올, 부탄올, 메탄 등 바이오에너지(bioenergy)의 생산 등은 그 예라고 할 수 있다. 장기적으로는 농산물의 이용도를 높이기 위하여 생산에서부터 이용까지 완전한 순환과정(recycle process)의 개발을 유도해야 할 것이다.

(4) 산업기술의 개발

우리나라와 같은 자원 빈곤 국가들의 경우 식량문제 해결을 위한 적극적인 대처방안은 산업기술의 개발을 통한 수출증대라고 할 수 있다. 이 중에서 응용생화학을 포함한 공학 분야를 다루는 식품관련 학과의 학문적인 추구방향을 중심으로 살펴보면 다음과 같다.

생명공학(Biotechnology) 기술의 도입과 응용이 필요하다. 예를 들어 순수농업에서 벗어나 부가가치가 높은 의약품, 기능성 식품 등의 발효제품을 생산하거나, 유전자조작에 의한 종자의 개량과 육종(breeding), 식물조직배양(plant tissue culture), 막이용기술(membrane technology)이나, 새로운 기술도입에 의한 기존 공정의 개선 등 수준 높은 가공기술의 개발 등이다. 이러한 분야의 연구를 위하여 응용생화학, 생물화학공학(Biochemical Engineering), 식품공학, 미생물학 등이 중요하게 여겨지고 있다.

이와 같은 상황을 종합적으로 감안한다면 식품산업의 중요성을 재인식할 수 있다. 식품원료의 효율적 이용과 가공식품 생산을 위한 중요한 분야가 넓은 의미에서 식품공학이라고 할 수 있다. 그러면 식품원료와 식품산업의 특성은 어떤 것인지 알아보자.

2.2 식품원료의 가공특성

식품원료를 구분할 때 크게 식물성 원료와 동물성 원료로 구분할 수 있다. 예전에 식품가공학에서는 이들 전체를 종합적으로 다루었다. 그러나 식품원료의 특성이 매우 다르고, 그 내용을 세분화함에 따라 크게 식물재료와 동물재료로 구분하여 식품가공학 I과 식품가공학 II로 구분하기도 한다. 또는 농산식품 가공학, 원예식품 가공학, 축산식품 가공학(유가공학과 육가공학), 수산식품 가공학 등으로 구분하여 다루고 있다. 그러나 원료와 제품생산 면에서 아직까지는 농산물이 대부분을 차지하고 있어서 식품관련 학과에서는 대부분 농산식품 가공학을 중심으로 강의하고 있는 실정이다.

농산물을 중심으로 한 식품원료의 특성을 살펴보면 다음과 같다.

(1) 원료의 품질이 항상 일정하지 않다.

농산물은 대부분 품종, 생산지, 수확시기, 생산시기의 기상조건 등에 따라 품질이 차이가 많다. 또한 식품원료의 부위에 따라 성분 함량의 차이가 있어서 식품가공업에 있어서의 가공원료는 일반 제조업에 비하여 매우 다른 특성을 가지게 된다.

(2) 미생물에 의한 변질 또는 부패가 쉽다.

식품원료는 수분이 많고, 영양분이 풍부하여 미생물에 의한 부패가 쉬워 제조공정이나 유통 중에 오염방지 대책이 필요하다. 즉 식품은 소비자들에게 안전성을 위한 제품의 품질을 보장해야 한다.

(3) 식품 본래의 맛, 향기, 영양가를 보존해야 한다.

식품은 소비자의 기호에 따라 소비량이 결정된다. 기호성을 나타내는 주요 요소는 식품원료가 가지고 있는 맛・향기・영양가 등이라고 할 수 있다. 맛은 물질의 작용에 따라 심리적으로 느끼는 현상이며, 작용물질의 물리화학적 성질과 감응기관의 신경 전달기구와 인식방법의 상호작용에 영향을 받는다.

맛에는 단맛, 쓴맛, 신맛, 짠맛에 관여하는 기본 맛과 이외의 맛 성분으로 구분되며, 이들의 상호작용으로 이루어진다. 맛 성분이 감응세포에 작용하기 위하여 물에 용해된 상태에 있어야 한다. 용해된 물질은 감응세포의 맛 수용체(taste receptor)에 흡착되면서 자극을 일으킨다. 따라서 맛은 관여하는 성분의 용해도와 분자 수에 비례하게 된다. 또한 향기는 기본 냄새로서 장뇌 냄새, 매운 냄새, 에테르향. 꽃향, 박하향, 사향, 구린내 등이 있다. 그리고 영양가로는 탄수화물, 단백질, 유지, 비타민, 무기물 등의 식품성분과 이들 성분 사이의 상호작용에 의해 결정된다.

식품원료가 가지고 있는 고유의 색깔, 맛, 향기, 조직감(texture), 영양가 등은 식품의 품질에 영향을 주는 요소이다. 물리적 또는 화학적 조건에 매우 민감하여 가공공정에서 소비단계까지 가능한 품질이 손상되지 않도록 해야 한다. 또한 식품의 영양가로서는 탄수화물, 단백질, 유지, 비타민, 무기물 등의 식품성분과 이들 성분 사이에 상호작용에 의해 결정되며, 가공공정에서 영양가의 손실을 최소화해야 한다.

(4) 제품의 안전성이 요구된다.

식품은 일반 공업제품과 달리 직접 섭취하는 것이다. 가공 중에 유해물질의 생성이나 또는 오염방지, 저장과 유통 중에 미생물에 의한 변질 방지에 대한 대책이 있어야 한다. 식품산업은 식품소재에서부터 가공식품에 이르기까지 광범위하게 분포되어 있다. 점차 가공식품의 소비증가는 물론 제품의 가공 정도가 높아지고, 다품목 소량 생산의 경향이 커지고 있다. 이와 같은 점에서 식품산업은 식품소재 뿐만 아니라 가공식품에 있어서 다른 공업과 구분되는 특성을 가지고 있다.

2.3 식품산업의 특성

앞에서 설명한 식품원료의 특성 외에도 다른 제조업과 다른 여러 가지 제한적인 요소를 갖는 식품산업의 특성이 있다. 이를 요약하면 다음과 같다.

(1) 원료의 확보에 어려움이 있다.

농산물의 경우 식품원료의 수확시기가 계절적으로 한정되어 있으며, 수확 후에 비교적 품질 저하가 빠르다. 더욱이 농업생산은 기후변동에 대한 영향이 크기 때문에 생산연도에 따라 수확량이 차이가 생겨 가격변동이 심하다. 그리고 생산지에 따른 지역성이 강하여 집하비용(集荷費用)이 많이 든다. 따라서 농산물 중에서도 녹말원료, 유지자원과 같이 저장성이 있는 원료를 사용하는 식품산업을 제외하고는 대부분의 식품가공업은 영세성을 갖기 쉽다.

(2) 식품은 소비자의 기호와 관계가 깊다.

소득증대, 생활의 다양화, 기호성의 차이로 인하여 가공제품의 다양화가 요구되고 있다. TV・잡지・광고물 등 대중 선전매체(mass media)의 영향으로 상품수명이 짧아지고 있다. 특히 소비 증가가 큰 인스턴트식품 등은 디자인의 변화 등으로 유행성 상품화를 촉진시킨다. 이에 따라 대량 생산체제에 따른 생산비 절감이 어렵고, 대부분 많은 품목에서 소량 생산의 경향을 나타내고 있다.

(3) 식품의 품질평가가 주관적이다.

식품가공은 가정에서 조리하는 과정에서 수공업 또는 가내공업 형대로부터 발전되어 왔다. 대부분의 가공식품이 가내공업 형태의 제품이 많다. 따라서 수공업 단계의 제품을 대규모 생산을 위하여 기계화하였을 경우 제품 사이에 품질 변화가 생길 수 있다. 따라서 소비자의 기호를 충족시키기 어려워 완전한 기계화 또는 자동화 추진이 어렵다. 인건비의 지속적인 상승과 더불어 제품의 고급화, 품질의 균일화에 대한 요구도가 커지고 있어서 점진적인 기계화 추세를 나타내고 있다.

이와 같은 요인들을 종합적으로 살펴 볼 때 다른 산업에 비하여 식품산업은 빠른 성장보다는 국민소득 증대에 따라서 지속적이고 꾸준한 성장을 하는 분야임에는 틀림이 없다. 또한 식품산업은 다른 분야에 비하여 종합적인 학문의 성격을 나타내고 있어서 매우 다양한 분야의 지식을 요구하고 있다.

2.4 식품산업의 전망

식품산업의 원료인 식품소재는 기상조건에 따라 수급과 가격변동이 심하다. 점차 식량수출 국가들은 원자재보다도 반제품 또는 가공제품의 수출을 유도하고 있다. 국가에 따라서는 수입제한으로 식품산업의 수출입에 영향을 주고 있다.

국내의 요인들로는 경제발전에 따른 생활수준의 향상과 고학력 인구의 비중이 커지면서 가공식품의 소비성향이 달라지고 있다. 소가족제도의 정착과 인구 증가율의 감소, 점진적인 고령화 사회로의 이행 등으로 인구 구조와 생활양식의 변화를 가져오고 있다. 이에 따라 점차 외식산업의 발달을 가져오고 있다. 원료가격의 상승, 노사문제, 인건비의 상승 등은 점진적인 제조공정에서의 기계화 도입, 자동제어 방식에 의한 자동화의 추진 등이 이루어지고 있다. 식품산업과 관련된 연구개발이 필요하다고 여겨지는 분야를 살펴보면 다음과 같다.

1) 새로운 제품개발

식품산업에 있어서 새로운 가공식품 개발을 꾸준히 진행시켜 왔으며, 몇 가지 예를 들면 다음과 같다.

① 가공식품의 개발로서 레저화 또는 생활의 간편화에 따른 즉석식품(instant food), 편의식품(convenient food), 냉동조리식품(ready to heat food) 또는 통조림식품(ready to eat food) 등이 그 예라고 할 수 있다. 식품원료의 가격이 점차 상승함에 따라 값싼 원료로 대체하여 부가가치가 높은 식품을 개발하려는 연구가 많이 이루어지고 있다. 여기에 대표적인 예로서 조립식품(formulated foods 또는 fabricated foods) 등을 들 수 있다. 어묵을 이용한 게맛살, 콩 단백질을 이용한 육 유사제품(meat analog) 등이 제품화되어 있다.

② 된장, 간장, 주류, 유발효품, 김치, 젓갈류 등의 전통발효식품의 품질 개선과 아울러 대량 생산하는 방안도 고려될 수 있다. 이 분야는 우리나라의 전통적인 식품이 많고 개발 가능성이 크기 때문에 많은 관심을 갖게 되었다. 장류(醬類),

김치의 공장 생산화, 지역별 전통 주류의 개발이 진행되어 많은 종류가 상품화 되고 있다.

③ 유아용 식품개발은 비교적 많이 이루어졌으나, 이와 반대로 노인용 식품의 개발은 부족한 편이다. 미국의 경우 1990년대 13%이었던 65세 이상의 노령인구가 2030년에는 20%로 상승할 것으로 예상되고 있다. 우리나라도 사회구조가 점차 노령화되고 핵가족화 되면서 실버산업(silver industry)에 대한 투자 확대에 따른 노인식 또는 환자용 특수식품의 개발도 전망이 있는 분야 중의 하나이다.

④ 기호식품의 증가 추세와 고급화의 요구도가 급증함에 따라 음료, 기호식품의 다양화와 고급화, 그리고 안전성과 간편성이 요구되는 우주식품, 군용식품(com-batration), 산악인을 위한 식품, 원양선원을 위한 식품 등 특수분야 또는 특정 직업에 종사하는 사람들을 위한 식품개발도 들 수 있다. 또한 건강지향을 위한 다이어트식품, 생식 등의 수요도 증가하고 있다.

2) 식품 제조공정의 개선

식품산업에 있어서 제품개발 뿐만 아니라 제조공정에서 일어나는 다음과 같은 여러 가지의 문제점에 대한 개선도 아울러 이루어져야 한다.

① 식품가공 원료의 안정적인 확보를 위하여 반제품과 더불어 농축주스 등과 같이 1차 가공 처리하여 냉장함으로써 식품가공 원료로서 저장성을 높이거나, 또는 값싼 대체원료를 개발함으로써 생산비 절감과 더불어 가공공장의 가동시기를 연장할 수 있다. 대표적으로 실용화된 효소공학을 응용한 예로는 녹말을 가수분해하여 포도당을 얻게 된다. 여기에서 얻어진 포도당을 원료로 하여 이성화효소(glucose isomerase)를 사용하여 이성화당(과당시럽)을 제조한다. 이를 기호식품, 음료공업 등에 활용함으로써 가공식품의 가공적성을 향상시키는 일은 물론 설탕을 대체하여 생산비 절감을 이루었다.

② 에너지 비용의 상승, 노사문제의 제기, 인건비의 상승 등이 예상된다. 에너지와 노동비 절감을 위한 기계화·자동화에 대한 공정개선 또는 개발에 관한 문제도 중요하다. 품질 향상을 위한 공정개선의 예로서 주류와 기호식품 제조에 있어서 가열살균에 의한 가열취의 생성이나 방향(芳香) 성분의 손실을 방지하기 위하여 초고압살균법을 포함하여 농축을 위한 역삼투압법(reverse osmosis, RO), 청징화를 위한 한외여과법(ultrafiltration, UF) 등 막이용 기술의 산업화가 일부 이루어지고 있다.

③ 다른 공업에 비하여 식품산업은 생산비 중에 원료비가 차지하는 비중이 커서

수율 향상에 대한 노력이 필요하다.

④ 폐기물에 대한 환경오염의 방지 또는 처리기술의 개발이 필요하다. 이를 위하여 물리화학적 미생물 또는 효소에 의한 폐수와 고형물의 처리기술에 대한 연구가 계속되고 있다. 환경오염을 방지하고 폐자원의 유효 이용을 위하여 생활폐기물, 농축산 폐기물로부터 미생물단백질(SCP), methane, acetonebutanol, methanol, ethanol 등의 유용물질을 생산하기 위한 연구도 이루어지고 있다.

⑤ 가공제품 포장의 기능성 향상은 상품화에 있어서 생명과 같다. 이를 위한 각종 포장재의 특성과 이용, 디자인에 대한 기술 개선도 꾸준히 진행되어야 한다. 특히 이 분야의 중요성이 커짐에 따라 식품포장학으로서 새로운 학문의 영역을 확보하고 있다.

⑥ 식품의 안전성과 저장수명(shelf life)의 향상을 위하여 기존의 건조, 농축, 냉장, 냉동, 방사선조사 등 식품 단위조작에 대한 공정 개선도 시도되고 있다. 공정제어를 위하여 신소재와 효소공학의 발달로 다양한 종류의 바이오센서(biosensor)의 개발, 컴퓨터에 의한 공정의 최적화 또는 자동화에 대한 관심도 커지고 있다. 이 분야는 앞으로 더욱 발전되리라 기대된다.

3. 식품공학

식품공학은 화학공학의 기초이론을 식품산업에 적용시킨 분야이다. 일반적으로 식품산업에서 차지하는 식품공학의 비중이 점차 커지고 있다. 이에 따라 한 학기 강의만으로 충분하지 못한 점을 감안할 때 '화학공학개론'에서 단위조작(Unit Operations) 이론을 이수하도록 하거나, 열역학(Thermodynamics) 또는 관련된 교과목을 이수하도록 하여 식품공학에 대한 이해를 넓히고 있다. 따라서 이 책에서는 식품공학 분야의 강의에 있어서 공학적인 접근으로 식품산업을 쉽게 이해할 수 있도록 정리하였다.

식품공학의 내용은 무엇이며, 식품가공학과는 어떻게 다른가. 이에 대한 명확한 구분이 있는 것은 아니기 때문에 지금까지 다루어 왔던 내용을 살펴보자. 우선 식품공학과 식품가공학(Food Technology)의 차이점을 살펴보면 다음과 같다.

- **식품공학** : 농산물・축산물・수산물 등 식품원료의 품질을 손상하지 않고 효율적으로 제품을 생산하기 위한 공학이론과 기술의 응용분야이다.
- **식품가공학** : 부가가치가 높은 가공식품의 생산을 위한 제조과정과 이에 필요한 가공기술의 습득과 응용으로서 주로 식품가공 방법을 다룬다.

그러나 이들 사이에는 뚜렷한 구분이 있는 것은 아니다. 다만 식품공학은 주로 공학(engineering)적인 면을 추구하는데 비하여, 식품가공학에서는 기술(technology)적인 면을 다룬다고 할 수 있다.

여기에서 대표적인 식품공학의 정의를 살펴보면, Parker는 식품공학에 대해 다음과 같이 정의하고 있다. 즉 '공업적 생산과정과 공장에 있어서 식품에 일어나는 물리적·화학적·생화학적 변화를 관리하고 특정의 생산공정을 설정하여, 여기에 따르는 생산비의 분석과 예측을 한다'고 하였다. 이를 종합하면 Leniger와 Beverloo는 식품공학을 전공하는 식품가공 기술자(Food Technologist)에게는 대학과정에서 최소한 다음 사항이 요구하게 된다고 하였다.

① 식품원료와 제품의 특성에 관한 지식(식품재료학 또는 식품학)
② 제조공정과 저장 중의 변화에 관한 지식(식품화학, 응용미생물학)
③ 식품 제조기계와 설비에 관한 기계적·물리적 조작원리(식품공학, 식품기계학)

4. 식품공학에서의 문제

우선 문제의 소재는 어디에 있는가, 또한 어떤 인식이 필요한가를 생각해 보자. 간단한 예를 들어 그림으로 나타내면 다음과 같다.

그림에서처럼 어떤 미지의 상자가 있다고 하자. 이 상자 속을 들여다 볼 수 없기 때문에 그의 내용은 분명히 알 수가 없다. 그러면 이 상자를 black box라고 생각하자. 어떻게 하면 이 상자 속에 있는 내용을 알 수 있는가를 생각하여 보자.

과학은 이 상자 속에서 일어나는 변화기구(mechanism)를 구명하는 것으로서, 상자를 중심으로 한 입력과 출력과의 관계에서 해답을 알아내는 것이다. 예를 들어 화학자들은 상자 속에서 일어나는 어떤 화학적인 변화를 문제로 여긴다. 공학자들은 물리적인 변화에 관심을 갖는다. 생물학자 또는 식품과학자에 있어서 이 상자는 식품가공 중의 어떤 공정(process)으로 가정할 수도 있다. 경우에 따라서는 화학반응기(chemical reactor) 또는 미생물이나 식물세포를 배양하거나 효소반응에 이용하는 생물반응기(bioreactor)로 여길 수도 있다.

우선 우리는 이 상자를 하나의 물리적인 계(系, system)로 생각하고, 계의 성질을 알아보자. 즉 계의 요소(factor)와 각 요소 사이의 관계 등 계의 구조를 먼저 파악하고, 입력과 출력 사이의 관계를 생각한다. 입력과 출력의 크기를 측정하고 이를 수치화하며, 어떤 법칙을 적용함으로써 수식화가 가능한가를 생각해 본다.

예를 들어 이 상자에 어떤 물질이나 에너지를 주었다고 생각해 보자. 그러면 외부에서부터 상자 속으로 주어진 물질이나 에너지에 상당하는 것들이 화학적인 반응이나 물리적인 공정을 거쳐 나오게 된다. 주어진 양과 꼭 같은 양이 나올 수도 있고, 경우에 따라서는 일시적인 축적에 의해 다른 양이 나올 수도 있다. 만일 이 상자를 생물체라고 가정하면 외부에서 어떤 충격을 주었을 때 그에 상당하는 반응이 나오게 된다. 원인이 있으면 결과가 있지만, 이와 반대로 원인이 없는 결과를 기대할 수는 없다. 이것이 자연현상이며 순리이다.

우리는 여기에서 다음과 같은 순서에 의해 문제를 해결할 수 있다는 것을 발견하게 된다. 즉 입력과 출력과의 관계에서

① 입력과 출력의 크기를 측정하여 수치화(數値化)한다.
② 법칙은 수식화(數式化)한다.
③ 계의 성질은 수식(數式) 중의 정수(定數)로 표시한다.
④ 수식을 계산하여 문제를 해결한다.

이러한 과정을 거쳐 우리가 필요로 하는 상자 속의 내용을 알 수 있게 된다. 이러한 수식화의 과정은 어떤 물리화학적인 원리나 법칙을 필요로 한다. 따라서 지금까지 우리들이 익혀 왔던 여러 가지의 원리와 법칙 등을 응용하여 물질이나 에너지의 이동현상이나, 식품가공 공정에서 식품원료의 변화량을 수치화하거나, 화학적 또는 생물학적 반응에서의 여러 가지의 문제점을 해결할 수 있게 된다.

5. 식품가공기술

예를 들어 식품산업에서의 단계별 과정을 간단히 나타내 보기로 하자.

식품원료 ⟶ 저장 또는 가공 ⟶ 유 통 ⟶ 소 비

식품산업 또는 생물산업(Bioindustry)은 화학공업, 기계공업, 전자공업, 섬유공업 등 일반 제조업에 비하여 간단하지 않다. 생물체를 가공원료로 하기 때문에 종합적인

학문으로서 그림 1-1에서 보는 바와 같이 매우 다양한 분야의 학문의 영역을 포함한다. 간단히 연관된 몇 분야만을 요약하면 다음과 같은 주요 분야를 들 수 있다.

① **식품원료** : 식품재료학, 미생물학, 식품화학, 생화학 등

② **가공 또는 저장분야**

- 기초공학 : 물리화학, 열역학, 기계공학, 화학공학, 반응공학, 정보공학 등
- 가공기술 : 식품화학, 식품 단위조작, 식품공학, 식품가공학, 발효공학, 냉동공학, 식품저장학, 생물공학, 식품포장학, 환경공학 등

③ **소비단계** : 식품미생물학, 식품위생학, 품질관리, 경영학 등

④ **수반되는 분야** : 수학, 물리학, 화학, 생물학, 농업, 축산업, 수산업 등

위의 주요한 분야를 대학의 전 과정을 통하여 강의실에서 또는 실험실에서 때로는 산업현장에서 하나씩 익혀 가고 있다. 그러면 식품 단위조작의 내용은 어떠하며, 그의 활용범위는 어떠한가.

우리는 앞에서 설명한 black box의 내용을 알기 위하여 물질이나 에너지의 출입관계를 수식화해야 한다. 이를 계산할 수 있는 최소한의 응용수학을 포함하여 각국의 관습에 따라 달리 사용하여 왔던 단위의 차이로 수치가 서로 다르기 때문에 생기는 단위의 환산, 물질수지(物質收支)와 에너지 수지, 유체의 흐름(유체역학), 열전달, 열전달의 응용, 물리적 조작 등을 기본으로 하고 있다.

식품산업에 사용되는 단위조작은 수십 종에 이르며, 이를 세분할 경우는 수백 종에 이른다. 그러나 이들 단위조작은 표 1-2에서 보는 바와 같이 몇 가지의 기본원리에 의한다는 것을 알 수 있다. 식품공학(Food Engineering)은 그림 1-3에서 보는 바와 같이 식품산업의 각 단위(單位, unit)별로 적용함으로써 그 응용력을 향상시킨다.

식품산업에서 사용되는 단위조작의 종류는 수십 종에 이른다. 그러나 이들 단위조작들은 대부분 유체의 흐름, 열전달과 물질이동에 대한 기본원리를 익히고 나서 각종 단위조작을 다루는 것이 편리하다. 식품 제조공정은 식품가공 방법에서 결정된 가공공정 순서에 따라 이들 공정에 알맞은 단위조작들을 차례로 나열한 것에 불과하다. 단위조작과 이들 단위조작의 원리를 정리하면 표 1-3과 같다.

식품 단위조작에 대한 기초 이론을 익히고, 그의 응용력을 향상시키는 일은 비록 식품산업 뿐만 아니라 화학합성공업, 천연물공업, 발효공업, 의약품 제조공업 등의 2차 산업분야를 포함하여 시설원예 등 첨단농업에의 응용에도 도움을 줄 수 있다.

표 1-2. 화학공학의 여러 가지 조작과 식품생산

화학공학의 조작 등			조작의 목적	식품가공 공정의 예
단위조작	열조작	열전달	저온저장 CA저장 동결저장 살균저장	과일과 채소, 육류, 수산식품 과일과 채소 육류, 수산식품, 양과자 과즙, 우유, 통조림
		증 발	농 축	농축주스, 잼, 연유
	확산조작	결정화 흡 수 증 류	정 제 CO_2, O_2 이동 농축, 정제	당류, 조미료 탄산음료, 빵효모 소주, 위스키
		건조 – 증발기화 건조 – 승 화	탈수저장 탈수저장	건어물, 채소, 고형수프 인스턴트커피, 채소
		추 출 훈연화(smoking) 염 장 당장(糖藏)	유지, 당의 분리 훈연, 탈수저장 염장(salting) 당장(sugaring)	식물기름 생선, 육류 생선, 침채류(pickle) 과 일
	기계적 조작	침강, 원심분리 여과, 압착 집진(集塵) 세분화 교반, 혼합	고액분리, 분급 고액분리 고액분리, 제균 파쇄, 분쇄 조 합	청징과즙, 전분, 밀가루 청주, 간장 밀가루, 공기의 제균(除菌) 밀가루, 포도당, 설탕 수산연제품, 주류의 blending
반응조작	조작형식	회분조작 단계조작 반연속조작 연속조작	비생물, 생물반응 미생물반응 미생물반응 비생물, 생물반응	- 청 주 빵효모 -
	혼합특성	압 출 불완전 혼합류 완전 혼합류	- - -	액상식품의 살균 액상식품의 살균 맥주
반응속도	화학반응		생산, 변패	쇼트닝, 유지의 산화
	생물반응	효소반응 살균반응 미생물반응	생산, 변패 저 장 생산, 변패, 부패	포도당, 갈변 우유, 과즙 양조식품, 착색, 독성물질의 생성

* 小次林郞, 化學工學(日), 44, 261(1980)

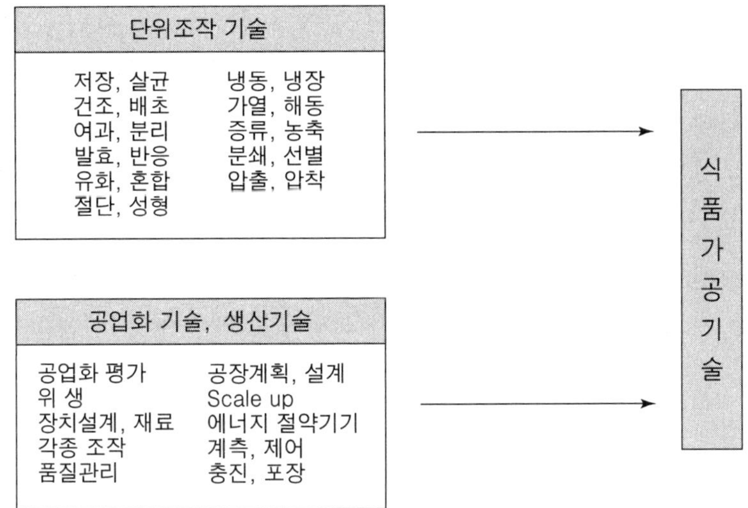

그림 1-3. 식품산업을 종합한 기술

표 1-3. 각 단위조작과 원리

단 위 조 작	단위조작의 원리
• 세척, 침강, 원심분리, 교반, 균질화, 유체의 저장과 수송	유체의 흐름
• 데치기(blanching), 끓이기, 찜, 볶음, 살균, 열교환, 냉장과 냉동	열전달
• 추출, 용매회수, 결정화	물질이동
• 건조, 농축, 증류	물질이동과 열이동
• 분쇄, 제분, 쵸핑(chopping), 성형, 압출(extrusion), 껍질 벗기기, 포장, 고체수송	기계적 조작

〈연습문제〉

다음 주제에 대하여 조사해 보자. 이 중에서 한 가지를 택하여 보고서를 작성하고 학기말까지 제출하시오.

① 제빵, 제면, 유지가공, 인스턴트식품, 발효공업, 음료공업 등 대표적인 식품공장 유형 중에 하나를 선택하여 원료에서 제품 생산까지의 제조공정도(flow sheet)

를 작성하시오. 그리고 그의 제조공정 중에 포함되는 각 단위공정이 어떤 것이 있는지를 분류하고, 각 공정의 기초이론을 간단히 정리하시오.

② 식품산업에 활용되는 물질수지(material balance)에 있어서 응용되는 기초이론은 어떤 것이 있는지를 정리하시오. 여기에 이용되는 중요한 법칙과 이에 해당하는 대표적인 예를 연습문제로 작성하고 풀어 보시오.

③ 식품산업에 활용되는 에너지 수지(energy balance)에 있어서 응용되는 열역학에 관한 기초이론을 정리하고, 각 법칙에 해당하는 예를 연습문제로 작성하고 풀어 보시오.

④ 식품산업에 활용되는 유체의 동력학에 대한 주요 이론을 정리하고, 각 법칙에 대하여 예제를 들어 설명하시오.

⑤ 식품산업에 활용되는 열전달에 대한 주요 이론을 정리하고, 각 법칙에 대하여 예제를 들어 설명하시오.

⑥ 식품산업에 활용되는 물리적인 조작 중에서 한 분야를 택하여 그의 조작 원리를 설명하고, 최근의 연구동향을 중심으로 정리하시오.

제 2 장

단위의 환산

1. 단위계

1.1 단위계에 사용되는 용어

차원(次元, dimension)이란 질량, 길이, 시간, 온도 등과 같은 양을 표현하기 위한 기본 개념[1)]을 말한다. 길이[L], 질량[M], 시간[θ], 온도[T]를 기본차원(primary dimension)이라고 하며, 기본차원만으로 정의될 수 있는 양을 기본량(primary quantity)이라 한다. 그리고 부피, 밀도, 속도 등과 같이 한 차원의 지수이거나 여러 차원의 조합으로 정의되는 양을 유도량(secondary quantity)이라고 한다.

단위(單位, unit)는 측정할 때 기준이 되는 표준량[2)]을 말한다. 단위에는 질량, 길이, 시간, 온도와 같은 기본적인 단위인 기본단위(base unit)와 기본단위로부터 유도되는 힘(force), 일(work), 열(heat), 압력(pressure) 등의 단위인 유도단위(derived unit)가 있다.

1.2 단위계

식품산업에서 사용되는 단위는 다른 공업 분야에서와 마찬가지로 cgs 단위계(centimeter, gram, second), fps 단위계(foot, pound, second), 국제 공용단위인 SI 단위계(Systeme International d'Unites)가 혼용되고 있다. 국제단위계인 SI 단위계는 1960년 'General Conference on Weights and Measures'에서 결정되어 미국 기계학회(American Society of Mechanical Engineering, ASME)에서는 1974년 7월부터

1) A physical quantity under consideration, basic concepts of measurement
2) The magnitude or size of dimension under consideration, the means of expressing the dimensions

표 2-1. 측정 단위계

단위계	길 이	질 량	시 간	온 도	힘	에너지
영국 절대단위	ft	lb-mass(lb_m)	sec	°F	poundal	Btu
영국 공학단위	ft	slug	sec	°F	lb-force(lbf)	Btu
미국 공학단위	ft	lb-mass(lb_m)	sec	°F	lb-force(lbf)	Btu
cgs	cm	g	sec	℃	dyne	cal, erg
mks	m	kg	sec	℃	kg-force	kcal, joule
국제단위(SI)	m	kg	sec	°K	newton	joule

의무적으로 사용하게 되었다. 그러나 각국마다 지금까지 각각 다른 단위계를 관습적으로 사용하여 왔다. 따라서 SI 단위계로 통용할 수 있기에는 아직도 많은 시간이 필요할 것으로 보인다.

최근에 간행되는 많은 책들이 SI 단위계로 사용하고 있으나, 우리에게는 아직도 cgs 단위계가 익숙한 편이다. 미국과 유럽에서는 fps 단위계를 사용하고 있다. 우선 각 단위계에 대하여 알아보면 표 2-1과 같고, 중요한 단위의 환산계수는 표 2-2에서 보는 바와 같다. 자세한 단위의 환산표는 부록 1에 나타내었다. 표 2-1에서 보는 바와 같이 cgs 단위계와 SI 단위계는 소수점의 표시만 달리할 뿐 기본적으로 같은 미터단위계(metric unit)임을 알 수 있다. fps 단위계만이 약간 다른 표현법을 쓰고 있음을 알 수 있다.

2. 단위의 환산

어떤 단위계로 표시된 단위를 다른 단위계의 단위로 바꾸어 나타내는 방법을 **단위의 환산**(unit conversion)이라고 한다. 세계적으로 여러 가지 단위계를 혼용하고 있는 현실을 감안할 때, 정확하고 신속하게 단위를 환산하는 방법을 익히는 일은 매우 중요하다. 예를 들어 단위 환산법을 알아보기로 하자.

예제 1 물의 밀도는 cgs 단위계로 1 g/cm^{3}이다. 이를 fps 단위계인 lb/ft^{3}로 표시하라.

풀 이: 단위환산 문제는 단위환산표(부록 1)를 찾아 다음과 같은 요령을 사용하면 정확하고 신속하게 환산할 수 있다.

$$\frac{1\text{ g}}{\text{cm}^3}\left|\frac{1\text{ lb}}{453.6\text{ g}}\right|\frac{(30.4\text{ cm})^3}{(1\text{ ft})^3} = \frac{(30.4)^3\text{ lb}}{453.6\text{ ft}^3} = 62.4\text{ lb/ft}^3$$

즉, 물의 밀도를 fps 단위계로 표시하면 62.4 lb/ft^{3}가 된다.

위의 예에서 볼 수 있는 바와 같이 cgs 단위로 되어 있는 물의 밀도를 fps 단위로 표시할 경우 62.4 배를 한 것에 해당된다. 따라서 어떤 물질의 밀도가 1.2g/cm^{3}일 경

표 2-2. 중요한 단위와 단위환산계수

질량, 길이(M, L) 1 ft^3 = 28.316 L = 28,316 cm^3 = 7.481 gal(U.S.) 1 ft = 30.480 cm 1 gal = 3.7853 L = 231 in^3 1 in = 2.540 cm 1 mile = 1.60935 km 1 lb = 453.5924 g 1 slug = 32.174 lb 1 ft^2 = 929.034 cm^2 1 ton = 1,000 kg = 2,204.62 lb	**밀도**(M/L^3) 1 g/cm^3 = 62.43 lb/ft^3 **에너지**(H 또는 F L) 1 Btu = 251.98 g-cal = 777.97 ft-lb$_f$ = 10.409 L-atm = 1054.8 joule = 0.293 watt-hr **확산도**(L2/ θ) 1 cm^2/sec = 3.87 ft^2/hr
온도(T) 1 ℃ = 1.8°F 1 °K = T℃ + 273.18 1 °R = T°F + 459.7 1 °F = 9/5 T℃ + 32 1 ℃ = 5/9(T°F − 32)	**점도**(M/L θ) 1 centipoise = 0.01 Poise = 0.01 dyne sec/cm^2 = 0.01 g/cm sec **열전도도**(H/ θ L^2, T/L) 1 Btu/lb°F = 0.00413 cal/sec cm^2
힘(F) 1 dyne = 1 g cm/sec^2 1 lb$_f$ = 32.174 poundal	**열용량**(H/M T) 1 Btu/lb°F = 1 cal/g℃
압력(F/L^2) 1 atm = 760 mmHg = 29.921 inHg = 14.696 lbf/in^2 = 33.899 ft-H_2O = 1.01325 dyne/cm^2	**기체상수** 1.987 Btu/lb mole°R = 1.987 cal/g mole°K = 82.057 atm cm^3/g mole°K = 0.7302 atm ft^3/lb mole°R = 10.73(lbf/in^2) ft3/lb mole°R = 1545 ft-lbf/lb mole°R

우 여기에 62.4를 곱하면 74.86 lb/ft^3으로서 fps 단위로 변환된 단위로 나타낼 수 있다.

이와 같이 어떤 수치를 곱함으로써 한 단위계로부터 다른 단위계의 값으로 나타낼 수 있다. 이러한 수치를 **단위환산계수**(unit conversion factor)라고 한다. 중요한 단위 환산계수는 각종 단위의 환산에 자주 사용되므로 표 2-2 또는 자세한 내용은 부록 1에 별도로 수록하였다.

단위의 환산에서는 반드시 구하고자 하는 단위계에 해당되는 각 단위를 일치시켜야 한다(unit consistency). 경우에 따라서 단위를 혼합하여 사용하는 경우가 있다. 예를 들어 어떤 액체가 1.3 L/min의 속도로 18.5 시간 동안 흐른다고 하자. 이 경우에 있어서는 h, min 중의 어느 한 가지 단위로 일치시켜 주어야 한다. 그 다음에는 최종적으로 요구되는 단위가 무엇인지를 파악하고, 위의 예제 1과 같이 그림으로 표시한 다음 알맞은 환산계수를 사용하여 계산하도록 하는 것이 좋다.

예제 2 음속(音速 = 1,100 ft/sec)의 2배로 비행하는 비행기의 속도는 몇 mile/hr인가?

풀 이:
$$\frac{2}{} \Big| \frac{1{,}100\ \text{ft}}{\text{sec}} \Big| \frac{1\ \text{mile}}{5{,}280\ \text{ft}} \Big| \frac{60\ \text{sec}}{1\ \text{min}} \Big| \frac{60\ \text{min}}{1\ \text{hr}} = 1{,}500\ \frac{\text{mile}}{\text{hr}}$$

예제 3 우유가 내경(內徑) 1.8 cm인 파이프를 통하여 1시간에 12.4 ft^3의 유량으로 탱크에 공급되고 있다면 파이프 내에 흐르고 있는 우유의 속도는 cgs 단위계로 얼마인가?

풀 이: 우선 단위를 일치시키면

$1\ ft^3 = 0.0283\ m^3$이므로

$$\frac{12.4\ \text{ft}^3}{\text{h}} \Big| \frac{0.0283\ \text{m}^3}{\text{ft}^3} \Big| \frac{1\ \text{h}}{3{,}600\ \text{sec}} = 9.75 \times 10^{-5}\text{m}^3/\text{sec}$$

$$\text{단면적은 } A = \frac{\pi D^2}{4} = \frac{\pi (0.018)^2 \text{m}^2}{4} = 2.54 \times 10^{-4}\text{m}^2$$

$$\text{따라서 속도 } \nu = \frac{9.75 \times 10^{-5}\text{m}^3/\text{sec}}{2.54 \times 10^{-4}\text{m}^2} = 0.38\ \text{m/sec}$$

〈연습문제 1〉

우유가 내경 1.9 cm인 파이프 관을 통하여 5 L/min의 유속(流速)으로 흐르고 있다면, 이때의 속도를 fps 단위계로 나타내어라.

답) 0.96 ft/sec

〈연습문제 2〉

15.5℃에서 물의 점도가 1.16 cP(centipoise)이다. 이를 fps 단위계로 나타내어라.

답) 7.8 × 10^{-4}lb/ft sec

〈연습문제 3〉

알루미늄의 열전도도가 180 kcal/m・h℃이다. 이를 fps 단위계로 나타내어라.

답) 120 Btu/ft h°F

〈연습문제 4〉

100 lb의 물이 파이프를 통하여 10.0 ft/sec의 속도로 흐르고 있다면, 이 물이 가지고 있는 운동에너지는 얼마인가?

답) 155 ft lb_f

3. 차원과 단위의 일치

모든 단위는 차원으로 나타낼 수 있다. 즉 길이는 [L], 질량은 [M], 시간은 [θ], 온도는 [T], 힘은 [F]로 표시한다. 또한 공학적인 성질을 차원으로 나타낼 때는 어떤 단위계를 사용하든지 그의 차원은 같다.

예를 들면 면적은 $[L]^2$, 체적은 $[L]^3$, 압력은 $[F]/[L]^2$ 등으로 나타낸다. 또한 밀도는 fps 단위계로는 lb/ft^3이며, cgs 단위계로는 g/cm^3이다. 그러나 이들 차원은 모두 $[M]/[L]^3$으로 같은 차원을 갖는다. 따라서 등호(= equal)가 성립하기 위하여 모두 같은 차원을 가져야 한다. 이를 **차원의 일치**(dimensionally homogeneous)라고 한다. 단위계도 마찬가지로 어느 한 가지 단위계로 일치시켜야 한다.

그러면 속도를 나타내거나, 비중(specific gravity)을 나타낼 때를 생각해 보자. 어떤 자동차가 1시간에 100 km을 달리고, 자전거는 1시간에 10 km를 달린다고 하자. 이 경우 단위가 일치하기 때문에 100 km/10 km = 10이므로 자동차는 자전거보다 10

배가 빠른 것을 금방 알 수 있게 된다. 또한 물의 무게를 기준으로 다른 물질에 대한 상대적인 무게의 비를 나타내는 비중을 사용함으로써 각 물질의 무게를 비교하는 데 편리하다. 속도비나 비중과 같이 같은 차원을 같은 차원으로 나누어 준 것으로 결과적으로 차원이 없어지게 된다.

이와 같이 차원이 없는 값의 비를 **무차원비**(無次元比) 또는 **무차원량**(dimensionless ratio 또는 dimensionless group)이라고 한다. 무차원비는 유체의 흐름, 열의 전달, 물질의 이동 등에서 자주 쓰인다. 식품 단위조작에서 사용되는 무차원량의 예로서는 비중, 유체의 흐름에 이용되는 N_{Re}, 그리고 열전달에 이용되는 Biot No, Nusselt No, Grashof No, Prandtl No 등이 있다.

4. 온도 · 농도 · 압력의 표시법

4.1 온 도

화학공업 · 식품산업을 포함한 생물공업에서 보통 사용하는 온도에는 Fahrenheit (°F)와 Celsius 또는 centigrade(℃)가 있다. 이외에 기초과학에서 사용되는 절대온도 (Kelvin, °K)와 Rankine(°R) 온도가 있다. 이들 사이의 관계는 다음 식들과 같다.

$$°F = 32 + 1.8℃ \tag{2-1}$$

$$℃ = \frac{100}{180}(°F - 32) = \frac{1}{1.8}(°F - 32) \tag{2-2}$$

$$°R = °F + 460 \tag{2-3}$$

$$°K = ℃ + 273.15 \tag{2-4}$$

위의 관계식을 이용하면 필요에 따라 여러 가지 온도로 환산할 수 있다. 각 온도 범위에 따라 온도를 측정할 수 있는 온도계의 종류는 그림 2-1에서 보는 바와 같다. 온도의 측정장치에는 여러 가지가 있다. 그림 2-2에서 보는 바와 같이 열에 의해 팽창하거나, 수축되는 유체가 버던(bourdon) 관에 연결하여 온도를 측정할 수 있는 유체 팽창형 온도계가 있다.

서로 다른 2종류의 도체(conductor)를 연결하여 온도 변화에 따라 발생하는 전압 차이로 온도를 측정하는 열전쌍 온도계(thermocouple), 온도에 따른 전기저항의 변화 특성에 의해 온도를 측정하는 전기저항식 온도계(thermistor), 온도 게이지로 이용되는 자동차의 라디에이터(radiator), 살균기, 에어컨 또는 가열장치 등에 사용하는 2

개의 얇은 금속판을 붙여 온도에 따른 금속의 팽창률의 차이를 측정하는 바이메탈 온도계(bimetal thermometer, 그림 2-3), 뜨거운 물체에서 방출되는 복사열을 측정하여

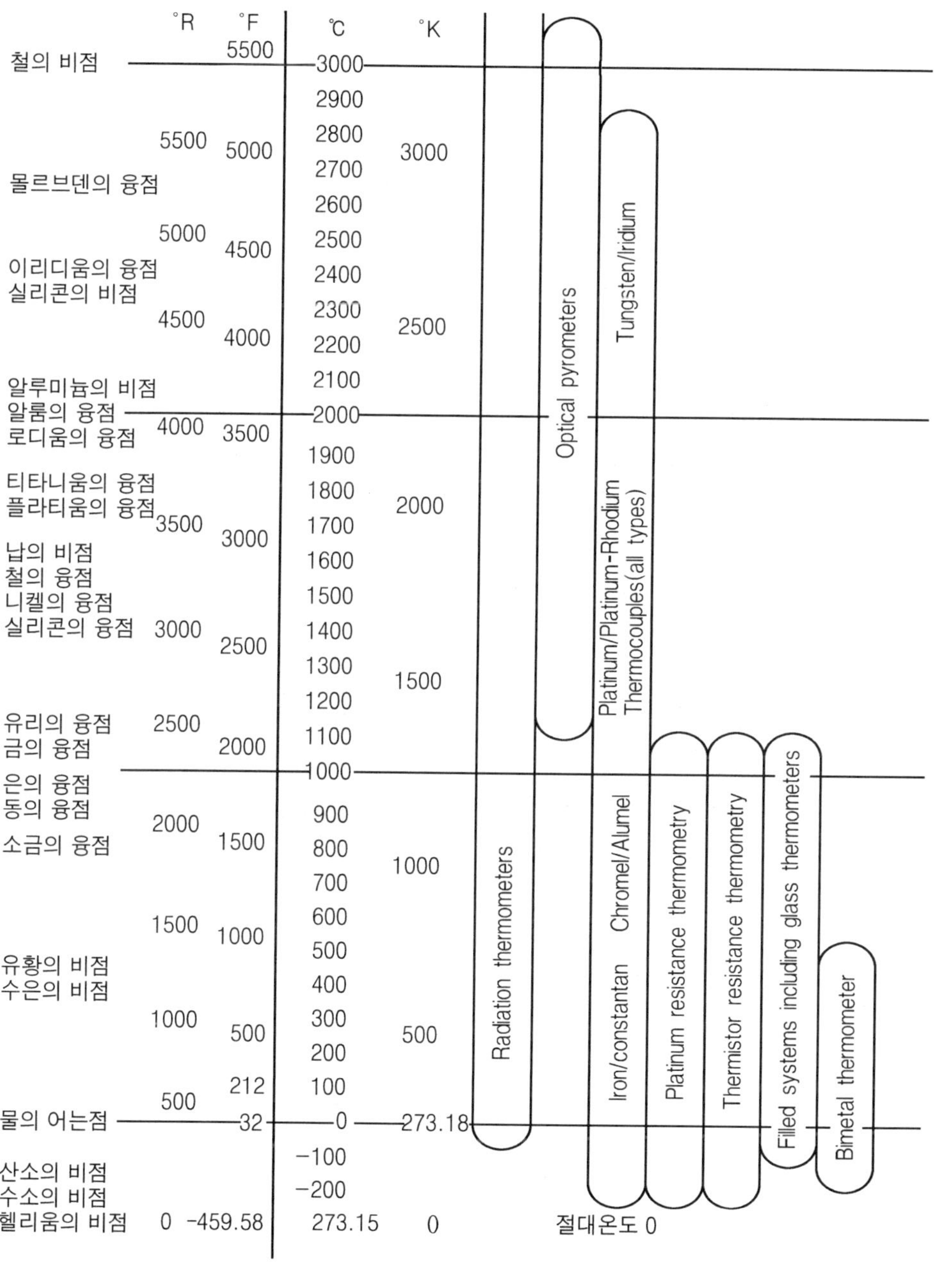

그림 2-1. 온도 범위에 따라 측정할 수 있는 온도측정 장치의 종류

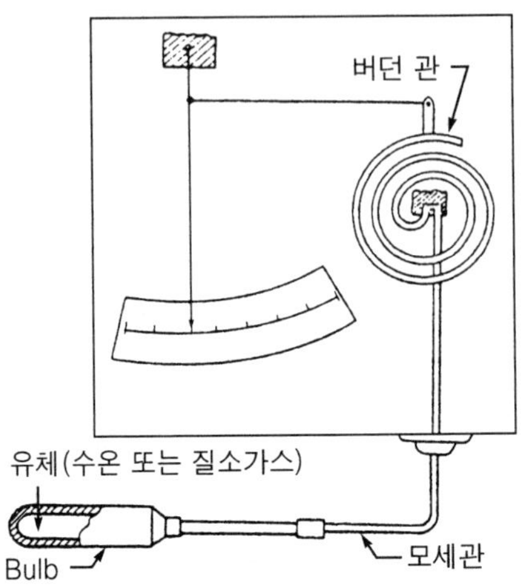

그림 2-2. 유체 팽창형 온도계(버던 관을 이용)

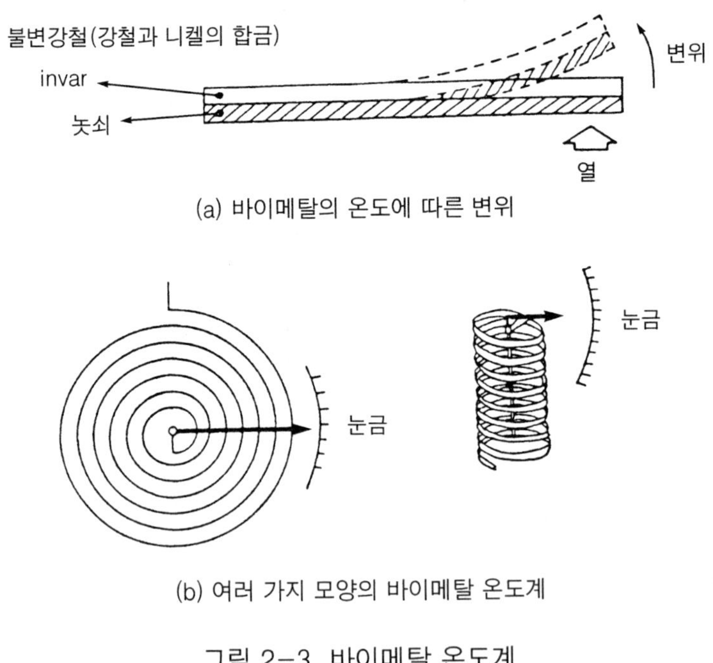

그림 2-3. 바이메탈 온도계

고온의 온도를 측정할 수 있는 파이로미터(pyrometer) 등이 있다. 또한 실험실에서는 흔히 유리관 안에 알코올 또는 수은을 넣어 만든 유리온도계를 사용한다.

예제 4 발효조에 사용하는 미생물 배지를 120℃에서 살균한다. 이 살균온도를 각각 °F, °R, °K로 나타내어라.

풀 이: °F = 32 + 1.8 (120) = 248°F

°R = 248 + 460 = 708°R

°K = 120 + 273.2 = 393.2°K

4.2 농 도

농도를 표시하는 방법에는 여러 가지가 있다. 그러나 가장 많이 쓰이는 방법은 몰(mol) 단위이다.

예제 5 298 °K에서의 2 wt %의 알부민(bovine serum albumin) 용액의 밀도가 1.0028 g/cm^{3}이었다. 알부민 단백질의 분자량이 67,000일 때 다음을 각각 구하라. ① 277 °K에서 이 용액의 비중, ② 몰분율(mole fraction), ③ morality로 나타내어라.

풀 이: ① 277 °K에서의 물의 밀도는 1.000 g/cm^{3}이므로

비중(sp. gravity) = 1.0028/1.000 = 1.0028

② 용액 1.0 ml를 기준으로 삼는다면

A의 양은 (2/100) (1.0028) = 0.020056 g

B의 양은 (98/100) (1.0028) = 0.9827 g

A의 몰수는 (0.020056)/(67,000) = 3.00×10^{-7}g mol (1)

B의 몰수는 (0.9827)/(18.0) = 5.46×10^{-2}g mol (2)

전체 몰수 = (1) + (2) = 5.46×10^{-2}

$$\text{A의 몰분율} = \frac{3.00 \times 10^{-7}}{5.46 \times 10^{-2}} = 5.49 \times 10^{-6}$$

③ morality = (3.00×10^{-7}) (1,000) = 3.00×10^{-4}g mol/L

4.3 압 력

1 atm(atomosphere, 기압) = 760 mmHg(0℃)

= 29.921 inHg

= 33.9 ftH_2O(4℃)

= 14.696 psia(*lbf/in^2 absolute)

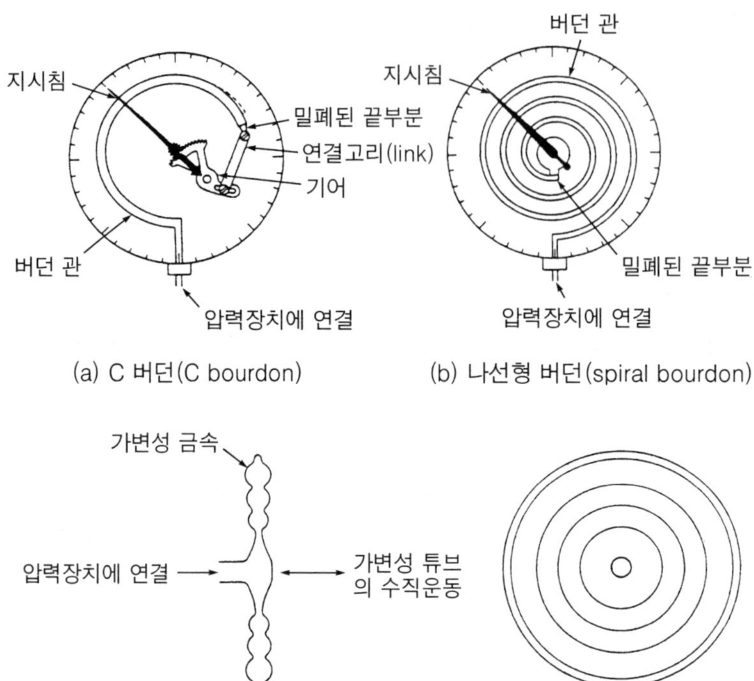

그림 2-4. 압력측정용 버던(bourdon) 장치

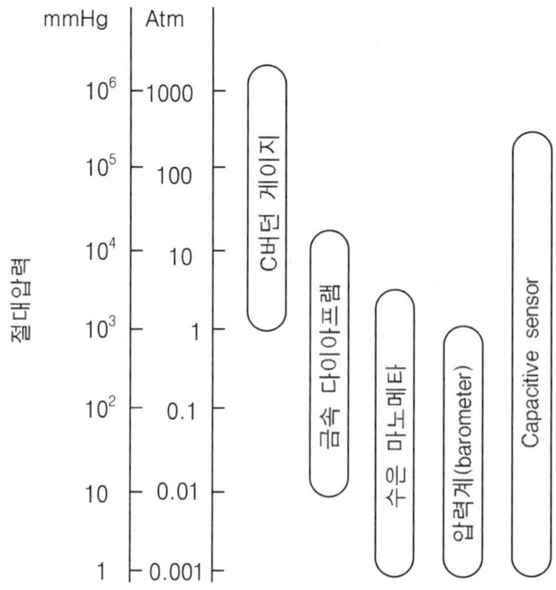

그림 2-5. 압력 측정범위에 따른 압력계의 분류

$$\underset{\text{(절대압력)}}{\text{psia}} = \underset{\text{(대기압)}}{\text{atm}} + \underset{\text{(게이지 압력)}}{\text{psig}}$$

예를 들어 살균기 내의 압력이 40 psig일 때 실제 압력은 25.3(= 40 - 14.7) psia가 된다. 식품산업에서 압력을 측정하는 장치로 많이 이용되는 것은 barometer이며, 공업적으로는 버던 게이지(bourdon gauge)를 많이 사용한다. Bourdon gauge의 종류는 그림 2-4에서, 그리고 그 이용범위는 그림 2-5에서와 같다.

제 3 장

물질수지와 에너지 수지

1. 물질수지

많은 식품 가공공정에서 원하는 제품을 생산하기 위하여 여러 가지 성분을 분리하거나 혼합한다. 이와 같은 공정(工程, process)에서 물질들의 양적 관계를 계산하는 일은 **질량보존의 법칙**(mass conservation law)에 따른다. 물질 또는 질량은 창조되거나 소멸되지 않기 때문에 어떤 공정에 들어간 물질의 양은 축적된 양과 나가는 양의 합과 같아야 한다. 이와 같이 질량보존의 법칙을 어떤 계(系, system), 공정, 장치 또는 그 일부의 속으로 흐르는 물질에 적용시키는 것을 **물질수지**(物質收支, material balance)라고 한다.

어떤 공정에 들어가고 나오는 물질은 순수한 물질일 경우도 있으며, 여러 개의 성분으로 구성되는 경우도 있다. 또한 공정 내에서 화학반응을 일으키거나 상(相, phase)의 변화를 일으키는 경우도 있다. 그러나 물질의 양은 변화가 없으므로 물질수지의 방정식을 간단히 나타내면 다음과 같다.

계(system)에 들어간 양 − 계에서 나오는 양 = 계에 축적되는 양
(input) (output) (accumulation)

예를 들어 어떤 성분 x의 양에 대하여 다음과 같은 물질수지식이 성립한다.

계에 들어간 x 성분의 양 = 계에서 나오는 x 성분의 양
+ 계에 축적되는 x 성분의 양
+ 반응에 의해 계 내에서 소모되는 x 성분의 양

식품산업에서 다루는 공정은 회분공정(回分工程, batch process)과 연속공정(continuous process)으로 구분할 수 있다. **회분공정**에서는 원료를 한꺼번에 장치에 넣고, 일정한 조작과정을 거친 후에 생산물을 꺼내는 방법이다. 시간의 변화에 따라 온도, 압력, 유량, 조성 등 계의 상태가 연속적으로 변하게 된다. 이와 같은 상태를 비정상상태(unsteady state)라고 한다.

이에 비하여 **연속공정**은 원료가 계속적으로 장치의 한쪽에서 들어가고, 같은 물질의 양이 생성물로서 다른 쪽으로 나오도록 하는 방법이다. 이와 같은 연속계(flow system)에서는 운전하는 동안 일정한 시점에서 볼 때 계에 들어가는 양과 계에서 나오는 양이 항상 같다. 따라서 장치 내에 축적되는 물질이 없기 때문에 장치나 공정 내에서 물질의 압력, 온도, 조성, 유량 등이 일정하게 된다. 이러한 상태를 정상상태(正常狀態, steady state)라고 한다. 즉 정상상태에서는 모든 질량유속(mass velocity)이 일정하므로 계의 축적량은 0이다. 따라서 정상상태에서는 다음과 같은 식이 성립된다.

계에 들어간 양 = 계에서 나오는 양
(input) (output)

대규모 공장에서는 연속식 장치를 이용함으로써 회분공정에 비하여 생산성을 높이고 있다. 그러나 연속공정은 설비비용이 많이 들기 때문에 수요가 한정되어 있거나 생산공정을 조절하기가 까다롭다. 소량 생산을 할 경우는 회분공정이 오히려 유리하다. 특히 식품산업에서는 생물소재에 따른 원료의 특성으로 인하여 연속공정을 도입하기 어려운 요소가 많다. 그러나 주류공업(酒類工業), 음료공업 등 액체식품을 다루는 공정에서는 부분적으로 연속공정을 채택하고 있다.

정상상태에서 조업하는 공정은 이상적이다. 그러나 실제 공정에서는 축적량을 적게 할 수 있으나 정확하게 0은 아니며, 유속(流速)도 시간에 따라 다소 변한다. 그러나 평균 생산속도를 기술할 때는 정상상태의 개념을 이용하는 것이 편리하며, 모든 계산이 단순화된다.

1.1 물질수지의 계산법

어떤 공정에서의 물질수지를 계산할 때는 여러 가지 혼동을 피하기 위하여 다음과 같은 체계적인 절차를 밟는 것이 문제를 해결하는 데 편리하다.

① 우선 각 공정의 단계를 파악한 다음, 물질의 흐름을 그림으로 나타낸 공정도(工程圖, flow sheet)를 그려 공정을 명확히 나타낸다. 장치의 실제적인 구조는 물질수지 계산에 이용되지 않기 때문에 block diagram으로서 계통도를 그리는 것

으로 충분하다.

② 계의 경계(境界)를 선 또는 점선으로 표시하여 나타내고, 알맞은 계산의 기준(basis)을 선택한다. 그리고 각 물질의 흐름과 알고 있는 양(유속·조성 등)을 공정도에 표시한다. 화학반응의 경우는 화학반응식을 그의 부분에 기입한다.

③ 구하고자 하는 미지량(未知量)을 간단한 문자 또는 기호로 나타낸다.

④ 이미 알고 있는 양과 미지량을 사용하여 여러 가지 성분들의 물질수지식을 작성한다.

⑤ 독립식의 수와 미지수의 수가 같은가를 검토하고, 미지량에 대하여 식을 풀고 답을 구한다.

일반적으로 물질수지식을 계산하는 데는 2가지의 기본단계가 있다. 하나는 **계**(system)의 선택이며, 다른 하나는 **기준**(basis)의 선택이다. 먼저 계산에 편리하도록 계를 선택한다. 그리고 경계(boundary)를 정하여 계와 계의 밖(surrounding)을 나누고, 계에 출입하는 물질의 유속·온도·압력 등을 표시한다. 복잡한 계의 경우에는 몇 가지 부분으로 나누어 각 부분에 대하여 독립된 물질수지식을 취한다. 계를 정한 다음에는 기준을 선택한다.

그 기준으로는 일정한 시간 또는 계를 출입하는 공정 중에서 질량이 변하지 않는 한 성분의 무게를 선택하는 경우가 많다. 예를 들어 건조기에서 어떤 식품을 건조할 경우 시간이 경과함에 따라 수분함량은 변한다. 그러나 고형물 함량은 변하지 않기 때문에 고형물을 기준으로 선택한다. 이와 같이 공정 중에 시간에 따라 변하지 않는 물질을 tie substance(또는 key substance)라고 한다.

기준을 선택할 경우 입량(input)이 주어지지 않았을 경우, 보통 기본이 되는 단위를 기준으로 하는 것이 편리하다. 예를 들어 물질의 농도를 %로 표시하는 경우 입량 기준을 1 kg로 정하기도 하지만, 100 kg로 하면 정수로 표시할 수 있어서 편리하다. 장치 내에서 반응이 없는 경우의 물질수지로는 식품산업에서 건조·증발·증류·여과·원심분리 등과 같은 물리적인 분리조작의 예를 들 수 있다. 분리장치 내에 들어가는 물질에 대한 전체의 양과 각 성분별로 분리되어 나오는 양 사이의 관계를 이용하면 물질수지의 관계식을 얻을 수 있다. 여기에서 필요로 하는 성분의 양 또는 성분 농도를 계산할 수 있다. 그러면 식품산업에 이용되는 물질수지에 관한 문제를 예제를 통하여 알아보자.

예제 1 탈수기(dehydrator) 속으로 수분을 함유하고 있는 물질과 건조공기가 각각 W kg/min, A kg/min의 속도로 들어가고 탈수되어 건조한 물질이 D kg/min 속도로 빠져 나오고 있다면, 이 공정을 그림으로 나타내고 물질수지식을 작성하라.

풀 이 : 문제에서 물질(공기, 물, 피건조물)의 입력과 출력관계를 그림으로 나타내면 다음과 같다.

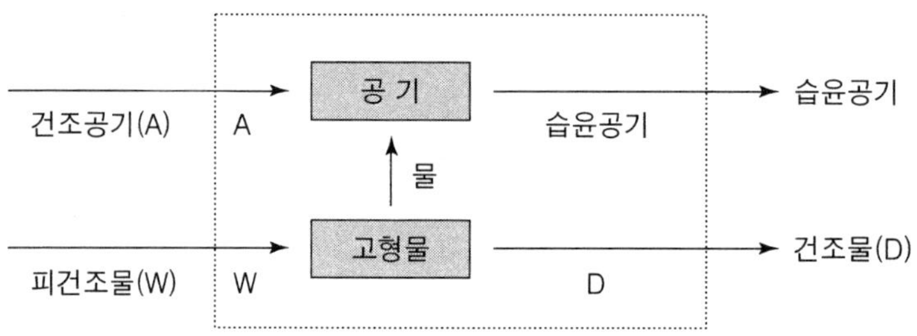

위 그림에서 가능한 물질수지식을 모두 이용한다면 다음과 같이 나타낼 수 있다.

$$W + A = \text{습윤공기} + D \quad (1)$$

$$A + \text{물} = \text{습윤공기} \quad (2)$$

$$W = \text{물} + D \quad (3)$$

예제 2 감귤주스의 농축액은 원료 감귤을 착즙하여 얻어지는 착즙주스(single strength juice)를 농축하여 65%의 고형물이 되도록 한 제품이다. 시판하고 있는 음료제품을 만들기 위하여 오렌지 농축액과 착즙주스를 혼합하여 45%의 고형물을 가지고 있는 주스를 제조한다고 하면, 이 가공공정을 그림으로 나타내어라. 그리고 가능한 물질수지식을 작성하여 보아라.

풀 이 : 위 문제를 공정별로 나타내면 그림 3-1과 같다. 착즙주스를 S, 원료공급량을 F, 증발되는 물의 양을 W, 65% 농축주스의 양을 C_{65}, 45% 혼합주스의 양을 C_{45}, 배분기에서 공급되는 착즙주스의 양을 A라고 한다면, 이에 따른 물질수지식은 다음과 같이 나타낼 수 있다.

전체 물질수지(overall mass balance) : $S = W + C_{45}$

배분기(proportionator)에서의 물질수지 : $S = F + A$

증발기(evaporator)에서의 물질수지 : $F = W + C_{65}$

혼합기(blender)에서의 물질수지 : $C_{65} + A = C_{45}$

이와 같은 물질수지식을 이용하여 필요로 하는 값을 구하는 일이 가능하다.

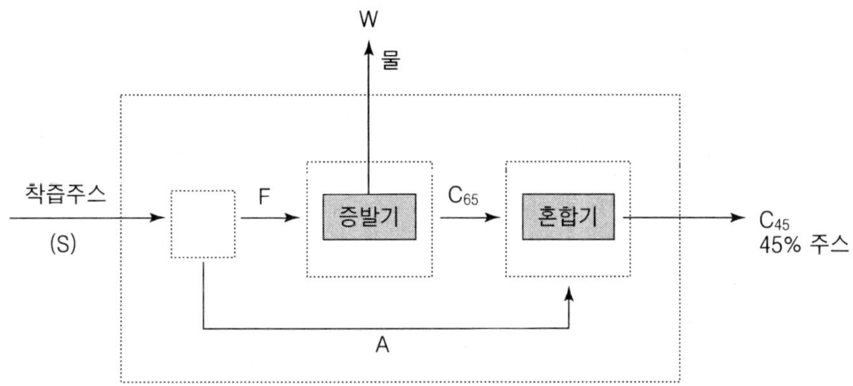

그림 3-1. 감귤 농축주스의 제조공정

예제 3 고형물이 7%인 감귤주스를 감압증발기로 농축시켜 고형물이 50%인 농축액을 얻었다면 농축액과 제거되는 물의 양을 계산하라.

풀 이: 그림으로 나타내면 다음과 같다. 입량(F, Feed)이 주어지지 않았으므로 기준을 100 kg로 정한다면 물질수지식을 식 (1)과 같이 나타낼 수 있다. 또한 고형물에 대한 흐름을 나타내면 식 (2)가 된다.

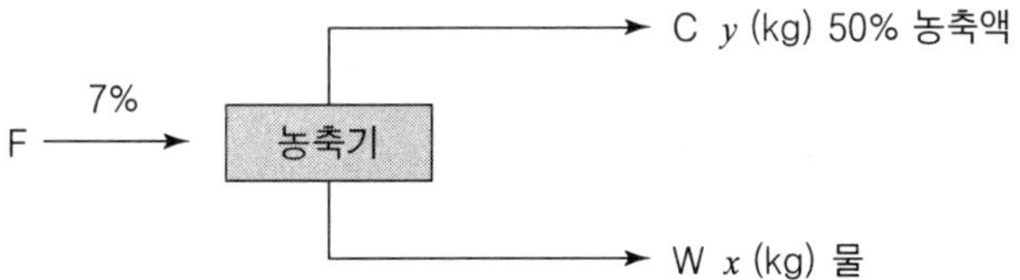

① 전체의 물질수지

$$x + y = 100 \tag{1}$$

② 조성(고형물)에 대한 수지

$$(0.07)(100) = 0.5\ y \tag{2}$$

식 (2)로부터 $y = 14$를 얻고, 이를 식 (1)에 대입하면 $x = 86$을 얻을 수 있다. 이는 7% 감귤주스 100 kg당 86 kg의 물을 제거해야 한다는 뜻이다.

예제 4 우유 가공공장에서 착유한 전지우유(全脂牛乳, whole milk)에서 지방을 일부 제거하여 탈지유(skim milk)를 제조하려고 한다. 탈지유의 성분을 분석하였더니 수분이 90.5%, 단백질 3.5%, 탄수화물 5.1%, 지방 0.1%와 회분이 0.8%이었다. 원래 우유의 지방함량이 4.5%이다. 지방 성분만을 제거하여 탈지유를 제조한다고 할 때 전지우유의 각 성분조성을 구하라.

풀 이: 탈지유의 기준량을 100 kg이라고 하고, 제거되는 지방의 양을 x kg이라고 하면 전지우유 중의 원래 지방의 양은 $(x + 0.1)$ kg이고, 전체 양은 $(100 + x)$ kg이다. 전지우유의 지방함량이 4.5%이므로 다음 식과 같다.

$$\frac{x + 0.1}{100 + x} = 0.045$$ x에 대해 풀면 $x = 4.6$ kg이다.

따라서 전지우유의 성분 함량은 지방이 4.5%이고, 나머지 성분을 각각 구하면 수분이 90.5/104.6 = 86.5%, 단백질이 3.5/104.6 = 3.3%, 탄수화물이 5.1/104.6 = 4.9%, 회분이 0.8%가 된다.

예제 5 음료공업에서 탄산음료를 제조하는 데는 0℃, 대기압에서 용적비로 물에 대해 3배의 가스용적에 해당하는 CO_2를 주입해야 한다. 탄산가스와 물 이외의 다른 성분을 무시한다고 할 때 탄산가스의 ① mass fraction과 ② mole fraction을 각각 구하라.

풀 이: 물의 용적 1 m^3(= 1,000 kg)을 기준으로 하면 탄산가스의 용적은 3 m^3이므로 기체방정식(PV = nRT)으로부터

$1 \times 3 = n \times 0.08206 \times 273$ n = 0.134 mole이 되며,

탄산가스의 분자량이 44 이므로 가해 주는 탄산가스의 무게는 $0.134 \times 44 = 5.9$ kg이다.

따라서

① $$\frac{5.9}{1{,}000 + 5.9} = 5.9 \times 10^{-3}$$

② $$\frac{0.134}{(1{,}000/18) + 0.134} = 2.41 \times 10^{-3}$$

위의 예에서 기준량(basis)과 단위에 대한 물질수지를 알았을 것이다. 그러면 공정 중에 일어나는 물질수지의 예는 다음과 같다.

예제 6 발효공업에서 빵효모를 연속 배양하는 발효조의 용량은 20 m^3이며, 발효조 내에 머무는 시간은 16시간이다. 배지에는 1.2%의 효모균체를 함유하는 전배양액(seed culture)을 2% 첨가해 준다. 효모의 세대시간(doubling time)이 2.9시간이며, 발효조로부터 나온 배양액은 원심분리기에 의해 7% 효모액(yeast cream)이 연속적으로 분리된다. 배양액에서 효모의 회수율이 97%이라면 원심분리기에서 나오는 효모액과 상징액의 유속을 구하라.

풀 이:

① 발효조의 용량이 20 m^3이다. 체재시간이 16시간이면 발효조를 통해 배양액의 유출속도는 20/16 = 1.250 m^3/h이다.

② 배양액의 밀도를 물과 같다고 가정하면 발효조로부터 나오는 물질의 양은 1,250 kg/h가 된다.

③ 발효조로 들어가는 배지 중의 효모농도는 (0.012) (0.02) = 2.4 kg/kg이다.

④ 매 2.9시간에 2배로 증식되므로 16시간은 16/2.9 = 5.6 doubling time이므로 효모 1 kg은 $1 \times 2^{5.6}$ = 48.5 kg이 된다.

⑤ 발효조로부터 나오는 효모량은 (초기 농도) × (발효조 내의 증식) × (유출속도, flow rate)이므로

$$(2.4 \times 10^{-4})\ (48.5)\ (1{,}250) = 15 \text{ kg/h}$$가 된다.

⑥ 효모가 없는 배양액의 유출량 = (1,250 − 15) = 1,235 kg/h

⑦ 원심분리기에서의 효모의 유출속도는 습윤량(濕潤量, wet basis)으로 계산하면

$$(15 \times 0.97) \times 100/7 = \underline{208 \text{ kg/h}}$$

⑧ 따라서 배지의 유출량은 1,250 − 208 = <u>1,042 kg/h</u>이다.

예제에서 익힌 내용을 토대로 하여 식품산업에서 이루어지는 물질수지에 해당하는 다음 연습문제들을 풀어 보아라.

〈연습문제 1〉

3% 설탕용액에 다시 설탕을 녹여 15% 설탕용액을 만들려고 할 때 첨가해야 할 설탕량을 구하라.

답) 3% 설탕용액 100 kg당 14.1 kg을 가해 준다.

〈연습문제 2〉

잼(jam)은 분쇄한 과실에 설탕과 펙틴을 가한 다음 농축하여 만든다. 보통 14%의 고형물이 들어 있는 과일 45에 설탕 55의 비율로 혼합하며 펙틴을 0.1125(질량비)를 첨가하고, 혼합물을 농축기에서 고형물량이 67%가 되도록 농축한다. 이 공정을 그림으로 나타내고, 물질수지식을 이용하여 잼의 수율과 증발되는 물의 양을 계산하라.

답) 원료과일을 100 kg으로 하였을 경우 증발되는 물의 양은 18.75 kg, 잼은 203.5 kg

〈연습문제 3〉

오렌지 주스를 농축하는 공정에서 7.08%의 고형물을 갖는 착즙주스를 농축기에서 58%가 되도록 농축한다. 1시간에 원료 1,000 kg을 주입한다고 하면 이 공정에서 나오는 수분량과 농축주스의 양은 얼마가 되는가?

〈연습문제 4〉

지방함량 3.8%의 우유를 원심분리기에서 50.2%의 지방을 함유한 크림(cream)과 0.6%의 지방을 함유한 탈지우유로 분리한다. 지방의 크림으로의 회수율을 계산하라.

답) 85.2%

〈연습문제 5〉

80%의 수분함량을 가지고 있는 물질을 50% 수분함량이 되도록 건조시키면 무게가 얼마로 줄어드는가?

답) 60%

〈연습문제 6〉

75% 설탕용액 100 kg을 15℃로 냉각하여 결정화시키려고 한다. 이 온도에서 포화설탕용액은 66%라고 할 때, 결정되어 석출되는 설탕량을 구하라.

답) 26.48 kg

2. 열역학의 기초

에너지 수지에 기본이 되는 내용은 열역학으로서, 이는 열전달에도 기초가 된다. 물리화학에서 배운 열역학 분야와 더불어 이어서 에너지 수지에 대하여 알아보자. 열역학(thermodynamics)이란 '어떤 물질이 열에 의하여 한 형태로부터 다른 형태로 변화할 때 일어나는 상호관계를 연구하는 학문'이다. 즉 열역학은 일(work)과 열(heat), 그리고 이들의 관계를 갖는 물질의 성질을 다루는 분야이다.

2.1 계

계(系, system)란 연구 대상이 되는 일정 양의 물질과 동일성을 갖는 어떤 양의 물질이라고 정의된다. 계의 외부 둘레를 주위(surrounding)라고 하며, 계는 계의 경계(boundary)에 의하여 주위와 구분된다. 계에는 밀폐계·개방계·절연계로 구분된다.

개방계(open system)는 유동계(flow system)라고도 하며, 계의 경계를 통하여 물질의 이동이 있는 계를 말한다.

밀폐계(closed system)는 비유동계(比流動系)라고도 한다. 열이나 일만이 전달되나 동작물질(working substance)[3)]이 유동하지 않는 계를 말하며, 질량이 변화하지 않는다.

절연계(insulated system)는 고립계(isolated system)라고도 한다. 계의 경계를 통하여 어떤 방법으로도 영향을 받지 않는 계를 말하며, 열 또는 일이 계의 경계를 넘지 않는다는 것을 뜻한다.

2.2 물질의 과정과 상태

계 내의 동작물질 또는 작업유체(working fluid)가 한 상태에서 다른 상태로 변화하는 것을 상태변화라고 하며, 상태변화가 일어나는 경로(path)를 과정(process)이라고 한다.

1) 과 정

열역학에 있어서 과정은 다음과 같이 3가지로 구분할 수 있다.

---

3) 열기관에서 열을 일로 전환시킬 때 또는 냉동기에서 낮은 곳의 열을 온도가 높은 곳으로 이동시키는 매개물질을 말하며, 에너지를 저장 또는 이동 운반시키는 유체를 동작물질이라고 한다. 이 유체는 프레온(freon), 암모니아와 같이 열에 의하여 압력·체적이 쉽게 변하고, 액화와 증발이 쉽게 이루어지는 물질이다.

가역과정(reversible process)은 과정 도중에 임의의 점에 있어서 열역학적 평형(equilibrium)이 유지되며, 어떤 마찰도 수반하지 않는다. 따라서 계의 경로를 통하여 운동할 때 계의 주위에 어떤 영향도 남기지 않는 변화로서 실제로는 존재하지 않는다.

비가역과정(irreversible process)은 현재 사용하고 있는 모든 사이클의 과정은 비가역과정이다. 이것은 계의 주위에 영향을 미치며, 평형이 유지되지 않는 과정을 말한다.

준정적 변화(quasi-static process)는 과정 중의 각 단계에 있어서 비평형이 매우 작아서 평형을 유지해 가면서 조금씩 변화해 가는 과정이다. 이 과정 사이의 상태를 평형상태로 생각할 수 있는 과정이다.

2) 사이클

계가 과정이 시작되기 전의 상태로 돌아오는 과정을 사이클(cycle)이라 한다. 사이클 사이에 계의 상태는 변화하지만, 사이클이 완성되면 계가 원래의 상태로 돌아오기 때문에 모든 성질의 값은 최초의 상태 값과 같아진다. 여기에는 가역과정으로만 이루어진 가역사이클(reversible cycle)과 비가역과정으로만 이루어진 비가역사이클(irreversible cycle)로 구분된다.

3) 상태량과 상태식

상태량(quantity of state)이란 압력·체적·온도와 같이 물질의 상태를 표시한 양으로 상태의 과거 변화에는 관계가 없고, 현재 상태에 의하여 전해지는 양이다. 상태량에는 내부에너지(internal energy), 엔탈피(enthalpy), 엔트로피(entropy) 등이 있다. 이들 상태량은 독립적으로 변화할 수 있는 것이 아니고 일정한 관계를 갖는다. 상태에 따라 값이 달라지는 함수를 점함수 또는 상태함수(state function)라 하며, 과정의 경로에 따라 달라지는 함수를 도정함수라고 한다.

2.3 열역학 법칙

열평형(thermal equilibrium)이란 온도가 높은 물질과 낮은 물질을 접촉시킬 때 온도가 높은 물질에서 낮은 물질로 열이 이동하여 두 물질이 같은 온도가 되는 평형상태를 말한다. 즉 '두 물질이 또 다른 물질과 열평형을 이루고 있다면 두 물질은 서로 열평형 상태에 있다' 이것을 열역학 제0법칙이라고 한다.

열역학 제1법칙은 '에너지 보존의 법칙'이라고도 한다. 에너지는 창조되거나 없어지지 않고, 다만 다른 에너지 형태로 전환되어 전체 에너지는 항상 일정하다. 즉 폐쇄계에 있어서 내부에너지의 변화는 0이 된다. 이에 따라 에너지를 투여하지 않고 기계를 작동시키는 일은 불가능하고, 또한 이런 종류의 영구기관을 만드는 일은 불가능하다.

열역학 제2법칙은 귀납적으로 얻게 되는 자연법칙을 말한다. 어떤 물리화학적인 변화가 가역적으로 진행할 때 그 세계의 엔트로피(entropy) 변화는 0이며, 비가역적으로 진행되는 변화에 있어서는 항상 엔트로피는 증가한다. 열역학 제2법칙을 정리하면 다음과 같이 나타낼 수 있다.

① 열은 자연적으로 저온물체로부터 고온물체로 흐르지 않는다. 따라서 반드시 일의 소비가 따른다.

② 열이 일로 변하기 위하여 열원 이외에 이것보다 저온으로 냉각할 수 있는 것, 즉 온도의 강하가 있어야 한다.

③ 사이클 과정에서 열원의 열이 모두 일로 변화할 수 없다.

④ 비가역과정을 한다.

3. 에너지 수지

열역학 제1법칙은 '에너지는 창조되거나 소멸되지 않는다'는 에너지 보존의 법칙(energy conservation law)이다. 이 원리는 조그만 기계, 단위공정, 또는 전체의 공정에 적용하여 어떤 공정에 들어가고 나오는 에너지의 관계를 밝히는 것을 에너지 수지라고 한다. 에너지의 형태는 변하지만 전체 에너지의 양은 변하지 않으므로 화학반응이 일어나지 않는 경우의 에너지 수지는 다음과 같이 쓸 수 있다.

(계의 경계를 통한 에너지 도입량) − (계의 경계를 통한 에너지의 배출량) = (계 내의 에너지 축적량)

에너지의 형태는 복잡하여 물질수지와는 다르다. 에너지에는 열(heat), 일(work), 내부에너지, 운동에너지, 위치에너지, 전기에너지 등이 있다. 이와 같은 전체 에너지를 다룰 경우를 총괄에너지 수지(overall energy balance)라고 한다. 열에너지와 내부에너지만을 다루는 경우를 열수지(heat balance) 또는 엔탈피수지(enthalpy balance)라고 한다. 식품공학에서 주로 다루는 에너지는 내부에너지, 운동에너지, 위치에너지,

열, 일이므로 이들에 대하여 알아보자.

3.1 에너지의 종류

에너지의 종류는 매우 다양하다. 대표적인 예로서 위치에너지(potential energy), 운동에너지(kinetic energy), 전기에너지(electric energy), 핵에너지(nucleic energy), 탄성에너지(elastic energy), 화학에너지(chemical energy), 표면에너지(surface energy), 전자기에너지(electromagnetic energy), 열에너지(heat energy), 질량에너지(mass energy), 양자에너지(proton energy) 등이 있다.

물체는 기계적인 운동에너지와 위치에너지가 0인 경우에도 물체를 구성하는 원자 또는 분자 사이에 작용하는 인력에 의한 위치에너지, 분자의 운동에너지, 전자의 운동에너지, 분자를 구성하는 원자의 진동에너지 등을 가지고 있다. 물체를 구성하고 있는 원자 또는 분자가 가지고 있는 이와 같은 에너지를 묶어서 내부에너지(internal energy)라고 한다. 물체의 내부에너지는 상태함수(state function)로서 그 물체의 상태인 온도·압력·조성(composition)에 의해 결정된다.

운동에너지(kinetic energy)는 물체의 분자의 운동에 따른 성질로서 각 분자가 가지고 있는 운동에너지는 포함하지 않는다. 질량이 m이고, 물체의 중심(重心)이 속도 v로 움직이고 있다면 운동에너지 E는 다음 식과 같이 나타낸다.

$$E = 1/2\ m\ v^2 \tag{3-1}$$

에너지는 항상 어떤 기준을 정하여 두고, 이 기준 상태에서의 에너지를 0이라 가정하여 상대적인 값으로 나타낸다. 예를 들어 운동에너지는 물체가 정지하고 있을 때를 기준으로 한다. 위치에너지는 해면(海面)을 기준으로, 내부에너지는 표준상태(25℃, 1기압)를 기준으로 하여 상대적인 값으로 나타낸다.

열(Heat, Q)은 물체 사이에 온도차(ΔT)가 있을 때 흐르는 에너지의 양이다. 예를 들어 어떤 계의 온도가 100℃이고, 주위의 온도가 200℃라면 열에너지는 온도가 높은 곳에서 낮은 곳으로, 즉 주위에서 계로 에너지가 이동한다. 이때 전달되는 에너지를 열 또는 열량이라고 한다.

일(Work, W)은 힘(F)에 거리(x)를 곱한 값으로 표시할 수 있다. 식품 가공공정에서 이루어지는 중요한 일은 압축일(compressive work), 기계적 샤프트 일(shaft work), 전기적 일이 있다.

그러면 에너지에 관하여 예제를 통하여 알아보자.

예제 7 질량 1 kg인 물체가 22.4 m/s의 속도로 움직인다면 이 물체가 가지고 있는 운동에너지는 얼마인가?

풀 이: $E = 1/2\ m\ v^2 = (1/2)\ (1)(22.4)^2 = 250.88\ kg\ m^2/s^2 = 250.88$ $Nm = 250.88\ J$

예제 8 질량 1 lb인 물체가 높이 7.8 ft에 놓여 있다면 이 물체가 가지고 있는 위치에너지는 얼마인가?

풀 이:

$$E = mgh = \frac{(1\ lb_m)\ (32.2\ ft/s^2)\ (7.8\ ft)}{(32.2\ ft\ lb_m/lb_f\ s^2)} = 7.8\ ft \cdot lb_f$$

예제 8에서 사용한 중력가속도 환산계수 gc에 대하여 알아보자. fps 단위계에서 g는 중력가속도, 질량 m은 lb_m(pound mass), 힘은 lb_f(pound force)로 표현을 달리한다. lb_f와 lb_m의 관계는 다음과 같다.

$$1\ lb_f = 1\ lb_m\ g$$
$$= (1\ lb_m)\ (32.174\ ft/s^2)\ (1/g_c)$$

즉, $g_c = 32.174\ ft\ lb_m/lb_f\ s^2$가 된다.

무게와 질량의 뜻은 다르지만 경우에 따라 값을 같게 할 필요가 있다. 이를 위해 비례상수 g_c를 도입하여 그 값을 중력가속도 g의 값과 같은 수치를 잡으면 된다. 즉 fps 단위계에서는 g_c를 도입하여 1 lb의 무게와 질량을 같은 값으로 나타낼 수 있다. 그러나 SI 단위계에서는 이와 같은 번거로움을 피하기 위하여 질량을 kg, 힘을 N(newton)으로 표시하였기 때문에 비례상수 g_c를 쓸 필요가 없다.

또한 엔탈피(enthalpy)는 다음과 같이 정의된다.

$$H = E + P\ V \qquad (3\text{-}2)$$

여기에서 H는 엔탈피, E는 내부에너지, P는 절대압력이며, V는 체적이다. 일정한 압력상태에서 가한 열량은 물체의 내부에너지의 증가와 체적변화에 의한 일이 소비되므로 열량(Q)은 다음과 같이 나타낼 수 있다.

$$Q = \Delta E + P\ \Delta V \qquad (3\text{-}3)$$

따라서

$$Q = V\,\Delta P = \Delta H = m\,C_p\,\Delta T \tag{3-4}$$

여기에서 m은 질량, C_p는 비열 또는 정압비열, ΔT는 온도차이다.

일정한 압력조건에서의 엔탈피 증가는 물체가 흡수한 열량과 같다. 그리고 엔탈피는 어떤 물체가 일정한 온도에서 가지고 있는 전체 열에너지를 의미하기도 한다. 따라서 체적을 일정하게 유지하면서(constant volume) 열을 가해주는 경우 열량은 내부에너지의 변화량(ΔE)과 같다. 압력이 일정한 경우(constant pressure) 열량은 엔탈피의 변화량(ΔH)으로 표시된다. 엔탈피도 상태함수로서 절대값은 알 수 없고, 단지 그 변화량만을 구할 수 있다. 엔탈피의 기준은 0℃, 1기압의 상태에서 물체의 엔탈피를 0으로 간주한다.

압력이 일정한 조건인가, 체적이 일정한 조건인가에 따라 열용량은 각각 정압열용량(heat capacity at constant pressure) C_p와 정용열용량(heat capacity at constant volume) C_v로 구별하여 사용한다. C_p는 비열(比熱)이라고도 하며, 비열은 그 물질의 열용량과 물의 열용량의 비를 나타낸다. 비열은 온도 변화가 크지 않을 경우는 물질에 따라 일정한 값을 갖는다. 그러나 온도의 변화가 클 경우는 식 (3-5)와 같은 관계를 갖기 때문에 이에 따른 비열을 구해야 한다. 여기에서 a, b, c는 실험적으로 구한다.

$$C_p = a + b\,T + c\,T^2 + \cdots\cdots \tag{3-5}$$

식품에 들어 있는 섬유질의 비열(C_p)은 0.32 kcal/kg℃이며, 고형 유기물의 비열은 0.2～0.4 kcal/kg℃, 액체상태의 유기물은 0.3～0.5 kcal/kg℃ 정도이다. 식품산업에 사용되는 비열은 부록 6을 참조한다.

예제 9 비열이 3.85 kJ/kg°K인 4.4℃의 우유를 1시간에 4,536 kg씩을 열교환기에 보내어 뜨거운 물로 54.4℃로 가열하려고 할 때 얼마의 열량이 필요한가?

풀 이: $Q = m\,C_p\,\Delta T$ = (4,536 kg/h) (3.85 kJ/kg°K) (1/3,600 h/s) (54.4 − 4.4°K) = 242.5 kW

3.2 에너지 수지의 계산

앞에서 설명한 열역학에 관한 기본지식을 이용하여 식품산업에서 이루어지고 있는 에너지 수지에 관하여 예제를 통하여 익히고 연습문제를 풀어보도록 하자.

예제 10 유지(油脂) 공장에서는 유량종자(油量種子)를 압착하거나, 유기용매로 추출하여 기름을 얻게 된다. 그리고 불순물을 제거하기 위한 정제공정을 거친다. 정제공정 중 식물성 유지의 탈취공정에서는 정제되지 않은 기름을 향류식 열교환기를 사용하여 예열한다. 이때에 가열매체로는 공장 인의 폐증기에서 얻은 응축온수이다.

열교환기에 사용하는 90℃의 온수는 2,000 kg/h의 유량으로 열교환기에 들어가 40℃로 냉각되어 나온다. 식물성 기름의 유량은 4,500 kg/h이고 들어갈 때의 온도가 20℃라면 나올 때의 온도는 얼마인가? 기름의 열용량은 0.5 kcal/kg℃이다.

풀 이: 예제를 그림으로 나타내면 그림 3-2와 같다.

그림 3-2. 열교환기에서의 물질수지

먼저 에너지 수지를 생각하면 열교환기로 들어간 열량과 나간 열량이 같으므로
90℃ 물의 엔탈피 + 20℃ 기름의 엔탈피 = 40℃ 물의 엔탈피 + T℃ 기름의 엔탈피

(2,000) (1) (90) + (4,500) (0.5) (20) = (2,000) (1) (40) + (4,500) (0.5) (T)
에서 T = 64.44℃이다.

예제 11 우유에서 카세인(casein)을 분리하여 건조하고자 한다. 건조기에서 수분함량이 55%인 카세인 60 kg을 수분함량 10%로 건조시키는 데 800 kJ/mole의 열량을 갖는 천연가스가 4 m^3/h가 소요되었다면 이 건조기의 열효율은 얼마인가? 열 손실이 없고, 발생하는 열량이 증발잠열로 모두 이용되었다고 한다.

풀 이: 60 kg의 wet casein 중에 들어 있는 수분함량은 (60) (0.55) = 33kg이며, 카세인의 건물량은 27 kg이다.

최종제품에 들어 있는 수분이 10%이므로 제품 중의 수분량은 27 / 9 = 3 kg이다.

(수분함량을 x라면 $x / (27 + x) = 0.1$)

제거해야 할 수분량은 33 - 3 = 30 kg/h
증발잠열(latent heat)은 2,257 kJ/kg* 이므로
(부록 10에서 100℃에서 증발잠열 난을 찾으면 2,257 kJ/kg)

공급해야 할 열량은 $30 \times 2,257 = 6.8 \times 10^4$ kJ/h이다.
천연가스의 공급속도는 표준상태에서 22.4 L의 체적을 가지므로 이를 mole 수로 환산하면

$4 \times 1,000/22.4 = 179$ mole/h가 된다.

또한 연소열은 $179 \times 800 = 14.3 \times 10^4$ kJ/h이다.
따라서 건조기의 열효율은 (필요한 열량)/(사용한 열량)이므로

$(6.8 \times 10^4)/(14.3 \times 10^4) = 0.48 = 48\%$이다.

〈연습문제 7〉

통조림 공장에서 1개의 무게가 56.7 g인 빈 통조림통에 453.6 g의 콩(green peas)을 채운 채소통조림 1,000개를 살균기에서 115.6℃의 스팀을 사용하여 살균한 다음 18.3℃의 냉각수를 사용하여 냉각하려고 한다. 온도를 측정하여 보았더니 살균기에 들어간 스팀은 37.8℃로 냉각되었고, 냉각수로 사용한 물은 32.2℃로 상승하였다. 통조림통의 비열은 0.12 cal/g ℃이었고, 내용물의 비열은 0.98 cal/g ℃이었다. 열 손실이 없다고 가정하였을 때 필요한 냉각수의 양은 얼마인가?

답) 2,527.5 kg

〈연습문제 8〉

토마토 주스, 소스와 같은 액체식품을 만들기 위하여 토마토를 분쇄한 다음, 원료 중에 들어 있는 펙틴 분해효소를 불활성화 시키기 위하여 토마토 펄프에 직접 수증기를 불어넣어 데친다. 이때에 사용한 수증기가 응축하여 토마토 펄프는 약간 묽어진다. 만약 초기 고형물 함량이 5.1%인 토마토 펄프를 21℃에서 88℃까지 가열하였다면 가열된 뜨거운 펄프의 고형물 함량은 얼마인가. 이 조작은 대기압 상태에서 실시하고 펄프 중의 고형분의 비열은 0.5이다.

답) 4.5%

〈연습문제 9〉

열교환기를 통하여 40%의 고형물이 들어 있는 토마토 페이스트(tomato paste)를 100 kg/h 속도로 90℃에서 20℃로 냉각시킬 때 필요한 냉각수 양을 계산하라. 열교환기 내에서는 토마토 페이스트가 물과 혼합되지 않으며, 냉각수는 열교환기를 통과하는 사이에 10℃의 온도상승이 일어난다고 한다.

답) 476 kg

제 4 장

식품산업과 유체

유체(流體, fluid)는 압력을 작용시켜도 변하지 않은 물질을 말한다. 식품산업에서 다루는 유체에는 공기・질소(N_2)・CO_2 등의 가스, 모든 종류의 액체, 일부 고체도 여기에 포함된다. 따라서 식품산업에서 다루는 원료와 생산된 제품은 유체 상태의 경우가 많다. 예를 들면 물, 우유, 과실주스, 시럽, 식용유, 술, 간장, 마요네즈 등이 유체에 속한다. 또한 쌀・보리・밀・대두 등의 곡류와 두류(豆類), 밀가루 등도 균질한 상태에서는 이를 유체로 취급하여 다루게 된다.

식품재료의 수송과 혼합, 스팀이나 냉각수와 같은 열 전달매체의 흐름, 공기와 같은 질량 전달매체의 흐름 등은 식품산업의 여러 가지 공정에 있어서 매우 중요한 조작이다. 이들 조작을 원활히 수행하거나 조절하기 위하여 물질의 흐르는 성질(flow property)을 이해하고, 이들을 정량적으로 표시하는 방법이 필요하다.

식품 자체의 흐르는 성질은 식품의 품질을 결정하는 중요한 요소로 작용한다. 유체식품, 반고체 식품, 고체식품 모두 입 속에서 가해지는 힘에 대하여 구성성분이 깨어지거나, 흐르는 성질에 의해 특징적인 조직감(texture)을 나타내게 된다. 이와 같은 외부의 힘에 대한 물질의 변형과 흐름의 특징을 구명하고, 그 정도를 정량적으로 표현하는 학문분야를 **유체 변형학**(rheology)이라고 하며, 식품의 조직감에 관한 연구의 기초가 된다.

파이프(도관, pipe)를 통하여 흐르는 유체의 흐름은 비교적 쉽게 구명할 수 있다. 이때는 흐름의 상황에 따라 적용될 수 있는 많은 실험결과와 간단한 경험식이 있다. 그러나 용기나 장치 내부에서의 유체의 흐름을 정량적으로 구명하는 일은 대단히 복잡하고 어려운 일이다.

예를 들어 통조림 내부에서의 식품의 흐름, 교반기에 의한 유체의 흐름, 반죽기나 압출 성형기 내부에서의 흐름현상, 증류기, 여과기, 농축기 내에서의 유체의 이동현상 등은 매우 다르게 나타나 여러 가지 변수가 서로 복잡하게 작용한다.

유체흐름의 현상은 1차적으로 운동량 전달현상(momentum transport)에 관한 이론으로 설명된다. 식품재료를 구성하고 있는 분자구조에 의한 복잡한 유동(流動) 특성인 유체 변형성(rheological properties)과 작용하는 힘의 크기, 속도, 작용시간, 온도 등을 규정하게 되는 장치의 구조와 용도에 의하여 흐름의 형태가 결정된다.

식품산업에서의 유체를 취급할 경우 크게 유체를 저장할 때처럼 정지된 상태에서 일어나는 문제를 다루는 분야를 **유체의 정역학**(靜力學)이라고 한다. 그리고 유체식품의 흐름을 다루는 문제를 **유체의 동력학**(動力學)이라고 한다. 유체역학은 식품산업 뿐만 아니라 여러 제조업에서 매우 중요하게 취급되는 단위조작 중의 하나이다. 유체의 취급에는 다음과 같은 내용을 다루게 된다.

① 유체 흐름에 대한 저항과 유체 취급 장치에 대한 응용
② 식품가공 중에 일어나는 유체식품의 취급이나 물성학적인 특성

1. 유체의 정역학

식품산업에 사용하는 원료, 반제품 또는 완제품이 유체일 때는 탱크(곡물인 경우는 사일로)에 저장하게 된다. 이때의 유체는 움직이지 않기 때문에 유체 정역학(流體靜力學, fluid statics)이 적용된다. 주로 탱크에 담겨진 유체는 유체의 밀도, 양, 압력과의 관계로 설명된다.

그림 4-1과 같은 원통형의 탱크에 z만큼의 높이로 밀도 ρ인 유체가 담겨 있다고 하자. 이때 탱크 밑면에 작용하는 힘(F)은 중력 가속도(g)에 의하며, 질량(m)은 체적(V)에 밀도(ρ)를 곱한 값과 같다. 이를 식 (4-1)과 같이 나타낼 수 있다.

$$F = m g = V \rho g \tag{4-1}$$

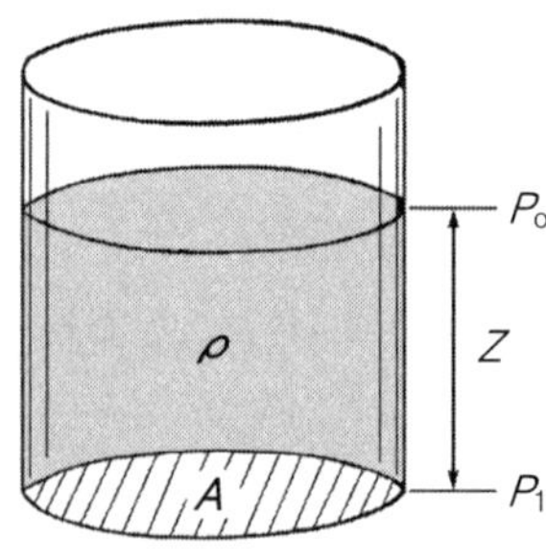

그림 4-1. 탱크 속의 유체

용기 속 유체의 질량을 m이라고 하면 탱크 바닥에 작용하는 힘은 Newton의 법칙에 따라 식 (4-1)과 같으며, 식에서 g는 중력 가속도이다. 그리고 탱크바닥 면에 작용하는 압력은 식 (4-3)과 같다.

$$P_1 = \frac{F}{A} = \frac{mg}{A} = \frac{(zA\rho)g}{A} \qquad (4\text{-}2)$$

따라서 $$P_1 = z\rho g \qquad (4\text{-}3)$$

만일 탱크 수면에 이미 대기압에 해당하는 P_o의 압력이 작용하고 있다면 밑면에서의 압력 P는 P_o 만큼이 추가된다.

$$P = P_o + z\rho g \qquad (4\text{-}4)$$

식 (4-4)에서 P, P_o의 단위는 높이 z(m), 유체의 밀도 ρ(kg/m^3) 등의 사용하는 단위에 따라서 N/m^2, Pa, kg/cm^{2}로 표현된다.

대부분의 저장탱크는 대기압에서 유지되고 있으므로 P_o는 일정한 값(1 atm)을 갖는다. 저장되는 물질의 밀도 역시 저장 중에 변하지 않는다면 압력 P는 주로 유체의 높이에 따라서 결정된다. 즉 압력은 액체의 높이(液頭, fluid head)에 의해 결정된다[4]. 일반적으로 압력을 수은 또는 물의 높이로 표시하며, mmHg, cmH_2O와 같이 나타낸다.

예제 1 직경이 6 m인 원형 탱크에 비중이 0.92인 땅콩기름이 가득 채워져 있다. 탱크의 맨 윗부분의 압력을 측정하였더니 1.033 kg/cm^{2}이었다. 그러면 압력을 가장 많이 받는 부분에서의 유체압력은 얼마인가? 같은 온도에서의 물의 밀도는 1 g/cm^{3}이다.

풀 이: $P = P_o + \rho z$

$P_o = 1.033\ \text{kg/cm}^2 = 1{,}033\ \text{g/cm}^3$

$\rho = (0.92)\ (1\ \text{g/cm}^3) = 0.92\ \text{g/cm}^3$

$P = (1{,}033\ \text{g/cm}^2) + (0.92\ \text{g/cm}^3)(600\ \text{cm}) = 1{,}585\ \text{g/cm}^2 = 1.585\ \text{kg/cm}^2$

위의 예제에서 보는 바와 같이 반대로 탱크의 밑부분에 압력계를 설치하여 압력을

4) 대기압(1 atm)을 기준하였을 때 $P_o = 0$, g/gc = 1이므로 식 (4-4)에서 $P = z\rho$가 되며, $z = P/\rho$이다. 이와 같은 유체의 높이를 압력두(pressure head)라고도 한다.

측정하고, 이 압력을 높이로 환산한다면 현재 들어 있는 유체의 양을 알 수 있다. 그러나 이때 압력계기에 나타나는 압력은 계기압(gauge pressure)이며, 이것은 대기압을 기준(0)으로 하였기 때문에 절대압(absolute pressure)과는 구별된다. 따라서 계기압과 대기압이 혼동될 우려가 있음으로 표현방법을 달리하여 사용한다.

절대압력은 완전 진공상태에서 측정한 압력으로서 대기압력을 포함한 전체 압력을 의미한다. 계기압과 절대압 사이에는 다음과 같은 관계가 성립한다. 압력단위 뒤에 absolute와 gauge의 첫머리 자를 붙여 fps 단위계에서는 psia(lb/in^2 absolute, 절대압력)과 psig(lb/in^2 gauge, 계기압력)으로 구분하여 표시한다.

즉, 절대압력 = 대기압력 + 계기압력

그리고 fps 단위계에서의 대기압력은 14.7 psi(lb/in^2)이므로

$$psia = 14.7 + psig$$

의 관계가 성립한다.

만일 용기 안의 압력이 대기압보다 낮을 경우는 진공도(眞空度, degree of vacuum)로 나타낸다. 진공도는 대기압보다 얼마나 낮은가를 나타내므로 실제 용기 안의 압력은 대기압에서 진공도를 뺀 값이다. 예를 들어 통조림의 진공도가 640 mmHg라면 실제 통조림 안의 압력(= 절대압)은 120 mmHg(= 760 − 640)이다.

예제 2 표준 대기압 14.7 lb/in^2에 해당하는 물의 높이(水頭, head of water)는 얼마인가?

풀 이 : 물의 밀도 = 62.4 lb/ft^3

압력 = (14.7 lb/in^2) (144 in^2/ft^2) = 2.117 lbf/ft^2

물의 높이 = P/ρ = 2.117/62.4 = 34 ft

〈연습문제 1〉

표준 대기압 1.033 kg/cm^2에 해당하는 수은주의 높이(head of mercury)는 얼마인가? 수은의 밀도는 13.6 g/cm^3이다.

답) 76 cmHg

2. 유체식품의 동력학

유체가 관(pipe)이나 통로를 따라 움직일 때는 운동량의 이동(momentum trans-

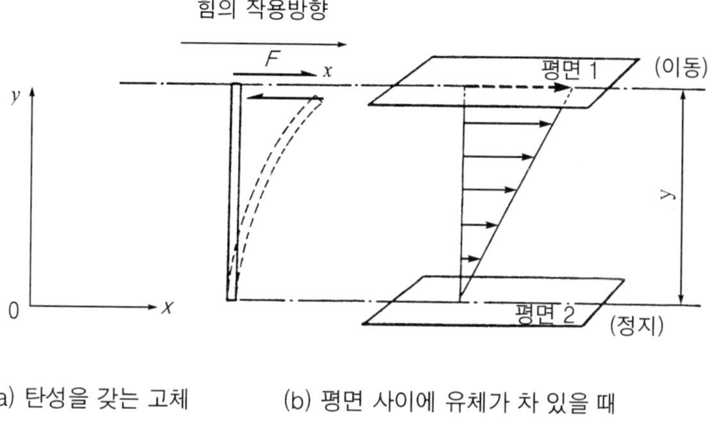

(a) 탄성을 갖는 고체 (b) 평면 사이에 유체가 차 있을 때

그림 4-2. 응력에 의한 유속의 변화

fer)으로 설명된다. 유체가 흐르기 위하여 힘의 불균형, 즉 압력차(⊿P)가 있어야 한다. 예를 들어 양동이에 물이 담겨 있다고 생각하자. 양동이 바닥의 압력은 표면보다도 크지만, 양동이 바닥에는 이 압력차(⊿P)와 똑같은 힘으로 지지하고 있으므로 물은 정지해 있다. 그러나 양동이 바닥에 구멍을 뚫으면 물을 지지해 주는 힘이 없어지므로 물은 압력 차이가 발생하여 밑으로 흐르게 된다.

압력은 항상 수직방향으로 작용하는 응력(應力, stress)이다. 이에 대하여 표면 또는 유체 면에 평행인 방향으로 작용하는 응력을 전단응력(剪斷應力, shear stress)이라고 한다. 따라서 유체를 흐르게 하기 위하여 전단응력이 필요하다.

파이프를 통하여 유체가 매우 느린 속도로 흐를 때 벽면과 직접 접촉하고 있는 유체의 속도는 0이고, 중앙 쪽으로 갈수록 속도는 증가한다. 유체를 흐르게 하는 힘은 파이프의 양쪽 끝의 압력 차이지만, 파이프의 벽면을 따라 작용하여 흐름을 방해하는 힘, 즉 마찰에 의해 이루어지는 압력차는 전단응력으로 바꾸어진다.

전단응력을 이해하기 위하여 파이프에 흐르는 유체가 많은 얇은 동심(同心) 원통으로 구성되어 있다고 하자. 그러면 전단응력에 의하여 하나의 원통은 인접해 있는 다른 원통을 미끄러져 지나가며, 원통의 속도는 파이프의 중앙에서 최대이다. 벽면 쪽으로 갈수록 점점 감소하여 벽면에서는 0이 된다. 즉 그림 4-2에서 보는 바와 같이 일정한 속도분포(velocity profile)가 형성된다. 이와 같은 현상은 유체의 층 사이에서 외부의 응력에 대항하여 서로 떨어지지 않으려는 힘, 즉 점성력(viscous force)이 존재하기 때문이다.

2.1 유체식품의 특성

모든 유체는 내부마찰(internal friction)을 가지고 있다. 유체가 흐르는 동안에 내부마찰에 의하여 유체를 흐르게 하는 원동력인 기계적 에너지를 열로 소비한다. 즉 파이프를 통하여 유체를 흐르게 하기 위하여 에너지가 필요하며, 그 에너지의 일부가 유체의 내부마찰에 의하여 소비된다. 이때에 유체의 흐름을 방해하는 힘인 점성력(viscous force 또는 shear stress)은 유체 층의 속도구배(velocity gradient, dv/dy)와 다음과 같은 관계를 갖는다.

$$\frac{F}{A} = \tau = -\mu \frac{dv}{dy} \qquad \text{(SI)} \qquad (4\text{-}5)$$

또는

$$\tau g_c = -\mu \ dv/dy \qquad \text{(fps)}$$

식 (4-5)를 **뉴톤의 점도식**(Newton's law of viscosity)이라고 한다. 여기에서 속도구배(dv/dy)를 전단속도(shear rate)라고도 하며, μ는 비례상수로서 점도(viscosity)이다. 점도의 단위는 SI 단위계에서는 $N \cdot s/m^2$로 나타내며, cgs 단위계에서는 P (poise) 또는 cP(centipoise)로, 그리고 fps 단위계에서는 lb_m/ft sec이다. 각 단위에서의 환산계수는 다음과 같다.

$$1\ P = 100\ cP = 1\ g/cm\ s = 0.0672\ lb/ft\ s$$

어떤 경우에는 점도를 유체의 밀도로 나눈 값(μ / ρ)을 사용하는 것이 편리하다. 이를 **동점도**(kinematic viscosity)라고 하며, v(nu)로 표시한다. 동점도를 나타낼 때 cgs 단위로는 st(stoke)이며, 1 cm^2/s이다.

예를 들어 20℃에서 물의 점도는 1 cP이며, 올리브기름의 점도는 84 cP, 설탕용액의 점도는 60 cP이다. 점도가 클수록 액체의 흐름성인 유동도(流動度)가 작아진다. 액체의 점도는 온도에 영향을 많이 받는다. 온도가 상승함에 따라 점도는 감소하며, 이에 따라 그 액체의 유동도가 커지게 된다.

유체의 점도가 크면 유동도가 감소하게 되는데, 보통 유동도를 나타낼 때는 점도의 역수(1/μ)로 표시한다. 일반적으로 물, 술, 청징주스와 같은 저분자물질로 된 유체는 유동도가 크다. 이와 같은 유체는 뉴톤(Newton)의 식 (4-5)에 따르기 때문에 이를 뉴톤유체(Newtonian fluid)라고 한다. 반대로 액체의 점성이 커서 이 식에 따르지 않은 유체를 비뉴톤유체(non Newtonian fluid)라고 한다.

꿀, 사과소스, 바나나퓌레(banana puree), 우유, 올리브기름 등 대부분 식품으로 이용되는 고분자물질 용액은 비뉴톤유체에 속하며, 이들은 식 (4-5) 대신에 식 (4-6)이 적용된다.

$$\tau = -m(dv/dy)^n \qquad (SI) \qquad (4\text{-}6)$$

또는

$$\tau g_c = -m(dv/dy)^n \qquad (fps)$$

식 (4-6)에서 n 값에 따라 유체의 흐름성이 달라지는데, n > 1인 경우를 dilatant 유체라고 한다. 그리고 n < 1인 경우를 pseudoplastic 유체라고 한다. 한편, 식 (4-6)에서 n = 1이며, shear rate = 0에서 τ_y의 값을 갖는 경우를 Bingham plastic 유체라고 한다. 이들 비뉴톤유체의 특징을 살펴보면 그림 4-3과 같다.

식 (4-6)에서 m을 점조계수(粘調係數, consistency coefficient), n을 유동계수(流動係數, flow index)라고 하며, 이들을 유동변수(流動變數, rheological parameter)라고 한다. 일반적으로 비뉴톤유체의 성질을 말할 때는 점도로 나타내지 않고 m, n의 2가지 수치로 나타낸다. 대표적인 여러 가지 식품의 점도와 유동변수는 부록 11에 수록하였다.

Pseudoplastic 유체는 n 값이 0 < n < 1로서 전단속도가 증가하면 겉보기 점도(apparent viscosity)가 감소하는 유체를 말하며 초콜릿, 퓌레, 채소수프 등이 여기에 속한다. Dilatant 유체는 1 < n < ∞ 로서 전단속도가 증가하면 겉보기 점도가 증가하는 유체로서 설탕용액, 녹말용액, 땅콩버터, 소시지 슬러리 등이 여기에 속한다.

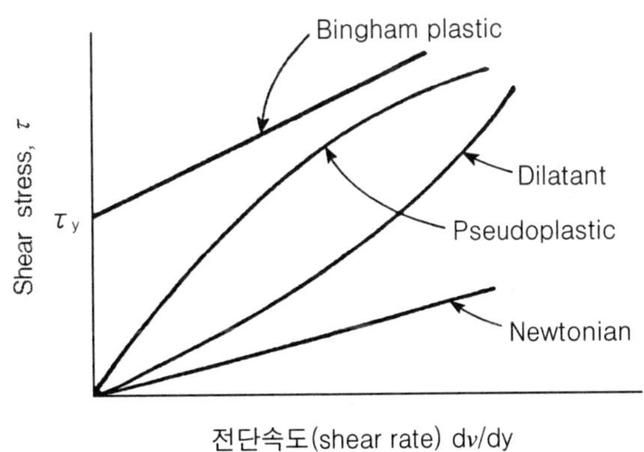

그림 4-3. 뉴톤유체와 비뉴톤유체의 속도구배에 따른 전단응력의 변화

Bingham plastic 유체는 일정한 응력 τ_y 이상을 주어야만 흐르는 유체로서 젤리, 우유의 커드(curd), 마요네즈 등은 이와 같은 흐름을 나타낸다. 여기에서 τ_y를 항복응력(yield stress)이라고도 한다.

전단응력과 전단속도와의 관계는 전단시간에 영향을 받지 않는 경우에는 식 (4-6)이 적용되지만, 어떤 유체는 m, n, τ_y가 시간에 따라 변하는 시간 의존성(time dependent fluid)의 성질을 나타낸다. 예를 들어 thixotropic 유체[5] 또는 레오펙틱 유체(rheopectic fluid)[6]는 일정한 전단속도를 주면 조직이 파괴되어 겉보기 점도(apparent viscosity)가 시간에 따라 감소하며, 이후 정지하여 두면 조직이 다시 회복하여 점도가 높아지는 유체이다.

2.2 유체의 흐름과 레이놀즈수

유리로 되어 있는 파이프 속을 흐르는 유체에 색소를 떨어뜨려 유체의 흐름상태를 주의 깊게 살펴보면 속도가 느릴 경우에는 서로 섞이지 않고 직선 모양으로 흐른다. 그러나 속도가 빨라질수록 흐르는 모양이 혼란스럽게 되며, 색소는 곧 섞이게 됨을 알 수 있다. 만일 유체가 관(pipe)을 통하여 흐를 때 그림 4-4(a)와 같이 유속(流速)의 분포가 일정하다면 이러한 흐름의 상태를 **층류**(層流, laminar flow) 또는 **점성류**(viscous flow)라고 한다. (b)와 같이 흐름의 속도나 방향이 일정하지 않는 흐름의 경우를 **난류**(亂流, turbulent flow)라고 한다.

층류에서는 유체가 서로 섞이지 않고 마치 유체의 층이 평행으로 이동하는 것처럼 흐르는 경우를 말한다. 일반적으로 직경이 작은 파이프, 상승하는 유체의 막(film),

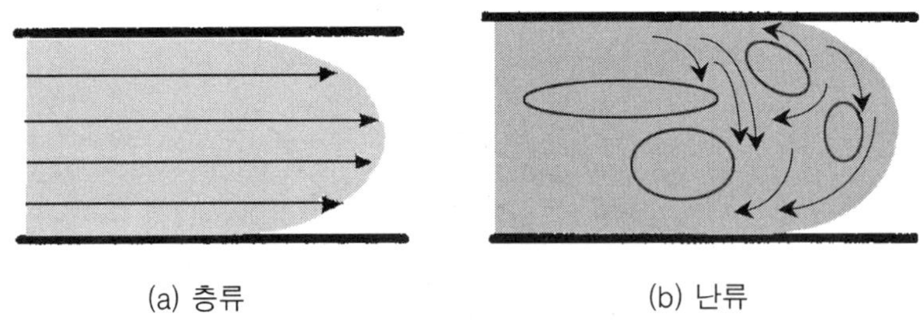

(a) 층류 (b) 난류

그림 4-4. 유체 흐름의 모양

5) 유속이 빨라졌을 때 점도가 낮아지는 특성을 갖는 유체로서 시간이 경과하면 점도와 항복치가 변화한다. 토마토 케첩, 페인트 등에서 볼 수 있다.
6) 시간의 변화에 따라 겉보기 점도가 급격히 높아지는 유체

다공성 물체를 통한 점성이 큰 유체의 흐름에서 볼 수 있다. 층류인 경우는 관 중심에 위치한 유체가 가장 빠르게 흐르며, 관 벽에 인접한 부근의 유체는 거의 흐르지 않는다. 이와 같이 관 벽 가까이에서 거의 흐르지 않는 유체층을 **라미나층**(laminar layer)이라고 한다.

파이프 속을 흐르는 유체는 일정한 속도 이상이 되면 유체가 평행하게 한 방향으로 흐르는 것이 아니라 와류(eddy)와 수직 방향의 흐름이 생겨 전체가 섞이면서 흐르게 된다. 따라서 유속이 아주 높은 난류의 경우는 관내 각 부분의 유속이 거의 같게 되며, 이러한 유체의 흐름을 피스톤 흐름(piston flow) 또는 마개흐름(plug flow)이라고 한다. Osbone Reynolds(1883)는 유체의 흐름의 모양이 유체의 속도(v), 점도(μ), 밀도(ρ), 관의 직경(D)으로 정의되는 레이놀즈수(Reynolds number, N_{Re})에 의하여 결정됨을 알았다. N_{Re}는 무차원량(dimensionless group)으로 다음 식과 같이 나타낸다.

$$N_{Re} = \frac{D \rho v}{\mu} \tag{4-7}$$

여기에서 D는 파이프의 직경, ρ는 유체의 밀도, v는 유체의 흐름속도, μ는 유체의 점도이다.

식 (4-7)에서부터 어떤 유체의 흐름상태를 계산하였을 때 N_{Re}가 2,100 이하이면 층류가 되며, 4,000 이상이면 난류가 된다. 그리고 2,100에서 4,000 사이의 흐름은 상태에 따라서 층류가 될 수도 있고, 난류도 될 수 있기 때문에 이를 중간류(transition flow)라고 한다.

예제 3 내경(內徑)이 5.25 cm인 파이프 속으로 30℃의 물이 37.85 L/min의 속도로 흐를 때 물의 흐름의 상태를 말하라.

풀 이: 레이놀즈수를 구하면 알 수 있다.

식 (4-7)을 이용한다. D, v 값은 문제에서 주어졌다. 물의 밀도와 점도의 값은 식품공학 또는 화학공학에 연관된 Handbook을 찾아보거나, 또는 부록 8 등을 이용하여 30℃에서의 값을 찾는다.

$$\text{유량속도} = \frac{37.85\ \text{L}}{\text{min}} \left| \frac{1{,}000\ \text{cm}^3}{\text{L}} \right| \frac{1\ \text{min}}{60\ \text{sec}} = 630.83\ \text{cm}^3/\text{sec}$$

D = 5.25 cm

$$v = \frac{\text{유량속도}}{\text{관의 단면적}} = \frac{630.83\ cm^3/s}{\pi\ D^2/4} = \frac{630.83\ cm^3/s}{21.637\ cm^2} = 29.16\ cm/sec$$

$\rho = 0.998\ g/cm^3$

$\mu = 0.833\ g/m\ s = 8.33 \times 10^{-3}\ g/cm\ s$

따라서

$$N_{Re} = \frac{(5.25\ cm)\ (0.998\ g/cm^3)\ (29.16\ cm/sec)}{8.33 \times 10^{-3}\ g/cm\ s} = 18{,}341$$

N_{Re}가 4,100보다 훨씬 크므로 난류이다.

〈연습문제 2〉

우유가 내경 0.0254 m인 파이프를 통하여 $2.27 \times 10^{-3} m^3/s$의 유량(流量)으로 흐르고 있다. 이때 우유의 온도가 21℃라면 이 흐름은 층류인가, 또는 난류인가?

답) 난류

2.3 유체의 흐름과 물질수지

유체가 그림 4-5와 같이 파이프 또는 공정(process) 내에서 정상상태로 흐르고 있을 때 물질수지가 성립된다. 이때 파이프의 모양에 관계없이 파이프로 유입되는 입량(入量)은 파이프로부터 나오는 출량(出量)과 같다. 즉,

$$W_1 = W_2 \qquad \text{또는} \qquad v_1\ \rho_1\ A_1 = v_2\ \rho_2\ A_2 \tag{4-8}$$

식 (4-8)을 유체흐름에서의 물질수지라고 한다. 이 식에서 W는 질량유량(mass flow rate), v는 유속(m/s 또는 ft/s), ρ는 유체의 밀도(kg/m^3 또는 lb/ft^3), A는 관의 단면적(m^2 또는 ft^2)이며, 밑의 첨자 1, 2는 두 지점(유입과 유출)의 상태를 말한

W_1 $v_1\ \rho_1\ A_1$ → 공 정 → W_2 $v_2\ \rho_2\ A_2$

그림 4-5. 유체흐름 중의 물질수지

다. 만일 이 유체가 비압축성 유체(incompessible fluid)일 때 ($\rho_1 = \rho_2$)는 관 속으로 들어갈 때와 나올 때의 밀도 변화가 없으므로 식 (4-9)와 같이 나타낼 수 있다.

$$v_1 A_1 = v_2 A_2 \tag{4-9}$$

식 (4-8), (4-9)는 다음 예제 4와 같이 유입 또는 유출되는 유체의 양, 속도 등을 산출하는 데 사용된다. 그리고 부분 1과 부분 2의 파이프 안지름을 D_1과 D_2라고 하면 식 (4-10)과 같이 유속은 파이프 안지름의 제곱에 반비례한다.

$$\frac{v_1}{v_2} = \frac{D_2^2}{D_1^2} \tag{4-10}$$

예제 4 버터를 제조하기 위하여 착유한 우유에서 지방질을 분리할 필요가 있다. 이때 크림분리기를 사용하여 크림과 탈지유(skim milk)로 분리한다. 우유(비중 1.035)를 내경(內徑) 5 cm인 관을 통하여 크림분리기에 0.2 m/s의 속도로 주입하여 탈지유와 크림으로 분리하고자 한다. 탈지유와 크림이 각각 1.90 cm 관들을 통하여 유출된다고 할 때 탈지유와 크림의 유출속도는 각각 얼마인가? 단 탈지유와 크림의 비중은 각각 1.04와 1.01이다.

풀 이: 우선 크림의 분리공정을 다음 그림과 같이 나타내어 물질수지식을 작성한다.

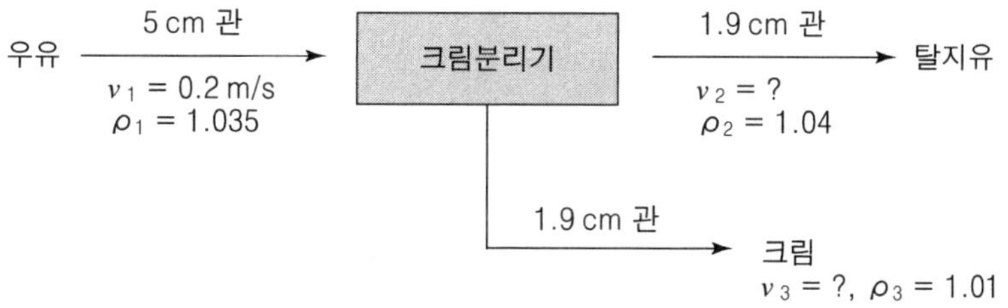

$$v_1 \rho_1 A_1 = v_2 \rho_2 A_2 + v_3 \rho_3 A_3 \tag{1}$$

입량의 용적과 출량의 용적도 같기 때문에

$$v_1 A_1 = v_2 A_2 \tag{2}$$

식 (1)과 식 (2)에서부터

$$v_1 (\rho_1 - \rho_2) A_1 = v_3 (\rho_3 - \rho_2) A_3 \tag{3}$$

그런데 $A_1 = (\pi/4)(0.05)^2 = 1.96 \times 10^{-3} m^2$

$A_2 = A_3 = (\pi/4)(0.019)^2 = 2.85 \times 10^{-4} m^2$

$v_1 = 0.2$ m/s, $\rho_1 = 1.035$, $\rho_2 = 1.04$, $\rho_3 = 1.01$

이들을 전부 식 (3)에 대입하여 풀면 $v_3 = 0.217$ m/s이고, 이를 식 (2)에 대입하면 $v_2 = 1.16$ m/s를 얻을 수 있다.

예제 5 물이 내경 0.15 m인 파이프를 20 m/min로 흐르고 있다. 파이프 내경이 0.3 m로 증가하였다면 이 부분에서의 유속과 질량유량을 구하라.

풀 이: 질량유량 : $W = v\rho A = (20)(1{,}000)(\pi)(0.15/2)^2 = 353.25$ kg/min

유 속 : 식 (5-10)에서 $20/v_2 = (0.3)^2/(0.15)^2$

$v = 5$ m/min

2.4 유체의 흐름과 에너지 수지

유체의 흐름에서 또 하나의 중요한 사항은 에너지 보존의 법칙이 성립된다. 그림 4-6에서 보는 바와 같이 유체가 1의 상태에서 2의 상태로 이동할 때 단위질량이 갖는 위치에너지, 운동에너지, 압력에너지 등과 같은 에너지의 형태는 변하여도 에너지의 전체의 합은 일정하다.

이와 같은 관계식은 식 (4-11)에 의하여 정의되며, 이 식을 **베르누이**(Bernouilli)**의 식**이라고 한다.

$$\Delta zg + \Delta \frac{v^2}{2} + \Delta \frac{P}{\rho} = 0 \qquad (4\text{-}11)$$

또는

$$z_1 g + \frac{v_1^2}{2} + \frac{P_1}{\rho} = z_2 g + \frac{v_2^2}{2} + \frac{P_2}{\rho}$$

식 (4-10)에서 z는 높이, v는 속도, P는 압력, ρ는 밀도를 나타내며, Δz는 상태 1과 2 지점에서의 높이의 차($z_2 - z_1$)를 의미한다. 이때 $\Delta z g$ 항을 위치두(位置頭, potential head), $\Delta v^2/2$ 항을 속도두(速度頭, velocity head), $\Delta P/\rho$ 항을 압력두(壓力頭, pressure head)라고 한다. 이들 각 항은 에너지의 단위를 가지며 J/kg, $ft\text{-}lb_f/lb_m$이다.

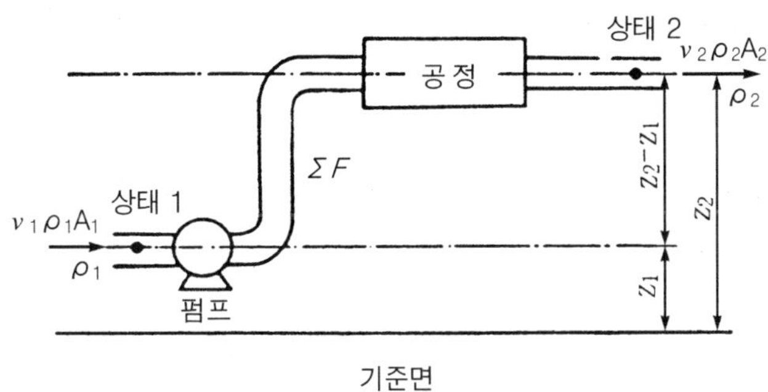

그림 4-6. 관속 유체의 에너지 수지 설명도
(전재근, 식품공학)

Bernouilli 식은 유체가 흐르는 과정에서 마찰이나 어떠한 일을 하지 않을 때, 즉 내부 마찰이 없는 이상적인 상태에서 적용될 수 있다.

예제 6 저수(貯水) 탱크의 용량이 매우 커서 수위가 항상 일정하게 유지된다. 이 저수탱크 수면으로부터 5 ft가 되는 곳에 직경 1 in의 구멍이 뚫려져 있어 물이 유출되고 있다면, 이때 유출속도는 얼마가 되는가? cgs와 SI 단위를 사용하여 계산하여 보아라.

풀 이 : Bernouilli 식인 식 (5-10)이 적용된다. 1과 2의 점을 기준으로 볼 때

$v_1 = 0$ (탱크 수면은 움직이지 않으므로)

$\Delta z = z_2 - z_1 = 5$ ft (= 1.52 m)

$\Delta P = P_2 - P_1 = 0$ (두 지점이 대기압에 해당)

$\rho_1 = \rho_2$, $g/g_c = 1$ 이므로

$\Delta \rho = v_2^2/2g_c$ 에서

$$v_2 = \sqrt{2\,g_c \Delta z} = \sqrt{2 \times 32.2 \times 5} = 18 \text{ ft/sec}(= 5.47 \text{ m/s})$$

유출량 W는 $W = (\pi/4)(D_2)\,v_2 = (3.14/4)(1/12)^2(18) = 0.098 \text{ ft}^3/\text{s}$
$= 0.0028 \text{ m}^3/\text{s}$ (SI 단위로 환산하였을 경우)

예제 7 저수(貯水) 탱크의 수위(水位)가 출구 파이프보다 4.7 m 높다. 출구 파이

프의 직경이 1.2 cm라면 파이프를 통하여 흘러나오는 유량은 얼마인가?

풀 이: $v = \sqrt{2\,gz} = \sqrt{2 \times 9.81 \times 4.7} = 9.6$ m/s
$A = (\pi/4)\,D^2 = (\pi/4)\,(0.012)^2 = 1.13 \times 10^{-4}\ m^2$
$Av = (9.6)\,(1.13 \times 10^{-4})\ m^3/s = 1.08$ kg/s

실제로 유체의 이동은 파이프, 장치 등을 통과할 때 펌프를 사용하기도 한다. 그리고 유체가 흐르는 동안에 가열되거나 또는 냉각되기도 한다. 또한 마찰에 의하여 에너지를 잃기도 한다. 이와 같은 경우는 Bernoulli의 식을 적용할 수 없다. 이때에는 기계적 에너지(mechanical energy), 열에너지(heat energy), 마찰에너지(friction energy)가 관여하는 총에너지 수지(total energy balance)의 식 (4-12)이 적용된다. 이 식은 유체식품의 수송에 관계되는 수송 가능한 높이, 유체의 속도, 압력, 수송능력 등을 산출하는 데 널리 사용된다.

$$\Delta zg + \Delta \frac{v^2}{2\alpha} + \Delta \frac{P}{\rho} + \Sigma F = Q - W_s \qquad (4\text{-}12)$$

식 (4-11)에서 W_s는 유체의 흐름에 의하여 이루어지는 기계적 일(shaft work, mechanical energy)이며, ΣF는 유체가 관의 벽 등에서 마찰로 손실되는 에너지이다. Q는 유체의 흐름공정에서 투입된 열에너지이다.

여기에서 α는 운동에너지 보정계수(kinetic energy correction factor)로서 N_{Re} 수에 따라 정해지는 계수이다. 유체가 흐를 때 유체의 평균속도를 사용하여 운동에너지를 나타내므로 파이프 단면에서의 속도분포에 대한 보정인자 α를 고려하여 $\Delta v^2/\alpha$로 계산해 준다. 층류인 경우 $\alpha = 0.5$ 에 해당된다. 난류인 경우는 속도분포가 층류에서 보다 훨씬 완만하기 때문에 보통 $\alpha = 1.0$ 을 사용한다.

〈연습문제 3〉

물이 큰 탱크의 바닥에 설치된 내경(內徑) 50 mm의 파이프를 통하여 흘러나온다. 파이프의 끝은 물의 표면에서 4.57 m 아래에 있다. 유체의 마찰이 없다고 가정하고 파이프 출구의 유속을 구하라.

답) 9.47 m/s

3. 유체의 흐름과 마찰손실

앞에서 마찰이 없는 이상적인 상태에서의 유체흐름을 살펴보았다. 그러나 실제는 유체가 관이나 장치 속을 흐를 때 관 벽면과 장치와의 마찰로 에너지의 손실이 생기게 된다. 이를 **마찰손실**(friction energy loss, F)이라고 한다. 마찰손실이 생기면 관이나 장치 속의 유체에는 압력차(ΔP)가 생기게 되며, 이로 인하여 유체흐름에 영향을 주게 된다. 유체의 마찰손실은 그 유체의 속도(v), 밀도(ρ), 점도(μ), 관의 길이(L), 관의 직경(D) 등에 의하여 영향을 받는다.

$$\frac{F}{A} = \frac{f \rho v^2}{2g} \tag{4-13}$$

여기에서 F는 마찰손실, A는 단면적, f는 마찰계수(friction factor)이다.

수평으로 놓여 있는 파이프 내에 유체의 흐름을 생각하여 보자.

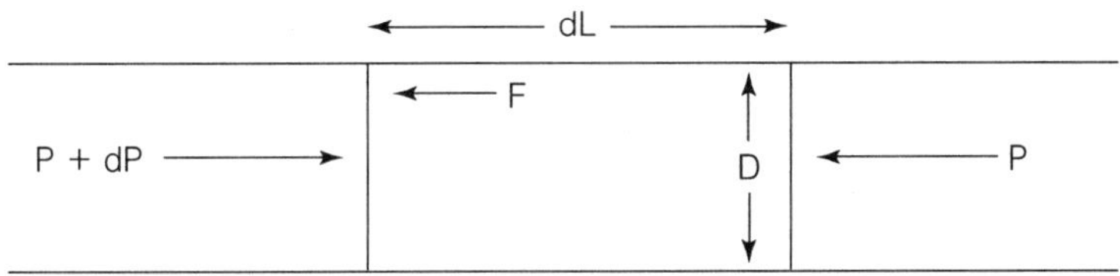

$$dP \times \text{파이프의 단면적} = dP \times \rho D^2/4 \tag{4-14}$$

$$F = (\text{파이프 벽의 표면적}) \times f \frac{\rho v^2}{2 g_c} = f \frac{\rho v^2}{2 g_c} \pi D\, dL \tag{4-15}$$

유체의 정상상태의 흐름으로 속도가 일정하므로 유체를 밀어 주는 힘과 마찰력은 같아야 한다. 식 (4-14)와 (4-15)에서 다음 관계식이 성립한다.

$$dP = \frac{\pi D^2}{4} = f \left(\frac{\rho v^2}{2 g_c}\right) \pi D\, dL$$

$$dP = \frac{4 f \rho v^2}{2 g_c} \cdot \frac{dL}{D} \tag{4-16}$$

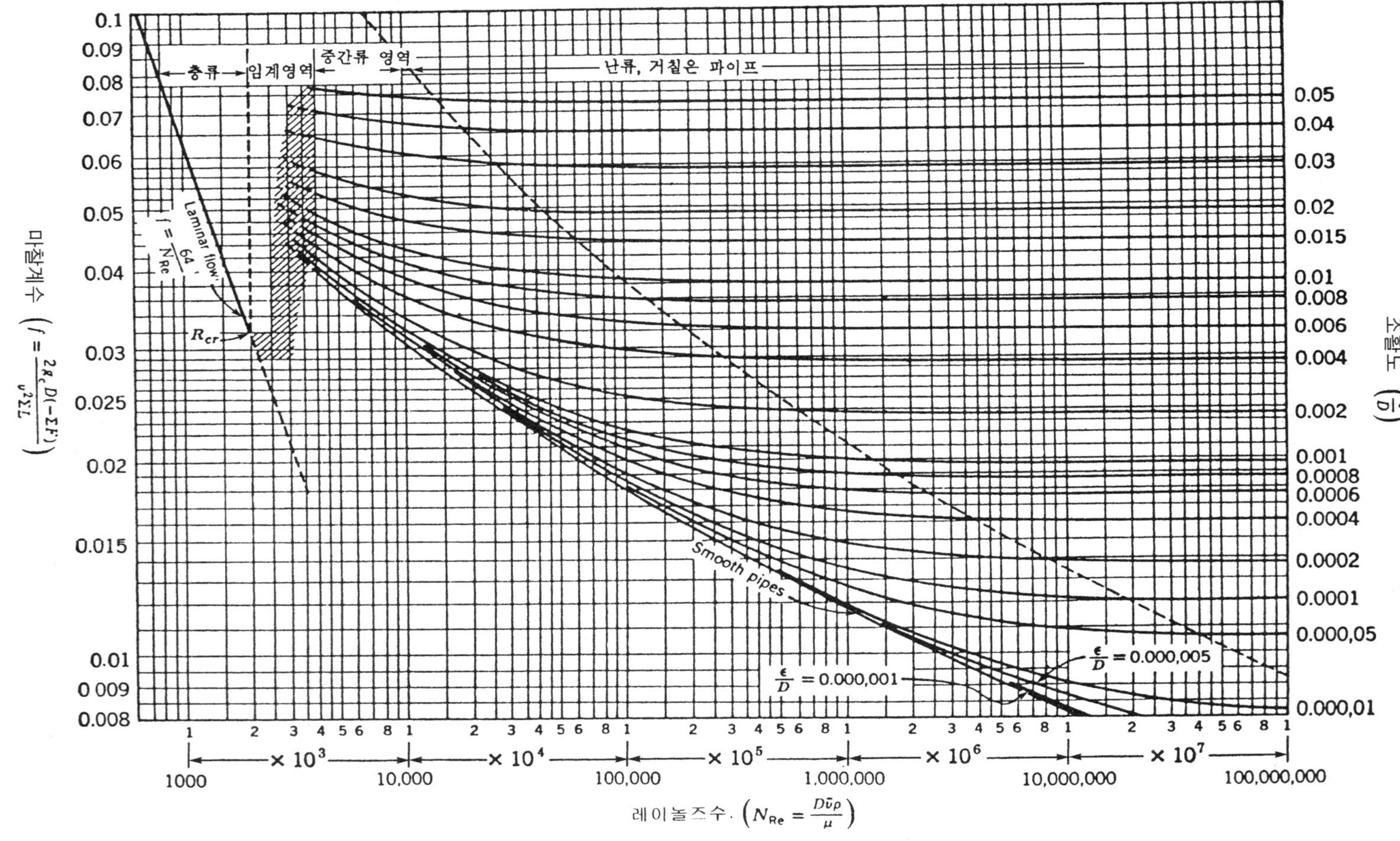

그림 4-7. 레이놀즈수와 파이프 조활도에 따른 마찰계수
(Moody, L. E., 1994, ASME, 66, 671~684)

$$P_1 - P_2 = \frac{4 f \rho v^2}{2 g_c} \cdot \frac{(L_2 - L_1)}{D}$$

$$F = \Delta P = \frac{2 f \rho v^2 L}{g_c D} \qquad (4\text{-}17)$$

식 (4-17)은 Fanning의 식이라고 한다. 파이프 속을 유체가 흐를 때 마찰에 의한 압력손실을 계산하는 데 사용하는 식으로서 층류와 난류에 다 적용할 수 있다. 그리고 층류일 때는 그림 4-7에서 보는 바와 같이 마찰계수는 파이프 벽의 거친 정도인 조활도(粗滑度, relative roughness, ε/D)에 영향을 받지 않고 레이놀즈수와 직선적인 관계를 가진다.

따라서 층류일 때는 $f = 16/N_{Re}$을 써서 마찰계수(f)를 구할 수 있다. 이를 식 (4-17)에 대입하면 Hagen-Poiseulli식인 식 (4-18)을 얻을 수 있다. 이 식은 지름과 길이를 알고 있는 파이프를 통하여 흐르는 유체의 체적유량과 압력손실을 측정함으로써 실험적으로 점도를 구하는 데 사용된다.

$$F = \Delta P = \frac{32 \mu v L}{g_c D^2} \qquad (4\text{-}18)$$

공업적으로 사용되고 있는 파이프는 공업규격에 따라 제작되고 있어서 탄소강관의 경우 치수에 따라 그 특성을 알 수 있다(부록 3). 유체의 흐름이 난류일 경우 그림 4-7에서 보는 바와 같이 마찰계수를 구하기 위하여 레이놀즈수 외에도 파이프의 조활도를 알아야 한다.

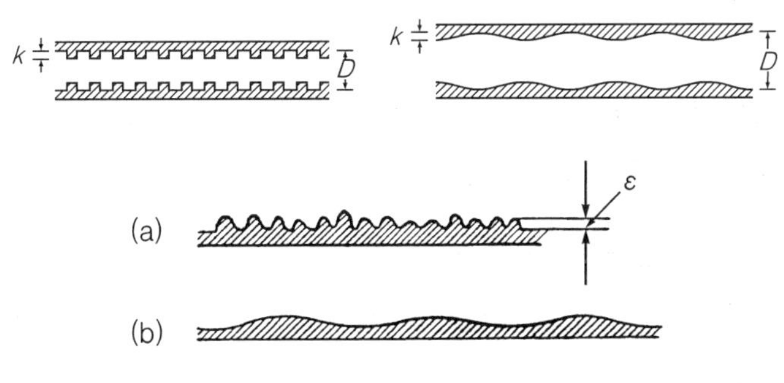

그림 4-8. 파이프 면의 조활도(거친 정도)

ε, k : roughness parameter

파이프의 거친 정도를 확대해 보면 그림 4-8에서 보는 바와 같이 2종류로 구분할 수 있다. (a)에서 보는 것처럼 거친 면 간격이 좁은 경우는 일반적인 수도관, 주철관 등이 여기에 해당한다. 아스팔트 도장관 등은 파도 모양의 거친 면을 가지며, 면 간격이 비교적 큰 (b) 형에 속한다.

파이프의 재질에 따라 조활도가 달라지기 때문에 부록 4에서 실제 해당되는 파이프의 직경과 종류를 알면 ε/D 값을 구할 수 있다. 그림 4-7에서 해당하는 값인 마찰계수(f)를 구하고, 식 (4-17)을 이용하여 마찰손실(F)을 계산한다.

예제 8 비중이 1.12인 어떤 액체가 안지름 50.8 mm인 파이프를 45.4 kg/h로 흐른다. 액체의 점도는 0.9 cP, 파이프의 길이가 1.6 km일 때 압력손실을 구하라.

풀 이: D = 0.0508 m, ρ = 1.12 × 1,000 = 1,120 kg/m^3

μ = 0.9 cP = 0.9 × 10^{-3} kg/m s

$$v = \frac{W}{A\rho} = \frac{45.4}{(\pi/4)(0.0508)^2(1{,}120)(3{,}600)} = 0.00556 \text{ m/s}$$

$$Re = \frac{(0.0508)(0.00556)(1{,}120)}{(0.9 \times 10^{-3})} = 351$$

N_{Re}가 2,100보다 작으므로 층류이다. 따라서

$$f = 16/N_{Re} = 16/351 = 0.0456$$

$$\Delta P = \frac{2 f v^2 L \rho}{g_c D} = \frac{(2)(0.0456)(0.00556)^2(1{,}600)(1{,}120)}{(9.8)(0.0508)} = 10.1 \text{ kg/m}^2$$

예제 9 안지름이 52.9 mm인 강철파이프를 통하여 20℃의 물이 20 m^3/h의 유속으로 흐를 때 마찰계수를 구하라.

풀 이: D = 52.9 mm = 0.0529 m

20℃에서 물의 밀도 ρ = 1,000 kg/m^3, μ = 1 cP = 0.001 kg/m・s

$$v = \frac{Q}{(\pi/4)D^2} = \frac{20}{(\pi/4)(0.0529)^2(3{,}600)} = 2.53 \text{ m/s}$$

Re = (0.0529) (2.53) (1,000)/(0.001) = 1.34 × 10^5 (난류)

강철파이프의 조활도 ε = 0.00015 ft = 0.000046 m

ε /D = 0.000046/0.0529 = 0.00087, 따라서 그림 5-7에서 f = 0.0215

〈연습문제 4〉

올리브기름이 20℃에서 직경 5 cm의 강철관을 통하여 0.1 m^3/min의 유량으로 170m를 운송하고자 할 때 발생되는 압력손실을 구하라.

답) 134 kPa

〈연습문제 5〉

75°F의 사과소스가 내경 2 in인 파이프를 통하여 평균 유속 10 ft/s로 흐를 때 마찰계수를 구하라.

답) f = 0.0045

마찰손실은 식 (4-17)에서 볼 때 $v^2/2$의 속도두(速度頭) 항을 포함하고 있기 때문에 속도두 손실계수(Kf)로 나타내기도 한다. 이와 같은 두손실(頭損失)은 수평관에서만 일어나는 것이 아니다. 관의 급격한 확대 또는 축소와 이외로 엘보우(elbow), 티이(tee), 밸브(valve) 등의 관 부속품을 부착했을 때이거나, 어떤 장치를 통과할 때도 생긴다. 흔히 두손실은 같은 크기의 두손실을 주는 수평관의 길이로서 나타내며, 이를 그 관 부속품의 상당길이(equivalent length, L_e/D)라고 한다.

부록 5는 각종 관 부속품의 두손실에 따른 관의 상당길이를 나타내었다. 또한 관의 급격한 확대나 축소에 따라 저항계수(K) 값을 부록 5에서 알 수 있다. 관의 연결 상태에 따라서도 마찰손실이 크게 차이가 있음을 알 수 있다. 그리고 K 값과 내경(d)과의 관계에서 관의 상당길이(L) 값을 구할 수 있다. 따라서 유체수송을 위하여 관 부속품을 사용할 때는 마찰손실이 최소가 되도록 모든 부분에 세심한 배려를 할 필요가 있다.

대부분의 유체 수송장치는 여러 가지 규격의 관과 관 부속품들을 포함하고 있다. 따라서 이들로부터 생기는 마찰손실의 합을 구하고, 이를 식 (4-12)의 ΣF에 대입하여 필요로 하는 값을 구한다면 유체를 운송하는 데 필요로 하는 소요동력을 계산하는 일이 가능해진다.

4. 유체의 수송장치

유체를 수송하는 데는 관(pipe), 관 부속품, 펌프 등이 필요하다. 이들에는 여러 가지 유형이 있다. 식품산업에서 주로 사용되는 것을 살펴보면 다음과 같다.

4.1 관과 관 부속품

관(pipe)에는 철관(iroln pipe), 강관(steel pipe), PVC, 고무관 등이 있으며, 식품

그림 4-9. Screwed pipe fittings

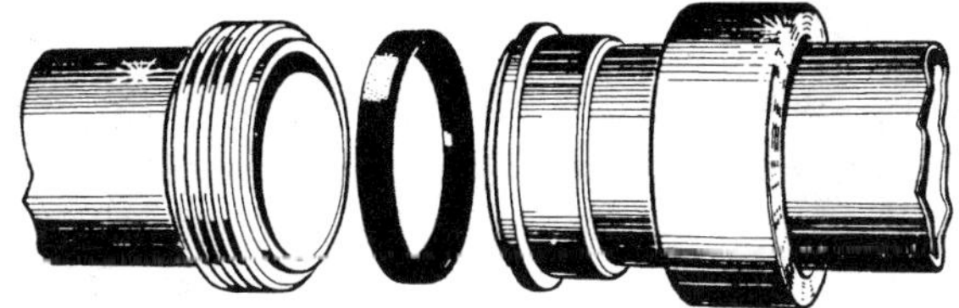

그림 4-10. 관과 관의 연결모양

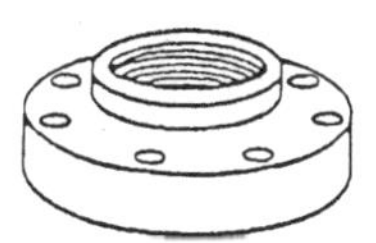

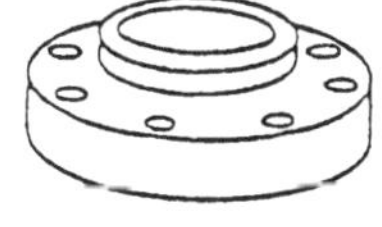

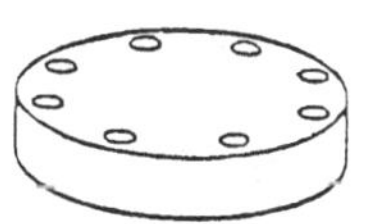

(a) Screwed flange (b) Slip-on flange (c) Blind flange

그림 4-11. Flanged joints

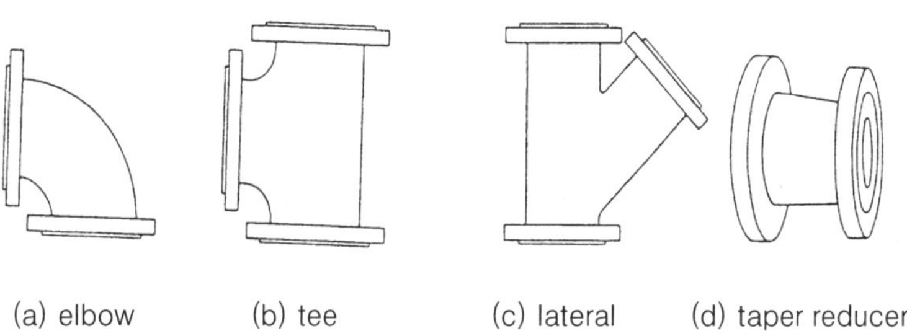

(a) elbow (b) tee (c) lateral (d) taper reducer

그림 4-12. Flanged fittings

산업에 널리 쓰이는 위생관(sanitary pipe)으로는 스테인리스 스틸관(stainless steel pipe) 등이 있다. 이들 관은 직경, 관 벽의 두께 등이 표준화되어 있으며, 부록 6에 수록하였다.

유체수송을 위해 관을 연결하거나 방향을 바꿀 때는 여러 가지 관 부속품이 사용되고 있다. 스크루형 관 부속품은 그림 4-9에서, 관과 관의 연결 모양은 그림 4-10에서, 대형관을 연결하는 조인트(joint) 부분은 그림 4-11에서, 대형관의 피팅(fittings)

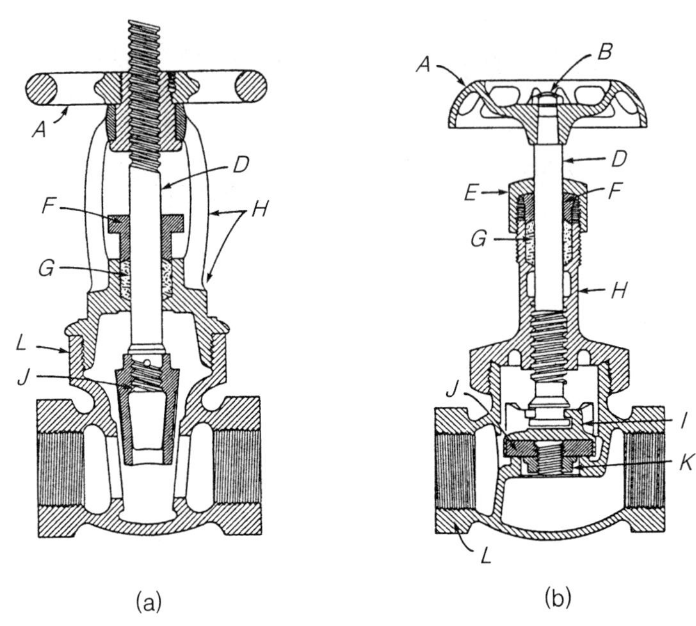

그림 4-13. 게이트 밸브(a)와 글로브 밸브(b)

A : wheel E : packing nut H : bonnet K : disk nut
B : wheel nut F : gland I : disc holder L : 본체(body)
C : 스핀들(spindle) G : packing J : 디스크(disc)

부분은 그림 4-12에서 각각 보는 바와 같다. 대표적인 관 부속품을 살펴보면 엘보우(elbow), 티이(tee), 유니온(union), 레듀서(reducer), 니플(nipple), 플랜지(flange) 등이 있다.

또한 유량의 흐름을 조절하는 밸브로는 글로브 밸브(globe valve), 게이트 밸브(gate valve), 앵글 밸브(angle valve), 체크 밸브(check valve) 등이 사용되고 있다. 대표적인 게이트 밸브와 글로브 밸브의 구조는 그림 4-13에서 보는 바와 같다.

4.2 펌 프

유체를 수송하는 장치로는 여러 가지 펌프(pump)와 팬(fan) 등이 사용된다. 유체의 성질, 수송량, 수송 높이에 따라 이에 알맞은 펌프를 선택하여야 한다. 펌프의 분류는 작동원리에 따라 보통 그림 4-14와 같이 분류한다.

대표적인 여러 가지 펌프의 구조는 그림 4-15와 같다. 피스톤(piston)과 플런저(plunger)의 왕복운동에 따른 흡인과 배출 밸브의 작동으로 유체를 흡입한 후 이를

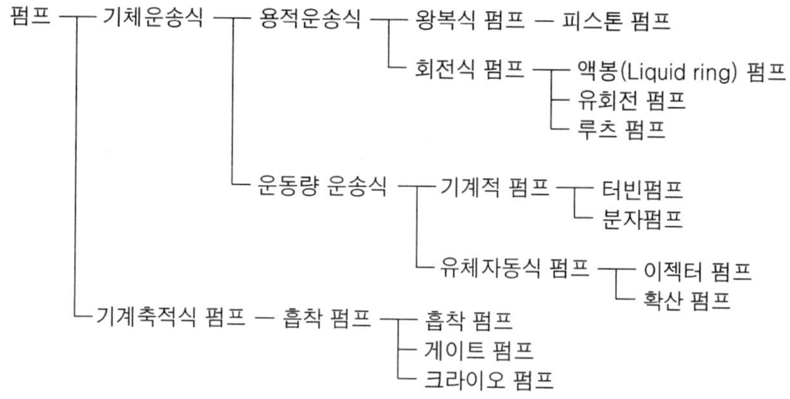

그림 4-14. 펌프의 분류
이수엽, 월간 화학장치, 1(9), 24(1993)

배출한다. 유체를 수송하는 피스톤 펌프와 플랜지 펌프는 배출압력이 높고 배출량이 일정한 특징을 가지고 있다. 회전자(rotor)가 회전하면서 유체를 배출하는 회전자 펌프는 회전자의 고속회전이 가능하고 부피가 작으며, 피스톤 펌프에서와 같은 펄스(pulse)가 없이 유체를 수송할 수 있는 장점을 가지고 있다.

원심펌프는 날개가 달린 회전자(impeller)를 회전시켜, 회전자의 중심부로 유체를 흡인하여 가속시켜 운동에너지를 압력에너지로 변화시켜 수송하는 펌프이다. 이 외로 과일과 채소의 퓌레(puree)와 같은 페이스트(paste)상의 식품을 수송하는 경우와 같이 특수한 목적으로 사용하는 연동식 펌프(peristaltic pump)와 jet 펌프, mono 펌프 등이 있다.

5. 유속의 측정

유체의 흐름에 대한 압력차, 유속과 유량 등을 측정하는 기구에는 여러 가지가 있다. 대표적인 기구로서는 오리피스 메타(orifice meter), 벤투리 메타(venturi meter), 피토 튜브(pitot tube)와 로터메타(rotameter)이다. 오리피스 메타는 그림 4-16과 같은 구조를 가지고 있다. U자형의 양쪽 사이의 압력차를 측정하고, 에너지 수지식 (4-19)를 이용하여 유속을 측정할 수 있다.

$$V_o^2 - V_1^2 = C^2\, 2\, g_c\, \nu(\rho_1 - \rho_2) \qquad (4\text{-}19)$$

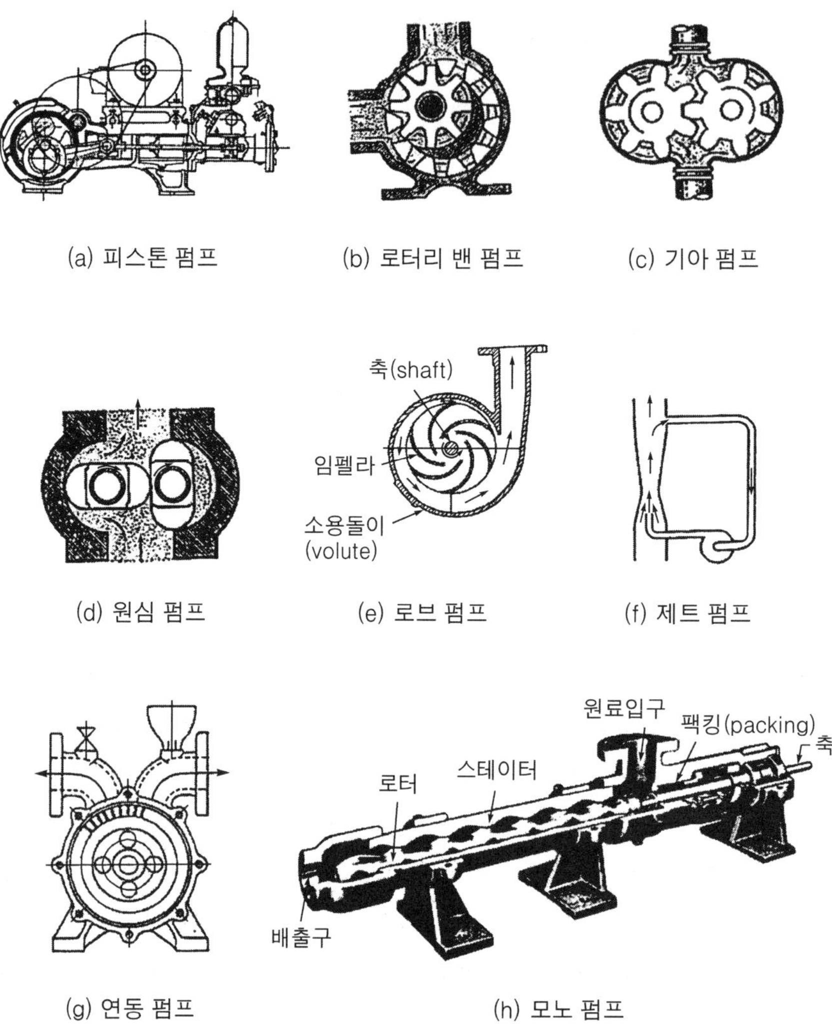

(a) 피스톤 펌프 (b) 로터리 밴 펌프 (c) 기아 펌프

(d) 원심 펌프 (e) 로브 펌프 (f) 제트 펌프

(g) 연동 펌프 (h) 모노 펌프

그림 4-15. 여러 가지 펌프의 구조

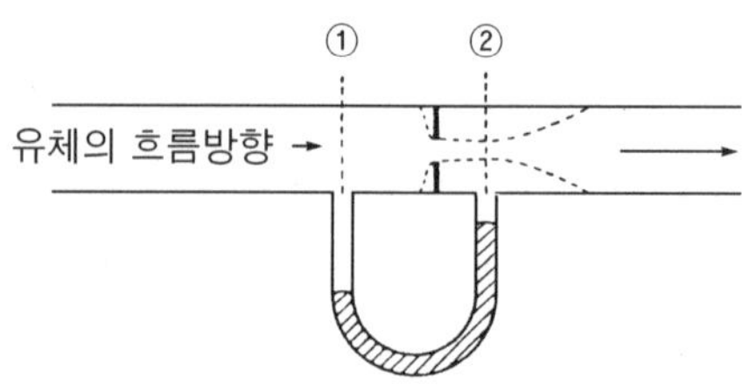

그림 4-16. 오리피스 메타

여기에서 V_0는 오리피스 메타에서의 속도, V_1은 유체(upstream)의 속도, C는 계수, ν는 단위 질량당 유체의 평균 용적, ρ_1은 ⓐ 지점에서의 유체의 정압(static pressure)이며, ρ_2는 ⓑ 지점에서 와류(vena contracta)가 발생하게 되는데, 이 부분에서의 정압이다.

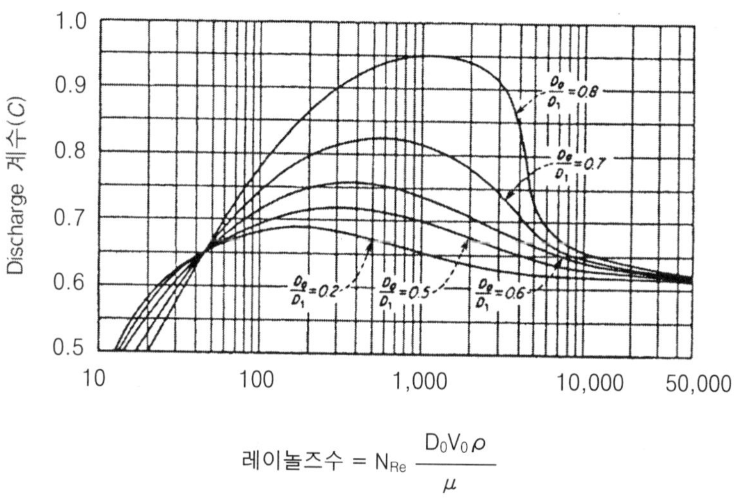

그림 4-17. 레이놀즈수와 discharge coefficient와의 관계

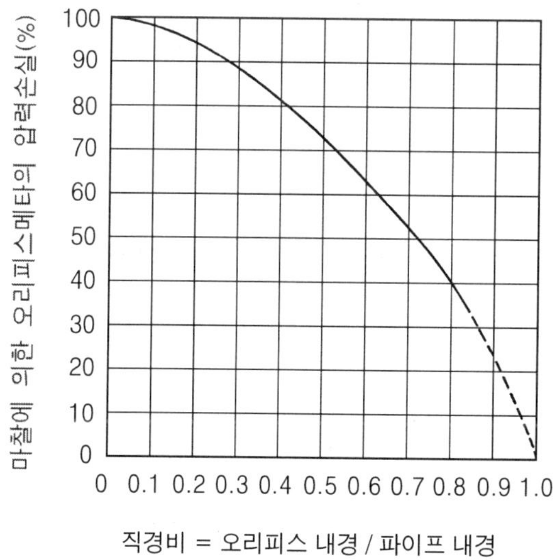

그림 4-18. 마찰에 의한 오리피스 메타의 영구적 압력손실

식 (4-19)는 유체의 흐름이 일정하였을 때에 적용할 수 있다. 관의 굵기와 오리피스 메타의 직경 사이의 비(比)를 알면 그림 4-17에서부터 계수(discharge coefficient)의 값을 구할 수 있다. 그러나 오리피스 메타에 의한 유속의 측정때에는 마찰에 의한 영구적인 압력손실을 가져온다. 그림 4-18에서 보는 바와 같이 직경비가 클수록 마찰손실이 커짐을 알 수 있다.

벤투리 메타는 오리피스 메타와 같은 원리로 제작된 것으로 그림 4-19에서 보는 바와 같다. 오리피스 메타에 비해 영구적인 압력손실을 줄일 수 있는 이점이 있다. 유속을 구하는 공식은 오리피스 메타와 같다. 피토 튜브는 점속도(point velocity)를 구하는 장치로 그림 4-20과 같다. 어떤 점에서의 유체 흐름의 속도는 식 (4-20)에 의해 구할 수 있다.

$$V = \sqrt{2\,gz} \tag{4-20}$$

예제 10 어떤 냉각장치를 통하여 0℃의 공기가 흐르고 있다. 피토 관을 설치하여 압력두의 차이를 측정하였더니 0.8 mmH_2O이었다면 공기의 유속은 얼마인가? 0℃의 공기의 밀도는 1.3 kg/m^3이다.

풀 이: $\rho_1 Z_1 = \rho_2 Z_2$에서 물의 높이를 공기의 높이로 환산하면
$0.8\ mmH_2O = (0.8 \times 10^{-3})\ (1{,}000/3) = 0.62\ \text{m-air}$

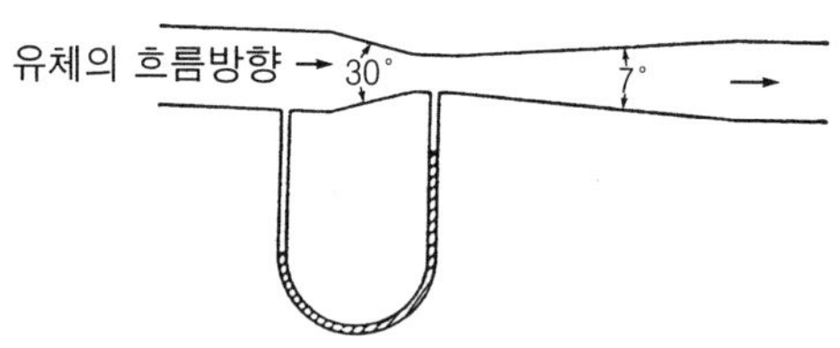

그림 4-19. 벤투리 메타

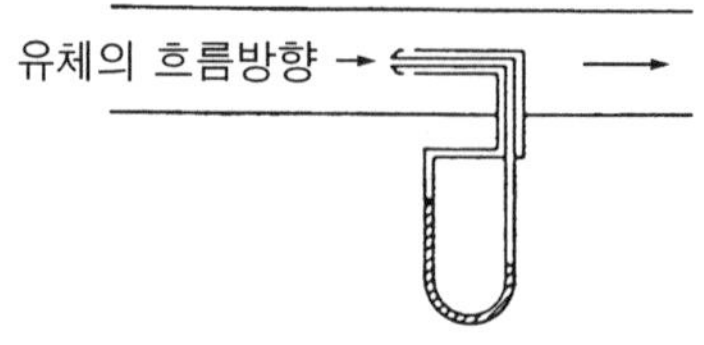

그림 4-20. 피토 튜브

식 (4-19)에서

$v^2 = 2\,g\,Z = (2)\,(0.62)\,(9.81) \qquad v = 3.5\ \text{m/s}$

로터메타는 유속을 측정하는 데 가장 널리 사용하는 장치로 그림 4-21과 같은 구조를 가지고 있으며, 식 (4-21)에 의해 유속을 구할 수 있다.

$$V_o\,S_o = q = S_o\,C\,\sqrt{\frac{V\rho\,2\,g(P\rho - P)}{S\rho\,[1-(S_o/S_1)^2]\,P}} \tag{4-21}$$

여기에서 $V\rho$: 추(plummet)의 용적 $S\rho$: 추의 최대 단면적

$P\rho$: 추의 밀도 ρ : 유체의 밀도

V_o : 유체의 속도

S_o : 추와 로터메타 관 사이의 유효 단면적

S_1 : 로터메타 관내의 단면적이다.

정지된 유체의 양을 측정할 때는 그림 4-22에서 보는 바와 같이 저장탱크에 연결된 유리관에 나타난 수위를 직접 읽거나(a), 부자를 이용하거나(b), 또는 압력계를

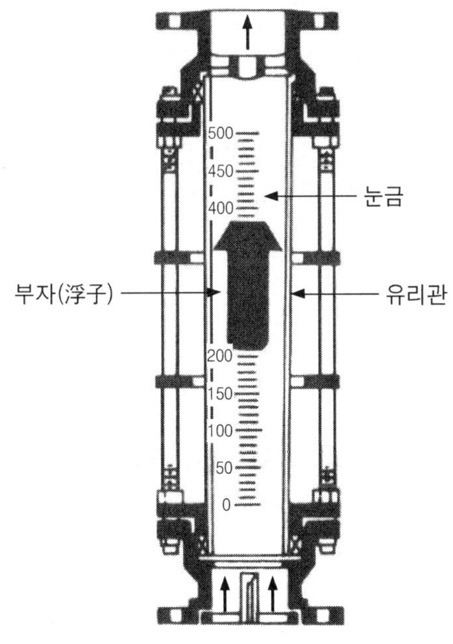

그림 4-21. 로터메타의 구조

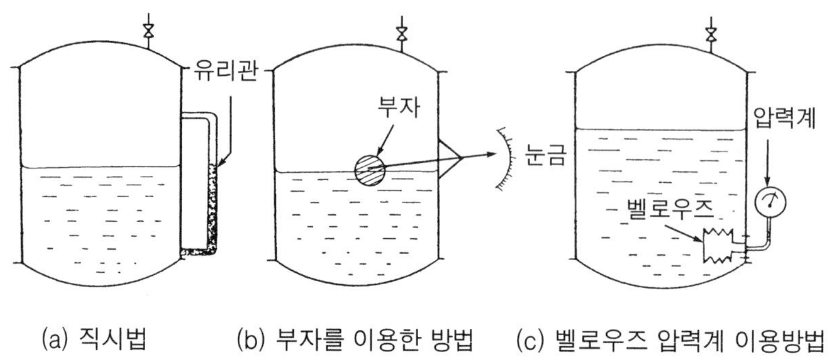

그림 4-22. 여러 가지 액량의 측정방법

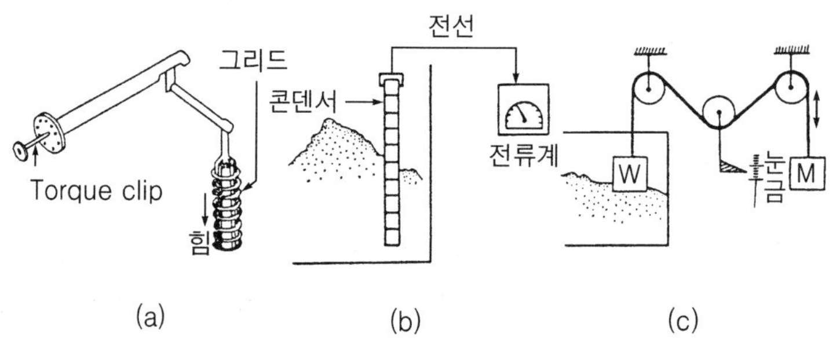

그림 4-23. 분체와 입체의 용량 측정방법

(a) 탱크 속의 분립체가 그리드(grid)를 누르는 힘이 연결대를 통하여 토크 칩(torque chip)에 전달시켜 측정하는 토크 측정법
(b) 분립체가 가지고 있는 정전기를 분할 콘덴서로 측정하며, 이때 콘덴서의 측정량은 콘덴서 막대를 덮은 높이에 비례한다.
(c) 추 W를 탱크 속에 설치하고 M을 아래위로 움직여 탱크 속 물체의 높이를 눈금으로 읽는다.

사용하여(c) 측정한다. 그리고 사일로에 들어 있는 분체나 입체(粒體)를 측정할 때는 그림 4-23에서와 같은 방법을 사용하면 알 수 있다.

〈연습문제 6〉

U-tube를 사용하여 진공증발기 내의 압력을 측정하였더니 대기압보다 25 cmHg가 낮았다. 증발기 내의 절대압력은 얼마인가? 대기압은 76 cmHg이며, 수은의 비중은

13.6이다.

답) 0.69 kg/cm^2

〈연습문제 7〉

비중이 1.02이고, 점도가 100 cP인 어떤 유체를 100 L/min로 운반하기 위하여 펌프의 압력을 얼마로 하여야 할까? 유체는 45.72 cm 위생관으로 파이프의 끝은 공기 중에 노출되어 있고, 같은 수위로 50 m 길이의 직선으로 되어 있다.

답) P = 211,699 Pa gage

〈연습문제 8〉

우유의 점도는 2 cP이며, 비중은 1.01이다. 직선인 30.48 cm 위생관을 통하여 같은 수위로 11.355 L/min 속도로 수송하고자 할 때 압력손실($\varDelta P$)을 계산하라.

답) $\varDelta P$ = 53.79 Pa = 0.0078 (lb/in^2)/ft pipe

〈연습문제 9〉

밀도가 1.07 g/cm^3이고, 고형물량이 11.9%인 복숭아 퓌레의 점조계수(fluid consistency index)는 72 dyne · s/cm^2이며, 유동계수 n은 0.35이다. 직선인 2.54 cm 파이프를 통하여 같은 수위로 189.3 L/min 속도로 수송하려고 할 때 압력손실을 계산하라.

답) $\varDelta P$ = 42.883 kPa/m

제 5 장

식품산업과 열전달

식품의 저장이나 가공공정에는 냉각, 동결, 해동(解凍), 가열살균, 농축, 건조 등의 열전달 조작이 관여하는 경우가 많다. 특히 성분이 일정하지 않은 생체조직을 원료로 하는 식품산업에서는 열전달 조작에 의해 복잡한 물리적・화학적・생화학적인 여러 가지 변화가 분자 또는 조직 수준에서 동시에 일어난다. 이는 가공제품에 미묘한 영향을 주기 때문에 특별한 주의를 필요로 한다.

식품에 열을 처리하여 가공하는 공정을 **열처리 공정**(thermal process)이라고 한다. 이 공정에서 이루어지는 열전달(熱傳達, heat transfer)은 가정에서 이루어지는 식품의 조리에서부터 공업적인 열처리까지 다양한 분야에 흔히 볼 수 있는 현상이다. 점차 에너지의 가격 상승에 따라 식품을 가열하거나, 냉각하는 과정에서 효율적인 열 이용을 위하여 열전달 기작(heat transfer mechanism)을 이해할 필요가 있다.

식품산업에 있어서의 열처리 공정에는 거의 모든 가공식품의 물리적・화학적인 성질을 변화시키거나 경우에 따라서는 저장성을 향상시키기 위하여 이용된다. 여기에는 크게 식품을 가열하는 경우, 그리고 이와 반대로 식품을 냉각하는 경우가 있다.

예를 들어 신선한 청과물, 육류, 우유 등은 저장성을 향상시키기 위하여 냉각시켜 저장한다. 캔디와 빵 등은 가열에 의하여 색깔과 맛을 생기게 한다. 통조림을 제조할 경우는 식품에 부착한 미생물을 열처리로 사멸시켜 오랜 기간 동안 저장할 수 있도록 한다.

또한 녹말의 호화, 단백질의 응고, 미생물의 살균, 각종 효소반응의 조절, 식품의 증류・농축・추출・건조 등은 열처리와 직접적인 관계가 있다. 열처리를 하는 경우 열원(熱源)으로부터 식품까지 필요한 열량을 알맞은 속도로 전달해 주어야 한다. 이를 위하여 열 이동현상(heat transfer phenomena)에 관한 지식이 필요하다. 열전달을 이해하는 데 가장 기본이 되는 것은 열역학(熱力學)이며, 식품산업에 있어서의 열전달에 대하여 알아보자.

1. 식품의 열전달

식품에 열이 전달되는 형태에는 전도(傳導, conduction), 대류(對流, convection), 복사(輻射, radiation)의 3가지 방법에 의하여 이루어진다. 실제로 대부분의 열전달은 어떤 하나의 방법에 의해 이루어지는 경우보다는 이들의 혼합된 형태로 이루어지는 경우가 많다.

전도는 고체 사이의 분자이동에 의해 이루어지며, 대류는 유체(流體) 내의 분자집단의 이동현상으로 이루어진다. 대류에 의한 열 이동에는 유체 내의 분자가 열에너지를 받아 비중이 차이가 생김으로써 자연적인 분자집단의 이동에 의해 일어나는 자연대류(natural convection), 그리고 외부에서 어떤 힘을 가하여 전열속도를 빠르게 하는 강제대류(forced convection)로 구분된다. 예를 들어 관(pipe) 속의 유체를 펌프로 이동시키거나, 용기 중의 유체를 교반하여 이동시키는 것과 같이 기계적으로 유체를 이동시킬 때 일어나는 열전달을 **강제대류**라고 한다.

고체, 액체 또는 어떤 종류의 기체는 열에너지를 전자파(electromagnetic wave)로 방출한다. 이 전자파는 서로 떨어져 있는 다른 물질에 흡수되어 다시 열에너지로 바꾸어진다. 이와 같은 열전달을 복사라고 하며, 열을 운반하는 매체가 필요하지 않는 점에서 전도, 대류와는 구분된다.

실제 열전달 현상이 대부분 열전달 형태가 독립적으로 일어나기보다는 동시에 복합적으로 진행되기 때문에 수학적 취급이 대단히 복잡하거나 불가능한 경우가 흔히 있다. 따라서 열의 이동현상에 대한 수학적인 이론을 엄밀하게 적용한다는 것은 곤란하여 대부분 경험적인 사실에 근거를 두고 있다.

열에너지는 온도가 높은 곳에서 낮은 곳으로 이동되고, 단위시간에 이동되는 열량을 **열전달 속도**(heat transfer rate)라고 한다. 열전달 속도는 2곳 사이의 온도구배(temperature gradient)에 비례하므로 이 온도구배는 열전달 속도에서 구동력(driving force)이 된다. 이 구동력은 열의 흐름을 방해하는 저항을 극복할 수 있는 힘이 된다. 따라서 열전달 속도는 다음과 같이 나타낼 수 있다.

$$\text{열전달 속도} = \frac{\text{구동력(driving force) : 온도차}(\Delta t)}{\text{저항(resistance) : 매체의 열 흐름에 대한 저항}}$$

열이 전달되는 도중에 어떤 물체에 열의 축적이 없다면 열전달 속도(heat transfer

rate)는 시간의 변화에 상관없이 일정하게 유지되어 정상상태(steady state)를 유지하게 된다. 그러나 만일 도중에 열의 축적이 발생하면 전달속도는 시간에 따라 변화하게 된다. 열전달 속도가 시간에 따라 변화할 경우를 비정상상태(unsteady state)의 열전달이라고 한다.

실제 대부분의 공정에 있어서는 열전달이 비정상상태 형태로 이루어져 그의 해석이 간단하지 않다. 우선 각 열전달 형태에 따른 정상상태의 열전달에 대하여 알아보자.

2. 전도에 의한 열전달

2.1 전도에 의한 열이동

전도(傳導)는 한 원자나 분자에서 옆에 있는 다른 원자 또는 분자로 열에너지가 이동하는 현상이다. 고체에서 뿐만 아니라 정지해 있는 유체의 얇은 막에서도 일어난다. 전도에 의한 열전달 현상은 물체 중의 고체분자가 열에너지를 받아 진동이 일어나 열전달이 일어난다는 설, 그리고 열에너지를 받은 전자가 유리(遊離)되며, 이때 유리된 전자에 의해 열에너지와 전기에너지가 전달된다는 설이 있다.

전도에 의한 열전달에는 일반적으로 철판, 벽돌, 냉장실의 벽, 각종 가공용기나 시설 또는 벽을 통과하여 열이 이동될 때 이와 같은 현상을 볼 수 있다. 그리고 고체 또는 반고체 식품에서의 열전달도 이에 해당된다. 열전도 현상은 물질의 모양에 따라 영향을 받는다. 그림 5-1에서 보는 바와 같은 벽돌 모양으로 생긴 장방형에서의 열이동 관계를 생각해 보자. 전도에 의하여 열이 이동될 때의 이용되는 기본법칙을 **푸우리에**(Fourier) **법칙**이라고 한다. 즉 열이동 속도는 표면적(A)과 온도차($\varDelta$T)에 비

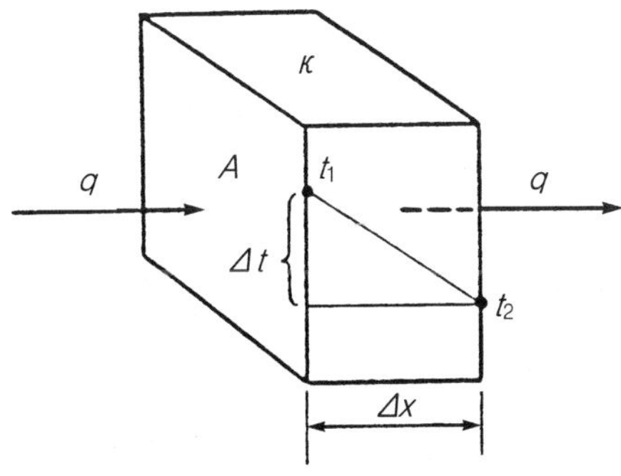

그림 5-1. 육면체 고체에서의 열전달

례하고 열이 이동하는 거리에 반비례한다. 정상상태에서 x방향으로만 열이 이동되는 경우 열전달 속도는 식 (5-1)과 같이 나타낼 수 있다.

$$q = -kA \frac{\Delta T}{x} \tag{5-1}$$

식 (5-1)에서 q는 열전달 속도(heat transfer rate ; watt, 또는 kcal/h, Btu/h), ΔT[7]는 온도차(°K 또는 ℃, °F), x는 열이 통과하는 물질의 두께(m, ft), A는 열이 통과하는 방향과 수직으로 접한 면의 면적(m^2 또는 ft^2)이다. k는 열전도도(thermal conductivity, W/m°K, Btu/ft h °F, kcal/m h ℃)라고 한다. (-) 부호는 열은 고온에서 저온으로 온도가 감소하는 방향으로 흐르므로 dt가 부(負)의 값을 가지기 때문이다.

푸우리에의 법칙에서 k는 좁은 온도 범위에서는 일정한 상수로 나타낼 수 있으나, 큰 온도 범위에서의 열전도도는 온도에 따라 다음과 같이 변한다.

$$k = a + bT + cT^2 \cdots\cdots \tag{5-2}$$

여기에서 a, b, c는 실험상수이다.

식품산업에 이용되는 여러 가지 물질의 열전도도 또는 열전도계수는 부록 6에 수록하였다. 예를 들어 알아보자. 열을 잘 전달하는 구리와 단열재(insulating material)로 사용하는 석면(asbestos)의 k 값을 보면 각각 338 W/m ℃와 0.17 W/m ℃로서, 이는 구리가 석면에 비해 약 483배 이상 열을 잘 전달시킨다는 것을 의미한다.

단열재는 일반적으로 다공성(多孔性) 구조를 가지고 있어서 섬유모양 또는 세포모양의 조직 안에 공기가 들어 있다. 정지된 공기의 열전도도는 0.023 kcal/m h ℃로 매우 낮기 때문에 공기의 작은 방울이 열전도도가 높은 물질에 들어가면 그 물질의 열전도도는 매우 작아져 공기의 열전도도와 거의 같아진다. 일반적으로 금속의 열전도도는 크며, 기체의 열전도도는 매우 작아 금속에 비하여 1/10,000 정도이다.

한편, 온도구배(temperature gradient)에 해당하는 $\Delta T/x$항은 열이 흐르는 방향 쪽으로 온도가 감소되기 때문에 일반적으로 (-) 부호로 표시한다.

예제 1 1 cm 두께의 철판의 한쪽 면의 온도가 110℃이고, 반대쪽의 온도가 90℃를 유지하였다. 철판의 열전도도가 17 W/m ℃이고, 정상상태에서 열전달이 일어난다고 가정하였을 때 철판 사이로 전달되는 열량을 계산하라.

---

7) 온도차를 나타내며, Δt로 표시하기도 한다.

풀 이: 식 (5-1)을 이용하여 계산하면

$$\frac{q}{A} = \frac{(17\ W/m℃)(110℃-90℃)}{(0.01\ m)} = -34{,}000\ W/m^2$$

예제 2 외부의 온도와 내부의 온도가 각각 20℃와 5℃인 방이 있다. 방에 달려 있는 0.635 cm 두께의 유리판 사이로 전달되는 열량을 계산하라.

풀 이: 전열 면적이 주어지지 않을 경우는 단위면적에 대하여 전달되는 열량으로 나타낸다. 유리의 열전도도 k 의 값은 0.06 W/m °K(부록 6)이며, x = 0.00635 m이므로

$$\frac{q}{A} = -k\frac{\Delta T}{x} = -(0.06)\frac{(20-5)}{(0.00635)} = -141.7\ W/m^2$$

예를 들어 주택이나 저온저장고를 신축할 경우 polystyrene foam과 같은 열전도도가 매우 낮은 단열재를 사용하거나, 2 중창을 설치하는 것은 열전달을 줄일 수 있는 방법이다. 시공(施工) 중에 끝마무리가 잘 안 되었을 경우 철근이 노출되어 있거나, 창틈 사이로 열전달이 많아져 난방 또는 저온 유지에 많은 에너지 손실을 가져온다. 특히 2 중창은 창과 문 사이에 정지된 공기(열전도도 = 0.0278 W/m ℃)로 채워져 있기 때문에 열전달이 잘 이루어지지 않아 충분한 단열효과를 얻을 수 있다.

예제 3 두께 1 cm인 합판의 한쪽은 -10℃이고, 다른 쪽은 20℃라고 한다. 합판 1 m^2를 통하여 1시간 동안에 이동되는 열량은 얼마인가? 합판의 열전도도는 0.042 J/m s ℃이다.

풀 이: $\Delta t = (-10-20) = -30℃$, $x = 0.01\ m$, $A = 1\ m^2$, $k = 0.042\ J/m\ s\ ℃$
$q = -(-0.042)\ (1)\ (-30)/(0.01) = -126\ J/s$
1시간 동안 이동되는 열량은 $-453.6\ (= -126\ J/s \times 3600\ s \times 1000^{-1})$ kW이다.

〈연습문제 1〉

25.4 mm 두께의 섬유(fiber)로 절연된 항온실이 있다. 섬유의 열전도도가 0.048 W/m°K이다. 항온실의 내부의 온도는 352.7°K이고, 밖의 온도가 297.1°K일 때 벽

면 1 m^2당 열손실을 계산하라.

〈연습문제 2〉

10 cm의 cork로 되어 있는 slab 형 물체의 한쪽 면은 -12℃이고, 반대쪽은 21℃이다. 평균 열전도도가 0.042 J/m s℃일 때 단위 면적당 전달되는 열량은 얼마인가?

답) 13.9 J/s

〈연습문제 3〉

한 변이 2 m인 정육면체의 냉장고가 두께 5 cm의 석면으로 단열되어 있다. 냉장고의 내부온도가 0℃이고, 외부온도가 30℃일 때 1일 동안에 냉장고 안으로 들어가는 열량은 얼마인가? 석면의 열전도도는 0.06 kcal/m h ℃이다.

답) 20,736 kcal/일

2.2 여러 층 벽의 열전달

냉장실과 같은 보온시설의 벽은 벽돌, 단열재, 콘크리트 등 물성이 서로 다른 여러 개의 층으로 되어 있다. 이때 열의 전달속도는 각 물질의 열전도도와 이들의 두께에 의하여 결정된다. 지금 그림 5-2와 같이 정상상태에서 열전달이 이루어진다고 하면 각 층을 통과하는 열량을 q_1, q_2, q_3라고 할 때, 이들은 식 (5-3)에서와 같이 나타낼 수 있다.

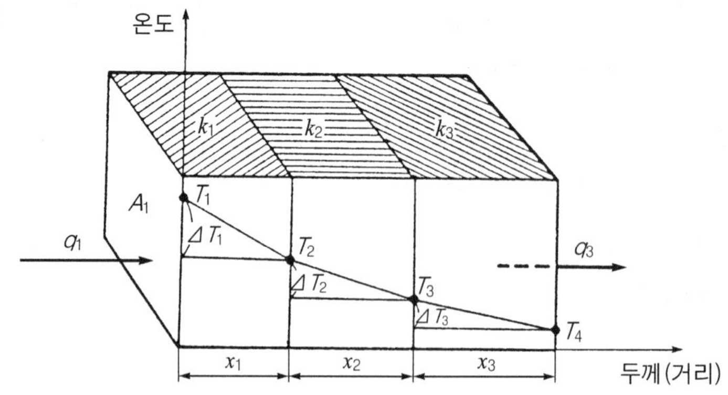

그림 5-2. 여러 층 벽에서의 열전달

$$\Delta T_1 = T_1 - T_2,\ \ \Delta T_2 = T_2 - T_3,\ \ \Delta T_3 = T_3 - T_4$$

$$q_1 = -k_1A_1 \frac{\Delta t_1}{x_1},\ q_2 = -k_2A_2 \frac{\Delta t_2}{x_2},\ q_3 = -k_3A_3 \frac{\Delta t_3}{x_3} \qquad (5\text{-}3)$$

여기에서 전열면적이 같으며, 정상상태에서의 열전달인 경우 각 층에서의 전달되는 열량은 항상 일정하므로

$A_1 = A_2 = A_3$, $q_1 = q_2 = q_3$이다.

따라서 식 (5-3)은

$$A\Delta t_1 = -q \frac{x_1}{k_1},\ A\Delta t_2 = -q \frac{x_2}{k_2},\ A\Delta t_3 = -q \frac{x_3}{k_3}$$

$$A(\Delta t_1 + \Delta t_2 + \Delta t_3) = -q \left(\frac{x_1}{k_1} + \frac{x_2}{k_2} + \frac{x_3}{k_3}\right)$$

$\Delta t = \Delta t_1 + \Delta t_2 + \Delta t_3$라고 하면

$$A\Delta t = -q \left(\frac{x_1}{k_1} + \frac{x_2}{k_2} + \frac{x_3}{k_3}\right) \qquad (5\text{-}4)$$

일반적으로 식 (5-4)에서 괄호 안에 있는 합의 역수를 총괄 전열계수(U, overall heat transfer coefficient)라고 하며, 단위는 $W/m^2\ °K$, $Btu/ft^2\ h\ °F$ 또는 $kcal/m^2\ h\ ℃$가 된다. 총괄 전열계수는 식 (5-5)와 같이 나타낼 수 있다.

$$\frac{1}{U} = \frac{x_1}{k_1} + \frac{x_2}{k_2} + \frac{x_3}{k_3} \qquad (5\text{-}5)$$

식 (5-5)를 식 (5-4)에 대입하여 정리하면 다음과 같이 쓸 수 있다.

$$q = U A \Delta t \qquad (5\text{-}6)$$

따라서 식 (5-6)으로부터 총괄 전열계수, 내벽과 외벽의 온도차를 알면 여러 층으로 된 벽에서의 열전달 속도를 계산할 수 있다.

예제 4 벽돌(12 cm), 콘크리트(5 cm), polystyrene foam(5 cm)의 3중벽으로 된 냉장실이 있다. 벽의 총면적이 20 m^2이고, 실내온도가 -2℃, 외부의 온도가 30℃일 경우 벽을 통하여 유입되는 열량을 산출하라. 단 벽돌, 콘크리

트, polystyrene foam의 열전도도는 각각 0.60, 0.67, 0.031 kcal/m h ℃이다.

풀 이: 여러 층으로 된 벽을 통한 열전달에 관한 문제이므로 식 (5-6)이 적용된다.

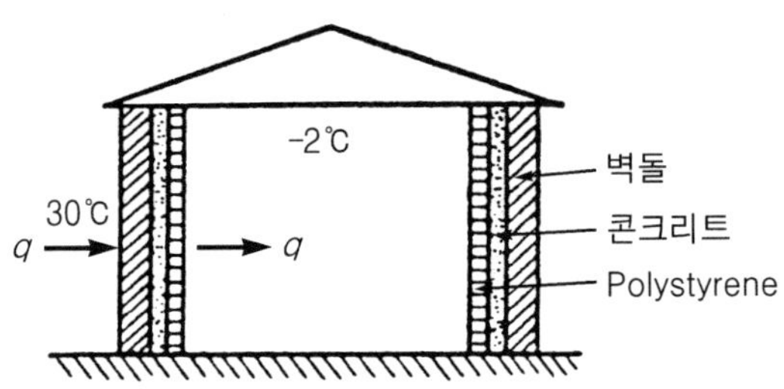

$A = 20\ m^2$, $t = 30 - (-2) = 32$℃ 및 k 값들을 식 (5-4)에 대입하면

$$\frac{1}{U} = \frac{0.12}{0.60} + \frac{0.05}{0.67} + \frac{0.05}{0.031} = 1.888$$

U = 0.53 kcal/m h ℃

이상의 값들을 식 (5-6)에 대입하면

$$q = -(0.53)(20)(32) = -339 \text{ kcal/h}$$

즉, 매 시간당 339 kcal의 열량이 벽을 통하여 유입된다.

〈연습문제 4〉

저장고의 벽면이 내부로부터 1.27 cm 두께의 소나무(k = 0.151 W/m °K)와 10.16cm 두께의 코크(cork, k = 0.0433 W/m °K), 7.62 cm 두께의 콘크리트(k = 0.762 W/m °K)로 되어 있다. 저장고 외부의 온도는 297.1°K이고, 내부의 온도는 255.4°K라고 하면 소나무 판자와 코크 판 사이의 온도와 벽면 1 m^2당 열손실을 구하라.

답) q = −16.48 W(−56.23 Btu/h), T = 256.79°K

〈연습문제 5〉

빵을 굽는 가마가 10 cm 두께의 벽돌(k = 0.22 J/m s ℃)로 되어 있다. 벽돌 사이에는 1%의 철근(k = 45 J/m s ℃)으로 이루어져 있다. 내부의 온도가 230℃이고, 외부의 온도가 25℃라면 ① 벽돌과 철근을 통하여 전달되는 열량의 비율은 얼마이며, ② 1 m^2당 손실되는 열량은 얼마인가?

답) 67%, -1,369 J/s

* 열전도도가 큰 물질을 사용하였을 경우, 이를 통하여 전달되는 열량이 상대적으로 매우 크다는 것을 알 수 있다.

〈연습문제 6〉

냉동실의 벽이 10 cm의 콘크리트벽(k = 0.744 kcal/m h ℃)과 7.5 cm의 다공성 합성수지 단열재(k = 0.045 kcal/m h ℃)로 구성되어 있다. 단열재의 내부 표면온도가 -18℃이고, 외부 표면온도가 25℃일 때 벽면 1 m^2당 열이동 속도와 두 층의 접촉면의 온도를 구하라.

답) -23.87 kcal/h, 21.8℃

2.3 파이프와 실린더벽 모양에서의 열전달

식품산업에서 실린더 모양의 물체에서 열전달 현상이 일어나는 경우는 상당히 많다. 스팀을 수송하는 스팀 파이프, 통조림을 살균하는 레토르트, 통조림, 소시지 등은 모두 실린더형 또는 원기둥꼴로 되어 있다. 이 경우도 물론 Fourier의 법칙이 적용된다. 그러나 그림 5-3과 같이 열이 이동하는 거리가 달라짐에 따라 면적이 계속 변화하는 것이 다를 뿐이다.

따라서 식 (5-1)에서 x 대신에 r을, A 대신에 r 값에 따라 변화하는 실린더의 면적을 적용하여야 한다. 이때 면적은 $2\pi(r_1)$ L에서 $2\pi(r + dr)$ L로 변화하기 때문에

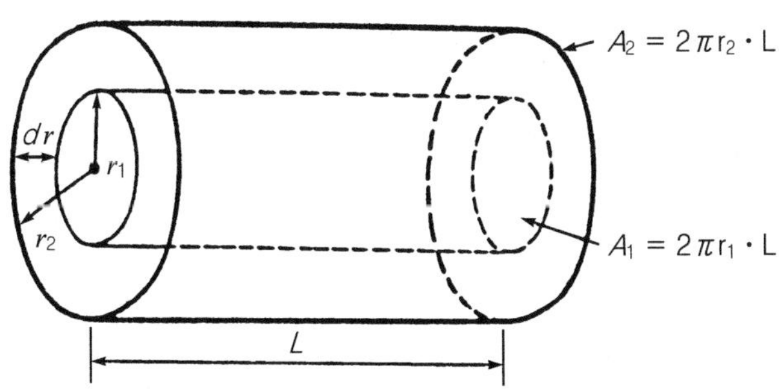

그림 5-3. 실린더 벽에서의 열전도

식 (5-7)과 같이 정의되는 대수평균면적(logarithmic mean area, AL)을 사용하면 된다.

$$A_L = \frac{A_2 - A_1}{U \frac{A_2}{A_1}} = \frac{(2\pi L)(r_2 - r_1)}{0.60 \frac{2\pi L r_2}{2\pi L r_1}} = (2\pi L)\frac{(r_2 - r_1)}{\ln \frac{r_2}{r_1}} = (2\pi L)\, r_L \qquad (5\text{-}7)$$

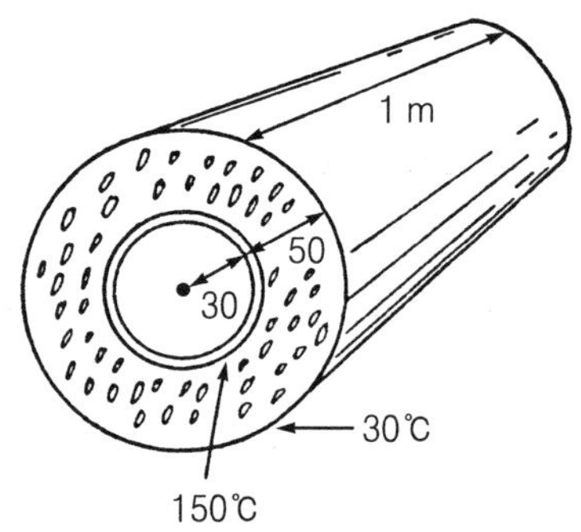

식 (5-7)에서 r_L은 대수평균반경이라고 한다. 따라서 A_L 대신에 $(2\pi L)\, r_L$을 사용해도 된다. 그러면 실린더나 파이프에서의 열전달은 식 (5-8)과 같이 쓸 수 있다.

$$q = -kA_L \frac{\Delta t}{\Delta r} \quad \text{또는} \quad q = -k(2\pi L\, r_L)\frac{\Delta t}{dr} \qquad (5\text{-}8)$$

식 (5-8)은 실린더(원기둥)형으로 된 통조림, 소시지, 스팀배관 등에서의 열전달에 관한 것을 다루는 데 유용하게 이용된다.

예제 5 외경이 60 mm인 철관을 50 mm 두께의 석면(asbestos, k = 0.2 W/m ℃)으로 보온하였다. 철관 외벽의 온도가 150℃, 단열재료 면의 온도가 30℃일 때 관 1 m^2당 손실되는 열량을 계산하라.

풀 이: 위 문제를 아래 그림과 같이 나타낼 수 있다. 식 (5-8)을 적용하여 풀면 된다. 우선 A의 값을 식 (5-7)에서 구하면

$$A_L = \frac{(2\pi)(10^3)(80 - 30)}{\ln\ (80/30)} = 0.3203\ m^2$$

$k = 0.2$ W/m℃, $\Delta t_1 = 150 - 30 = 120$℃

Δr = 80 - 30 = 0.05 m

$$q = -\frac{(0.2)(0.3203)(120)}{0.05} = -153.74\ W$$

즉, 아스베스토스로 보온된 관 1 m^2당 153.74 watt의 열량이 손실된다.

〈연습문제 7〉

두께 1.5 mm의 스테인리스강으로 만든 재킷(jacket)이 설치된 탱크 안의 설탕용액을 가열한다. 재킷에 게이지 압력 3 kg/cm^2(수증기의 포화온도는 142.92℃이고 응축잠열은 510 kcal/kg)의 수증기를 통하였다. 수증기 응축 면과 설탕용액 면의 표면 열전달계수는 각각 9,764와 2,441 kcal/m^2 h ℃이고, 스테인리스강의 열전도도는 17.856 kcal/m h ℃이다. 전열면적이 1.4 m^2이고 설탕용액의 온도가 82.2℃일 때의 1분당 수증기 소요량을 계산하라.

답) 4.7 kg/min

3. 대류에 의한 열전달

유체를 가열하거나 냉각시키면 유체는 위와 아래로 이동하는 대류현상이 일어나게 된다. 대류에 의한 열전달에는 찬 유체와 더운 유체 사이의 밀도 차이에 의하여 유체가 움직이면서 자연적으로 일어나는 자연대류(natural convection)와 교반기, 순환펌프, 송풍기 등을 사용할 때 일어나는 강제대류(forced convection)로 구분된다.

3.1 자연대류 열전달

그림 5-4 (a)와 같이 용기 속에 들어 있는 액체를 가열하는 경우를 생각해 보자. 액체는 뜨거운 용기 벽과 접촉하면 온도가 상승한다. 이와 같은 결과로 액체의 밀도가 감소함으로써 주위의 액체보다 가벼워져 상승하게 되며, 결국 대류현상이 자연적으로 일어난다. 이와 같이 단순한 온도차에 의해 일어나는 대류현상을 자연대류라고 한다. 대류현상이 일어나면 액체 속으로의 열전달은 단순한 전도에 의해 열이 이동할 때보다도 훨씬 잘 일어난다.

자연대류 현상은 고체와 액체 또는 기체가 접하는 경계면인 벽에 가까울수록 잘 일어나지 않는다. 벽면에 아주 가까운 액체 층은 실제로 움직이지 않는 층류층(lami-

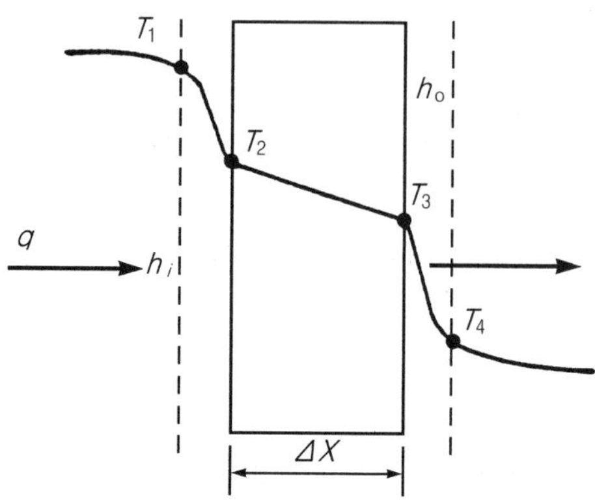

(a) 온도차에 의해 일어나는 대류현상 (b) 점선부분인 경계에서의 온도분포

그림 5-4. 자연대류 현상과 경계면에서의 온도분포
(전재근, 식품공학)

nar layer)으로 된 막(film)이 존재하기 때문에 이 부분에서의 열전달은 상당한 저항을 받는다.

이 부분에서의 열이동은 전도(傳導)라고도 생각할 수 있으며, 유체의 열전도라고도 생각할 수 있다. 유체의 열전도도는 0.07∼0.3 kcal/m h ℃로 금속에 비하여 매우 작기 때문에 열이 유체의 얇은 막을 통과할 때 저항을 가장 많이 받는다. 이와 같이 열전달을 방해하는 유체막을 경막(境膜)이라고 한다.

따라서 대류 열전달에서의 전열속도는 Fourier식에서 정의된 온도구배 이외에 고체-유체 경계면에서 전열계수인 경막전열계수(film heat transfer coefficient, h_c)가 중요한 역할을 한다. 따라서 전열속도는 식 (5-9)와 같이 정의되며, 이 식을 Newton의 냉각법칙(Newton's cooling law)이라고 한다.

$$q = -h_c A (t_s - t) \tag{5-9}$$

여기에서 t_s는 고체표면의 온도, t는 액체의 온도, h_c는 경막전열계수 또는 표면전열계수 h_s이며, J/m^2 s ℃ 또는 Btu/ft^2 h °F 의 단위를 갖는다.

대류현상은 유체의 밀도, 점도, 열전도도, 열팽창계수, 유체가 들어 있는 용기의 크기 등에 영향을 받으며, 이들 인자들로 이루어진 무차원그룹(dimensionless group)들과 밀접한 관계를 갖고 있다. 따라서 대류에 의한 열전달에서의 전열계수 h_c의 값을 구하는 것은 열전도에서의 열전달계수 k 값의 경우처럼 간단하지 않다. 보통 앞에서 설명한 대류발생의 여러 가지 요인들로 이루어진 무차원수들로 이루어진 실험 식 (5-10)에 의하여 구한다. 여기에 관계되는 무차원수들은 다음과 같다.

$$Nu = K\,(Pr)^{l}\,(Gr)^{m}\,(L/D)^{n} \qquad (5\text{-}10)$$

식 (5-10)에서 K, l, m, n 은 자연대류가 일어나는 용기의 모양, 유체의 종류 등 가열조건과 냉각조건들에 따라서 정해지는 상수들이다. 여기에서 Nu는 Nusselt No, Gr은 Grashof No, Pr은 Prandtl No이며, 이들은 다음과 같이 정의된다.

$$Nu = \frac{h_c\,D}{k} \qquad (5\text{-}11)$$

$$Gr = \frac{L^3\,\rho^2 g\,\beta\,\Delta t}{\mu^2} \qquad (5\text{-}12)$$

$$Pr = \frac{c_p\;\mu}{k} \qquad (5\text{-}13)$$

여기에서 h_c는 경막전열계수, D는 용기의 직경 또는 길이, k는 열전도도, L은 용기의 길이, p는 유체의 밀도, g는 중력가속도, β는 유체의 열팽창계수, μ는 점도, c_p는 유체의 비열이다.

예를 들어 수직 원통형 용기에서 일어나는 자연대류에서는 식 (5-10)은 다음과 같은 식으로 표시된다.

$$Nu = 0.53\,(Pr \cdot Gr)^{0.25} \qquad 10^4 < Pr \cdot Gr < 10^9 \qquad (5\text{-}14)$$

$$Nu = 0.12\,(Pr \cdot Gr)^{0.33} \qquad 10^9 < Pr \cdot Gr < 10^{12} \qquad (5\text{-}15)$$

자연대류 열전달에서 전달되는 열량(q)을 구할 경우를 생각해 보자. 우선 식 (5-12)와 (5-13)으로부터 Gr, Pr 값을 각각 구하고, 이들을 식 (5-14) 또는 식 (5-15)를 이용하면 Nu를 알 수 있다.

따라서 식 (5-11)로부터 h_c 값을 구할 수 있으며, h_c 값을 알면 식 (5-9)를 이용하여 계산할 수 있다. 예를 들어 수평관에서의 Pr・Gr와 Nu와의 관계는 그림 5-5에서 보는 바와 같다.

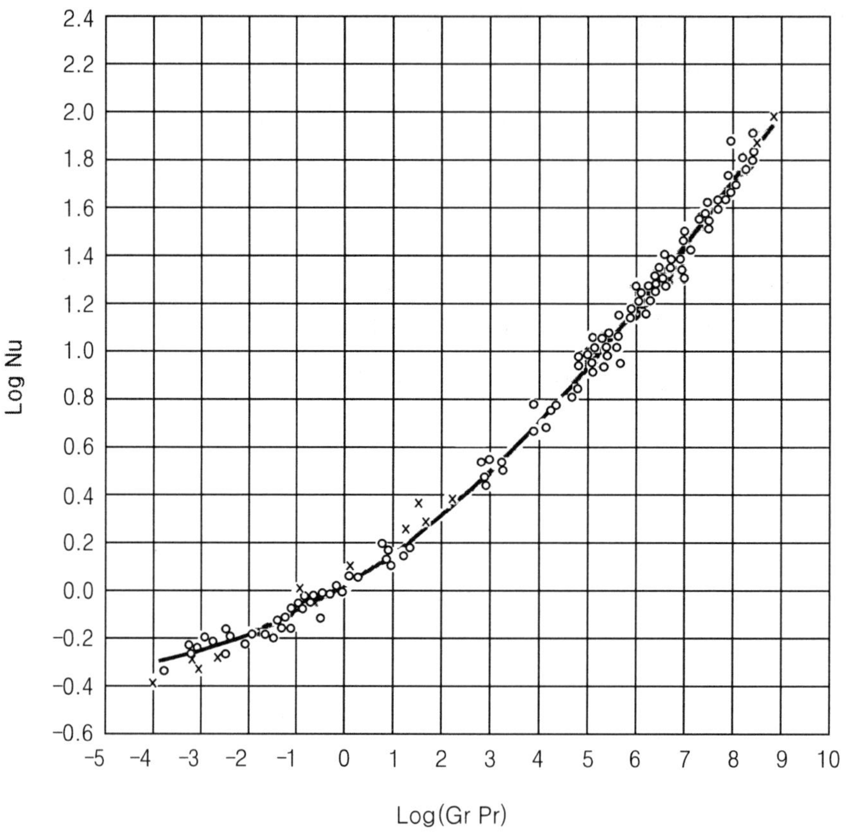

그림 5−5. 자연대류에서 Pr · Gr와 Nu와의 관계

만일 유체가 공기일 때는 h_c 값을 다음 식으로부터 직접 구할 수 있다.

$$h_c = 1.3\,(\varDelta t/L)^{0.25} \qquad 10_4 < Pr \cdot Gr < 10^9 \qquad (5\text{-}16)$$

$$h_c = 1.8\,(\varDelta t/L)^{0.25} \qquad 10^9 < Pr \cdot Gr < 10^{12} \qquad (5\text{-}17)$$

그러나 일반적으로 유체를 가열하거나, 또는 냉각시킬 때의 열전달은 그림 5-6과 같이 양쪽 벽면에서의 대류에 의한 저항과 용기 벽을 통과할 때의 전도에 의한 저항을 동시에 고려하여야 한다.

이 경우에 전도와 대류의 2가지 열전달기작에 의해 열이 이동되며, 이를 식 (5-18)과 같이 나타낼 수 있다. 여기에서 h_i와 h_o는 각각 벽의 내부와 외부의 경막전열계이다.

$$q = \frac{A \Delta t}{\frac{1}{hi} + \frac{x}{k} + \frac{1}{h_o}} \quad (5\text{-}18)$$

예제 6 표면의 온도가 120℃인 금속판 위로 20℃인 공기가 흐르고 있다. 1 m^2당 발생되는 열량을 구해 보았더니 1,000 W/m^2이었다면 전열계수는 얼마인가?

풀 이: 식 (5-9)를 이용하여 계산하면

h_c = (1,000)/(120 − 20) = 10 W/m^2 ℃

3.2 강제대류 열전달

뜨거운 목욕탕 속에서 물을 휘저으면 더욱 뜨겁게 느껴지며, 바람이 부는 겨울날씨에는 더욱 춥게 느껴진다. 이는 대류현상을 강제적으로 크게 하여 더 많은 열량이 몸속으로 전달되기 때문이다. 이렇게 단순한 온도 차이에 의한 대류현상 외에 외부의 힘을 작용하여 대류현상을 크게 일으키는 것을 **강제대류**(forced convection)라고 한다.

강제대류가 발생하면 자연대류 열전달에서 존재하는 층류층을 얇게 하거나 깨지게 됨으로 경막전열계수 값을 높여 주는 이점을 가지고 있다. 따라서 대부분의 가열장치 또는 냉각장치에 교반기나 팬(fan)을 사용하는 것은 이와 같은 원리에 의하여 강제

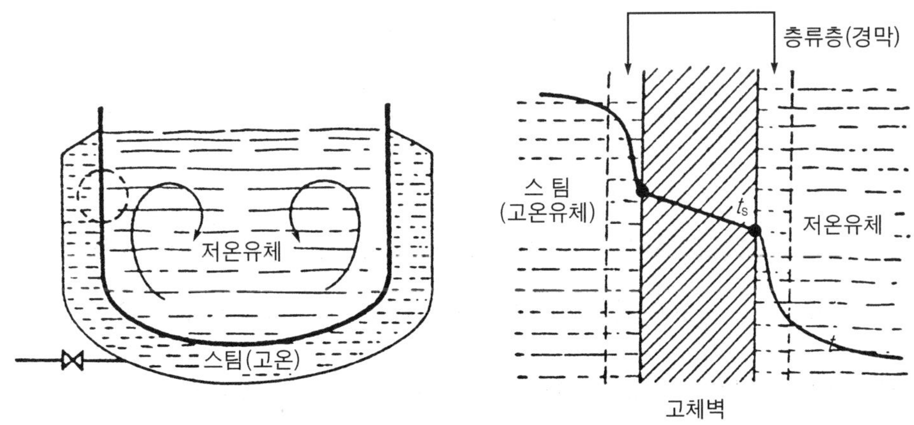

그림 5-6. 액체-고체-액체 사이의 온도분포

대류를 발생시키기 때문이다.

강제대류 열전달 방식에서의 Nu는 N_{Re}, N_{Pr}에 의해서 식 (5-19)와 같은 관계를 갖는다.

$$Nu = K\,(Re)^{l}\,(Pr)^{m} \qquad (5\text{-}19)$$

식 (5-18)에서 K, l, m은 자연대류에서와 같이 용기의 모양 등과 같은 가열조건에 따라 정해지는 상수이다. 예로서 관의 외벽에서 강제대류 열전달이 일어날 때는 식 (5-20) 또는 식 (5-21)과 같다.

$$Nu = 0.26(Re)^{0.6}\,(Pr)^{0.3} \qquad \text{Re가 상당히 클 때} \qquad (5\text{-}20)$$

$$Nu = 0.86(Re)^{0.43}\,(Pr)^{0.3} \qquad 1 < Re < 200 \qquad (5\text{-}21)$$

그러나 유체의 종류, 유체흐름의 상태, 열전달 형태 등에 따라 적용되는 식은 다소 다르다. 식 (5-20)과 식 (5-21)은 그의 한 예라고 할 수 있다.

예제 7 165°F인 3 in관을 냉각시키기 위하여 관과 수직인 방향으로 75°F의 물을 1 ft/sec의 속도로 흘러보낼 때 경막전열계수는 얼마인가?

풀 이: 식 (5-20) 또는 식 (5-21)을 적용한다. 우선 Re를 구하면

$$Re = \frac{D\rho v}{\mu} = \frac{(3/12)\ \text{ft} \times 62.4\ \text{lb/ft}^3 \times 1\ \text{ft/sec}}{3.75 \times 10^{-4}\ \text{lb/ft}\cdot\text{sec}} = 4.16 \times 10^4$$

즉, Re가 상당히 크므로 식 (5-19)가 적용된다.

$$Pr = \frac{C_p\,\mu}{k} = \frac{1 \times 1.35}{0.37} = 3.65\text{이므로}$$

$$Nu = (0.26)\,(4.16 \times 10^4)^{0.6}\,(3.65)^{0.3} = 230$$

식 (5-11)로부터 $h = (0.37)\,(230)/(3/12) = 341\ \text{Btu/ft}^2\ \text{h}\ ^\circ\text{F}$

따라서 관 표면에서의 경막전열계수는 341 $\text{Btu/ft}^2\ \text{h}\ ^\circ\text{F}$이다.

이상과 같이 자연대류와 강제대류에서의 h 값을 구하는 방법에 대하여 알아보았다. h 값은 열처리 시설 또는 열이동량을 산출하는 데 중요한 자료가 된다. 대략 표 5-1과 같은 값을 갖는다. 표에서 보는 바와 같이 기체보다 액체가, 자연대류보다 강제대

표 5-1. 여러 가지 경우의 h 값

물 질	대류상태	h 값(Btu/ft^2 h °F)	h 값(W/m^2 °K)
가 스	자연대류	0.5～5	3～28
가 스	강제대류	2～20	11～114
점성액체	강제대류	10～100	57～568
물	강제대류	100～1,000	569～5,678
끓는 물	강제대류	300～5,000	1,704～28,392
스 팀	강제대류	1,000～2,000	5,678～11,357

류에서 h 값이 크다. 이는 강제대류에서 열전달이 훨씬 잘 일어남을 의미한다.

〈연습문제 8〉

74℃의 직경 7.5 cm인 소시지 위를 24℃의 물이 0.13 m/s의 속도로 흐르고 있다면 열전달계수는 얼마가 되는가?

답) 1,904 J/m^2 s ℃

〈연습문제 9〉

직경 0.6 m, 길이 0.9 m인 평평한 판 위에 채소퓌레(puree) 위를 3 m/min의 속도로 104℃의 스팀이 흐르고 있을 때 표면 전열계수는 얼마인가? 퓌레의 밀도는 1,040 kg/m^3, 비열은 3,980 J/kg ℃, 점도는 0.002 N s/m^2, 열전도도는 0.52 J/m s ℃이다.

답) 160 J/m^2 s ℃

4. 복사열전달

전도나 대류방식의 열전달은 열량이 이동되는 통로에 고체나 액체와 같은 물질이 개재된다. 그러나 도중에 물질이 개재되지 않고 20～30 ㎛의 파장을 가진 열파(thermal radiation)에 의한 열전달 방식을 **복사열전달**(radiation heat transfer)이라고 한다. 모든 물체는 절대온도 0°K 이상인 표면에서 복사선(radiation ray)을 방출한다. 그 세기는 파장과 온도에 따라 다르고, 복사선 중 물체에 흡수되어 열에너지로 변환하는 부분은 적외선 중에 0.7～10 ㎛의 파장이다.

복사열전달은 두 물체 사이의 온도차에 비례한다. 그러나 전도와 대류와는 달리 공간을 통하여 이동되는 것으로, 복사열파를 내는 물체 또는 복사열파를 받는 피복사체의 온도, 표면의 성질과 놓이는 위치에 따라서 영향을 받는다. 또한 복사열파는 빛의 성질과 같아서 전부 흡수되는 것이 아니고 그의 일부만이 흡수되고, 나머지는 반사 또는 투과된다. 즉 전체 입사에너지에 대하여 흡수·반사, 투과에너지의 비를 각각 흡수율(absorptivity, α), 반사율(reflectivity, β), 투과율(transmissivity, τ)이라고 한다. 따라서 이는 식 (5-22)와 같이 나타낼 수 있다.

$$\alpha + \beta + \tau = 1 \tag{5-22}$$

일반적으로 고체·액체는 흡수율이 크고 투과율은 작으나, 기체는 CO_2, H_2O 등과 같이 3원자 이상의 기체를 제외하면 대부분의 입사량은 투과해 버린다. 물체 중에 단위 면적당 최대 에너지를 방출하고, 도달된 전 파장의 에너지를 완전히 흡수하는 물체를 **흑체**(black body)라고 한다. 이러한 물체는 비교하기 위한 기준으로서의 이상적인 물체로 가정할 뿐 실제로 존재하지는 않는다. 흑체에 있어서의 복사열 전달속도는 식 (5-23)과 같이 정의된다.

$$q = \sigma A T^4 \tag{5-23}$$

여기에서 σ는 Stefan-Boltzmann 상수로서 5.676×10^{-8} W/m^2 K^4 또는 1.714×10^{-9} Btu/ft^2 h °R^{4}의 값을 가지며, A는 면적, T는 절대온도이다. 그러나 대부분의 피복사체는 복사열의 일부만을 받는데, 이런 물체를 **실체**(real body)라고 한다. 이때의 복사열 전달속도는 다음 식이 적용된다.

$$q = \sigma A \varepsilon T^4 \tag{5-24}$$

여기에서 ε(epsilon)는 복사능(emissivity)이라고 하며, 물질의 성질에 따라 $0 < \varepsilon < 1$ 사이의 값을 갖는다.

복사열전달의 경우도 대류열전달에서와 같이 경막전열계수에 상당하는 복사열전달계수(h_r)를 생각할 수 있으며, 다음 식과 같이 쓸 수 있다.

$$q = h_r A \Delta t \tag{5-25}$$

$$h_r = \varepsilon \sigma 4 \cdot T_m^3 \tag{5-26}$$

여기에서 T_m은 복사체와 피복사체의 산술 평균온도이다.

복사열전달은 널리 이용되고 있다. 곡물·과일·채소의 건조, 코코아나 밤의 볶음에도 이용된다. 그리고 제빵 오븐시설과 냉동식품의 해동(thawing)에 복사가열법을 쓰고 있다.

예제 8 다음 그림과 같이 176℃로 유지된 제빵 오븐 내에 빵이 놓여져 있다. 빵의 온도가 100℃이고, 그의 표면적은 645 cm^2이며, 빵의 ε 값이 0.85일 때 빵이 받는 복사열량은 얼마인가?

풀 이 : 식 (5-24)에서 $q = \sigma A \varepsilon (T_2^4 - T_1^4)$

$$\varepsilon = 0.85, \quad A = 6.45 \times 10^{-2} m^2,$$
$$T_1 = 449 ^\circ K, \quad T_2 = 373 ^\circ K$$

따라서 $q = (5.676 \times 10^{-8} W/m^2 \, ^\circ K^4 (0.85)(6.45 \times 10^{-2} m^2)$
$(449^4 - 373^4 \, ^\circ K^4) = 66.28 \text{ W}$

5. 총괄 열전달계수

앞에서 열전달 방식에서 전도, 대류, 복사에 대하여 알아보았다. 그러나 대부분의 열전달은 정도의 차이는 있으나 전도, 대류, 복사의 3가지 열전달 방식이 복합적으로 적용된다. 예를 들어 그림 5-7과 같은 냉장고의 벽을 통하여 이동되는 열의 흐름을 보기로 하자.

그림 5-7에서 보는 바와 같이 열이 외부로부터 벽을 통하여 전달되는데, 경막전열계수(h, h_r)와 열전도계수(k_1, k_2, k_3)가 개재하게 된다. 따라서 모든 전열계수를 총괄하여 표시할 수 있는 총괄전열계수(overall heat transfer coefficient, U)로 표시하면

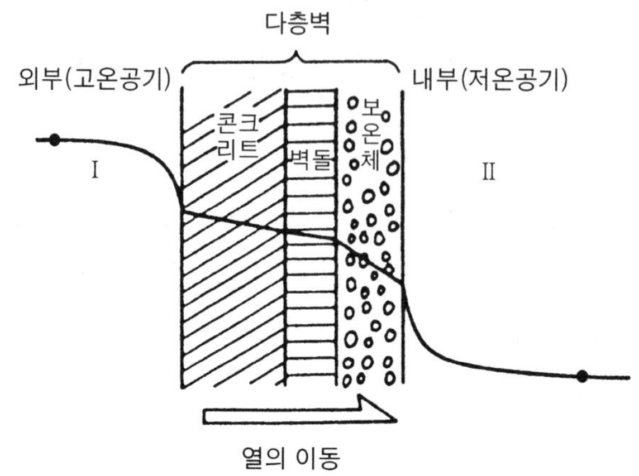

그림 5-7. 유체-고체-유체계에서의 열의 흐름과 온도구배

편리하다. U와 각 전열계수들과의 관계는 다음과 같이 나타낼 수 있다.

$$\frac{1}{U} = \frac{1}{(h + h_r)_i} + \frac{x_1}{k_1} + \frac{x_2}{k_2} + \frac{x_3}{k_3} = \frac{1}{(h + h_r)_o} \tag{5-27}$$

밑의 첨자 i, o는 각각 들어가는 쪽과 나오는 쪽(input와 output)을 뜻하며, 편의상 1, 2로 나타내기도 한다. 이 식을 식 (5-5)와 비교하면 서로 어떻게 다른가를 쉽게 알 수 있다. U 값은 특히 전열장치의 전열특성을 나타내는 데 자주 쓰인다.

예제 9 냉동공장에서 암모니아를 응축시키기 위하여 1 mm 두께의 철관을 사용하며, 파이프의 밖으로는 냉각수를 이용한다. 암모니아의 응축계수가 6,000 J/m² s ℃이고, 물의 전열계수가 1,750 J/m² s ℃, 철관의 열전도도가 45 J/m s ℃라면 총괄전열계수는 얼마인가?

풀 이: $\frac{1}{U} = \frac{1}{h_1} + \frac{x}{k} + \frac{1}{h_2}$

$$= \frac{1}{1,750} + \frac{0.001}{45} + \frac{1}{6,000}$$

$$= 7.6 \times 10^{-4}$$

$$U = 1,300 \text{ J/m}^2 \text{ s ℃}$$

〈연습문제 10〉

열전도도가 0.7 J/m s ℃인 10 cm 두께의 벽돌로 되어 있는 경우와 열전도도가 208 J/m s ℃인 1.3 mm 두께의 알루미늄 샤시로 되어 있는 벽면의 총괄전열계수를 비교해 보아라. 벽의 양쪽의 전열계수는 각각 9.9와 40 J/m^2 s ℃이나.

답) 벽돌인 경우 3.7 J/m^2 s ℃, 알루미늄의 경우 7.7 J/m^2 s ℃

6. 비정상상태의 열전달

지금까지는 전열속도가 일정한 정상상태의 열이동에 대하여 다루었다. 그러나 대부분의 열전달은 전열속도가 시간에 따라서 변화하는 상태, 즉 비정상상태에서 이루어진다. 어떤 물체를 기준으로 하여 열량이 들어오는 속도와 나가는 속도에 차이가 생기면 열량은 물체에 축적된다. 열량이 축적되면 물체의 온도가 올라가며, 결국은 시간의 함수관계를 갖게 된다.

통조림을 살균하거나, 밥을 짓는 경우들은 모두 비정상상태의 열전달이다. 열의 축적은 식품의 품온(品溫)을 높여 세균을 죽이기도 하고, 밥을 익혀 먹을 수 있게 한다. 이 외에도 냉동식품을 녹이는 과정도 비정상상태의 열전달이다. 식품산업에서의 대부분의 열전달은 비정상상태의 열전달이라고 할 수 있다. 그러나 비정상상태에서의 열전달 기작(heat transfer mechanism)이 시간과의 함수관계를 갖기 때문에 이론적인 해석은 상당히 어려운 점이 많다.

6.1 비정상상태 열전달에서의 열전달 저항

열의 전도나 대류이동에서 전열속도의 구동력(driving force)은 온도 차이지만, 저항은 x/k와 1/h_c에 해당한다. 그림 5-8과 같이 초기에 t_i의 온도를 가진 물체가 갑자기 찬 액체(t_o)에 접해 있다고 하자. 열은 내부에서 외부로 이동된다. 고체 내의 열은 우선 표면에 도달하고 나서 유체 속으로 이동된다. 이때 고체 내에서 표면까지는 식 (5-28)에 의해 전달될 것이다.

$$q_{in} = k\,A\,\frac{(t_i - t_s)}{L} \tag{5-28}$$

여기에서 L은 식품의 두께이다.

표면에 도달된 열이 유체 속으로 이동되는 데는 식 (5-29)와 같은 대류전열방식을 따르게 된다.

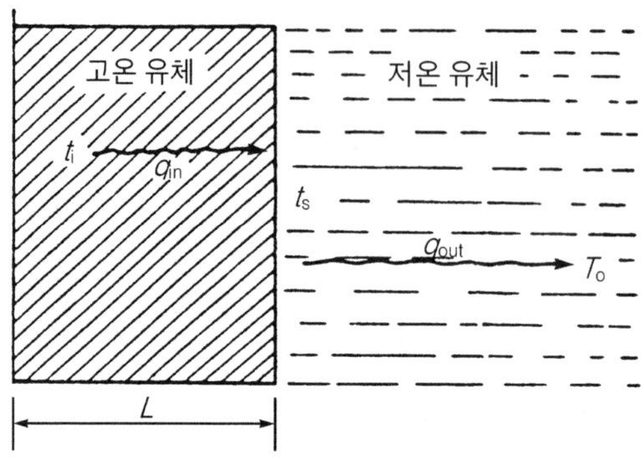

그림 5-8. 유체 속에서 고체의 냉각

$$q_{out} = h_s A (t_s - t_o) \tag{5-29}$$

여기에서 h_s는 표면전열계수이고, t_s는 표면의 온도이다.

이때에 내부와 외부의 저항비(抵抗比)를 알려면 식 (5-28)과 식 (5-29)의 비를 구하면 될 것이다.

$$\frac{q_{out}}{q_{in}} = \frac{h_s A (t_s - t_o)}{k A \dfrac{(t_i - t_s)}{L}} \tag{5-30}$$

만일 열전달이 평형상태에 도달하였다면 $q_{out} = q_{in}$이 되기 때문에 식 (5-31)과 같은 결과를 얻을 수 있다.

$$1 = \frac{h_s A (t_s - t_o)}{k A \dfrac{(t_i - t_s)}{L}} \quad \text{또는} \quad \frac{h_s L}{k} = \frac{t_i - t_s}{t_s - t_o} \tag{5-31}$$

식 (5-31)에서 h L/k는 무차원 그룹으로서, 이를 Biot No(N_{Bi})라고 한다. 따라서 Biot No는 비정상상태의 열전달에서 내부와 외부저항의 크기를 비교하는 값임을 알 수 있다.

일반적으로 비정상상태의 열전달에 관한 문제를 해결하는 것은 매우 복잡하다. 이를 단순화시키기 위하여 내부저항과 외부저항을 비교하여 어느 하나를 무시하여 계산하는 편이 편리하다.

6.2 내부저항을 무시할 수 있는 경우

$N_{Bi} < 0.1$ 정도이면 내부저항이 외부저항에 비해 매우 작기 때문에 내부저항을 무시할 수 있다. 내부저항이 없으면 그림 5-10에서 고체의 온도가 위치에 관계없이 균일하다는 것을 의미한다. 따라서 이 경우의 열전달은 표면과 유체 사이에서 일어나는 대류에 주로 의존하게 된다.

고체의 온도(t_i)가 $d\theta$ 시간 후에 dt 만큼 변화하였다면 이것은 표면에서의 대류전달에 기인한 것이다. 따라서 식 (5-31)과 같이 표시할 수 있다.

$$C_p \rho V \, dt/d\theta = h_s A \, (t_s - t_o) \tag{5-32}$$

C_p, ρ, V 는 각각 고체의 비열, 밀도, 부피이다. 고체의 온도 t_i가 t_s까지 변화한다고 할 때 이 식을 적분하면,

$$\frac{t - t_o}{t_i - t_o} = \exp\left(- \frac{A h_s \theta}{C_p \rho V}\right) \tag{5-33}$$

식 (5-33)으로부터 물체가 어떤 모양을 갖든지 표면적, 부피, 밀도, 비열들을 알면 쉽게 물체의 온도를 산출할 수 있음을 알 수 있다.

예제 10 지름이 5.08 cm이고, 높이가 5.08 cm인 통조림 안의 냉동제품을 21℃의 정지된 공기(h_c = 4.88 kcal/m^2 h ℃) 중에서 녹인다. 제품의 초기 온도는 -18℃이며, 열전도도는 1.8 kcal/m^2 h ℃, 비열은 0.6 kcal/kg ℃, 밀도는 961 kg/cm^{3}이다. 제품의 성질은 변하지 않는다고 가정하고 30분 후에 제품의 온도를 추정하라.

풀 이: 내부저항은 무시할 수 있음으로

$A = (\pi)(0.0508)(0.0508) + (2\pi)(0.02542) = 1.215 \times 10^{-2} m^2$

$V = (\pi)(0.02542)(0.0508) = 1.029 \times 10^{-4} m^2$

나머지 값을 식 (5-32)에 대입하여 t 값을 구하면,

$$\frac{t - t_o}{t_i - t_o} = \exp\left(- \frac{(4.88)(1.215 \times 10^{-2})}{(961)(0.6)(1.029 \times 10^{-4})}\right)(0.5) = 0.607$$

$$t = -(0.607)\,[21 - (-18)] + 21 = -2.7℃$$

6.3 내부저항만이 존재하는 경우

대류 전열계수가 아주 크면 고체표면의 온도와 유체의 온도가 같아진다. 따라서 열 축적은 오직 고체 내부의 저항 때문에 생기며 $N_{Bi} > 40$ 인 경우에 해당한다. 이때의 열전달을 이해하기 위하여 그림 5-9와 같이 특정 부위(각 변이 각각 Δx, Δy, Δz 인 육면체)를 중심으로 들어가고 나오는 전열속도를 알아보자.

$$q_{in} = -k(\Delta y\ \Delta z)\left(\frac{\partial t}{\partial x}\right)_x \tag{5-34}$$

식 (5-34)에서 Δy, Δz 는 면적이며, $\partial t / \partial x$는 x축 방향으로의 온도구배이다. x에서 Δx만큼 지났을 때 $(x + \Delta x)$에서 전열속도는 식 (5-35)와 같다.

$$q_{out} = -k(\Delta y\ \Delta z)\left(\frac{\partial t}{\partial x}\right)_{x+\Delta x} \tag{5-35}$$

그런데 내부저항으로 열 축적이 발생하였다면 식 (5-36)과 같다.

$$q_{acc} = (\Delta x\ \Delta y\ \Delta z)\,\rho\, c_p \frac{\partial t}{\partial \theta} \tag{5-36}$$

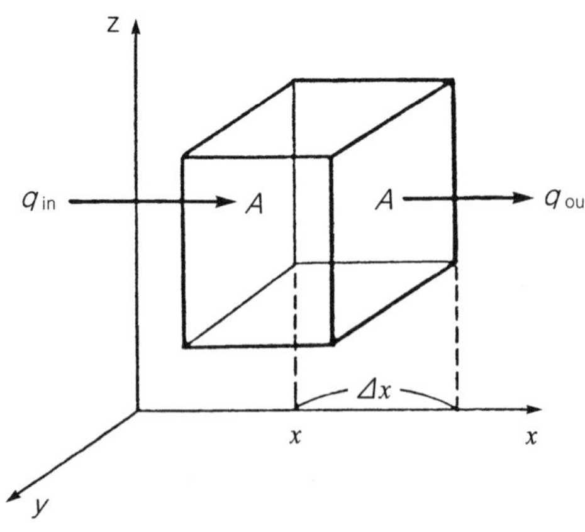

그림 5-9. 고체 ($\Delta x \cdot \Delta y \cdot \Delta z$)를 통과할 때의 열이동 상태

열축적 속도는 식 (5-34)에서 식 (5-35)를 뺀 값과 같으므로

$$-k(\Delta y\ \Delta z)\left(\left(\frac{\partial t}{\partial x}\right)_x - \left(\frac{\partial t}{\partial x}\right)_{x+\Delta x}\right) = (\Delta x\ \Delta y\ \Delta z)\rho\ c_p \frac{\partial t}{\partial \theta}$$

$$\frac{-k\left(\left(\frac{\partial t}{\partial x}\right)_x - \left(\frac{\partial t}{\partial x}\right)_{x+\Delta x}\right)}{\Delta x} = \rho\ c_p \frac{\partial t}{\partial \theta}$$

여기에서 $\frac{-k\left(\left(\frac{\partial t}{\partial x}\right) - \left(\frac{\partial t}{\partial x}\right)_{x+\Delta x}\right)}{\Delta x}$ 는 $\Delta x \to 0$ 에 접근할 때

$\partial^2 t / \partial x^2$와 같음으로 다음과 같이 쓸 수 있다.

$$\frac{\partial t}{\partial \theta} = \frac{k}{\rho\ c_p}\frac{\partial^2 t}{\partial x^2} \quad \text{또는} \quad \frac{\partial t}{\partial \theta} = \alpha \frac{\partial^2 t}{\partial x^2} \tag{5-37}$$

식 (5-37)은 Fourier의 식이라고도 하며, $\alpha(= k/\rho \cdot C_p)$를 열확산계수(thermal diffusivity)라고 한다. 따라서 외부저항이 거의 없고, 내부저항만이 문제될 때는 식 (5-37)을 적용하면 된다. 이 식은 미분방정식으로 답을 구하는 것이 번거롭기 때문에 보통 도표를 이용하면 아주 간단히 비정상상태의 열전달 문제를 해결할 수 있다.

이 도표를 Gurney-Lurie 표라고 하며, 여러 가지 물체의 모양과 Biot No (Bi) 범위에서 적용할 수 있다. 이 도표 중에 소시지나 통조림 모양의 식품에 적용할 수 있는 도표는 그림 5-10과 같다. 이외의 물체 모양에 따른 도표는 부록 9에 수록하였다. 그림에서 표시된 내용은 식 (5-38)과 같다.

$$Y = \frac{t_o - t}{t_o - t_i}, \quad X = \frac{\alpha \theta}{x_1^2}, \quad m = \frac{1}{N_{Bi}}, \quad n = \frac{x}{x_1} \tag{5-38}$$

식 (5-38)에서 t_i는 고체의 초기온도, t는 θ 시간 후의 고체온도, t_o는 고체가 접하게 되는 유체의 평균온도, x_1은 고체의 반경, x는 임의의 거리이다(그림 5-10을 참조).

한편, 내부저항과 외부저항을 무시할 수 없는 경우(Biot No가 0.1 ~ 40 범위)는 Gurney-Lurie 도표에서 m 값이 $1/N_{Bi}$과 같음으로 $0.025 < m < 10$과 같다. 그런데 이

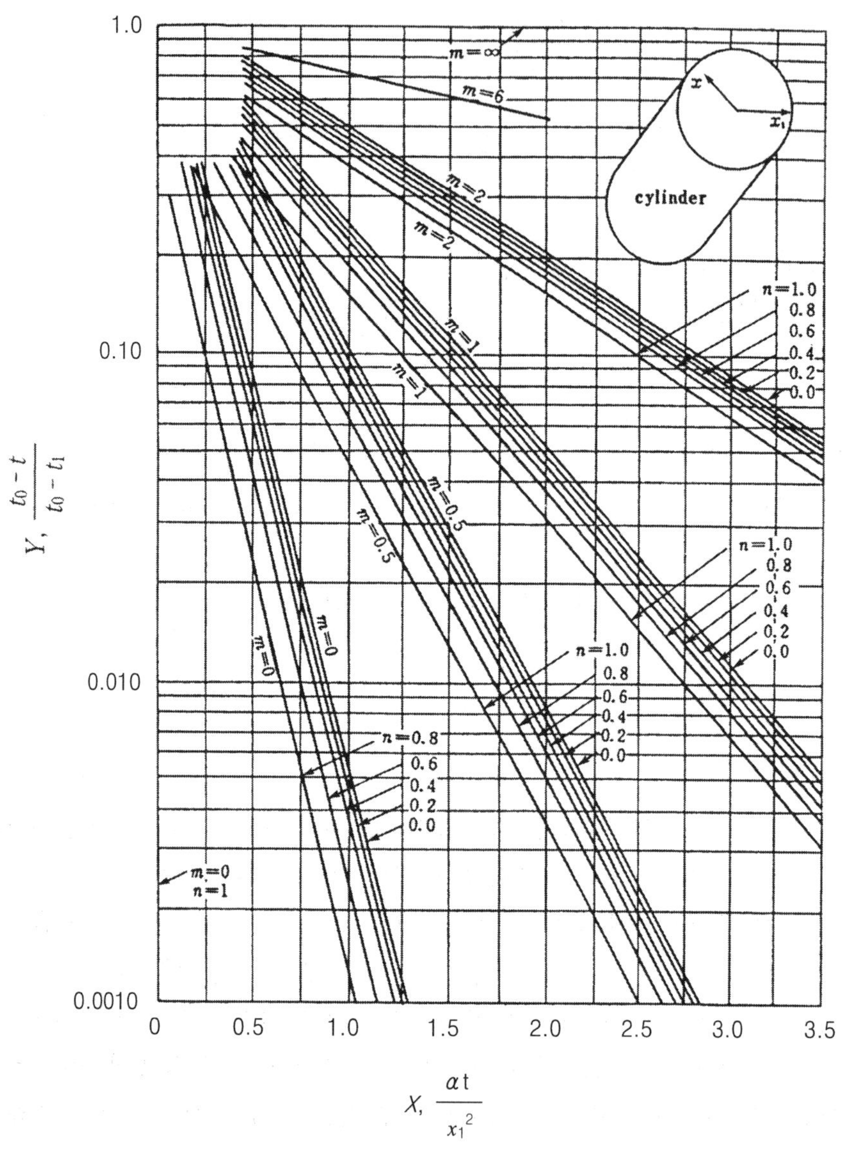

그림 5-10. 원통형 물질의 Gurney-Lurie 도표

도표는 아주 넓은 m값($0 < m < \infty$)을 포함하기 때문에 이것을 그대로 사용하면 된다.

그러나 지금까지 비정상상태의 열전달은 열의 이동을 오직 1개의 방향(x방향)에 국한하였다. 그런데 열은 x, y, z 의 모든 방향으로 이동되기 때문에 이들을 모두 함께 고려하여야 하며, 이때의 관계식은 더욱 복잡해지고 어렵다. 지금 x, y, z의 모든 방향을 고려할 때의 결과를 F(x, y, z)라고 하면 이것을 x축만을 생각할 때의 결과 F(x), y 축의 결과 F(y), 그리고 z 축의 결과 F(z)의 곱으로 나타낼 수 있으며, 식 (5-39)와 같이 표시된다.

$$F(x,\ y,\ z) = F(x)\,F(y)\,F(z) \tag{5-39}$$

따라서 이 관계식을 쓰면 앞의 예제에서 소시지의 길이 방향으로의 열전달을 무시하지 않고 그때의 값을 계산하여 원 중심 방향으로의 값에 곱하면 보다 정확한 값을 구할 수 있을 것이다.

예제 11 직경 10 cm, 길이가 30 cm이고, 초기온도가 20℃인 소시지를 116℃의 수증기 속에서 가열하고자 한다. 2시간 후의 소시지의 중심온도는 얼마가 되는가? 소시지의 열전도도는 0.5 J/m s ℃, 밀도는 1,070 kg/m^3, 비열은 3,300 J/kg ℃이며, 스팀 속에서 소시지의 표면 전열계수는 1,200 J/ m^2 s ℃이다. 단 소시지의 길이 쪽으로는 열이 전달되지 않는다고 가정한다.

풀 이 : 소시지를 갑자기 고온에서 가열하게 됨으로 비정상상태의 열전달임을 알 수 있음으로 실린더형의 Gurney-Lurie 도표(그림 5-10)를 이용한다. m, n, X 값들을 구한다.

① $$\text{Biot No} = \frac{hx_1}{k} = \frac{1{,}200 \times (10/2) \times 10^{-2}}{0.50} = 120$$

따라서 $m = 1/120 = 8.3 \times 10^{-3} \cong 0$

② $n = x/x_1 = 0/0.05 = 0$ (중심이므로 $x = 0$)

③ $$X = \frac{k}{C_p\ \rho} \cdot \frac{\theta}{r^2} = \frac{0.5}{3{,}300 \times 1{,}070} \times \frac{2 \times 3{,}600}{(0.50)^2} = 0.40$$

$*\ \alpha = k/C_p\ \rho$

X축에서 0.40 점에서 수직선을 그어 m = 0, n = 0 인 직선과 만나는 점을 구하고, 그 점에서 수평으로 그어 Y축과 만나면 이때 Y축의 값을 읽는다. 0.13 정도가 된다.

그런데 Y축의 값은 다음과 같음으로 중심온도를 계산할 수 있다.

$$Y = \frac{t - t_o}{t_i - t_o}, \quad 0.13 = \frac{t - 116}{20 - 116} \text{ 에서 } \quad t = 103.5℃$$

따라서 소시지를 2시간 가열하였을 때의 중심온도는 103.5℃가 된다.

제 6 장

식품의 정선 · 분쇄 · 혼합

지금까지 유체의 흐름과 열전달에 대한 기초적인 이론에 대하여 알아보았다. 가공식품을 제조하는 식품공정에서의 단위조작 원리는 크게 유체의 흐름과 관련이 있는 물리적 분리조작과 열전달을 응용한 단위조작으로 나눌 수 있다. 지금부터는 식품가공 공정의 전처리에서부터 제품의 포장에 이르기까지 순차적으로 이루어지는 각종 단위조작에 대하여 차례로 하나씩 알아보자.

식품의 정선(精選)은 거의 모든 식품가공 공정의 전처리 조작으로서 실시한다. 식품원료의 형태 · 크기 · 품질 등에 따라 분류하거나, 또는 원료에 혼입된 불순물을 제거하기 위하여 흔히 이루어지는 분리조작이다. 그리고 분쇄조작과 혼합조작도 대부분의 가공공정에서 초기 단계에 이용되는 물리적 조작이다.

예를 들어 정선이 끝난 원료를 사용하여 제분공업 등에서는 1차 가공으로 분쇄조작이 이루어지기도 한다. 또한 유지공업에서는 유량종자(油量種子)에서 유용물질을 분리하기 위한 전처리 수단으로서 분쇄가 이루어지기도 한다. 그리고 혼합조작은 제빵공업, 제과공업에서 흔히 볼 수 있는 고체-고체 혼합에서부터 액체-고체의 혼합, 액체-액체의 혼합 등 식품산업에서 흔히 볼 수 있는 물리적 조작이다. 앞에서 설명한 열전달의 응용에서도 분리조작을 효과적으로 수행하기 위하여 분쇄조작이 전처리 수단으로서 이루어지기도 한다.

1. 식품의 정선

생산지에서 수확하여 집하된 식품원료는 트럭 등을 이용하여 식품공장으로 운송된다. 국내 식품산업에서 이용하는 가공원료는 대부분 선박을 통하여 수입한 외국산 농산물이 대부분이며, 하역 후에 트럭으로 운송하여 사일로에 쌓아 놓은 원료를 필요에

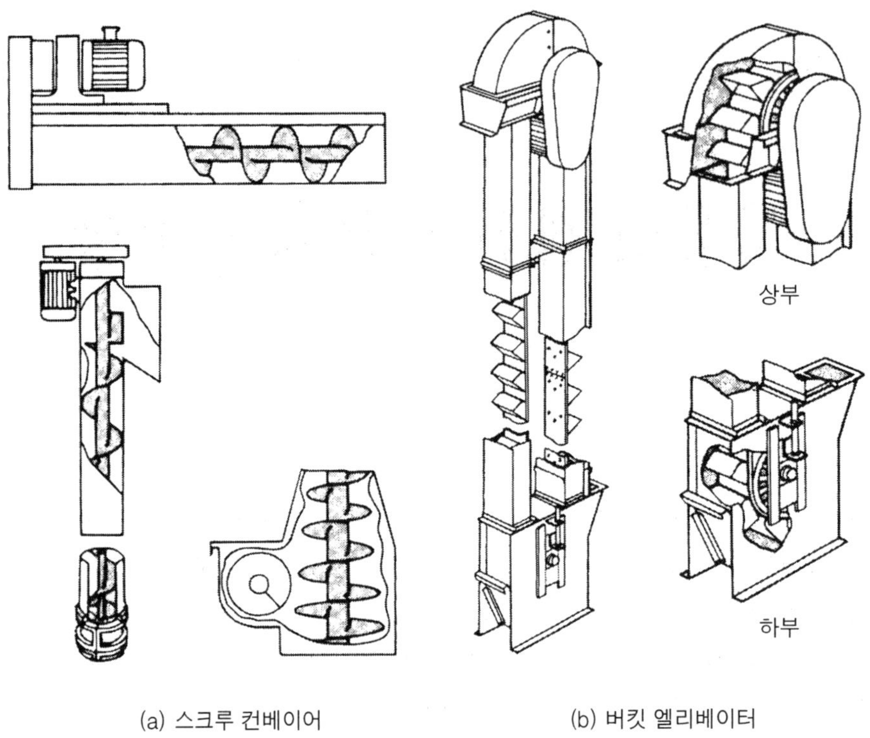

그림 6-1. 식품원료의 운송장치

따라 그림 6-1과 같은 장치를 이용하여 정선공정으로 이송된다.

가공식품의 원료는 작물의 재배에서 수확 후 저장 · 가공 · 유통단계에 이르는 동안 흙, 먼지, 돌, 쇠붙이, 잡초씨, 껍질과 부스러기, 동물의 털, 배설물, 농약, 비료 등에서부터 눈에 보이지 않는 미생물에 이르기까지 여러 가지 이물질이 오염되어 있다. 또한 가공과정에서도 협잡물이 섞이는 경우가 많아 가공원료의 정선과정과 세척과정을 거칠 필요가 있다. 경우에 따라서는 같은 종류의 식품 중에서도 크기와 품질이 다른 것을 가려내는 작업이 필요하다.

가공원료에 오염된 물질을 제거하는 조작을 **세척**(cleaning 또는 washing)이라고 하고, 원료의 크기 · 형태 · 색깔 등 물리적 특성이 다른 것을 가려내는 조작을 **선별**(sorting)이라고 한다. 그리고 품질의 차이에 따라 구분하는 조작을 **등급화**(grading)라고 한다.

정선방법에는 체질(screening), 솔질, 풍력, 자석 등을 이용하는 **건식 정선법**과 물로 씻어내는 **습식 정선법**으로 나눌 수 있다. 여기에 사용되는 정선장치는 식품의 성질과 오염물질의 종류와 양에 따라 다양한 구조를 가지고 있다. 정선기를 사용할 경우 식품원료에 상처를 내거나, 품질의 변화를 주는 변질이 일어나서는 안 된다. 그리고 정선된 식품을 저장하거나 가공하는 과정에서 다시 오염이 일어나지 않도록 사용용기 뿐만 아니라 작업장소의 청결을 유지하는 일도 중요하다. 정선조작은 식품으로부터 이물실을 분리하는 분리조작이라고 할 수 있다.

1.1 건식 정선법

쌀·밀과 같은 곡류에 모래, 털, 곤충의 배설물, 다른 종류의 종자, 금속조각 등을 제거할 때 주로 사용하는 방법으로 다음과 같은 정선방법이 사용된다.

1) 체 정선법

일정한 제눈을 가신 체를 통과시켜 크기가 다른 협잡물로부터 분리하는 방법으로 가루나 곡립의 정선에 이용된다. 나일론 또는 금속망(wire screen)으로 되어 있는 체는 일정한 경사도와 속도로 진동시켜 입자의 통과를 돕도록 한다. 체의 조합상태와 체정선 과정은 그림 6-2에서 보는 바와 같다.

그림 6-3은 연속식 체 정선기로서 회전형 체를 이용하여 크기가 다른 협잡물을 분리할 수 있다. 그리고 그림 6-4는 구멍의 크기가 다른 다공(多孔)의 드럼통을 회전

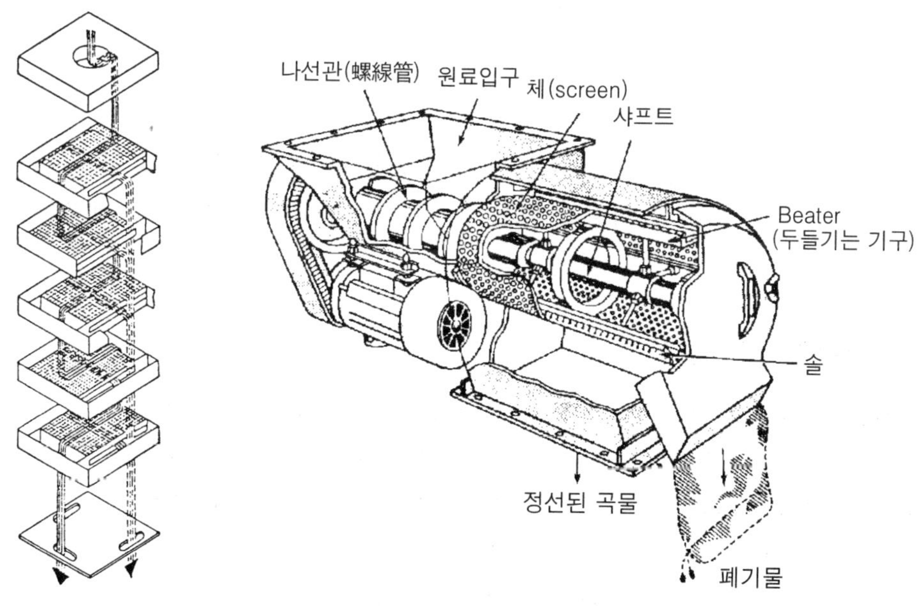

그림 6-2. 체 정선장치

그림 6-3. Le Coq 체 정선기

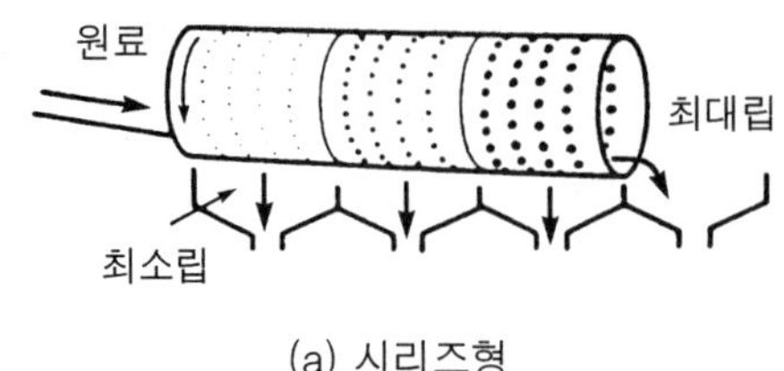

(a) 시리즈형

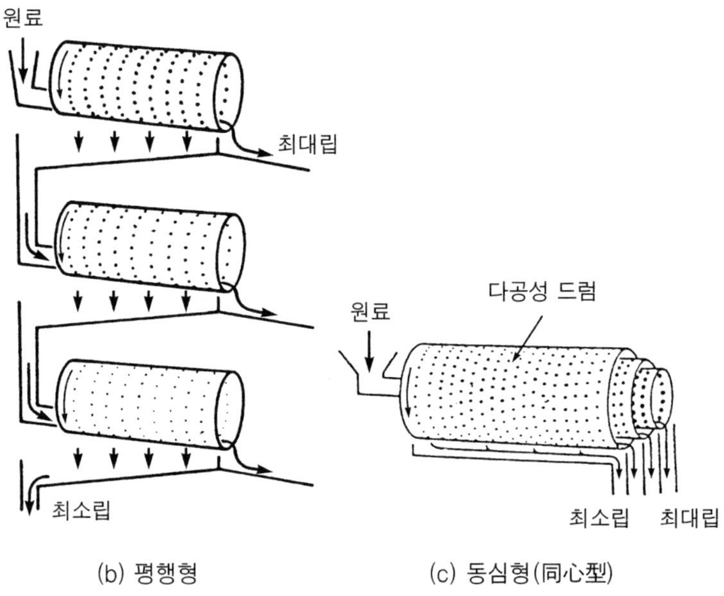

(b) 평행형 (c) 동심형(同心型)

그림 6-4. 드럼형 정선기

시키면 크기가 다른 협잡물을 분리할 수 있도록 한 정선장치이다. 드럼은 일정한 경사 각도를 가지고 있어서 회전과 동시에 원료가 이동하며, 정선되어 배출하도록 되어 있다.

2) 형태에 따른 정선

농산물을 기계적으로 수확할 경우 밀 · 보리 등 곡류와 크기가 비슷하나 모양이 다른 여러 가지 잡초씨, 지푸라기 등이 섞인다. 이들은 비중의 차이나 크기에 따라 구분하기가 어렵다. 이를 분리하여야 할 경우, 길이나 직경의 차이에 따라 분리할 수 있는 디스크 정선기(disc sorter)를 주로 사용한다.

대표적인 디스크 정선기로서는 그림 6-5에서 보는 바와 같다. 원판(disc)에 일정한 모양의 곡립만 들어갈 수 있는 홈을 만들어 디스크가 회전하면 홈의 규격에 알맞은

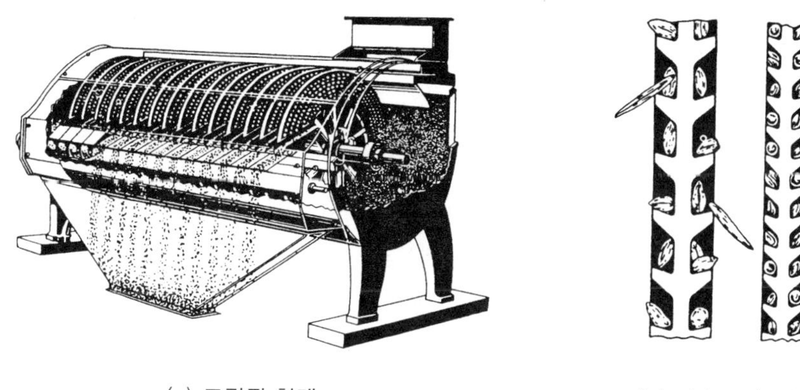

(a) 조립된 형태 (b) 디스크의 모양

그림 6-5. 디스크 정선기

곡립만 그 속에 들어가 디스크의 회전과 함께 밖으로 배출시켜 분리하는 방법을 사용한다. 사용되고 있는 디스크로서는 밀, 귀리, 쌀, 보리용으로 구분되어 있어서 각각 용도에 알맞은 디스크를 회전축에 갈아 끼울 수 있도록 되어 있다.

3) 기류 정선법

풍력을 이용하여 곡물 중에 들어 있는 협잡물을 제거하는 정선기이다. 대표적인 예

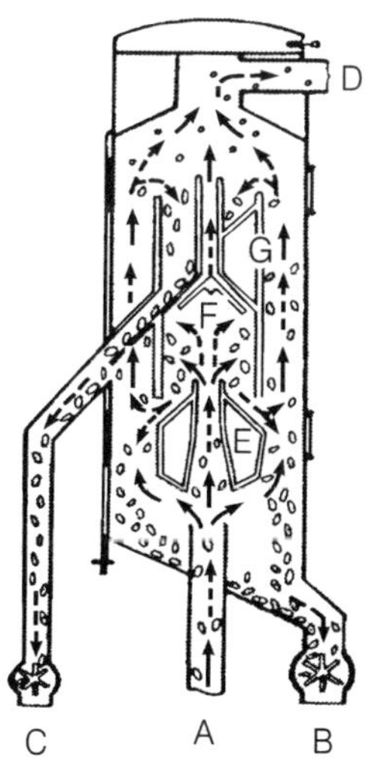

그림 6-6. 송풍에 의한 곡물정선기

로는 그림 6-6에서 보는 바와 같다. 주로 쌀 등의 도정공장에서 도정이 끝난 백미와 쌀겨를 분리하기 위하여 사용한다.

4) 자석식 정선법

수확・수송・저장하는 과정에서 곡류에 섞일 수 있는 못, 너트, 금속조각 등은 가공 중에 기계에 손상을 줄 위험이 크기 때문에 자석을 이용하여 제거해 주는 자석식 정선기(magnetic separator)가 이용된다(그림 6-7). 영구자석 또는 전자석을 갖는 로울 위로 곡류를 컨베이어 벨트로 실어 보내면 금속조각은 자장의 영향으로 곡물과 분리된다.

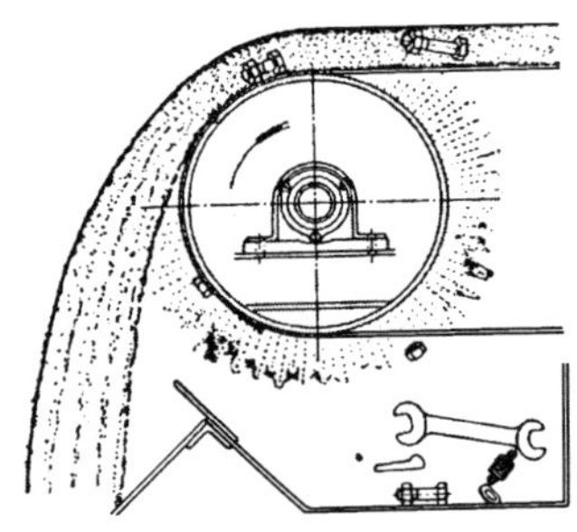

그림 6-7. 자석식 정선기

1.2 선 별

쌀・보리・밀 등의 곡류, 그리고 콩 등의 두류의 선별(sorting)에는 앞에서 설명한 여러 가지 체 정선법 등에 의해 선별할 수 있다. 그러나 이보다도 크고 형태가 다른 과일, 채소의 선별에는 이에 알맞은 여러 가지 형태의 선별기가 이용된다.

1) 크기에 따른 선과

대표적인 선과기(選果機)는 그림 6-8에서 보는 바와 같은 롤러 선과기(roller sorter)가 있다. 간격이 조절된 컨베이어 롤러의 회전에 따라 원료 과일이 이동한다. 크기가 작은 과일은 먼저 떨어지고, 큰 것은 더 멀리 이동하여 떨어진다.

그림 6-8 (a)에서는 큰 사과는 로울 간격이 넓어지는 경사진 왼쪽으로 이동하며, 작은 사과는 로울 사이로 떨어진다. (b)는 컨베이어 롤러가 일정한 각도의 경사를 주

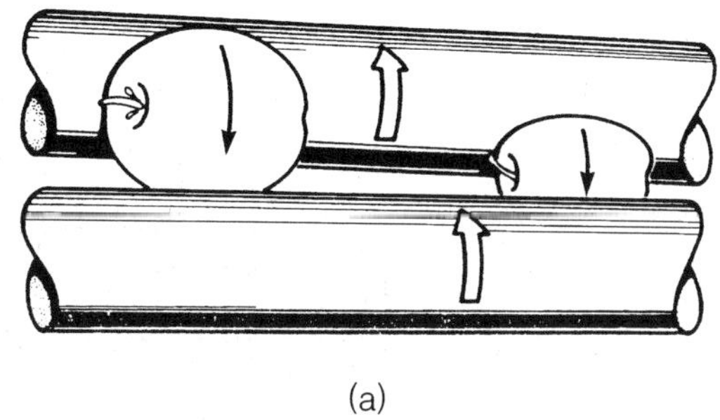

(a)

컨베이어 롤러의 이동방향

(b)

그림 6-8. 경사형 롤러 선과기

어 과일의 이동을 쉽게 한다.

온주밀감과 같이 직경과 횡경의 길이가 달라 거의 완전한 공 모양이 아닌 과일의 경우는 구멍의 크기가 다른 회전형 드럼을 여러 개 연결시켜 경사형으로 이동하는 방식을 취하기도 한다. 이와 같은 선과기를 이용하면 일정한 간격에 따라 크기별로 선과가 가능하여 감귤, 사과, 배 등에 이용된다.

2) 숙도에 따른 선별

청과물의 숙도(熟度)에 따라 껍질의 착색도가 다르다. 흡광광도계(spectrophotometer)를 사용하면 표면의 색도의 차이를 특정의 파장에서 얻어지는 반사광에 대한 흡광도의 크기에 따라 자동적으로 선별(grading)할 수 있다.

그림 6-9에서 보는 바와 같이 컨베이어 벨트에서 이동되는 원료가 선별상자(optical box)에 들어가면 이미 설정된 기준값과 비교하여 3면에 설치된 photocell에서 감지된 값이 낮은 경우는 컴퓨터 제어로 압축공기를 불어넣게 된다. 그 힘에 의해 왼쪽으로 보내져 자동적으로 선별이 이루어질 수 있도록 만들어진 장치이다.

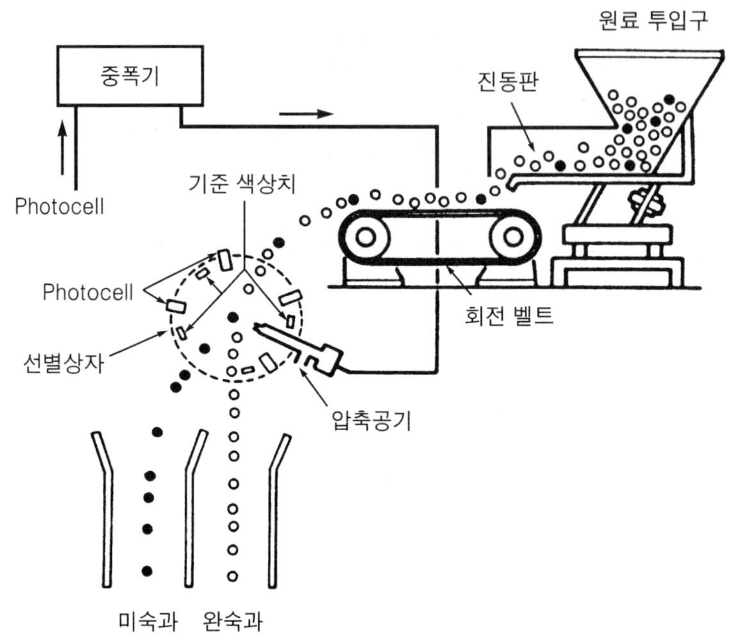

그림 6-9. 색깔에 의한 선과기

1.3 습식 정선법

1) 침지세척

탱크와 같은 용기에 물을 넣고 식품을 일정시간 담가, 교반하면서 씻어낸 후 건져내는 방식이다. 시금치, 감자, 고구마 등 채소의 세척에 널리 이용된다. 용기는 철제, 합성수지, 콘크리트를 이용한다.

교반방법은 임펠라(impeller)를 쓰는 방법과 하부로부터 공기를 유입시키는 방법 등이 있다. 농약, 비료 또는 기름 등으로 오염된 식품은 중성세제 등의 세척제를 사용하기도 한다. 그러나 식품의 색깔 · 조직 등에 나쁜 영향을 줄 수 있기 때문에 세척제의 선택에 유의하여야 한다.

2) 분무세척

그림 6-10에서 보는 바와 같은 분무세척기는 벨트 위에 식품을 올려 넣고 움직이도록 하고, 그 위를 여러 개의 노즐(nozzle)을 통하여 물을 분무시켜 세척하도록 한 장치이다. 분사되는 물의 압력 · 양 · 온도 등에 따라 세척효율이 결정된다. 감자, 토

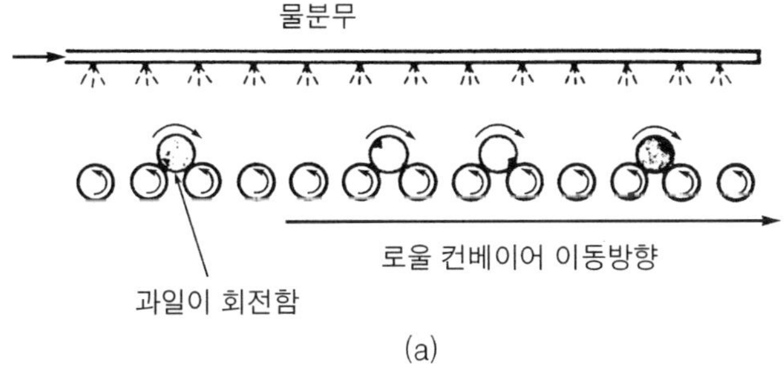

(a)

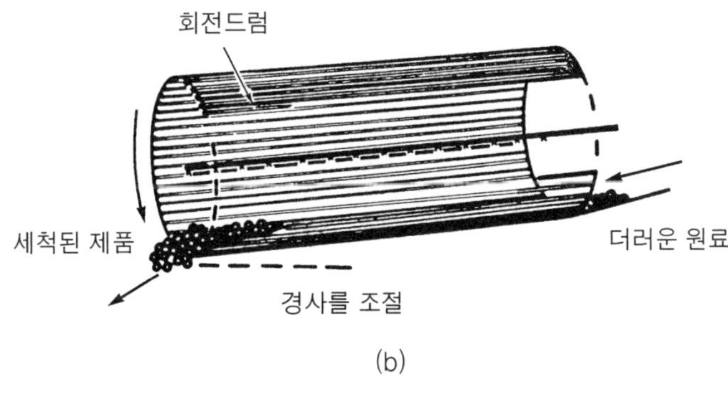

(b)

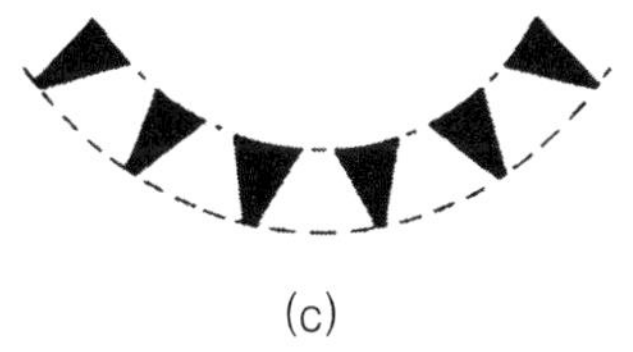

(c)

그림 6-10. 분무식 세척기

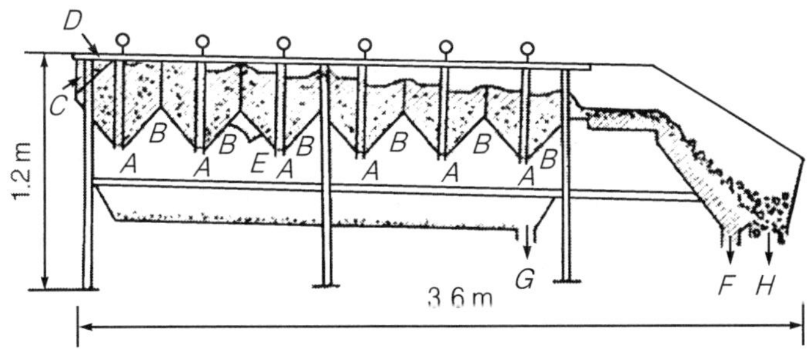

그림 6-11. 부유식 세척정선기

A : 밸브, B : plunger, C : 급수(給水), D : 정선할 시료, E : 협잡물, F : 협잡물 배출구, G : 세척액 배출구, H : 정선된 제품

마토, 감귤, 사과 등의 과일과 채소의 세척에 사용되고 있다. 상처 부위 등에 끼인 흙, 미생물 등을 효과적으로 제거할 수 있다.

3) 부상식 세척기

식품이 유체 중에 침강하는 원리를 이용한 세척기이다. 식품의 크기, 밀도의 차이에 따라 분류와 세척을 동시에 할 수 있다. 부유식 세척기(flotation washer)는 그림 6-11과 같은 구조로 되어 있다. 돌, 먼지, 상한 원료들을 가려낼 수 있다.

2. 식품의 분쇄

식품의 분쇄(size reduction)는 원래의 형태를 파괴하여 보다 작은 형태로 만드는 조작을 말한다. 분쇄의 목적은 다음과 같다.

① 생물조직으로부터 원하는 성분을 효율적으로 추출하기 위하여 이루어진다. 즉 세포조직을 파괴시켜 세포 속에 있는 성분이 노출되므로 건조, 추출, 용해와 같은 반응을 촉진시켜 주는 효과와 더불어 독특한 식품의 물성을 갖도록 한다. 커피의 추출, 밀에서 밀가루의 분리, 유량종자로부터 식용유의 추출이 여기에 해당된다.

② 특정 제품의 입자 규격을 맞추기 위하여 이루어진다. 분말 음료용 설탕입자의 조정, 향신료의 제조, 초콜릿의 정제 등이 여기에 해당된다.

③ 입자의 크기를 줄여 표면적을 증대시키기 위하여 이루어진다. 예를 들어 수분함량이 많은 고체입자를 건조할 때는 건조시간을 단축시킬 수 있다.

④ 혼합을 쉽게 하기 위하여 이루어진다. 조제식품, 분말수프 등의 제조에 있어서 입자의 크기가 작으면 균일한 혼합이 쉽다.

밀가루, 옥수수가루, 콩가루 등은 이와 같은 분쇄조작을 거쳐 1차 가공된 것이다. 제빵, 제과, 제당, 주정 등의 원료로 사용할 수 있어서 분쇄제품은 가공식품 제조에 있어서 다양하게 이용되고 있다. 따라서 분쇄조작은 제분(製粉), 제유(製油), 제당(製糖), 제차(製茶), 향신료, 주스공업 등 많은 식품제조업에 이용되고 있다.

식품을 분쇄하려면 식품조직을 파괴할 수 있는 힘이 작용하여야 한다. 이러한 힘의 형태로는 충격력(impact force), 압력(compression force), 전단력(shear force) 등이 있다. 분쇄는 곡류와 같은 고체를 분쇄하는 일 뿐만 아니라 액체를 분쇄하는 유화(乳化, emulsification) 조작에도 사용된다.

2.1 분쇄의 원리

식품은 외부에서 힘을 받으면 형태의 변형이 오며, 그 힘이 약할 때는 원래의 모양으로 되돌아오는 고무성 성질(elastic property)이 있다. 작용하는 힘이 어느 한계(elastic limit)를 넘을 때는 식품은 부서지게 되며, 이때의 힘을 파괴력(brcaking stress)이라고 한다. 따라서 식품은 분쇄하려면 파괴력이 필요하다.

그림 6-12에서 보는 바와 같이 분쇄를 효과적으로 일으킬 수 있는 힘을 압력, 충격력, 전단력의 형태로 식품이 분쇄되는 것을 알 수 있다. 그러나 식품에 작용하는 힘의 극히 일부인 0.1～2%만이 분쇄에 이용된다. 나머지는 마찰열로 손실되므로 분쇄조작은 에너지 이용 면에서 매우 비효율적이라고 할 수 있다. 분쇄조작에 있어서 입자의 크기를 L_1에서 L_2로 줄이는 데 소요된 에너지의 양을 ΔE라고 하면 입자 직경의 축소율에 비례한다.

$$\Delta E \propto \Delta(L_1/L_2)$$

이 식에서 계수(C)를 도입하면 다음과 같이 쓸 수 있다.

$$\frac{dE}{dL} = -\frac{C}{L^n} \qquad (6\text{-}1)$$

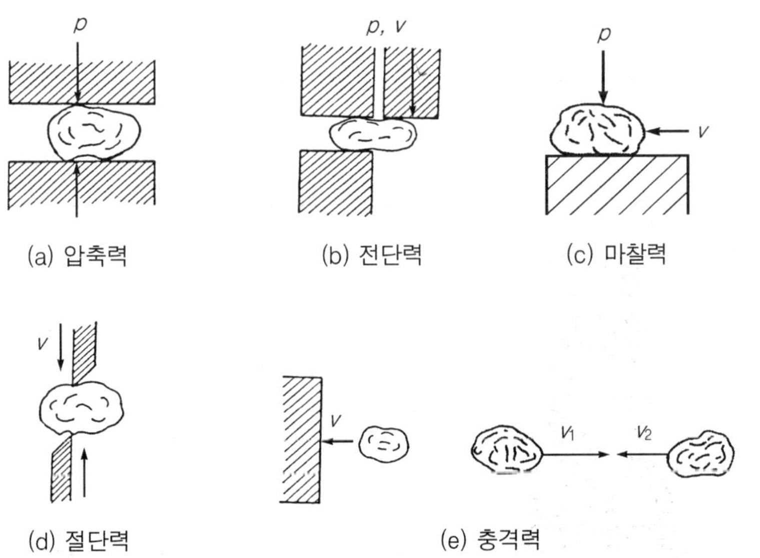

그림 6-12. 힘의 형태와 분쇄과정
*p*는 압력, *v*는 운동을 의미한다.

여기에서 n은 분쇄물의 성질과 크기, 그리고 분쇄장치에 따라 결정되는 상수이다. n = 1일 때 식 (6-2)가 되며, 이 식을 Kick의 법칙이라고 한다. 그리고 식 (6-1)을 적분하면

$$E = C \log \frac{L_1}{L_2} \quad (6\text{-}2)$$

여기에서 E는 동력(HP)으로서 분쇄에 소요되는 동력을 계산할 수 있다. 이와 비슷한 식으로는 n = 2 일 때의 Rittinger의 법칙을 들 수 있다.

분제품의 입자 크기를 현미경으로 실측할 수도 있으나 보통 체(sieve)를 사용하여 측정하는 경우가 많다. 대부분 제분공업에서 입자의 크기별 수율은 체분석(sieve analysis)을 통하여 이루어진다. 체분석에 사용하는 체를 **표준체**(standard sieve)라고 하며, 표준체에는 타일러 표준체(Tyler standard sieve)가 주로 이용된다. 이밖에도 일본 표준체(JIS), 독일 표준체(DIN) 등이 있다. 타일러 표준체의 규격과 각종 표준체와의 관계는 부록 16을 참조한다.

표준체의 단위는 메쉬(mesh)이며, 메쉬는 1인치 속에 들어 있는 체눈의 수를 의미한다. 분제품 입자의 크기는 입자의 직경으로 나타낸다. 그러나 실제로 측정하기 힘들기 때문에 입자가 통과하는 체눈의 크기를 다음과 같이 나타낸다.

+ 10 mesh : 10 mesh 체를 통과하지 못하는 입자
− 10 mesh : 10 mesh 체를 통과하는 입자
− 10 + 20 mesh : 10 mesh 체를 통과하나 20 mesh 체를 통과하지 못하는 입자

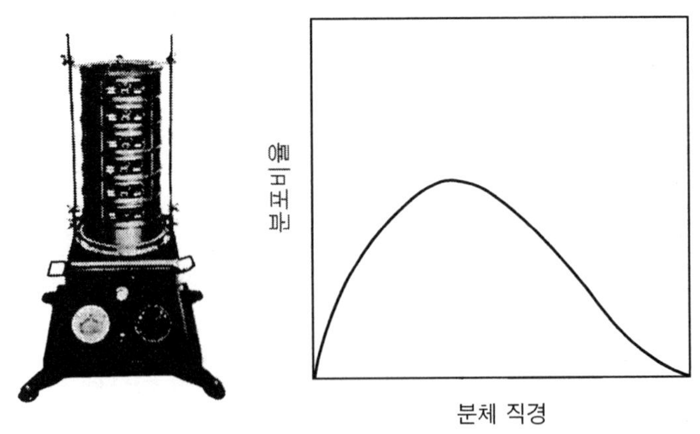

그림 6-13. 체분석기와 빈도수에 의한 입자의 분포도

분제품의 입자 크기를 측정하는 방법에는 여러 가지가 있다. 대표적인 방법은 표준체를 조합한 체분석(sieve analysis)을 통하여 입자분포를 측정하는 방법이다(그림 6-13). 이외로 현미경을 이용한 측정법과 Coulter counter와 같이 용매에 분체를 희석시킨 다음에 조그만 구멍을 통과하도록 하여 전자장치에 의해 각 입자의 크기를 측정하는 방법이 있다. 식품산업에 사용되는 체 분리에는 스테인리스 스틸이나 나일론 천 등으로 되어 있는 바 스크린(bar screen), 진동체(vibrating screen), 릴(reels) 등이 이용된다.

2.2 식품의 물성과 분쇄

식품의 분쇄성은 물성에 따라 다르며, 조직이 단단하고 유연한 정도를 가늠할 수 있다. 설탕이나 소금은 단단한 결정이지만 쉽게 분쇄할 수 있다. 그러나 육류는 그 조직이 유연하지만 분쇄성이 낮다. 일반적으로 식품은 조직결합이 균일하지 않기 때문에 외부에서 힘을 가하면 식품조직 중에서 가장 결합력이 약한 부위부터 부서지게 된다. 이때 결합력이 약한 부위를 **약선**(弱線, weak line)이라고 한다.

분쇄 초기에는 주로 약선을 따라 쪼개지므로 적은 힘을 가지고도 분쇄된다. 그러나 분쇄된 입자가 작아질수록 점차 약선이 없어지므로 식품을 미세한 입자로 분쇄할수록 더 많은 동력이 소요된다.

이와 같이 물성의 차이에 따라 분쇄에 작용하는 힘의 종류와도 밀접한 관계가 있다. 단단하고 녹말이 많은 식품은 충격력·압축력·전단력이 모두 효과적이다. 그러나 섬유질이 많은 식품은 전단력이나 충격력이 효과가 적기 때문에 분쇄기를 선택할 때 식품의 물성을 고려하여 선택해야 한다.

2.3 분쇄기의 종류

분쇄기의 종류와 명칭은 다양하다. 보통 분제품 입자의 크기에 따라 조쇄기(粗碎機, 직경 100 mm 이상), 중간분쇄기(직경 3 mm), 미분쇄기(직경 147 ㎛ 이하)로 분류한다. 그리고 분쇄할 때 작용하는 힘의 원리에 따라 압축형 분쇄기, 충격형 분쇄기, 전단형 분쇄기, 혼합형 분쇄기 등으로 구분하기도 한다. 이들 분쇄기 중에서 널리 사용되고 있는 대표적인 분쇄기에 대하여 알아보면 다음과 같다.

1) 로울 분쇄기

압축전단형 분쇄기인 로울 분쇄기는 로울(roll)이 1～2개로 되어 있으며, 보통 2로울 분쇄기가 주로 이용된다. 대표적인 로울 분쇄기는 그림 6-14와 같이 강철로 만

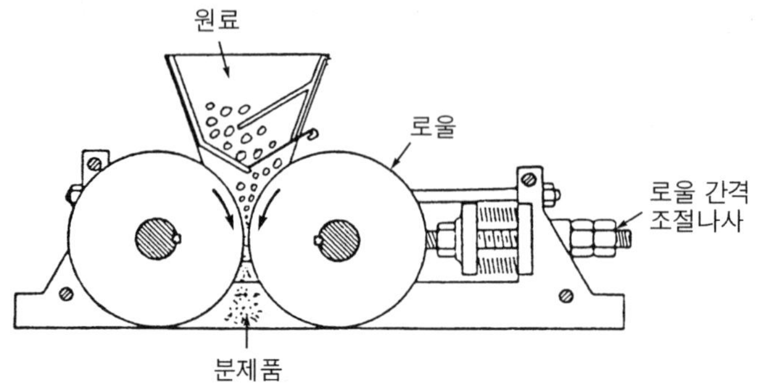

(a) 로울 분쇄기(smooth roller)의 기본구조

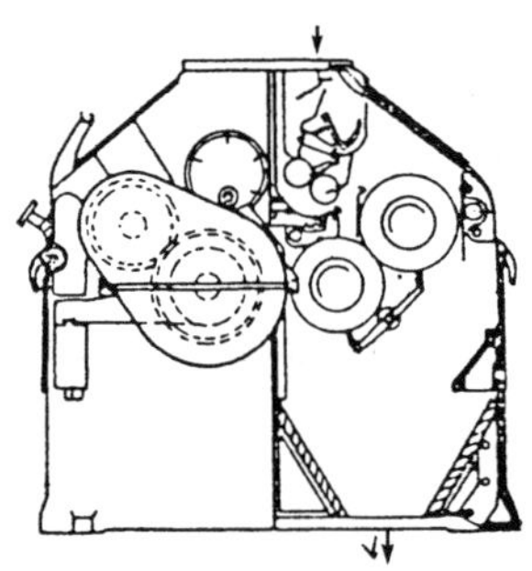

(b) 로울 분쇄기의 구조

(c) 여러 가지 로울의 모양(홈이 파인 로울)

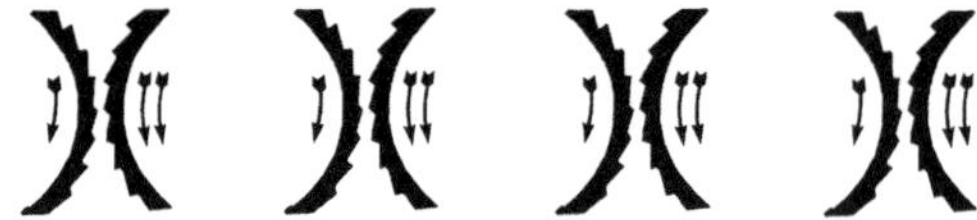

(d) 각종 치형의 조합

그림 6-14. 로울 분쇄기의 구조

든 수평원통형 2개의 로울이 평행하게 일정한 간격으로 떨어져 설치되어 있다. 서로 반대방향으로 회전하면서 식품에 압축력을 작용하여 분쇄된다.

로울의 간격은 간격조절 나사에 의해 입도(粒度)에 따라 조절한다. 로울의 직경과 회전수를 각각 달리 하여 압축력 외에도 전단력을 작용하여 분쇄력을 높이기도 한다.

또한 홈이 파져 있는 로울(그림에서 c)을 사용하는 경우는 치형(齒形) 로울 분쇄기라고 한다. 이때 홈은 절단력을 작용하는 역할을 하기 때문에 regular coffee와 같이 균일한 입자로 분쇄하는 데 사용하기도 한다.

이런 종류의 분쇄기는 제분공업에 널리 이용된다. 옥수수, 밀 등을 플레이크(flake)로 만들 때는 전단력보다 압축력이 중요하므로 표면이 평평한 등속(等速) 로울 분쇄기를 사용한다. 곡류를 조분쇄할 때는 로울 표면에 골이 패인 것을 사용한다. 미분쇄에는 골이 점차 얕아지고, 최종적으로는 평평한 것(smooth roll)을 사용한다. 그리고 로울 분쇄기는 식용유를 제조하는 경우 면실, 콩, 유채 등의 유량종자의 분쇄에도 널리 사용한다.

분쇄조작은 한 번의 분쇄기를 통과하는 것으로는 불충분하고, 큰 입자는 별도로 선별하여 재분쇄하는 폐쇄회로(closed circuit) 방식이 많이 이용된다. 여러 가지 유형의 분쇄기를 복합적으로 사용하여 분쇄작업을 하는 경우가 많다. 그의 대표적인 예는 그림 6-15에서 보는 바와 같다.

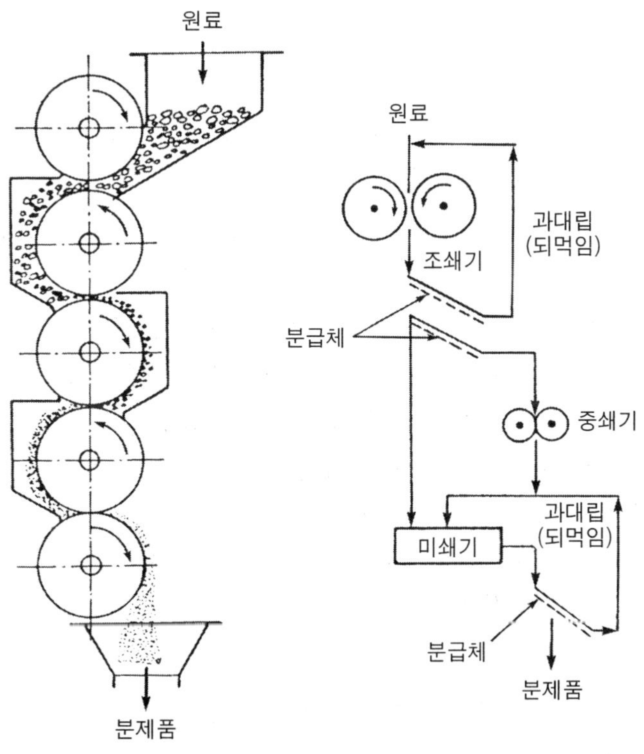

그림 6-15. 전형적인 분쇄작업 방식

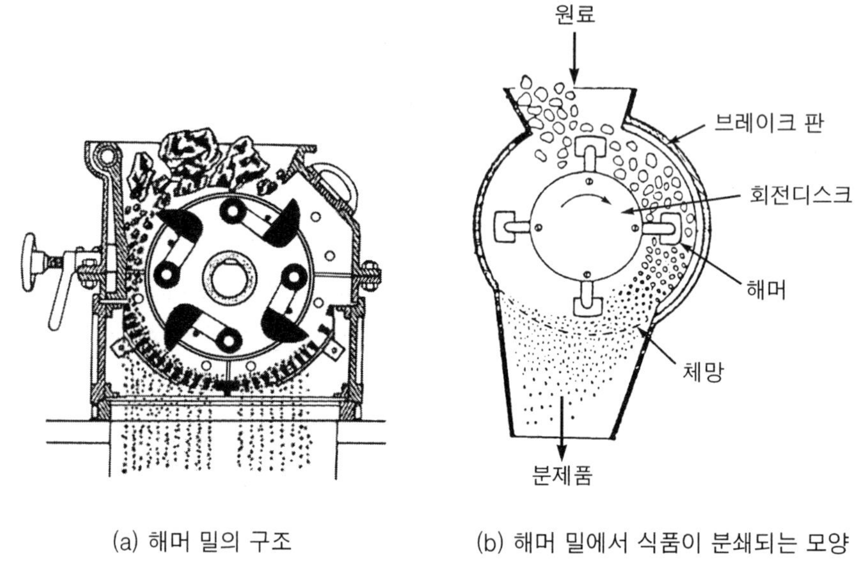

(a) 해머 밀의 구조 (b) 해머 밀에서 식품이 분쇄되는 모양

그림 6-16. 해머 밀의 구조

2) 해머 밀

해머 밀(hammer mill)은 충격형 분쇄기로서 그림 6-16에서 보는 바와 같다. 여러 개의 해머가 부착된 회전자(rotor)와 분쇄실 밑에 있는 반원형의 체로 구성되어 있다. 해머에는 간단한 막대모양, 끝이 칼날처럼 된 것, T자형 등 여러 가지가 있으며, 원료의 형태에 따라 알맞은 것으로 갈아 끼우도록 되어 있다.

회전자를 2,500～4,000 rpm으로 회전시키면 해머의 첨단속도는 30～90 m/sec에 이르게 되어 식품은 강한 충격을 받아 분쇄된다. 해머 밀은 구조가 간단하고 다목적으로 사용할 수 있다. 이물질이 유입되더라도 기계의 손상을 가져오지 않는 장점이 있으나, 균일한 입자의 크기로 분쇄하기 어렵고 에너지 소모가 큰 단점이 있다. 결정성 고체, 곡류, 건육, 건채소 등을 분쇄하는 데 알맞다. 식품산업에서는 설탕, 소금, 유당(乳糖), 전분박 등의 분쇄에 이용되고 있다.

3) 디스크 밀

디스크 밀(disc mill)은 전단형 분쇄기로서 예전에 사용해 왔던 맷돌과 같은 것이다. 돌이나 금속으로 된 원판(디스크)을 또 다른 디스크와 서로 맞대어 서로 반대방향으로 회전시킨다.

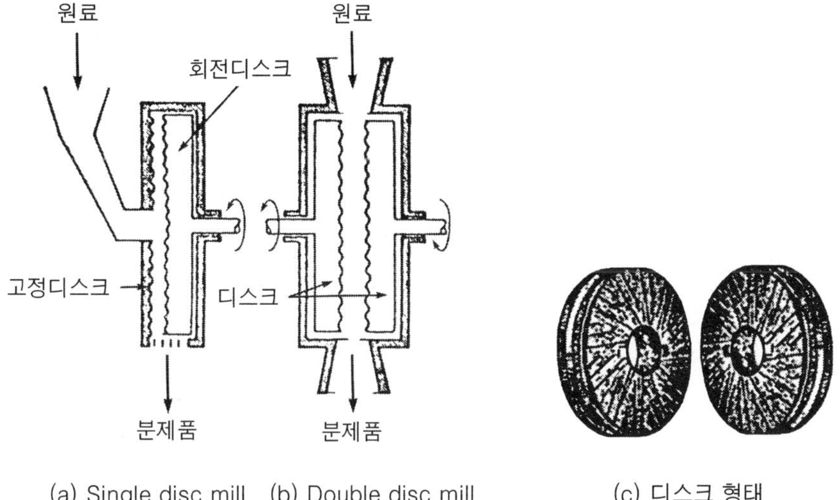

(a) Single disc mill (b) Double disc mill (c) 디스크 형태

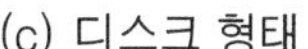

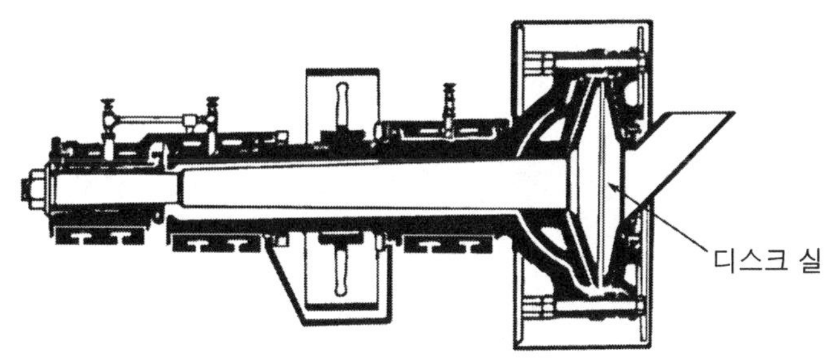

(d) 조합된 형태

그림 6-17. 여러 가지 디스크 밀의 구조

그림 6-17에서와 같이 분쇄시료를 좁은 간격에 투입되면 디스크가 회전할 때 생기는 마찰력과 전단력에 의해 분쇄된다. 회전하는 디스크가 하나일 때를 single disc mill(단식), 2개일 때를 double disc mill(복식)이라고 한다. 디스크의 회전속도는 400~1,800 rpm 정도이다. 이 분쇄기는 옥수수의 습식 분쇄, 곡류가루의 제조, 섬유질 식품의 미분쇄 등에 사용된다.

4) 핀 밀

디스크 밀 구조와 비슷하나, 디스크에 핀을 붙여 놓은 충격형 분쇄기이다. 고정판과 회전원판 위에 작은 막대모양의 핀이 여러 개 동심원을 그리면서 고정되어 있다. 중심축 방향에서 공급된 원료는 회전원판의 회전에 의해 핀 사이에서 충격력과 전단

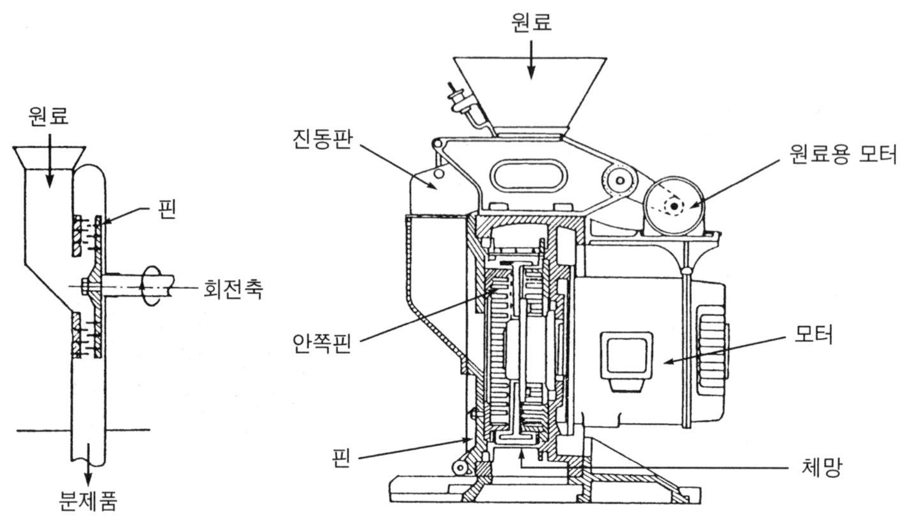

그림 6-18. 핀 밀의 구조

력에 의해 분쇄된다.

그림 6-18과 같은 구조를 가진다. 충격력은 디스크의 회전속도에 비례하므로 고속으로 회전할수록 분쇄 효과가 커진다. 핀 밀의 첨단 선속도는 160 m/sec에 이른다. 핀 밀은 부착성이 있는 원료를 분쇄하는 데 알맞다.

원심력에 의하여 고속으로 방출되는 입자가 고정원판에 충돌하여 부착하는 것을 방지할 수 있으며 설탕, 녹말, 고구마, 건조과일, 곡류, 코코아, 콩 등의 건식 분쇄에 사용된다. 두부제조를 위한 콩의 습식 분쇄, 녹말제조를 위한 고구마, 감자의 2차 분쇄에도 이용된다.

5) 커팅 밀

건어육, 건채소, gum상으로 된 식품은 충격력이나 전단력만으로는 잘 부서지지 않기 때문에 조직을 자르는 형태로 절단형 분쇄방식을 이용한다. 절단분쇄기(cutting mill)는 그림 6-19에서 보는 바와 같다.

그림에서 (a)는 그 구조가 해머 밀과 비슷하며, 로터(rotor)에 날카로운 대팻날과 같은 금속칼날이 부착되어 있다. 로터가 회전하면 약간의 간격을 두고 칼날이 엇갈려 회전하므로 식품을 절단 분쇄한다.

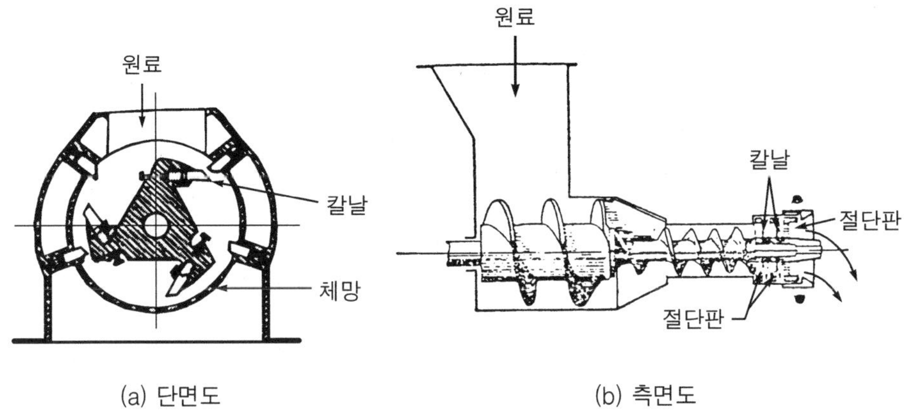

(a) 단면도 (b) 측면도

그림 6-19. 커팅 밀의 구조

6) 볼 밀

그림 6-20에서 보는 바와 같이 회전드럼과 그 속에 금속 볼이나 돌(flint stone)로 되어 있다. 분쇄작용은 드럼을 회전시킬 때 볼들이 서로 충돌할 때 생기는 충격력이 식품을 분쇄한다. 미분쇄(微粉碎)에 알맞은 분쇄기로서 분쇄 정도는 회전속도, 볼의 크기와 수 등에 영향을 받는다.

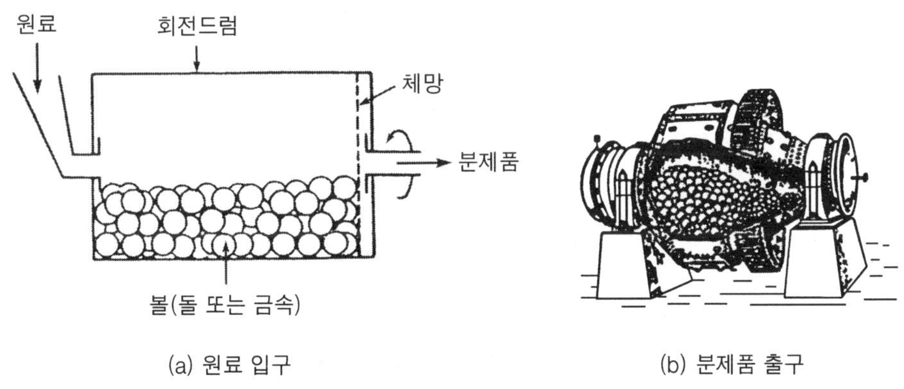

(a) 원료 입구 (b) 분제품 출구

그림 6-20. 볼 밀의 구조

2.4 습식 분쇄

분쇄는 건조식품을 대상으로 하는 경우가 많다. 고구마 · 감자 등을 분쇄하여 녹말

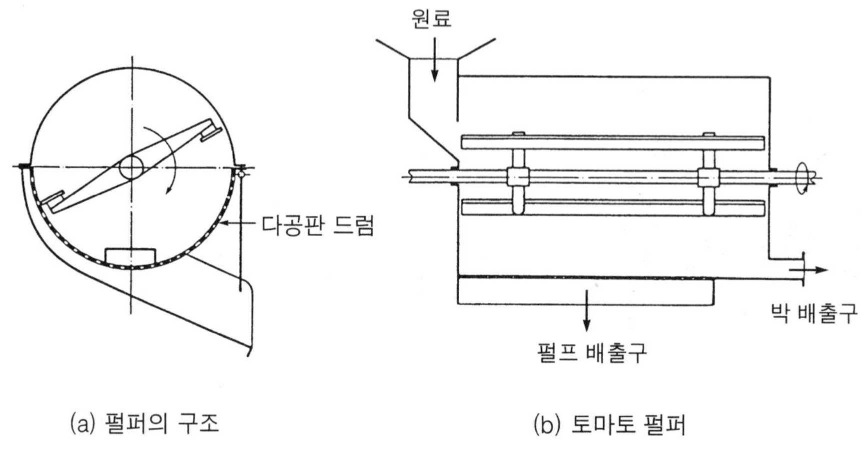

그림 6-21. 대표적인 펄퍼의 구조

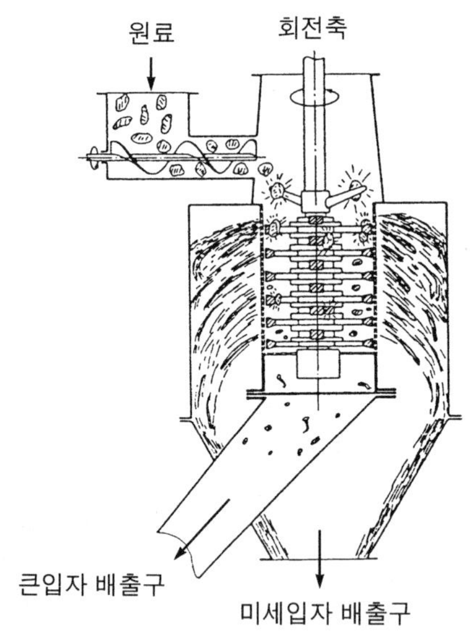

그림 6-22. 충격식 채소분쇄기

을 제조하거나, 과일이나 채소를 분쇄하여 퓌레로 제조할 경우, 그리고 생선이나 육류를 가공할 경우에도 분쇄조작이 이루어진다. 이때 시료가 수분이 많은 상태이므로 분쇄하는 방식도 이에 알맞은 습식 분쇄(wet milling) 방식을 이용한다.

과일의 과육을 분쇄하고자 할 때는 분쇄동력이 크게 요구되지 않는다. 따라서 다공판으로 된 실린더에 시료를 임펠라(impeller)와 같은 장치로 밀어내면 과육은 마쇄되면서 다공판의 구멍을 통하여 배출된다. 이와 같은 형태의 분쇄기를 펄퍼(pulper)라고 하며, 토마토와 사과 등을 분쇄하는 데 이용된다. 펄퍼에는 여러 가지 종류가 있으며, 그의 대표적인 것은 그림 6-21에서 보는 바와 같다. 수분이 많은 과일을 분쇄하는 조작을 펄핑(pulping)이라고 한다.

이 외로는 육류를 절단하여 마쇄하는 데 이용되는 분쇄기로서 회전칼날을 사용하는 슬라이싱(slicing), 초퍼(chopper) 등이 있으며, 소시지 제조공정에 이용된다. 그리고 그림 6-22에서 보는 바와 같은 고구마, 감자와 같은 채소를 충격식으로 분쇄하는 데 이용하는 채소분쇄기(vegetable crusher) 등을 들 수 있다.

3. 식품의 혼합

대부분의 가공식품은 2가지 이상의 원료를 사용하여 제조한다. 따라서 이들을 어떻게 잘 섞어 주는가에 하는 일이 제품의 품질에 영향을 미친다. 혼합조작은 서로 혼합하고자 하는 원료의 물성에 따라 고체-고체 혼합, 고체-액체 혼합, 액체-액체 혼합, 액체-기체 혼합의 여러 가지 유형으로 나눌 수 있다. 식품의 혼합에 사용되는 용어는 다음과 같다.

- **혼합**(mixing) : 입자나 분말 형태의 혼합을 뜻하나 모든 형태의 혼합을 말한다.
- **교반**(agitation) : 액체-액체 혼합을 말하며, 저점도의 액체들을 혼합하거나 소량의 고형물을 용해 또는 균일하게 하는 조작이다.
- **반죽**(kneading) : 고체-액체 혼합으로 다량의 고체분말과 소량의 액체를 섞는 조작이다.
- **유화**(乳化, emulsification) : 교반과 같이 액체-액체 혼합이지만 서로 녹지 않는 액체를 분산시켜 혼합하는 것이다.

이와 같이 혼합조작은 혼합하고자 하는 물질의 물성이 다양하고, 혼합원리도 서로 다른 점이 많기 때문에 혼합기의 종류와 그 형태도 매우 다양하다.

3.1 고체-고체의 혼합

혼합기에서 입자들은 대류(convection), 확산(diffusion), 전단(shear stress) 작용 등 복합적인 혼합작용에 의해 혼합되는 동시에 입자들의 성질의 차이에 의해 분리되기도 한다. 고체-고체 혼합은 입자나 분체(粉體)를 다루며, 물질의 크기, 비중, 점착성

(粘着性), 유동성, 응집성(凝集性) 등과 같은 물성이 혼합조작에 영향을 준다.

고체입자의 배합비율의 차이가 클수록 혼합이 어렵다. 같은 크기의 입자일지라도 비중의 차이가 크면 혼합되지 않고, 무거운 입자는 혼합기의 밑부분에 모인다. 또한 입자의 크기와 표면 성질의 차이가 클수록 혼합되기 어렵다. 같은 밀도의 입자라도 작은 것, 둥근 것이 아래로 모이는 경향이 있음으로 오랜 시간 동안 혼합하는 것은 좋지 않다. 균일한 혼합물을 얻기 위하여 가능한 각 성분 입자들의 밀도 · 모양 · 크기 등을 비슷하게 조합할 필요가 있다.

고체입자를 균일하게 혼합하기는 어렵지만 혼합기의 설정과 알맞은 운전조건을 결정하기 위하여 혼합 정도를 측정할 필요가 있다. 혼합 정도는 혼합물에 측정하기 쉬운 물질을 첨가하고 혼합하면서 시료를 채취하여 시료의 분석결과를 통계적으로 처리하여 구한다. 혼합조작에는 용기 속에 시료를 넣고 용기를 회전(rotation)하거나 뒤집기(tumbling)를 반복하는 방법과 용기를 고정시켜 놓고 스크루 또는 리본(ribbon)과 같은 혼합장치를 사용하여 혼합하는 방법으로 나눌 수 있다.

1) 텀블러 혼합기

드럼 믹서(drum mixer) 또는 회전믹서(rotating mixer)라고 한다. 그 구조는 그림 6-23에서와 같이 여러 가지 모양이 있다. 혼합효과를 높이기 위하여 드럼 속에 장애판(baffle)이나 혼합유도장치(혼합날개)를 설치한 것이 있다. 모터에 의해 회전이 이루어지도록 되어 있다. 이들 혼합기는 회분식 혼합기로서 혼합원료를 뺄 수 있도록 구멍이 있다.

혼합원료는 용기 부피의 50～60%를 채우고, 회전속도는 원심력이 중력보다 크지 않도록 임계속도 이하에서 조업하여야 한다. 보통 회전속도를 100 rpm으로 하며, 물리적 성질이 비슷한 고체입자의 혼합에 알맞다. 그러나 고체입자의 모양 · 크기 · 밀도 등에 차이가 있을 경우는 고체입자 사이에 분리되는 경우가 있어 문제가 된다.

2) 리본, 스크루 혼합기

수평용기형 혼합기라고도 한다. 스크루나 리본을 2～3개 원통형 용기에 설치하여 회전시키면 그 속에 든 물질을 혼합시킬 수 있다. 이런 유형의 혼합기를 스크루 믹서 또는 리본 믹서라고 한다. 리본 믹서의 구조는 그림 6-24에서 보는 바와 같다. 분리되기 쉬운 고체입자의 혼합에 알맞다. 유동성이 있는 고체는 비교적 단시간에 혼합이 완료된다.

그림 (a)는 리본 믹서의 기본구조이며, 수평드럼형 용기에 혼합리본을 설치하고 모

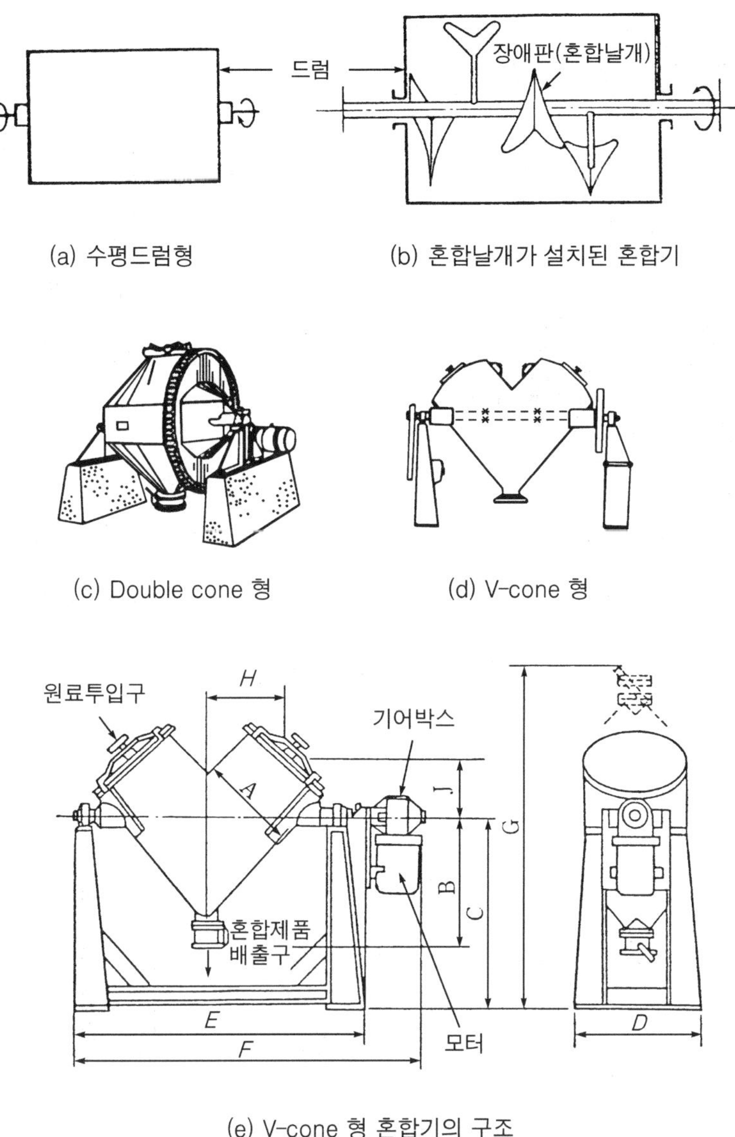

그림 6-23. 텀블러 혼합기의 기본구조

터로 회전시킨다. 혼합을 효과적으로 시킬 수 있도록 여러 가지 모양의 리본을 조합하여(그림 c) 사용한다.

식품의 이동과 동시에 혼합을 시키는 스크루 믹서(그림 6-25)를 사용하면 연속조작이 가능하다. 곡물탱크나 사일로형 혼합기에서도 이용하며, 스크루의 방향에 따라서 혼합효과가 달라진다. 식품을 상승시키면 상승된 시료는 중력에 의해 밑으로 내려

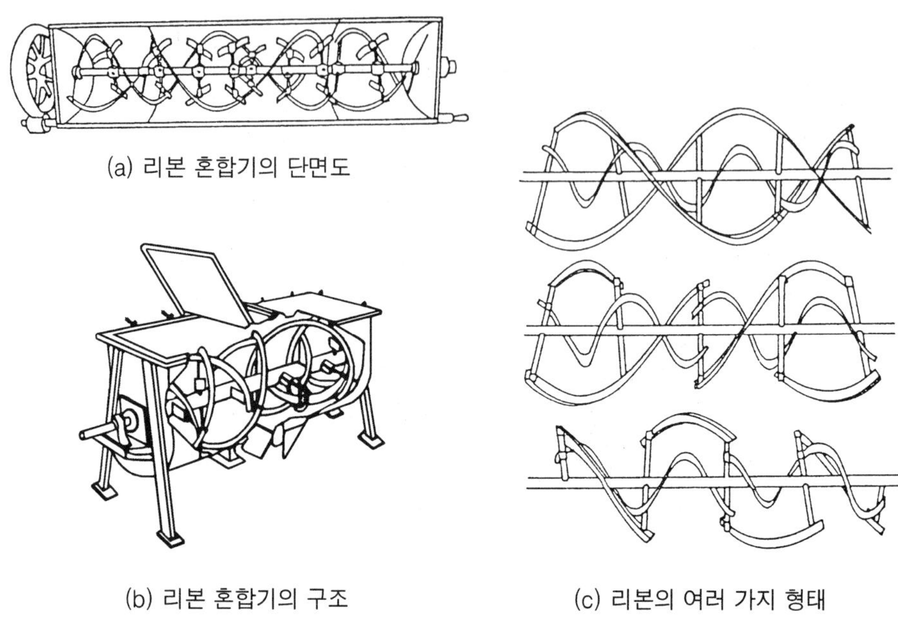

(a) 리본 혼합기의 단면도

(b) 리본 혼합기의 구조

(c) 리본의 여러 가지 형태

그림 6-24. 리본 믹서

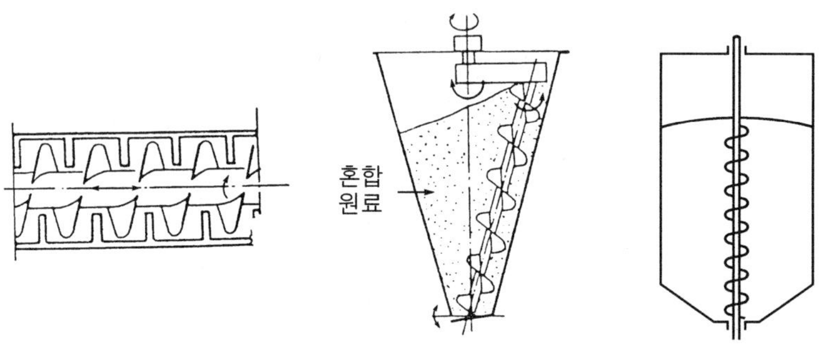

그림 6-25. 스크루 믹서

오게 됨으로 상하로 혼합시킬 수 있다. 고체-고체 혼합기는 제빵, 제과, 차, 수프, 조미료, 감미료 등을 제조할 때 혼합용으로 널리 이용된다.

3.2 고체-액체의 혼합

액체에 소량의 고체를 혼합할 때는 교반 원리가 적용된다. 그러나 고체의 양이 증가하면 점성이 크게 증가하고 유동성이 떨어지게 된다. 혼합조작은 식품의 유동성을 이용할 수 없고, 기계적인 교반날개만으로 혼합하게 된다. 고체-액체의 혼합은 단순한 혼합목적 이외에 제빵·제과용 밀가루 반죽이나 초콜릿 콘칭(chocolate conching)과 같은 혼합제품이 독특한 물성을 지닐 때까지 계속하는 것이 보통이다.

1) 팬 믹서(pan mixer)

달걀, 크림, 쇼트닝, 과자원료 등을 혼합할 때 이용하는 혼합기이다. 그림 6-26에서 보는 바와 같이 교반날개가 교반용기 내를 고루 옮겨 다니며 혼합하는 경우와 교반날개의 위치를 고정시켜 놓고 용기를 회전하는 혼합기가 있다. 교반날개는 가능한 용기

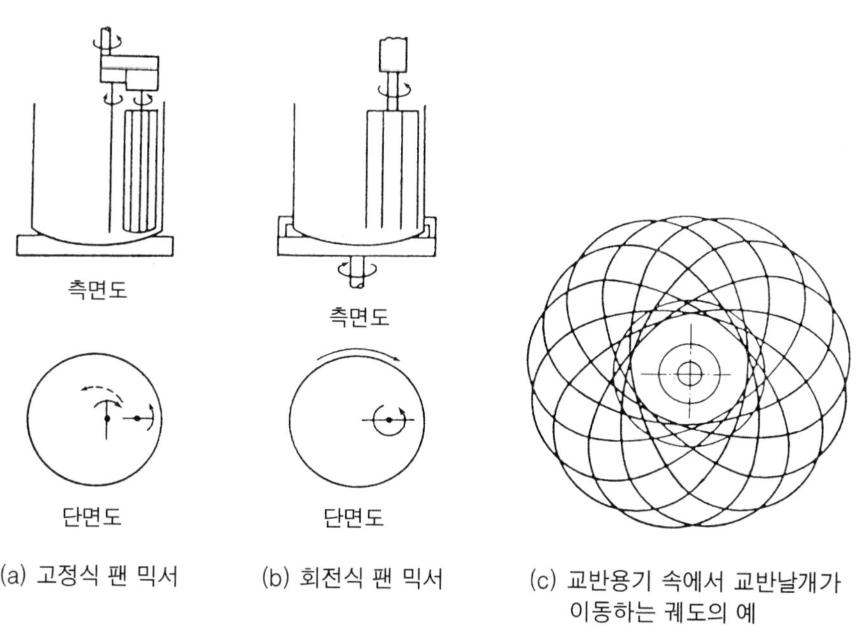

그림 6-26. 팬 믹서

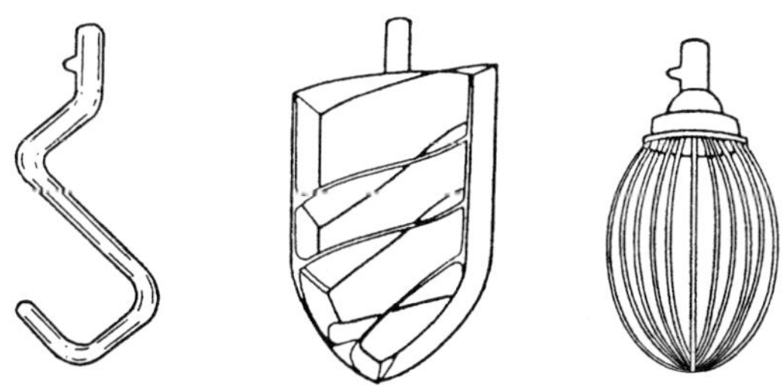

그림 6-27. 팬 믹서에 사용되는 여러 가지 유형의 교반날개

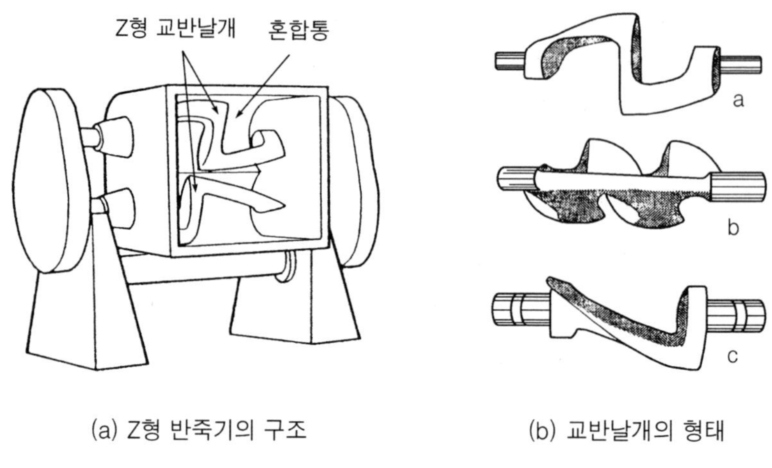

(a) Z형 반죽기의 구조 (b) 교반날개의 형태

그림 6-28. Z-blade 반죽기

의 벽에 가깝게 밀착되어 회전하도록 설치되어 있다. 그림 6-27에서와 같이 여러 가지 모양의 교반날개를 이용하기도 한다.

2) 반죽기

반죽기(kneader)는 액체의 양이 아주 적을 때 혼합물의 유동성이 더욱 없어지기 때문에 밀가루 반죽과 마찬가지로 반죽을 늘리고 접고 하는 동작을 기계적으로 반복하도록 설계되어 있다.

그림 6-28과 같이 Z자형 교반날개를 가진 반죽기가 대표적인 것이다. 교반날개가 엇갈려 회전하면서 반죽을 이기기(kneading), 포개기를 반복하면서 혼합하게 된다. 이밖에 초콜릿 콘칭, 소시지를 제조할 때와 같이 고기반죽을 위한 반죽기 등 특수한 목적을 갖는 혼합기가 있다.

3.3 액체-액체의 혼합

1) 교 반

서로 섞이지 않는 액체와 액체를 고루 분산시켜 혼합하는 것으로, 액체를 기계적으로 저어주면서 혼합한다. 회전축에 교반날개(impeller), 터빈(turbine), 프로펠러(propeller) 등을 달아 알맞은 속도로 회전시킨다. 이와 같이 임펠라를 이용한 혼합기를 교반기(agitator)라고 한다.

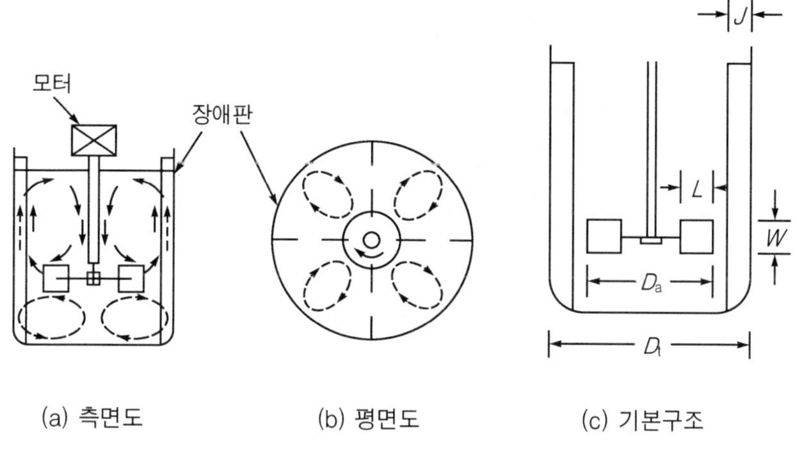

그림 6-29. 교반기의 구조

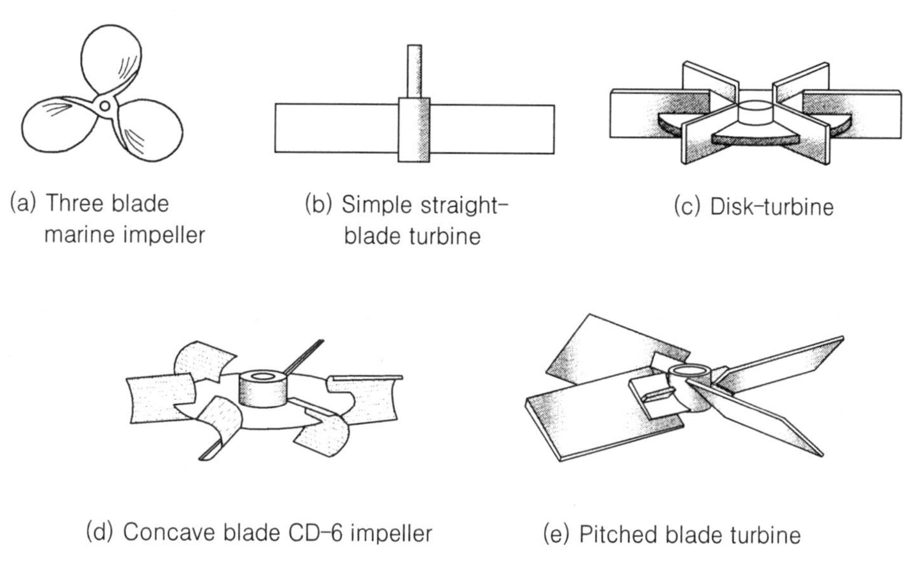

그림 6-30. 여러 가지 터빈 임펠라의 모양

기본구조는 그림 6-29와 같다. 임펠라의 모양에 따라 터빈 교반기, 패들 교반기, 프로펠러 교반기 등으로 구분된다. 임펠라를 액체 속에 담가 회전시키면 소용돌이(渦流, votex) 현상이 일어나기 때문에 대부분 장애판(baffle)을 설치하여 이를 방지한다. 그리고 여러 가지 터빈 임펠라의 모양은 그림 6-30에서 보는 바와 같다.

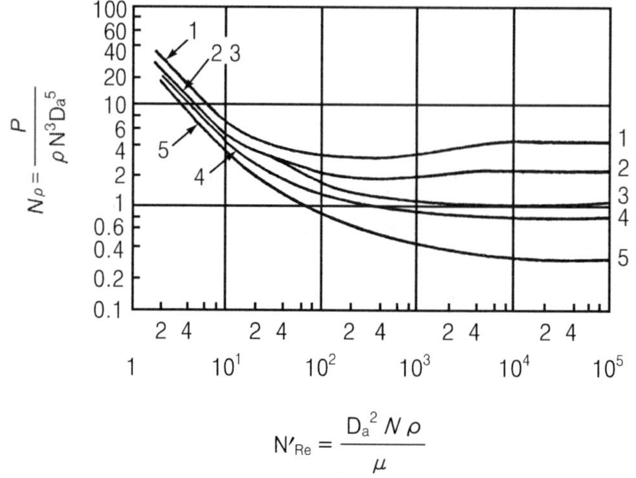

그림 6-31. N_p와 N'_{Re}와의 관계

1. 평판 패들(6-blade, $D_a/W = 5$)과 4개의 장애판(D/J = 12) 터빈 교반기
2. 평판 패들($D_a/W = 8$)과 4개의 장애판(D/J = 12) 터빈 교반기
3. 피치형(45°) 터빈($D_a/W = 8$)과 4개의 장애판(D/J = 12)
4. 프로펠러 피치형(= $2D_a$), 4개의 장애판(D/J = 10)
5. 프로펠러 피치형(= D_a), 4개의 장애판(D/J = 10), 편심축

교반에 필요한 동력은 모터에 의해 공급된다. 소요동력의 크기는 임펠라의 회전속도, 액체의 점성, 액체의 양, 임펠라의 크기, 용기의 직경에 의해 결정된다. 이는 식 (6-3)과 같은 관계를 갖는다.

$$N_p = \frac{P}{\rho N^3 D_a^5} \qquad (6\text{-}3)$$

여기에서 P는 힘, N은 임펠라의 회전속도(rps), D_a는 임펠라의 직경(m), ρ는 액체의 밀도이다.

$$N'_{Re} = \frac{N \rho D_a^3}{\mu} \qquad (6\text{-}4)$$

식 (6-3)에서 N_p는 파우어수(power number)라고 한다. 변형 레이놀즈수(modified Reynolds number, N'_{Re})와 그림 6-31에서 보는 바와 같은 관계를 갖는다. 액체의 점도(μ), 밀도, 임펠라의 직경과 회전수를 알면 변형 레이놀즈수를 구하고, 임펠라 종류에 따라 그림 6-31에서부터 파우어수(N_p)를 구할 수 있다. 파우어수를 알면 식 (6-3)에서부터 모터의 소요동력(P)을 산출할 수 있다.

3.4 유 화

서로 섞이지 않는 액체와 액체의 혼합조작을 유화(emulcification)라고 한다. 한 액체가 아주 작은 액체로 쪼개어 다른 액체 속에 고루 분산되어 혼합된 상태를 에멀션(emulsion)이라고 하고, 이와 같은 조작을 유화 또는 균질조작(homogenization)이라고 한다. 수용성 용액에 식용유나 수지(resin), 왁스(wax) 등을 포함한 oil 상(相)을 혼합할 경우가 많다. 혼합조작에서는 유화제(emulsifying agent)를 첨가하는 화학적 방법과 균질기를 사용하는 물리적 방법으로 나눌 수 있다.

1) 유화제를 사용하는 방법

한 액체를 다른 액체 속에 분산시키려면 표면장력을 감소시켜야 한다. 그리고 분산된 액체의 작은 미립자(微粒子)는 다시 응집하여 이전의 상태로 돌아가려는 성질이

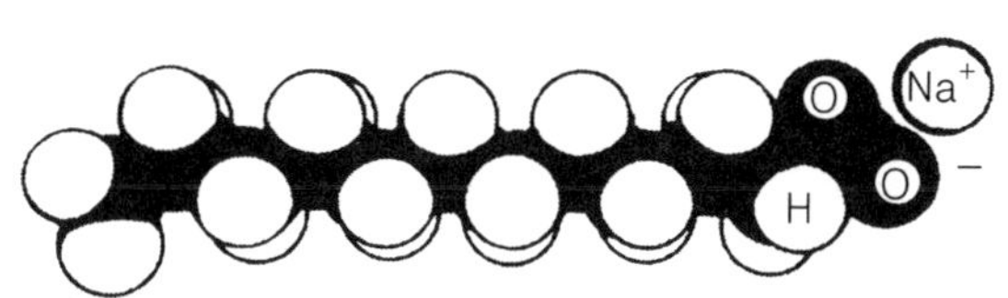

(a) 유화제의 분자구조 모형

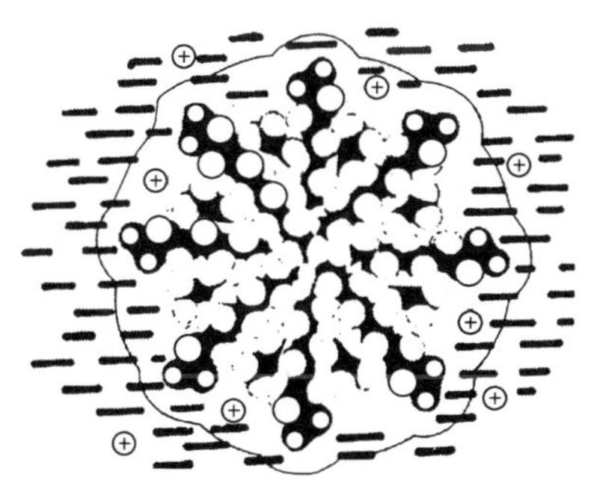

(b) O/W형 에멀션의 모형

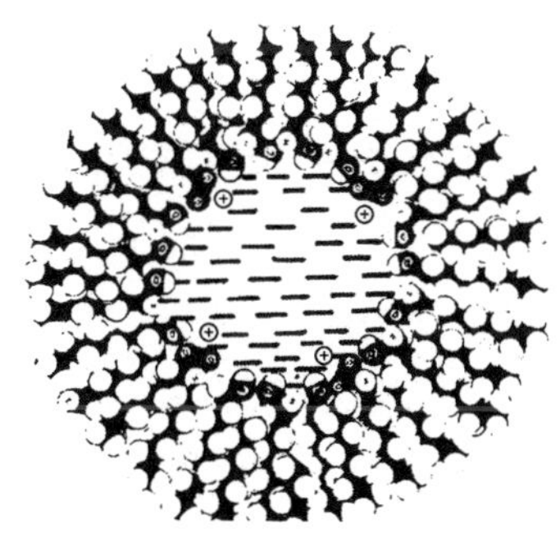

(c) W/O형 에멀션의 모형

그림 6-32. 유화제와 에멀션 형태

있다. 따라서 액체의 표면장력을 낮추고 분자상태에 있는 미립자의 응집을 방지할 수 있는 화합물인 유화제를 사용하면 균일한 분산이 이루어져 에멀션(emulsion)을 얻을 수 있다.

유화제는 분자 내에 -OH, -CHO, -COOH, $-NH_2$ 등의 극성(polar) 기(基, group)와 $CH_3-CH_2-CH_2-$ 결합과 같은 비극성(nonpoolar) 기를 포함하고 있어서 친수성과 친유성(親油性)을 갖는다(그림 6-32). 유화제의 성질은 분자구조 내의 친수성기와 친유성기의 평형관계를 나타내는 HLB(hydrophilic-lipophilic balance) 값으로 나타내는 경우가 많다.

유화제는 녹기 쉬운 상(phase)이 연속상이 되는 경향이 있다. HLB가 7보다 크면 친수성이 강하고, 7보다 작으면 소수성이 강하다. 친수성과 친유성 중에서 어느 한쪽이 너무 우세하면 유화제는 경계 면에 흡착하지 않고 우세한 쪽의 상(phase)에 녹아버려 에멀션 형성에 도움을 주지 못한다. 따라서 극성과 비극성의 어느 한쪽이 약간 우세하여야 한다. 에멀션을 만들 때는 사용하는 유화제가 목적하는 에멀션 형(O/W, 또는 W/O형)이 알맞은 것이어야 하며, 분산상의 배합비율과 처리온도를 고려해야 한다.

식품에 사용하는 유화제는 단백질, 인지질, sterol, glycerol ester, 지방산의 sorbitan ester, propylene glycol, cellulose ester, CMC(carboxy methyl cellulose) 등이 있다. 유화제를 첨가하여 일정시간 심하게 교반하면 이로 인한 전단력에 의해 액체는 미립자로 쪼개진다. 미립자 표면은 유화제의 막이 형성되어 균일한 분산이 이루어진다.

2) 유화기

압력, 충격력, 전단력, 마찰력 등의 힘을 액체에 가하여 미세한 입자로 쪼개는 일종의 분쇄장치이다. 대표적인 유화기를 들면 다음과 같다.

(1) 교반형 유화기

그림 6-33에서 보는 바와 같이 교반기와 비슷한 구조를 가지고 있다. 교반기는 유화작용이 충분하지 못하기 때문에 강력한 전단작용을 주기 위해 고속으로 회전하는 특수한 터빈이 고안되어 있다. 액체에 강한 전단력을 작용시킬 수 있도록 고속회전 터빈을 사용하여 100~10,000 rpm으로 회전시켜 유화시킨다. 주스, 토마토케첩, 마요네즈, 초콜릿 제조에 이용된다.

(2) 콜로이드 밀

1,000~20,000 rpm으로 고속 회전하는 로터(rotor)와 고정판(stator)으로 되어 있

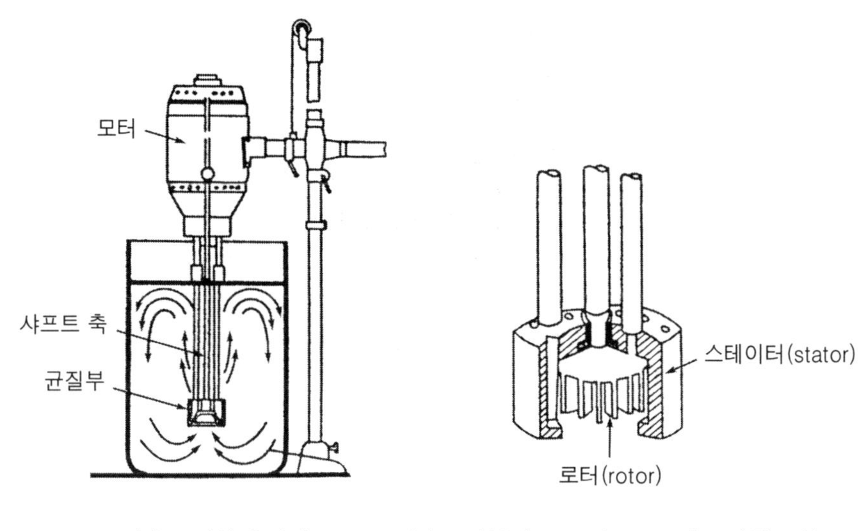

(a) 교반식 유화기 (b) 교반부의 rotor와 stator가 소립된 모양

그림 6-33. 터빈을 이용한 유화기의 구조

다(그림 6-34). 이 사이에 액체가 겨우 흐를 만한 좁은 간격(약 0.0025 mm)을 가지고 있다. 액체가 이 간격 사이를 통과하는 동안 전단력・원심력・충격력・마찰력이 작용하여 유화시킬 수 있다.

콜로이드 밀은 분산상의 입자 크기가 1～2 ㎛인 에멀션을 얻을 수 있으나 공기가 흡입되는 결점이 있다. 호모지나이저는 점도가 20 cP 이하의 점성이 낮은 액체, 콜로이드 밀은 10 Poise 이상의 점성이 높은 액체의 유화에 효과적이다. 치즈, 마요네즈, 샐러드크림, 시럽, 주스 등 많은 식품의 유화에 응용된다. 경우에 따라서는 육류, 과일, 퓌레의 제조에서와 같이 미분쇄(微粉碎)를 목적으로 이용되기도 한다.

(3) 호모지나이저

그림 6-34에서 보는 바와 같이 보통 유화기를 호모지나이저(homogenizer)라고 하는 경우가 많다. 액체식품을 700 kg/cm^{2}의 고압에서 협소한 구멍(orifice)이나 간격을 통과시켜 유화하는 장치이다.

이밖에도 초음파를 이용한 초음파 유화기는 그림 6-34 (c)에서 보는 바와 같다. 초음파에너지를 사용하여 칼날을 진동시켜 액체를 파괴 분산시키는 장치이다. 액체의 압력은 4～14 kg/cm^2, 생성되는 진동주파수는 18～30 kHz, 생성되는 분산상 입자의 크기는 1～2 ㎛ 정도이다. 초음파 유화기는 샐러드크림, 아이스크림, 초콜릿, 땅콩버터 등의 제조에 이용된다.

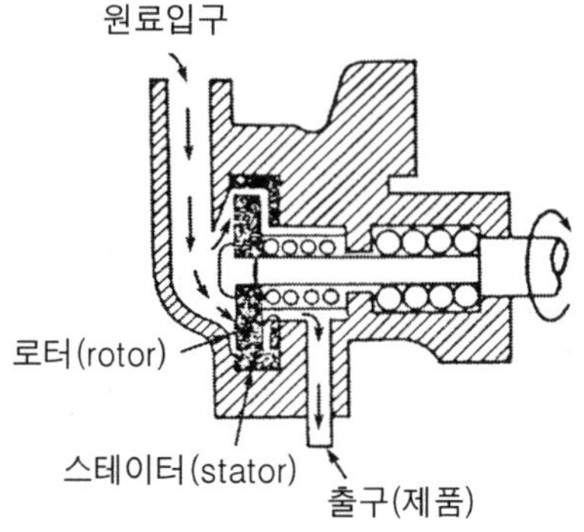

(a) 횡형 콜로이드 밀의 단면도

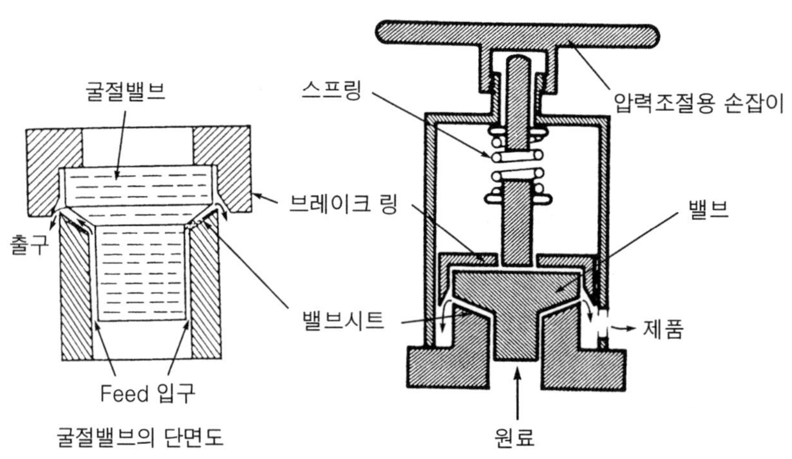

(b) 콘(cone)형 균질제품 콜로이드 밀

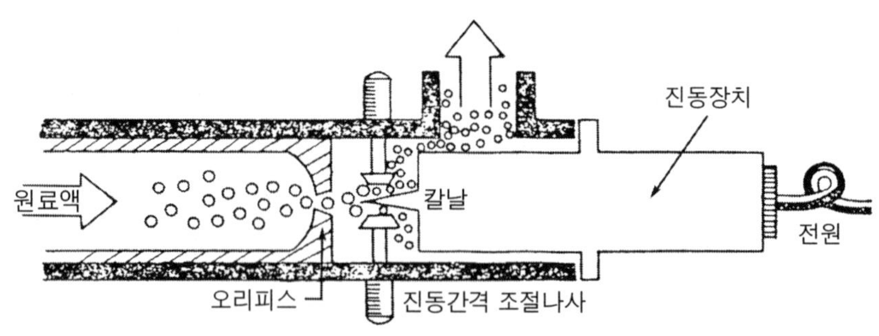

(c) 초음파 균질기

그림 6-34. 콜로이드 밀과 호모지나이저의 구조

(4) 버터교동기

우유로부터 버터를 만드는 공정을 생각해 보자. 우유는 O/W 형 에멀션이다. 우유로부터 크림을 분리하면 크림은 35～40%의 유지방을 함유하게 된다. 이것을 교동작업을 통하여 W/O 형 에멀션인 버터를 제조한다.

교동장치는 그림 6-23에서 보는 바와 같은 텀블러 혼합기의 구조와 비슷하다. 그림 6-35와 같은 원통형 또는 각형 드럼을 회전시킨다. 드럼 속에는 혼합을 돕기 위한 연합봉이 들어 있어서 용기가 회전하면서 버터를 연압(練壓)하는 역할도 한다. 교동장치는 목재로 된 것과 스테인리스 스틸로 된 것이 있다. 혼합제품의 교동 정도를 관찰할 수 있도록 관찰 창이 부착되어 있다.

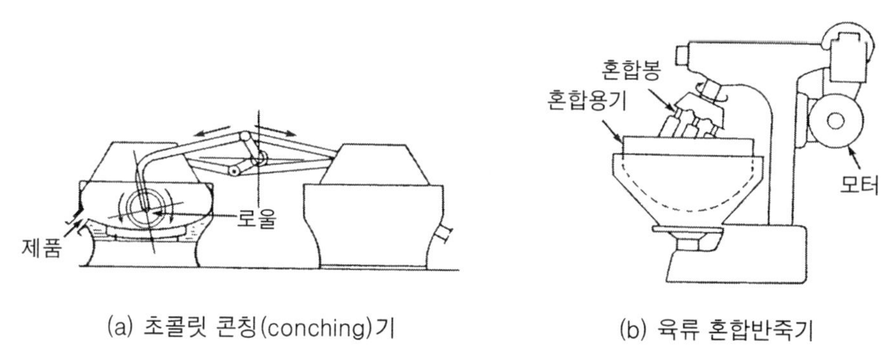

(a) 초콜릿 콘칭(conching)기 (b) 육류 혼합반죽기

그림 6-35. 교동기의 구조

3.5 기체-액체 혼합

식품산업에서 사용되는 기체-액체 혼합에는 발효공업에서의 통기배양장치, 청량음료 등 탄산음료 공업에서의 탄산가스 주입(carbonation), 아이스크림과 크림제조 과정에서의 공기혼입 조작 등을 들 수 있다.

제 7 장

식품의 여과와 압착

1. 식품의 여과

식품 중에는 술, 식초, 식용유, 사과주스 또는 포도주스 등과 같이 투명한 액체상태의 것이 많다. 이들 식품은 대부분 혼탁한 고체-액체 혼합물을 면포와 같은 다공성 여제(濾劑, filter medium)를 사용하여 고체-액체 혼합물에서 고형물을 분리하고 청징하여 만든 제품들이다. 이와 같은 물리적 분리조작을 **여과**(filtration)라고 한다.

여과조작에서 여과하고자 하는 고체-액체 혼합물을 **여료**(濾料, slurry)라고 한다. 여제를 통과하여 얻어지는 액을 여액(濾液 또는 여과액, filtrate)이라고 하고, 여제를 통과하지 못하는 고형물은 여제 위에 쌓이게 되는데, 이를 여과박 또는 여괴(濾塊, fliter cake)라고 한다.

여과는 여료를 좁고 불규칙한 공극(空隙)을 통과시킬 때 많은 저항을 받게 된다. 따라서 액이 흐를 수 있도록 하는 구동력(driving force)이 필요하다. 구동력을 얻는 방법에 따라 실험실에서 보통 이용하는 방법과 같은 중력여과(gravity filtration), 가압방법을 사용할 때를 가압여과(pressure filtration), 그리고 원심력을 이용한 원심여과(centrifugal filtration)로 구분한다.

여과방법을 선택할 때는 다음과 같은 점을 고려하여 결정한다.

① 여료의 점도와 밀도 특성
② 고형물 입자의 크기, 형태, 입자분포
③ 고액비율(固液比率)
④ 고체 또는 액체부분의 회수 필요성
⑤ 조작 규모
⑥ 회분식 또는 연속식의 필요성

⑦ 무균조작의 필요성
⑧ 여과속도를 조절하기 위한 압력, 또는 진공 사용의 필요성

1.1 여과 이론

여료가 여과되는 과정을 간단히 나타내면 그림 7-1에서와 같다. 여과가 진행될수록 여과박의 두께(L)가 두터워진다. 이에 따라 액체의 이동은 더욱 어려워지면서 압력강하(ΔP)가 일어난다. 이는 유체가 파이프 속을 흐를 때 압력강하가 일어나는 현상과 비슷하다. 여과조작에서처럼 작은 공극(pore)을 통하여 흐를 경우는 더욱 심하다. 따라서 여과를 계속하려면 강하된 양만큼의 압력을 가해 주어야 한다.

여제의 압력강하를 ΔP_m, 여과박에서의 압력강하를 ΔP_c라고 할 때, 전체의 압력강하는 이들의 합이 된다.

$$\Delta P = \Delta P_m + \Delta P_c \qquad (7-1)$$

여제와 여과박의 성질에 따라 각각의 압력강하는 다음과 같은 요인에 영향을 받아 식 (7-2)와 식 (7-3)과 같이 정의된다.

$$\Delta P_m = \frac{R_m \mu}{A} \cdot \frac{dV}{dt} \qquad (7-2)$$

$$\Delta P_c = \frac{\alpha \mu \omega V}{A^2} \cdot \frac{dV}{dt} \qquad (7-3)$$

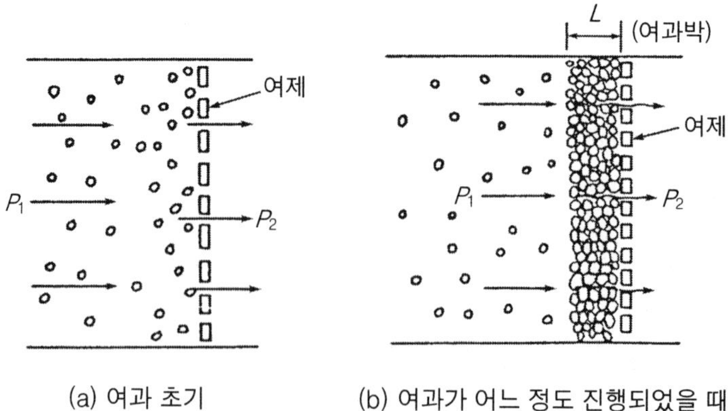

그림 7-1. 여과 과정중 여과박의 생성과 압력강하

여기에서 R_m : 여제의 저항계수

μ : 여액의 점도

A : 여과면적

V : 여액의 용량

t : 여과시간

α : 여과박의 저항계수

ω : 단위 여액량을 얻을 때 형성된 여과박의 양(무게)이다.

따라서 식 (7-1), (7-2), (7-3)으로부터 다음 식이 얻어진다.

$$\Delta P_m = \frac{\mu}{A} \cdot \frac{dV}{dt}\left(\frac{\alpha \omega V}{A} + R_m\right) \qquad (7\text{-}4)$$

$$\frac{dV}{dt} = \frac{A \ \Delta P_c}{\mu\left(\frac{\alpha \omega V}{A} + R_m\right)} \qquad (7\text{-}5)$$

이 식은 여과과정에서 압력변화(ΔP)와 여과속도(dV/dt)를 예측하는 데 이용된다. 압력강하를 줄이기 위하여 여과면적(A)을 크게 하거나, 여과 도중에 여과박을 제거하여 여과속도를 일정하게 할 수 있다. 그러나 주어진 여과장치에서 여과면적을 크게 할 수 없기 때문에 여과속도가 감소하게 되면 압력을 점차 높여 주거나, 여과박(ω)을 줄여야 할 필요가 있음을 알 수 있다. 일반적으로 여과방법에 따라 ΔP의 값을 일정하게 유지하면서 여과하는 방법인 정압여과법(constant pressure filtration), 그리고 여과속도를 일정하게 유지하는 정용여과법(constant volume filtration)으로 구분한다.

1.2 여제와 여과조제

여제는 여과장치의 기본이 되는 체(sieve)나 면직(綿織)과 같은 직조형, 철판에 구멍을 뚫어 놓은 다공판형(多孔板型), 그리고 펄프와 같은 섬유조직을 가진 펄프형 등이 있다. 이외로 모래, 자갈, 규조토, 숯 등도 여제로 사용되고 있다(그림 7-2).

공업적인 여제로서는 여포(fliter cloth)가 널리 이용된다. 예전에는 목면, 삼베 등이 사용되었으나 나일론, polyvinylchloride(PVC), polypropylene(PP) 등의 합성섬유 직물이 많이 사용되고 있다. 여과압력이 높을 경우는 기계적으로 강한 구리, 스테인리스강의 금속직포(金屬織布)가 사용된다.

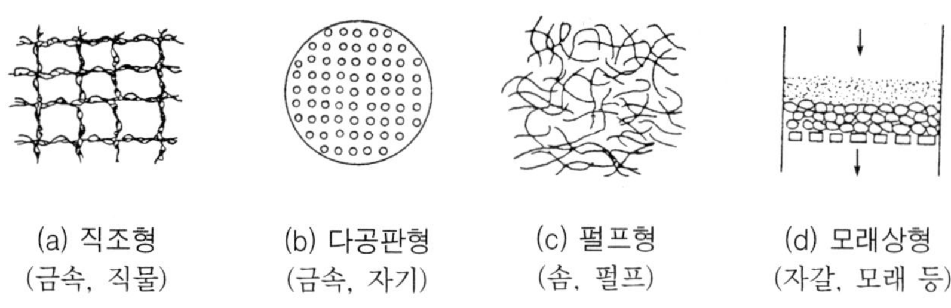

그림 7-2. 여러 가지 여제의 구조

여과가 진행되는 동안 고형물은 여제의 공극을 막아버려 여과속도를 낮추거나 여과작업을 계속할 수 없게 한다. 특히 세균 배양액과 같이 미세하고 끈끈한 현탁액을 여과할 때는 여괴(filter cake)에 다공성을 형성하도록 하여 여과가 쉽게 일어날 수 있게 한다. 규조토(kiselguhr), silica gel, 펄프 등의 비압축성 물질의 거친 입자인 여과조제(filter aid)를 사용하여 여제 위에 별도의 층을 형성시켜 놓는다.

여과조제의 사용은 0.25～0.5 kg/m^2의 압력에서 형성된 프리코트(precoat)를 만들어 여과하거나, 또는 여과조제를 0.1～0.5% slurry에 미리 섞어(premix) 사용한다. 이는 여과조제를 사용하지 않는 경우에 비하여 공극 구조를 좋게 유지하여 여과를 쉽게 할 수 있다. 그러나 여과조제를 사용하는 경우는 여괴인 고체입자를 사용할 수 없으므로 고체입자를 회수할 필요가 없을 경우에만 사용이 가능하다.

1.3 막여과

미생물과 같은 미세한 입자를 여과하여 분리할 수 있는 여제를 microporous filter라고 한다. 이와 같은 여과를 micropore filtration이라고 한다. 즉 배양액으로부터 균체를 분리하는 데 polyacrylnitrile, polysulfone과 같은 고분자물질로 만들어진 막을 이용한 막여과(membrane filtration, MF)를 많이 이용한다. 이 방법을 'cross flow filtration' 또는 'tangential flow filtration'이라고도 한다.

마이크로 여과막은 분자량에 따라 물질의 크기가 다르기 때문에 pore size에 따라서 단백질은 통과하지만, 균체나 콜로이드 등 고분자 물질은 통과하지 않는 성질을 이용한 것이다. 또한 고분자화학과 그의 장치 등의 개발에 힘입어 한외여과막(ultra-filtration membrane, UF)은 균체의 분리는 물론 분자량의 차이에 의한 분리도 가능하다. 막여과의 장점을 요약하면 다음과 같다.

① 균체의 크기에 크게 의존하지 않는다.

② 균체와 부유물질 사이의 밀도 차이에 크게 의존하지 않는다.
③ 여과조제 또는 응집제(floculating agent)를 필요로 하지 않는다.
④ 오랜 기간 동안 높은 여과속도를 유지하도록 여제(filter medium)에 균체의 축적을 최소로 한다.
⑤ 원심분리 방법에 비해 공기에 노출이 적어 병원균의 오염을 줄일 수 있다.

막여과에 있어서는 배양액을 막 표면에 접선(tangential) 방향으로 흘려보낸다. 여괴(fliter cake)는 다시 균체 현탁액에 분산시켜 여제에 균체의 축적을 방지할 수 있다. 보통 여과조작에 있어서 조작시간이 경과함에 따라 현탁액 중에 고형물의 농도가 계속 높아져서 여과속도가 점차 늦어진다. 이때에는 여과조작 중에 압력을 서서히 높여 주거나 또는 여괴를 제거하고 세척한 다음 여과를 시킨다. 식품산업에서는 단백질의 농축, 녹말 또는 다당류의 분리, 과즙의 농축, 맥주의 여과 등 많은 분야에 막여과의 응용이 이루어지고 있다.

1.4 여과장치

여과조작은 여과가 진행되면서 여과박의 생성, 여과박의 세정(洗淨), 여과박의 탈수, 여과박의 배출의 4가지 과정으로 이루어진다. 실험실에서의 여과는 그림 7-3에서 보는 바와 같이 간단한 장치에 의해 여과지 등을 사용하여 중력에 의하거나 또는 감압여과를 실시한다. 그러나 공업적으로는 대부분 plate frame filter(그림 7-4)를 이용한다.

가압여과기는 사각형 또는 원형의 여과틀인 여판(filter frame), 여제인 여포(濾布), 여액을 회수할 수 있는 여액 회수판(filter plate), 여과박을 물로 씻어 낼 수 있

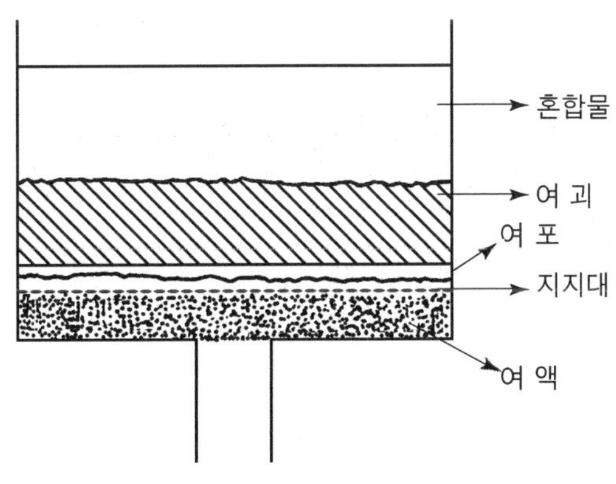

그림 7-3. 간단한 여과장치

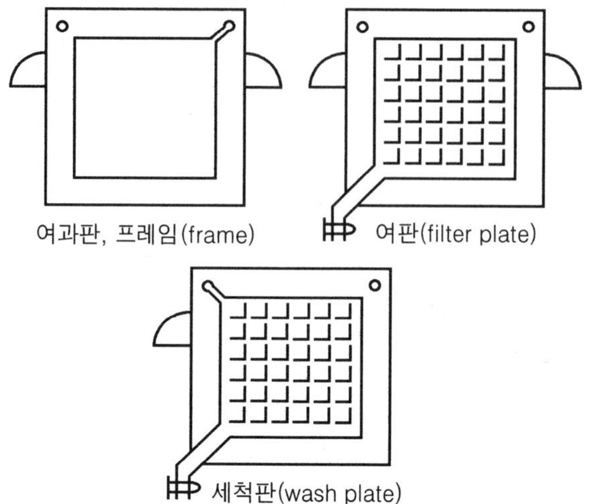

그림 7-4. 여과판과 세척판

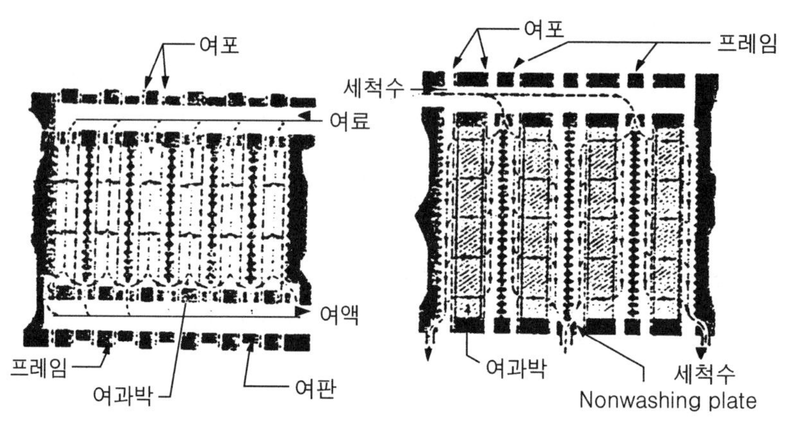

(a) 여과하는 과정

(b) 여과 후 세척하는 과정

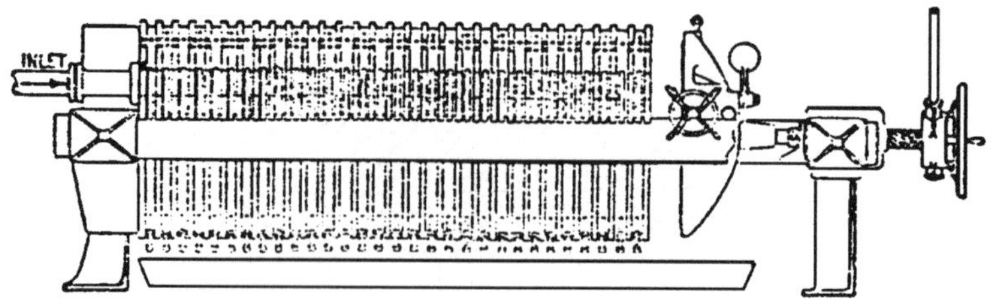

(c) 가압여과기 장치의 실물구조

그림 7-5. 가압여과기로 여과하는 과정과 세척하는 과정

는 세척판(wash plate)을 차례로 조립해 놓은 것이다. 가압여과기의 대표적인 것은 그림 7-5에서 보는 바와 같은 필터 프레스(filter press)로서 구조가 간단하고 적용범위가 넓다. 여과판의 양면에는 많은 돌기들이 있어서 여포를 지지해주는 역할을 한다. 돌기들 사이의 홈은 여액이 흐르는 유로(流路)를 형성한다.

여과판과 여과틀의 상부 양쪽 모서리에는 구멍이 있어 여과기를 조립하였을 때 원액과 여액의 통로가 된다. 여과틀의 한쪽 모서리의 구멍은 터져 있다. 원액이 여과틀 안으로 흘러들어가 그 중앙의 빈 곳에 여과박이 쌓이게 된다. 여액은 여포를 통과하여 여과판에 이르게 되며, 여과판의 홈을 따라 흘러내려가 여과판의 아래에 설치된 출구로 배출된다.

여과는 여과틀 안의 공간에 여과박이 채워질 때까지 계속된다. 여과박으로 채워지

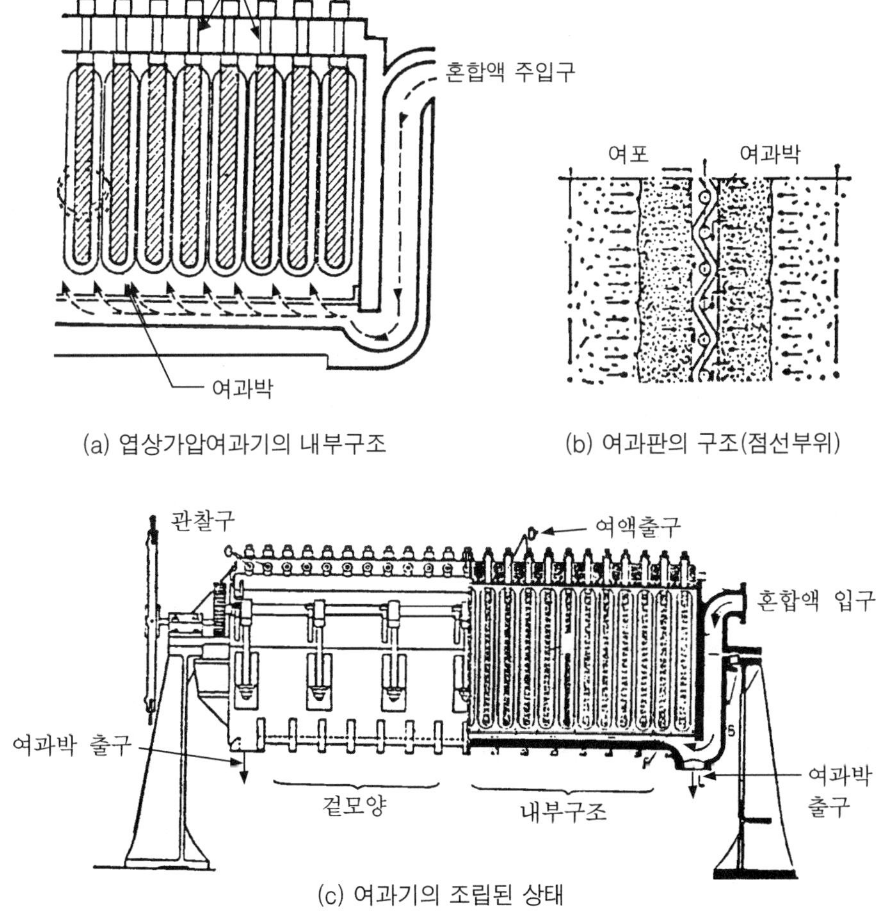

(a) 엽상가압여과기의 내부구조

(b) 여과판의 구조(점선부위)

(c) 여과기의 조립된 상태

그림 7-6. 엽상여과기(전재근, 식품공학)

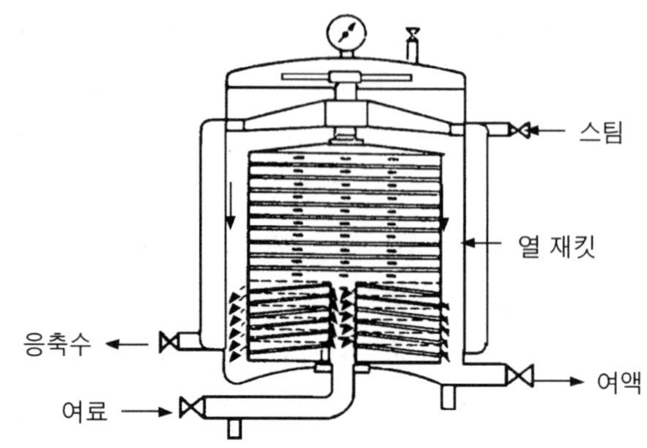

그림 7-7. 수평가압여과기

면 여액의 배출속도가 현저히 감소하고 압력이 급속히 떨어진다. 여과가 끝난 후 여과박을 세척할 필요가 있을 경우는 원액을 보내던 통로로 세척액을 보내거나 세척판을 사용하여 세척한다. 세척이 끝난 후 여과기를 해체하여 여과박을 제거한다. Plate-frame filter 외로 이용되는 가압여과기로는 그림 7-6에서 보는 바와 같은 엽상가압여과기(葉狀加壓濾過機, leaf filter) 그리고 수평가압여과기(그림 7-7)가 있다.

엽상여과기는 여과매체의 손상이 적고 세척효과가 높다. 그리고 여과면적이 큰 장점이 있어서 대량의 슬러리(slurry)의 여과 또는 청징에 알맞다. 그러나 슬러리 중에 고형분의 침강이 있는 경우는 사용이 곤란하다. 여과잎(filter leaf)을 밀폐된 용기 안에 설치한 것으로서, 여과잎은 금속그물 또는 홈이 파인 금속판의 표면에 여과매체를 입힌 것으로 원형 또는 사각형이다.

여과잎은 상부에 매달려 있거나 중심축에 지지되어 있다. 여과잎과 지지축의 내부는 비어 있어 이를 통해 여액이 나간다. 사용 압력은 보통 4 kg/cm_2 이하이다. 여과조작은 여과박의 두께가 일정한 수준에 이를 때까지 계속한 다음 원액을 세척액으로 바꾸든지 물을 분사하여 여과박을 떨어뜨린다. 이것을 원액으로 하여 재여과하는 방법으로 세척한다. 세척이 완료된 후 여과잎의 내부에 압축공기를 불어 떨어뜨린다.

감압여과기의 대표적인 것으로는 그림 7-8에서 보는 바와 같은 회전드럼형 감압여과기(rotary vacuum filter)가 많이 이용된다. 여제로 쌓인 다공철판으로 된 드럼(drum) 속으로 액을 빨아들이면 여과박은 드럼 표면에 쌓이게 된다. 드럼 내부는 여러 개의 구간으로 칸막이로 되어 있어서 드럼이 회전할 때 slurry에 잠긴 부분은 감압으로 빨아들이도록 한다(1～5까지). 밖으로 나온 부분은 2구간으로 구분되어 있다.

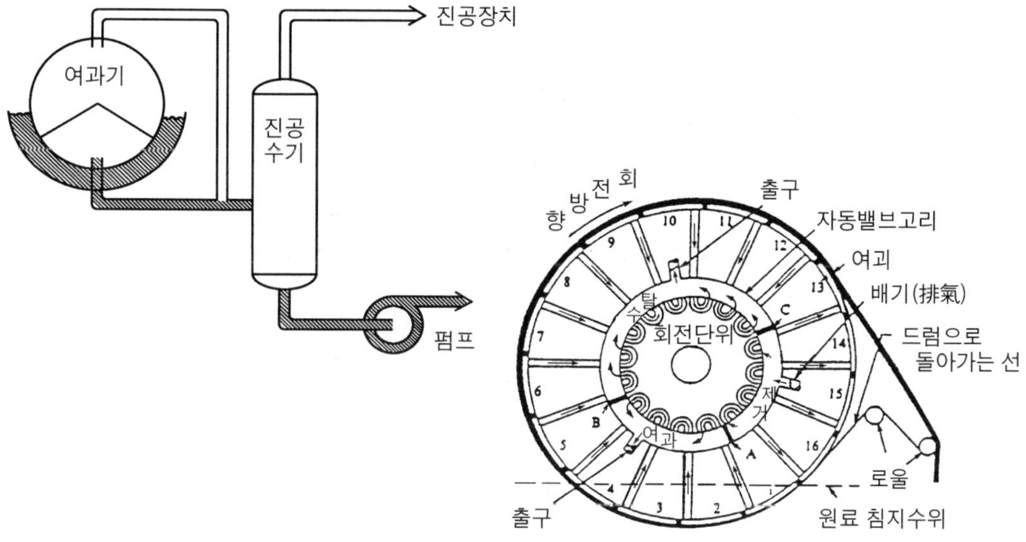

그림 7-8. 회전드럼형 감압여과기

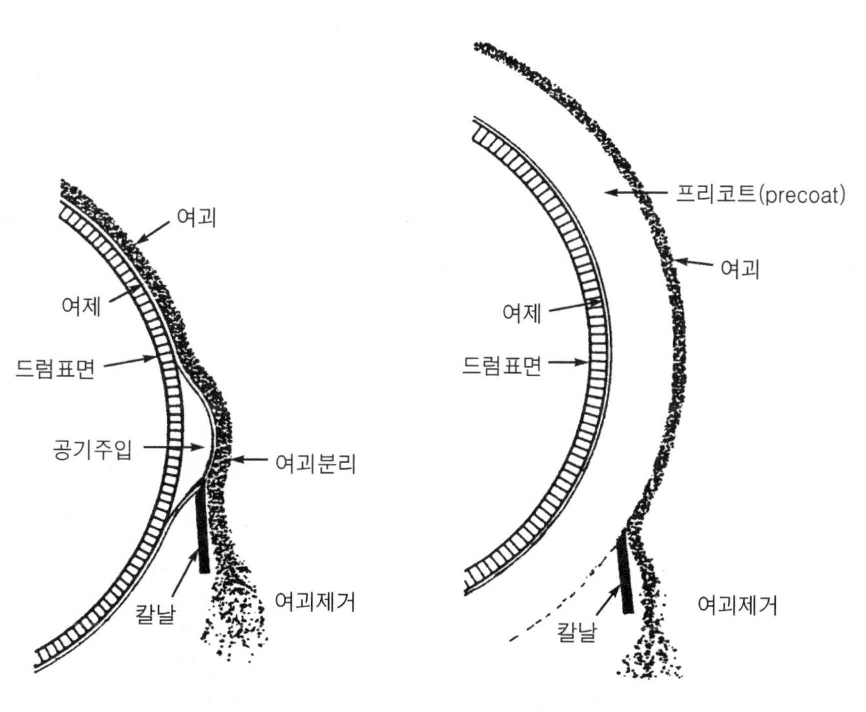

(a) 여괴의 제거장치 (b) 프리코트한 경우 칼날을 사용한 여괴의 제거

그림 7-9. 감압여과기에서 여괴를 제거하는 과정

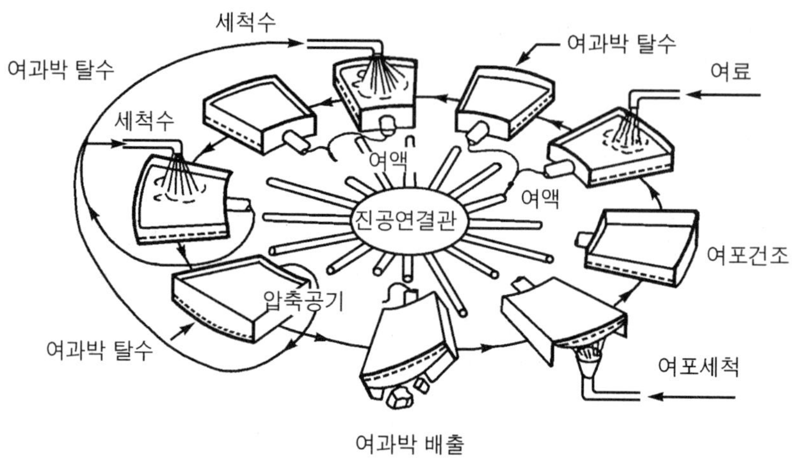

그림 7-10. 수평회전판형 감압여과기

그 첫째 구간에서는 여과박에 묻어 있는 여액을 물로 씻어 내리며(6～8), 그 다음 구간(10～6)에는 가압공기를 불어넣어 여과박을 떼어내기 쉽게 한다. 그 다음 칼날(knife blade)로 여과박을 제거하면 1회전이 끝나게 된다. 드럼을 계속 회전시키면 연속적으로 여과조작이 가능하다. Slurry를 담은 용기 밑에는 교반기가 붙어 있어서 slurry의 고형물이 가라앉는 것을 방지한다.

그림 7-9에서 보는 바와 같이 여과조제를 사용하면 여과를 쉽게 할 수 있어서 여과효율을 높일 수 있다. 빵효모 등 바이오매스의 회수에도 많이 이용한다. 이외로 수평회전판형 감압여과기(그림 7-10) 등이 있다.

2. 식품의 압착

압착(壓搾, expression)은 압축력에 의해 고체로부터 액체를 분리하는 조작이다. 식품산업에서는 식용유, 과즙, 치즈 제조 등에 널리 이용되어 왔다. 압착방법에 따라 유압 압착(hydraulic pressing), 롤러 압착(roller pressing), 스크루 압착(screw pressing)으로 구분된다. 압착효율은 고체의 변형에 대한 저항인 항복응력, 형성된 케이크(cake)에 대한 공극률, 압착액의 점도, 사용한 압축력에 의해 영향을 받는다.

압착케이크의 내부를 통한 압착액의 유출속도는 케이크의 두께와 공극률에 의존한다. 두께와 공극률은 압축력에 따라 변한다. 그리고 케이크와 펄프의 성질은 전처리 방법에 의해 큰 영향을 받는다.

2.1 압착기

1) 유압식 압착기

판상식 압착기(plate press)라고도 하며, 과즙, 식용유를 압착하는 데 널리 이용된다. 300～600 kg/cm^{2}의 압력을 작용하여 압착하는 회분식 압착기이다. 그림 7-11에서 보는 바와 같이 면포나 면직자루에 원료를 담아서 압착판에 올려놓고 압착하도록 되어 있다. 압착판에는 압착액이 흐를 수 있도록 홈이 파져 있으며, 여러 개의 판을 겹쳐 놓도록 되어 있다. 이 압착기는 충전・압착・분해・세척 등에 노력이 많이 들기 때문에 현재 대규모 공장에서는 대부분 연속식 압착기로 대체되어 있다.

2) 롤러식 압착기

사탕수수로부터 설탕액을 착즙하는 데 이용되는 압착기이다. 그림 7-12에서 보는 바와 같이 원료를 회전로울 사이를 통과시켜 압착한다. 로울 표면은 홈이 파여 있어 착즙된 액은 이 홈을 따라 회수된다. 압착박은 로울에 비스듬히 설치된 칼날에 의해 제거, 배출되기 때문에 연속작업을 할 수 있다.

3) 스크루식 압착기

과즙의 제조, 식용유의 착유, 두유(豆乳)의 제조 등에 이용되는 압착기이다. 스크

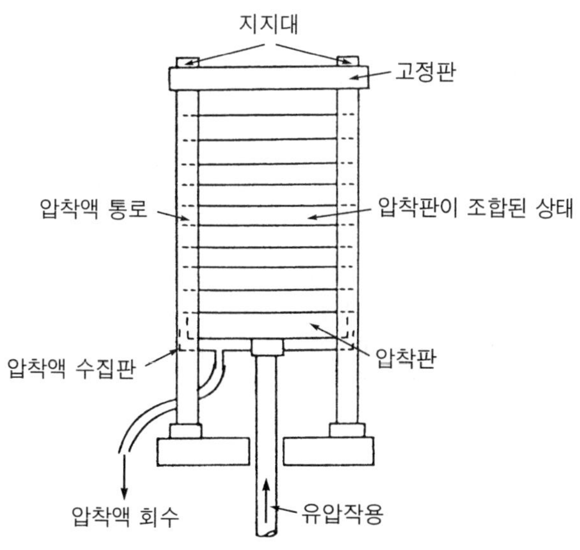

그림 7-11. 유압식 압착기

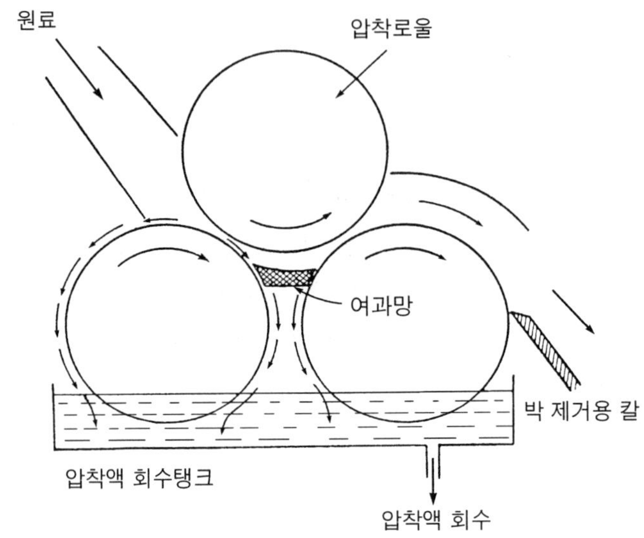

그림 7-12. 롤러식 압착기의 구조

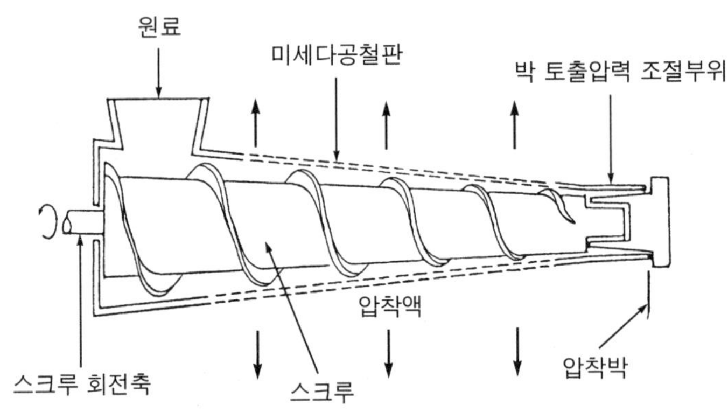

그림 7-13. 스크루식 압착기의 구조

루의 회전에 의해 원료가 이동되면서 압축하는 힘을 이용한 장치이다(그림 7-13). 축의 회전속도는 5～500 rpm, 실린더에 가해지는 압력은 1,400～2,800 kg/cm^2 정도로서 출구의 간격을 조절함으로써 제어할 수 있다.

제 8 장

식품의 침강과 원심분리

고체-액체의 혼합물을 밀도의 차이로 중력에 의해 가라앉혀 분리하는 기계적 분리조작을 침강분리(sedimentation)이라고 한다. 그리고 여과에 의한 분리조작을 여과분리(filtration separation), 중력보다도 높은 원심력을 이용하여 분리하는 조작을 원심분리(centrifugation)라고 한다.

1. 침강분리

1.1 침강분리의 원리

침강분리는 고체-액체 또는 고체-기체의 혼합물 중에 고체의 양이 비교적 적고 고체의 입자가 비교적 클 때 사용하는 분리방법이다. 대부분 고체입자는 액체 속에 떠 있기 때문에 침강현상은 유체 속에서의 고체입자의 행동과 밀접한 관계가 있다.

유체 중에 들어 있는 입자는 3가지 힘인 중력(gravity), 부력(buoyant force), 드래그 힘(drag force)의 작용을 받는다. 즉, 입자와 유체의 밀도 차에 따라 중력이 작용하여 가라앉히려고 하며, 입자를 뜨게 하는 부력이 작용하고, 입자가 침강할 때 유체와의 마찰로 침강에 저항하는 드래그 힘이 작용함으로써 이들 사이의 관계에 의해 침강속도인 종말속도(terminal velo-city 또는 settling velocity)가 결정된다.

그림 8-1에서 보는 바와 같이 유체 중의 질량이 m인 고체입자가 침강하는 경우를 생각해 보자. 고체입자에 작용하는 중력의 크기를 F_g라고 하면 다음과 같이 나타낼 수 있다.

$$Fg = m\,g \tag{8-1}$$

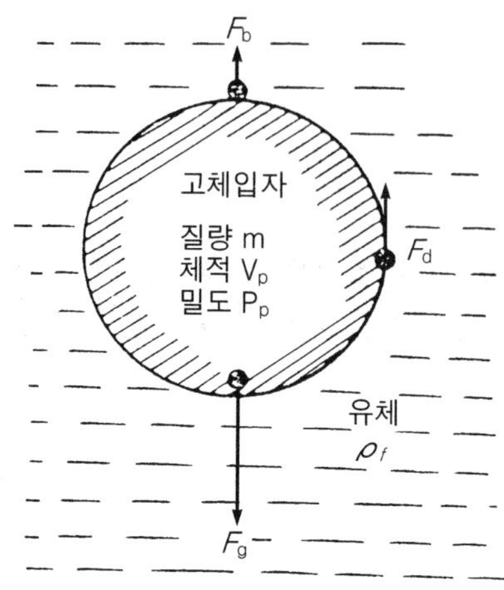

그림 8-1. 유체에서 입자에 작용하는 힘

여기에서 m은 고체입자의 질량, g는 중력 가속도이다.

고체입자가 받는 부력을 F_b라고 하면 식 (8-2)와 같다.

$$F_b = \frac{m \rho_f g}{\rho_p} = V_p \rho_f g \tag{8-2}$$

여기에서 V_p는 입자의 부피, ρ_f는 유체의 밀도, ρ_p는 고체입자의 밀도이다. 그리고 입자가 유체 중에서 받는 드래그 힘을 F_d라고 하면 식 (8-3)과 같이 나타낼 수 있다.

$$F_d = C_D \frac{v^2}{2} \rho_f A \tag{8-3}$$

여기에서 v는 입자의 강하속도(m/s), A는 투영면적(m^2)이며, C_D는 드래그 계수(drag coefficient)로서 N_{Re}에 의해 결정되는 무차원수이다.

입자가 침강된다면 위의 3가지 힘이 작용한 결과로 일어나기 때문에 질량 m인 입자가 침강되는 힘은 다음과 같이 나타낼 수 있다.

$$m = \frac{dv}{d\theta} = F_g - F_b - F_d$$

$$= mg - \frac{m \rho_f g}{\rho_p} - \frac{C_D v^2 \rho_f A}{2} \tag{8-4}$$

입자가 침강할 때 종말속도에 이르면 속도가 일정하게 되며($dv / d\theta = 0$), 직경이 D_p인 입자가 구형(球形)이라면

$$A = \frac{\pi D_p}{4} \text{ 이고,} \quad m = \frac{\pi D_p^3 \rho_p}{6} \text{ 에 해당하므로}$$

식 (8-4)를 정리하면 종말속도 v_t는 다음과 같다.

$$v_t = \sqrt{\frac{4(P_p - P_f)g D_P}{3C_D P_f}} \tag{8-5}$$

Stoke는 구형입자가 층류일 때 침강에 따른 저항계수는 N_{Re}에 따라 정해진다. 액체가 정지된 상태라면($N_{Re} < 1$일 때) 다음과 같은 관계식이 성립한다는 것을 이론적으로 밝혔다.

$$C_D = \frac{24}{N_{Re}} = \frac{24 \mu}{D_p v_t \rho_f} \tag{8-6}$$

$$v_t = \frac{D_p^2 (\rho_p - \rho_f) g}{18 \mu} \tag{8-7}$$

식 (8-7)은 Stoke의 법칙이라고 한다. 입자와 액체의 밀도, 액체의 점성, 입자의 크기를 알 경우 침강속도와 침강이 완료되는 시간 등을 산출할 수 있기 때문에 침강조작과 그 장치를 설계하는 데 이용된다.

예제 1 21℃, 100 kPa의 압력의 공기 중에서 지름이 60 ㎛와 10 ㎛인 먼지입자의 침강속도를 구하라. 먼지입자는 구형이고, 밀도는 1,280 kg/m^{3}이며, 공기의 점도와 밀도는 각각 1.8×10^{-5}N s/m^3, 1.2 kg/m^{3}이라고 한다.

풀 이: 식 (8-7)을 이용하여 구하며, N_{Re}를 구하여 적용한 식이 옳은가 확인한다.

60 ㎛ 입자의 침강속도는

$$v_t = \frac{(60 \times 10^{-6})^2 (1,280 - 1.2) (9.81)}{(18) (1.8 \times 10^{-5})} = 0.14 \text{ m/s}$$

10 ㎛ 입자의 경우 비례식으로 계산하면

$$v_t = (0.14) (10/60)^2 = 3.9 \times 10^{-3} \text{m/s}$$

$$N_{Re} = \frac{D \rho v}{\mu} = \frac{(60 \times 10^{-6}) (1.2) (0.14)}{(1.8 \times 10^{-5})} = 0.56$$

따라서 식 (7-7)의 적용은 옳으며, 침강속도는 각각 0.14 m/s, 3.9×10^{-3}m/s이다.

1.2 침강분리장치

청주, 과실주, 효모 등의 제조에 있어서 발효가 끝난 후 배양액에서부터 고형물을 침강(沈降)에 의해 1차적으로 분리하는 경우나 탱크법에 의해 전분유(澱粉乳)에서 녹말을 분리하는 경우 침강법이 이용된다. 침강장치는 침강시키고자 하는 물질의 성질이나 침강목적에 따라 여러 종류가 있다. 단순히 침강을 목적으로 하는 경우와 침강과 동시에 분급(分級)을 할 경우도 있다.

1) 침강탱크

간단한 탱크를 사용하여 고체-액체 혼합액 중에서 고체를 단순히 침강시키는 장치이다. 드럼통 크기의 소규모에서부터 수영장 크기의 대규모인 여러 가지 형태가 이용된다. 재래식 녹말 제조공장에서 녹말 현탁액으로부터 녹말의 분리에 이용한다. 입자의 침강속도가 일정할 경우는 침강이 완료되는 시간은 침강탱크의 높이에 반비례하며, 면적에 비례한다. 그림 8-2는 연속식 침강분리장치로서 현탁액으로부터 침강된 고체를 밸브를 통하여 회수된다.

2) 딕크너즈

침강시키고자 하는 물질이 미세한 입자인 경우 입자의 크기와 밀도가 작기 때문에 침강속도는 느리게 된다. 따라서 침강작업에 상당히 긴 시간이 소요된다. 대부분 회분식으로 처리하기 때문에 작업능률이 떨어진다. 이런 경우에는 하나의 용기 내에 침강작업을 연속적으로 할 수 있는 침강장치를 딕크너즈(thickeners)라고 하며, 그림 8-3에서 보는 바와 같다. 발효폐액, 식품폐수, 축산폐수와 같은 폐기물처리에 널리 이용된다.

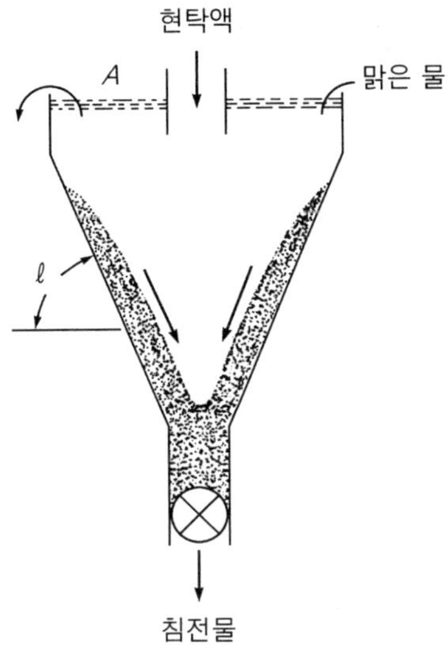

그림 8-2. 연속식 침강장치

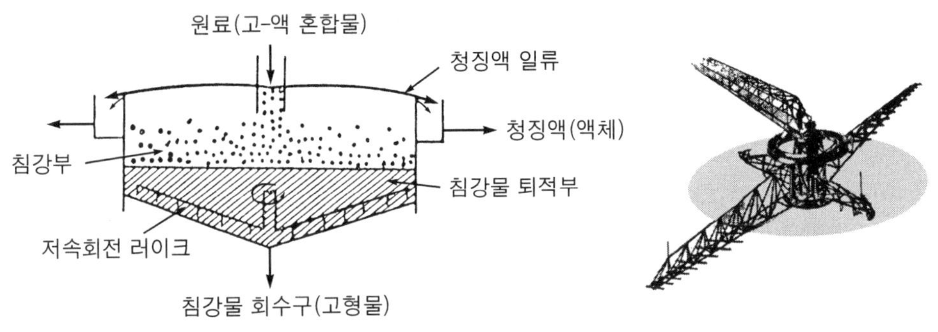

그림 8-3. 딕크너즈의 구조

3) 분급장치

고체입자의 밀도와 입자의 크기에 차이가 있을 경우 침강속도의 차이를 얻을 수 있기 때문에 분급조작(classification)이 가능하며, 그림 8-4에서 보는 바와 같다. 탱크를 여러 구간으로 나누어 놓았을 때 입구를 통하여 혼합액을 유입시키면 입자의 크기가 큰 것은 침강속도가 커서 먼저 침강한다. 입자가 작아질수록 침강속도가 감소하여 보다 먼 곳에서 침강하므로 분급이 가능하게 된다.

큰 입자가 침강할 경우 작은 입자도 함께 침강할 수 있다. 공침하는 작은 입자를

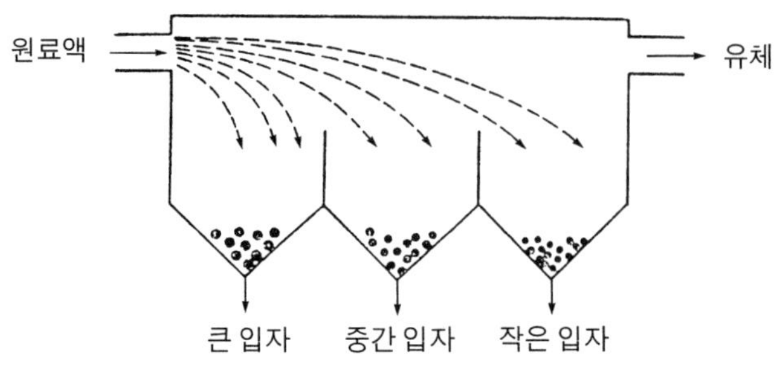

(a) 수평류만을 이용한 분급장치

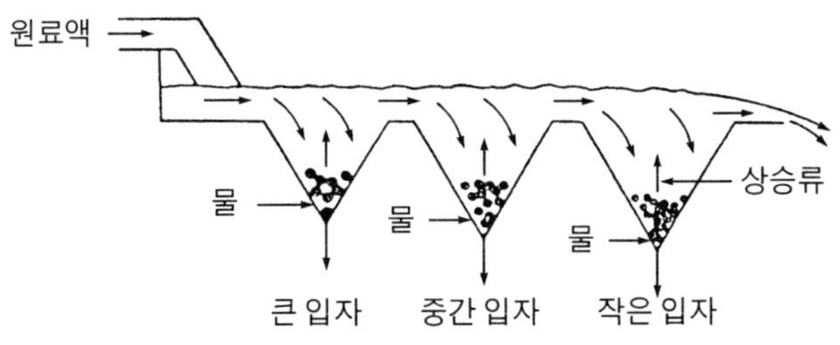

(b) 수평류와 상승류를 함께 이용하는 경우

그림 8-4. 침강원리를 이용한 분급장치

다음 칸으로 침강을 유도하기 위하여 (b)와 같이 밑에서부터 상승류를 이용하면 분급이 잘 이루어진다. 이와 같은 분급장치는 곡물을 분급하거나 우유와 유지방의 분급에도 이용할 수 있다.

2. 원심분리

원심분리(centrifugation)로서는 다음과 같은 경우에 이용된다.

① 여과가 늦거나 어려울 때

② 여과조제를 사용하지 않고 균체를 얻어야 할 필요가 있을 때

③ 위생적인 처리를 위해 연속분리를 해야 할 때

2.1 원심분리의 원리

그림 8-5에서 보는 바와 같이 질량 m인 입자가 반지름 r인 원둘레를 ω의 각속도로 돌 때 입자는 원심력에 의한 가속도 $r\omega^2$을 얻게 된다. 이때 작용하는 원심력(F_c)은 식 (8-8)과 같이 나타낼 수 있다.

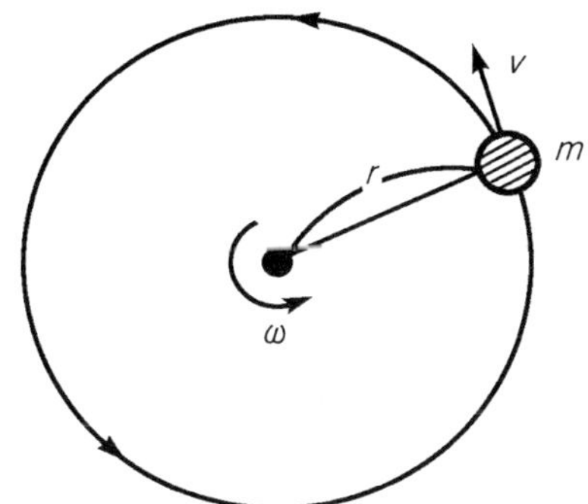

그림 8-5. 질량 m인 입자의 회전과 원심력

$$F_c = mr\omega^2 \tag{8-8}$$

접선방향의 선속도(tangential velocity)를 v 라고 할 때 $\omega = v/r$의 관계가 성립되므로

$$F_c = mr\left(\frac{v}{r}\right)^2 = \frac{mv^2}{r} \tag{8-9}$$

각속도 ω를 rpm(rotation per minute)의 수(N)로 나타내면 식 (8-10)과 같다. 또한 각속도 ω는 회전수로 나타내면 $\omega = (2\pi N)/60$와 같다. 따라서 원심력은 입자의 질량, 원운동을 하는 원심력의 원의 반지름, 그리고 회전수에 비례한다. 또한 원심효과(Z)는 중력과 원심력의 비를 말한다. 이와 같은 관계를 식 (8-11)과 같이 나타낼 수 있다.

$$F_c = mr\left(\frac{2\pi r}{60}\right)^2 = 0.011\ mrN^2 \tag{8-10}$$

$$\frac{F_c}{F_g} = \frac{mr\omega^2}{mg} = \frac{r}{g}\left(\frac{2\pi N}{60}\right)^2 = 0.0018\ mrN^2 \tag{8-11}$$

따라서 식 (8-11)에서 원심분리기의 로터(rotar) 반지름을 측정하여 알 수 있으므로 회전수(N)를 중력 g의 배수 값으로 표시할 수 있다.

예제 2 최대 로터 반경이 10 cm인 원심분리기에서 2,000 rpm으로 작업하였다면 원심효과를 g 로 표시하여라.

풀 이: 식 (8-10)을 이용하면

$$F_c/F_g = (0.011)(m)(0.1)(2{,}000)^2/(m)(9.81) = 448.5$$

식 (8-11)을 이용하면

$$F_c/F_g = (0.0018)(0.1)(2{,}000)^2 = 720$$

또한 원심력에 의한 침강속도는 중력가속도 대신 원심력에 의한 가속도로 대체할 수 있으므로 식 (8-12)와 같이 Stoke의 침강법칙에 의존한다.

$$v = \frac{d^2\omega^2 r(\rho_s - \rho_l)}{18\mu} \tag{8-12}$$

여기에서 v : 침강속도(cm/s), d : 입자 직경(cm),
ω : 각속도(s^{-1}) r : 회전축으로부터 거리(cm),
ρ_s : 입자 밀도(g/cm^3), ρ_l : 액체 밀도(g/cm^3)
μ : 액체 점도(g/cm s)

따라서 $r\omega^2$ 값은 반경 r 또는 각속도 ω를 조절하여 g값보다 크게 증가시킬 수 있음으로 침강조작에 널리 응용되고 있다. 그리고 연속식 원심분리기에서의 원심속도(flow rate, F)는 다음과 같이 나타낼 수 있다.

$$F = \frac{d^2\omega^2 r(\rho_s - \rho_l)V_l}{9\mu l} \tag{8-13}$$

여기에서 V_l는 원심관 내의 용량, l 은 원심관 내 액체 층의 두께이다.

발효공업 등에서 배양액 중 균체를 원심분리를 하는 경우 균체와 액체의 밀도 차이, 균체 직경, 점도에 의해 침강속도가 결정된다. 이상적인 원심분리 효과를 얻기 위하여 밀도 차이가 크고, 균체가 커야 하며, 점도가 작아야 한다. 그러나 실제에 있어서는 미생물 균체는 매우 작고, 밀도는 배양액과의 차이가 적으며, 또한 배양액의 점도가 큰 경우가 많아 분리가 간단하지 않다.

원심분리를 하기 전에 균체를 응집시켜 분리를 쉽게 하기 위하여 다음과 같은 요인을 고려하는 것이 좋다. 즉 맥주의 제조에서처럼 냉각시키는 방법과 pH 변화를 주는 방법이다. 이온환경(ionic environment)을 조절하기 위하여 alum, calcium, ferric salts, tannic acid, quaternary ammonium compounds, alkyl amine, phosphoric acid 등을 사용하기도 한다.

2.2 원심분리장치

원심력을 이용하여 입자를 침강시키는 장치는 침강분리, 분급(分級), 농축, 탈수 등의 목적으로 널리 사용하고 있다. 사용하는 목적에 따라 침강을 목적으로 할 경우 원심침강기, 여과나 탈수를 목적으로 하는 경우는 원심여과기 또는 원심탈수기라고 한다. 대표적인 원심분리기의 종류를 들면 basket centrifuge(그림 8-6), solid bowl scroll(decanter) centrifuge(그림 8-7), disc bowl centrifuge(그림 8-8), tubular bo-

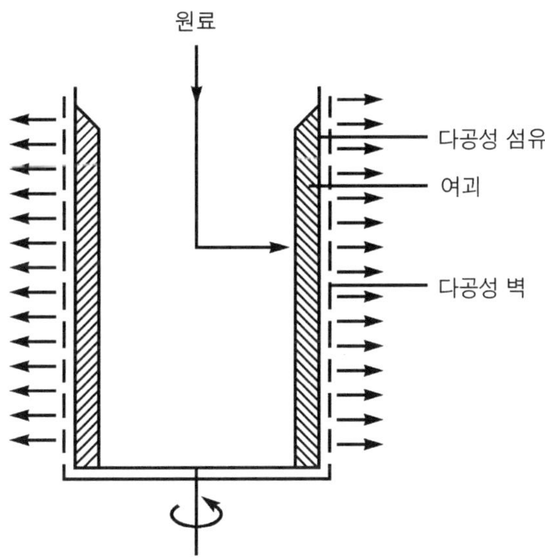

그림 8-6. Basket형 원심분리기

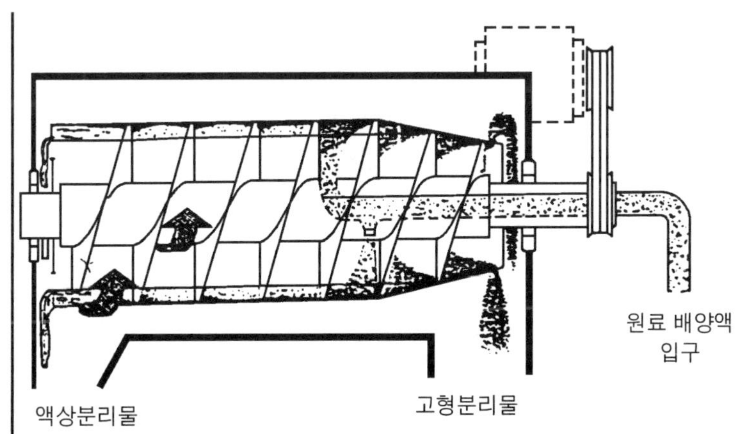

그림 8-7. Solid-bowl scroll형 원심분리기

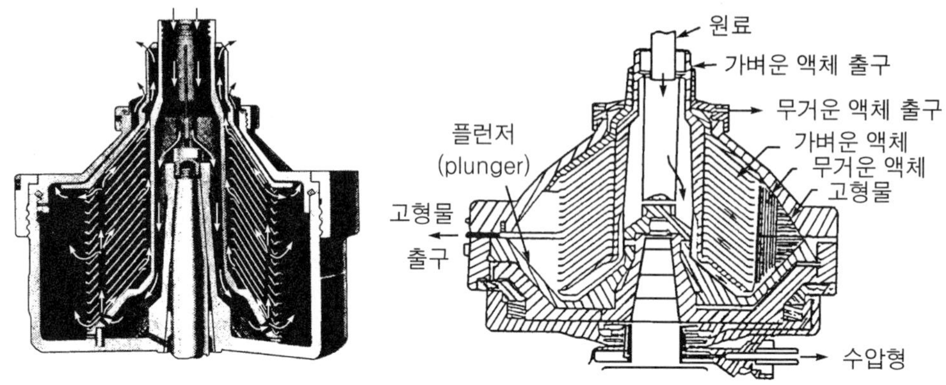

그림 8-8. Disc bowl형 원심분리기

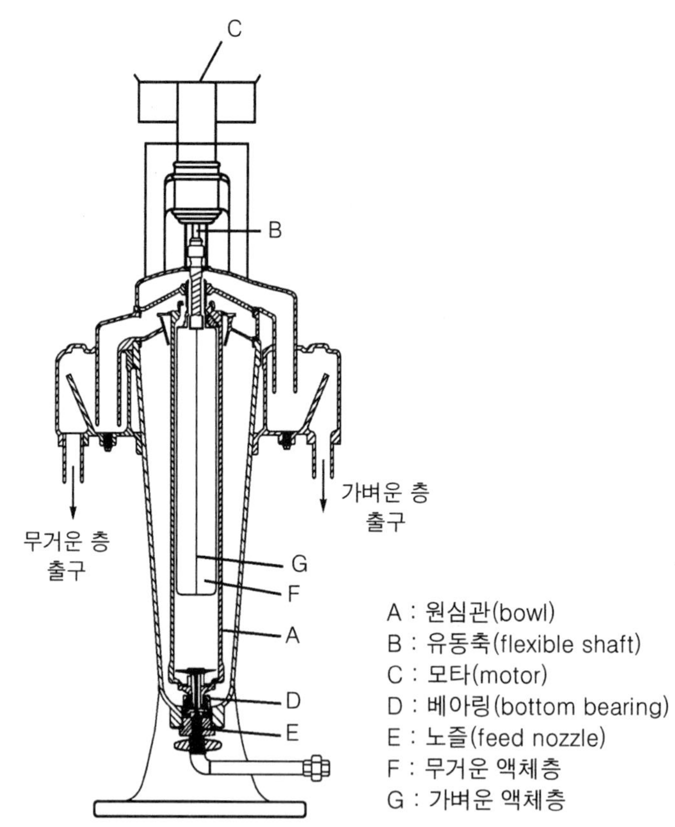

그림 8-9. Tubular bowl형 원심분리기

wl centrifuge(그림 8-9) 등이 있다.

바스켓 형(그림 8-6)은 사상균 균체 또는 결정성 물질을 분리하기가 쉽다. 원심관은 나일론 또는 면(綿)으로 쌓인 다공성(多孔性)으로 되어 있다. 배양액을 연속적으로 공급하며, 원심관 안에 여괴로 가득 차면 이를 제거하기 전에 세척할 수도 있다. Solid-bowl 형 원심분리기는 그림 8-7에서 보는 바와 같이 거칠지만 sewage, sludge 등을 연속적으로 처리할 수 있는 장점이 있다. 회전속도는 2,000에서 4,000rpm으로 제한되어 있으나 대량 처리가 가능하다.

1) 경사형 침강기

경사형 침강기(傾瀉型 沈降機)는 고형물의 입자가 크고, 그 양이 많은 고체-액체 혼합물을 연속적으로 분리하는 데 알맞은 분리기이다. 그림 8-10에서 보는 바와 같이 원뿔형(cone) 드럼과 스크루(screw)로 되어 있다.

드럼을 500～2,000 rpm으로 회전시키면 원심력에 의해 고체입자가 벽면에 침강된다. 내부에 있는 스크루는 드럼과 같은 방향으로 5～100 rpm으로 천천히 돌면서 벽면에 쌓인 침강물을 긁어내어 밖으로 배출시킨다. 원심효과가 적어 액의 청징효과는 크지 않다. 동물성 또는 식물성 유지의 처리, 맥주와 과즙의 청징, 녹말 또는 효모의 회수 등에 이용된다.

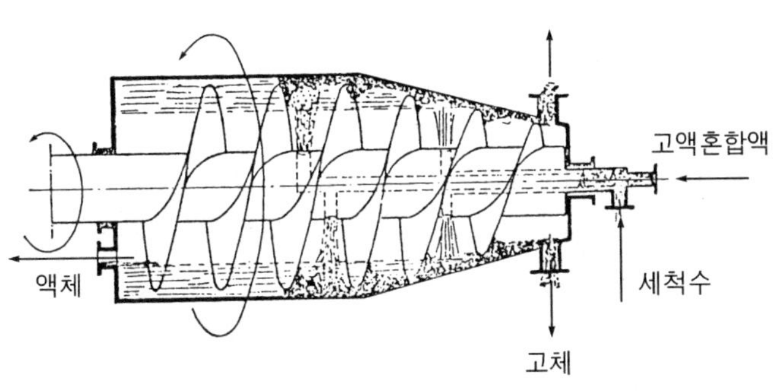

그림 8-10. 경사형 침강기의 구조

2) 사이클론

기체 속에 직경이 5 ㎛ 정도인 미세한 입자가 혼합되어 있을 때나 기체 속에 미세한 액체입자(mist)가 혼합되어 있을 경우는 침강분리법으로 분리하기가 어렵다. 이때 그림 8-11에서 보는 바와 같은 사이클론 분리기(cyclone separator, 집진기)를 사용하면 쉽게 입자의 분리가 가능하다.

혼합기체를 사이클론의 위쪽에 있는 입구를 통하여 접선방향으로 불어넣으면 유입

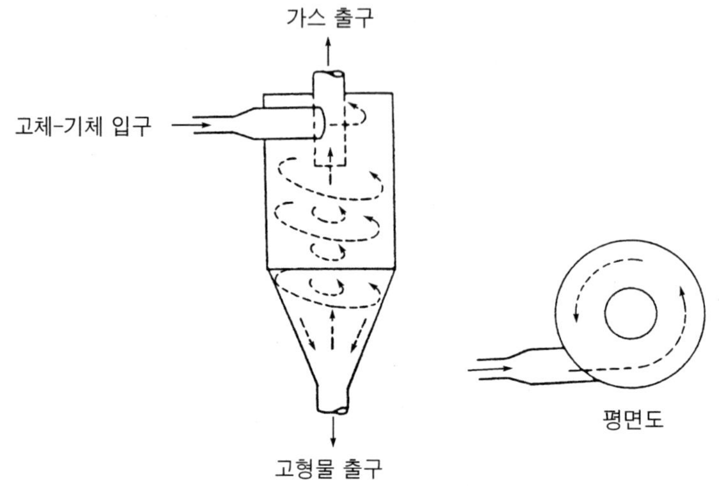

그림 8-11. 사이클론의 구조

된 기체는 원통 주위를 아래쪽으로 향하여 나선형으로 돌면서 소용돌이(votex)를 만든다. 회전에 의해 생기는 원심력은 고체입자에 작용하여 입자는 벽면을 향하여 이동한다. 벽면에 도달한 입자는 밑으로 미끄러져 배출구를 통하여 회수된다. 한편 입자를 잃어버린 공기는 밑에서 위로 나선형의 소용돌이를 이루면서 상승하여 공기배출구를 통하여 배출된다.

사이클론은 분체(粉體)를 다루는 제분공업, 차류(茶類)공업, 농약공업 등에 사용된다. 먼지를 제거하는 공해방지 시설에도 이용되는데, 이때는 집진기(集塵器)라고도 부른다. 또한 사이클론의 분리원리를 이용하여 증발농축 장치에서 증발되는 수증기 속에 혼입된 농축액의 미세한 입자를 분리하는 사이클론 분리기도 있다.

제 9 장

식품의 가열과 열교환장치

지금부터는 앞에서 설명한 열전달에 대한 기초이론이 식품산업에 어떻게 응용되는가에 대하여 알아보자. 우선 식품의 가열과 열교환장치(heat exchanger)에는 어떤 것들이 있는지 살펴보자.

가정에서 요리하는 데에서부터 식품가공 공장에서 식품을 농축하거나 건조, 증류, 살균 등 많은 분야에 가열조작이 널리 활용되고 있다. 식품을 가열하는 연료로서 고체연료인 석탄・무연탄・나무 등이 사용되고, 액체연료인 석유・경유・중유 등이, 그리고 기체연료인 석탄가스・천연가스(natural gas, NG)・액화 석유가스(liquified petroleum gas, LPG) 등이 사용되고 있다. 이밖에 전기, 적외선, 마이크로파(microwave), 고주파, 태양열 등이 이용된다.

열원을 선택하는 데는 값이 싸고, 인건비와 유지비용이 적게 들며, 위험성이 적고 관리가 쉬워야 하기 때문에 식품원료의 특성에 따라 가공공정에 알맞은 열원을 선택할 필요가 있다.

1. 가열방법

식품을 가열하는 방법은 크게 나누어 직접가열법과 간접가열법이 있다. 직접가열법이란 연료의 화염 또는 열원으로부터의 복사열이 식품에 직접 닿게 하는 가열법이다. 식품가공에 있어서 직접가열법은 인스턴트커피를 제조할 때 수분을 조절하고 향미를 내기 위하여 볶는 경우나 소시지의 훈증(燻蒸, smoking) 등 특수한 향미를 내게 할 목적으로 사용하는 경우 이외에는 잘 이용하지 않는다.

이에 비하여 가열매체를 이용하는 간접가열법은 각종 식품제조에 많이 이용되고 있다. 식품의 가열방법과 그 응용 예는 표 9-1과 같다. 보통 식품을 가열하는 데 있

표 9-1. 식품의 여러 가지 가열방법

가열원리	가열방법	응용 예
〈직접가열법〉		
• 직화법	화염을 직접 식품에 접촉시켜 가열	맥아의 배초, 고기구이
• 적외선 가열법	0.75～350 ㎛의 열파를 식품에 복사하여 가열	빵 굽기, 설탕의 건조, grilling, toasting
• 유전가열법 (誘電加熱法)	Dielectric 전장(電場) 내에 식품을 넣어 분자의 쌍극현상으로 식품을 가열	냉동식품의 해동(解凍), 비스킷 굽기
• 마이크로파가열법	2,500 MHz의 microwave를 이용	식품의 해동 또는 예열
〈간접가열법〉		
• 스팀가열법	수증기를 직접 또는 열 교환장치에 보내어 식품을 접촉시켜 가열	각종 가열조작에 널리 이용됨
• 가열공기 가열법	가열공기를 식품에 접촉시켜 가열	식품의 건조, 배초(焙炒)
• 욕탕가열법	가열된 물, 기름 등을 식품에 접촉시켜 가열	잼, 과즙의 농축, 라면, 도넛의 제조
• 전기적 가열법	니켈-크롬의 전기저항을 사용하여 열을 발생시켜 가열	소규모의 제빵 오븐

어서는 경제성, 식품의 종류, 식품의 물성 등에 따라 가열방법을 결정하게 된다. 각종 식품에의 응용 예는 다음에서 보는 바와 같다.

1.1 고형식품의 가열

곡물, 과일 및 채소, 육류, 어류 등의 고체식품은 선반이나 철망 등에 올려놓고 직접 화염을 가하거나, 또는 가열공기, 적외선, 마이크로파(microwave), 유전장(誘電場, dielectric field) 등에 노출시켜 가열한다. 고형식품을 가열하는 예로는 그림 9-1에서 보는 바와 같은 오븐(oven), 배초기(焙炒機) 등을 들 수 있다.

1.2 유체와 유동성 식품의 가열

우유, 간장, 술과 같은 유체식품은 용기에 담아서 가열하게 된다. 화염으로 직접 용기를 가열하는 것보다는 열탕, 스팀 등과 같은 가열매체를 써서 가열하는 열교환장치(heat exchanger)를 사용한다. 가열매체로는 물이나 스팀과 같은 것이 사용되며, 이 밖에도 표 9-2와 같은 것을 들 수 있다.

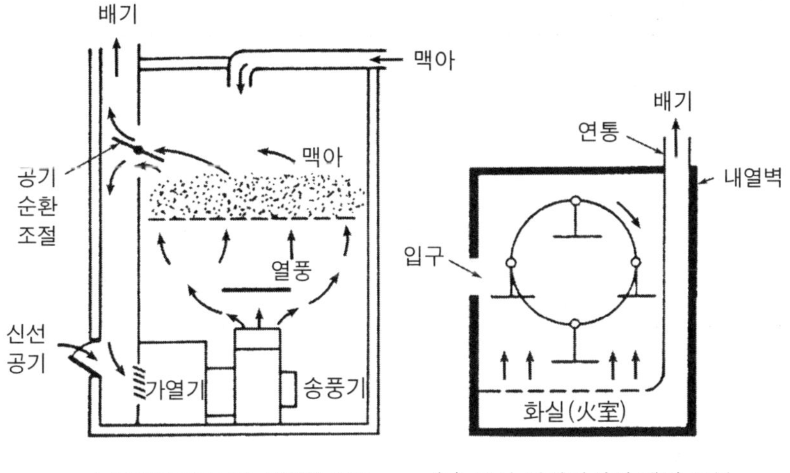

(a) 열풍(대류식) 가열방식의 맥아 배초기

(b) 복사 가열방식의 제빵 오븐

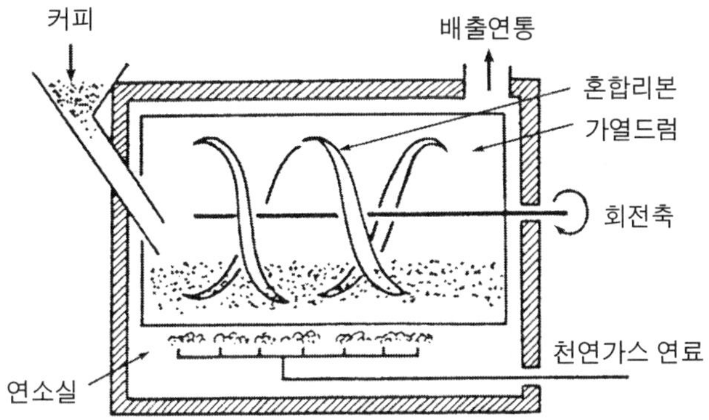

(c) 가열된 용기 벽에 접촉시켜 가열하는 커피 배초기(전도 가열방식)

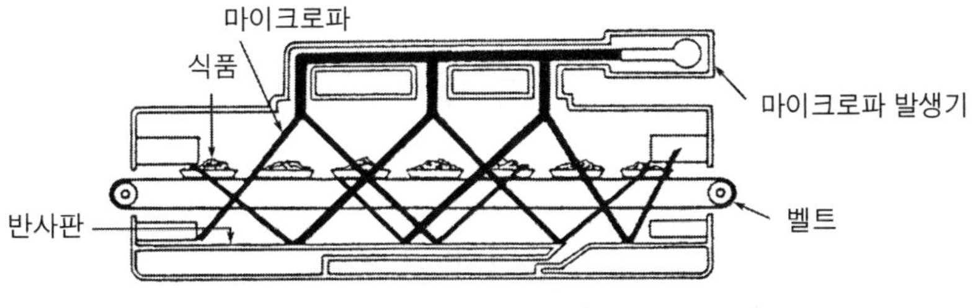

(d) 마이크로파 가열장치

그림 9-1. 여러 가지 고체식품의 가열방법
(전재근, 식품공학)

표 9-2. 가열매체의 종류와 성질

가열매체	bp(℃)	엔탈피(kJ/kg)	열전도도(W/m℃)	작업온도(℃)
물	100	625	0.68	0～200
스 팀	-	2,740	0.17	100～200
공 기	-	150	0.03	-
o-dichlorobenzene	180	490	0.11	-17～260
Mineral oil	-	350	0.12	10～320
Chlorinated diphenyls	> 320	180	0.09	10～320

1.3 욕탕가열법

통조림, 도넛, 라면과 같은 식품들은 미리 일정한 열처리 온도까지 가열한 열탕 속에 넣어 가열한다. 이와 같은 가열방법을 **욕탕가열법**(bath heating)이라고 한다(그림 9-2).

욕탕에 사용되는 가열매체로는 물, 기름 등이 주로 사용된다. 이때 가열매체가 식품을 오염시키는 점 등에 주의하여야 한다. 밤, 땅콩 등을 볶을 때는 모래나 자갈 등을 욕탕의 가열매체로 사용하기도 한다. 스팀으로 식품을 증자하는 것도 일종의 증기욕탕 가열방식이라고 할 수 있다.

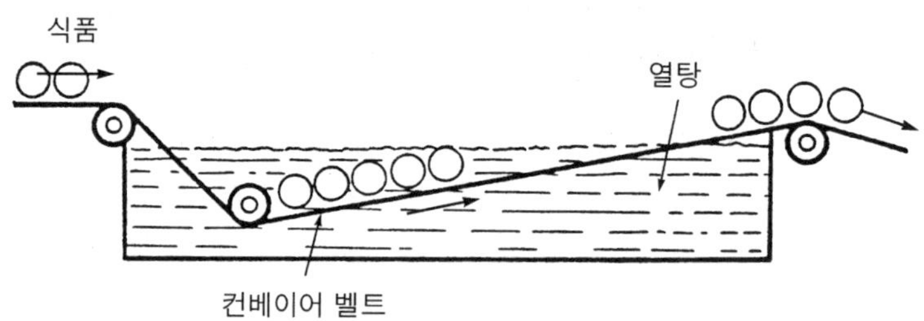

그림 9-2. 욕탕가열법(라면의 열탕가열)

1.4 가압식과 감압식 가열법

식품의 증자나 살균 등에 널리 쓰이는 가열방법으로 밀폐된 용기에 스팀을 주입함으로써 가압조건에서 가열하는 방법을 **가압식 가열법**이라고 한다. 가압식 가열방법은 보리, 쌀, 고구마 등의 주정(酒精) 원료에 들어 있는 녹말을 호화시키거나 장

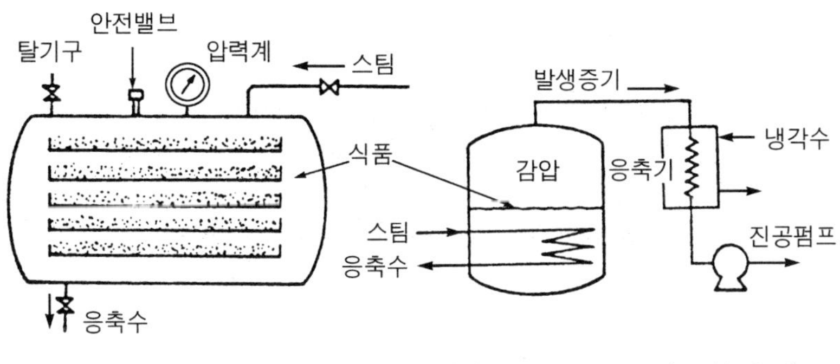

(a) 가압식 가열장치 (b) 감압식 가열장치(감압농축기)

그림 9-3. 가압식과 감압식 가열장치
(전재근, 식품공학)

류의 원료인 콩 등을 찌는 데 사용된다. 식품을 살균기에서 살균할 때도 이용된다.

감압식 가열법은 식품을 담은 용기 속의 압력을 낮추어 가열하는 방식이다. 주로 농축공정과 건조공정에서 끓는점과 기화점을 낮추어 가열온도에 의한 식품의 품질변화를 줄이기 위하여 사용한다. 그림 9-3은 가압식과 감압식 가열장치이다.

2. 열교환기

2.1 열교환기의 열수지

고온유체와 저온유체를 금속판(plate)이나 관(tube)의 벽 양쪽을 흐르게 하면 고온유체가 가지고 있는 열은 금속 벽을 통하여 저온유체 쪽으로 이동된다. 이때 고온유체는 열을 잃는 반면, 저온유체는 열을 얻게 되는 열교환 현상이 일어난다. 이와 같이 열교환이 잘 이루어질 수 있도록 만든 장치를 **열교환기**(heat exchanger)라고 한다.

열교환기는 식품을 가열하거나 또는 냉각하는 데 널리 이용되고 있다. 사용하는 목적과 용도에 따라서 다음과 같은 이름으로 불려진다. 보일러(boiler), 저온살균기(pasteurizer), 이중솥(jacketed kettle), 공기가열기(air heater), 응축기(condenser), 냉동기(freezer), 쿠커(cooker) 등은 모두 열교환기에 속한다. 열교환기의 기본적인 구조는 그림 9-4와 같다.

열교환기의 입구로 액체식품을 흐르게 하고, 관의 바깥쪽 재킷 속에 가열매체를 화살표 방향으로 흘러 보낸다. 관의 벽면을 사이에 두고 두 유체가 가지고 있는 열의

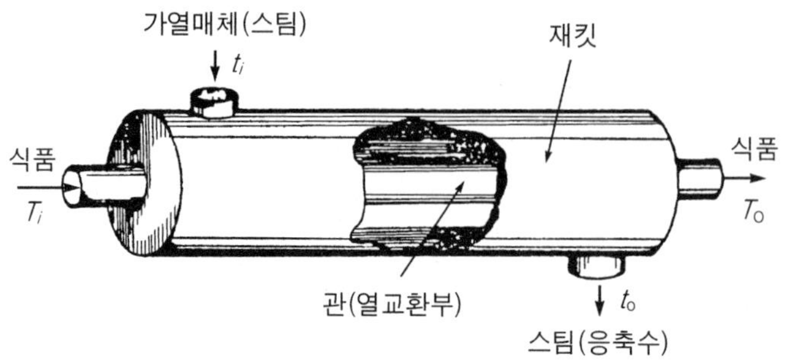

그림 9-4. 열교환기의 구조

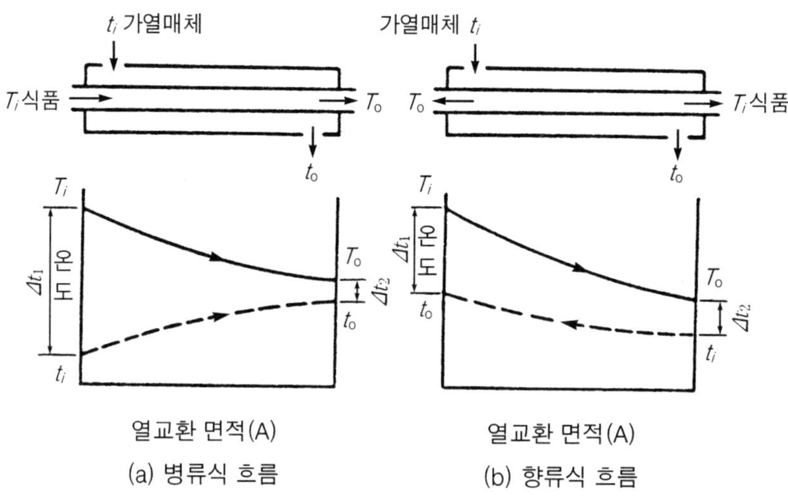

그림 9-5. 열교환기에서의 식품과 가열매체 사이의 온도분포

교환이 일어난다. 액체식품은 가열되며, 반대로 가열매체는 냉각된다. 이때 두 유체의 온도변화를 보면 두 유체의 흐르는 방향에 따라 열교환 상태는 그림 9-5와 같다.

열수지에서 보면 가열매체는 열을 잃게 되며, 그 값을 q_l 이라면 이것이 관벽을 통하여 관 속으로 흐르는 식품으로 전달되어 식품은 q_g 만큼의 열을 얻게 된다. 이 관계를 식으로 나타내면 다음과 같다.

$$q_l = U A \Delta t_{lm} \tag{9-1}$$

$$q_g = W C_p \Delta t \tag{9-2}$$

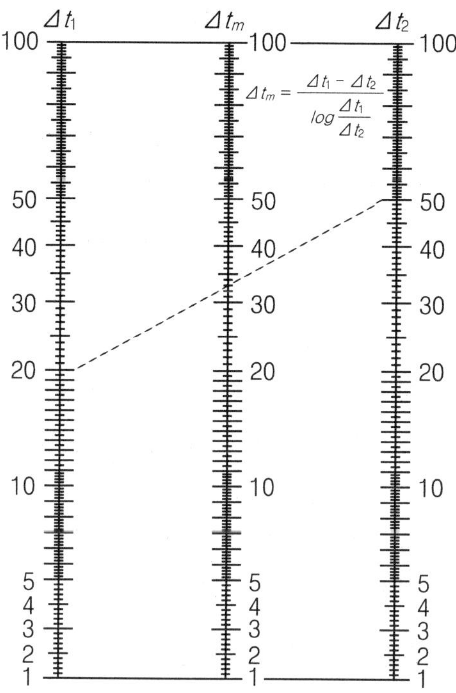

그림 9-6. 대수평균온도차를 구하는 계산

식 (9-2)에서 W 는 물질이동속도(kg/h)이며, Δt_{lm}는 열교환기에서 입구와 출구 사이의 대수평균온도차(logarithmic mean temperature, Δt_{lm})로서 식 (9-3)에서 산출할 수 있다. 또한 그림 9-6을 이용하면 대수평균온도차를 쉽게 구할 수 있음을 알 수 있다.

$$\Delta t_{lm} = \frac{\Delta t_1 - \Delta t_2}{\ln(\Delta t_1/\Delta t_2)} \tag{9-3}$$

만일 정상상태에 도달하였다면 $q_l = q_g$ 이기 때문에 다음과 같은 관계를 얻는다.

$$W C_p \Delta t = U A \Delta t_{lm} \tag{9-4}$$

식 (9-4)를 열교환장치의 열수지식(heat energy balance equation)이라고 하며, 열교환기의 설계와 조작에 유용하게 쓰인다.

예제 1 절대압력 2.5 kg/cm²인 수증기를 사용하여 우유 500 kg을 20℃에서 75℃로 가열하려고 한다. 이때 가열효율이 85%이고, 우유비열은 0.93 kcal/k g℃, 응축수는 포화온도에서 나간다고 하면 여기에 필요한 수증기의 양은 얼마인가?

풀 이: 필요한 열량 : (500) (0.93) (75-20)/(0.85) = 30,088 kcal

증발잠열 : 수증기표(부록 10)에서부터 2.5 kg/cm^{2}에서 증발잠열은

2,452 kJ/kg℃ = (2,452)/(4.18) = 586.8 kcal/kg

필요한 수증기 양 : 30,088/586.8 = 51.3 kg

예제 2 50℃의 우유를 냉각하기 위하여 10℃로 일정하게 유지한 수조 속에 직경 2.5 cm의 관을 장치하고 우유를 관 속으로 1,180 kg/h의 속도로 통과시켜 18℃로 냉각하고자 한다. 수조 속에서 우유-관-물 사이의 총괄 열전달 계수를 908 W/m°K라 하고, 우유의 비열을 3.89 kJ/kg°K라고 할 때 냉각관의 길이를 얼마로 하면 되는가?

풀 이: 우유의 냉각장치를 그림과 같은 열교환장치로 생각할 수 있으며, 식 (9-4)를 써서 길이를 구하면 된다.

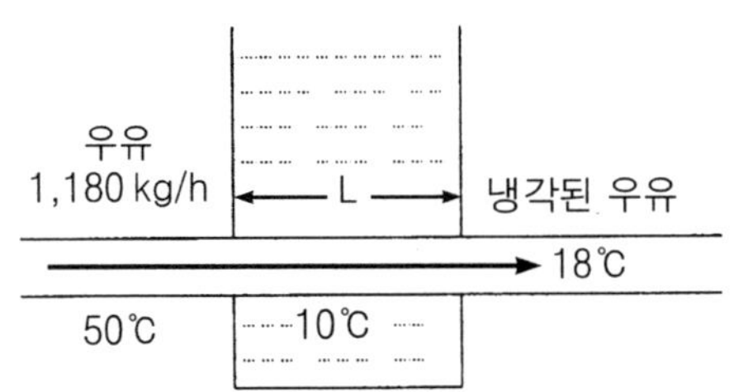

W = 1,180 kg/h

U = 908 W/m^3 °K = 3,270 kJ/m^2 h °K

Cp = 3.89 kJ/kg °K

Δt = 50 - 18 = 32℃

A = π D L = (3.14) (0.025) (L) m^2

$$\Delta t_{lm} = \frac{(50-10)-(18-10)}{\ln[(50-10)/(18-10)]} = 20℃$$

이 값들을 식 (9-4)에 대입하면

(1,180) (3.89) (50-18) = (3,270) (3.14 × 0.025 × L) (20)

L = 28.6 m

예제 3 재킷 솥에서 18℃의 pea soup 50 kg을 가열할 때 게이지 압력으로 200 kPa의 스팀이 사용되었다면 소요된 스팀의 양은 얼마인가? 가열 표면적은 1 m^2이고, 총괄 전열계수는 300 J/m^2 s ℃라고 한다.

풀 이: Steam table(부록 10)에서 보면 200 kPa gauge일 때의 온도는 120℃, 증발잠열은 2,202 kJ/kg이다.

$q = U\ A\ \Delta t = (300)(1)(120-18) = 3.06 \times 10^4$ J/s

필요한 스팀의 양은 열량/증발잠열이므로

$q/\lambda = (3.06 \times 10^4)/(2.202 \times 10^6) = 1.4 \times 10^{-2}$ kg/s

$= (1.4 \times 10^{-2})(3,600) = 50$ kg/h

〈연습문제〉

예제 3에서 pea soup를 90℃까지 올리는 데 소요되는 시간을 구하라. 비열은 3.95 kJ/kg℃이다.

답) 13.4분

2.2 열교환장치

열교환기는 대부분 금속 벽을 사이에 두고 고온유체와 저온유체 사이의 열교환을 하는 장치이다. 식품산업에서는 열에 민감한 원료와 점도가 큰 원료를 취급하는 경우가 많아 판형 열교환기가 많이 이용된다.

1) 재킷형 열교환기

재킷형(jacket type) 열교환기는 그림 9-7 (a)와 같은 구조로 되어 있다. 스팀과 같은 가열매체를 재킷 속으로 흐르게 하여 내벽과 식품 사이에서 열교환을 일으켜 식품을 가열하는 장치이다. 소규모 공정에서 액체식품을 가열하거나 농축하는 데 널리 쓰인다.

2) 코일형 열교환기

코일형(coil type) 열교환기는 그림 9-7 (b)와 같다. 열전도율이 좋은 관을 코일형으로 감아 탱크 속에 장치한 것이다. 일반적으로 관 속을 가열매체가 흐르게 하여 탱크 속의 식품을 가열한다.

열교환 면적은 코일의 길이에 비례하므로 그 길이를 길게 하면 열전달속도를 크게

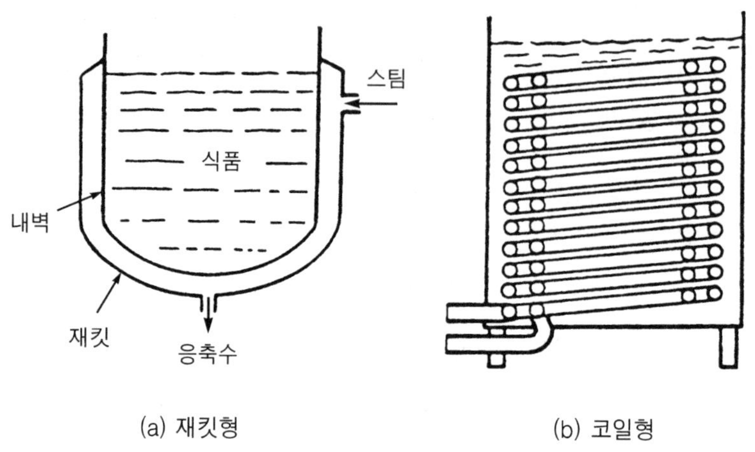

그림 9-7. 열교환기
(전재근, 식품공학)

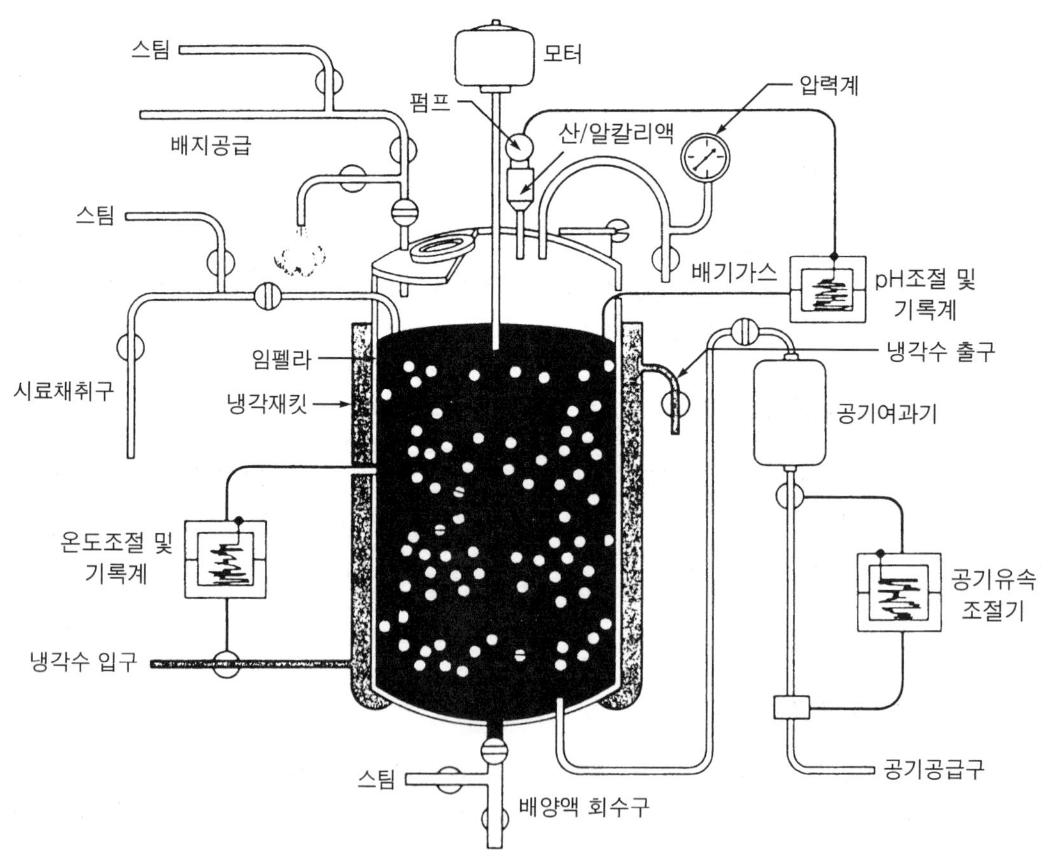

그림 9-8. 대표적인 발효조의 장치

할 수 있다. 이 열교환기는 비교적 많은 양의 유체식품을 가열하는 데 사용된다. 그림 9-8에서 보는 바와 같은 발효조(fermentor)는 발효공업에서 널리 이용되며, 배양액의 온도를 조절하기 위하여 열교환장치가 이용된다.

3) 원통다관식(shell and tube) 열교환기

원통형 철관(shell) 속에 여러 개의 관다발을 그림 9-9와 같이 넣어 만든 것으로, 열교환 장치 중에서 가장 대표적인 것이다. 한 가지 유체를 관 속에 흐르게 하고, 다른 유체는 관의 외부인 철관 속을 흐르게 하여 열교환을 한다. 원통다관식 열교환기는 부피가 작은데 비하여 넓은 전열면적을 얻을 수 있는 장점이 있다. 그러나 식품가공조작에서 위생적인 작업을 할 수 없는 결점이 있다. 우유농축공장에서 우유의 예열, 살균, 스팀의 응축장치 등에 널리 사용한다.

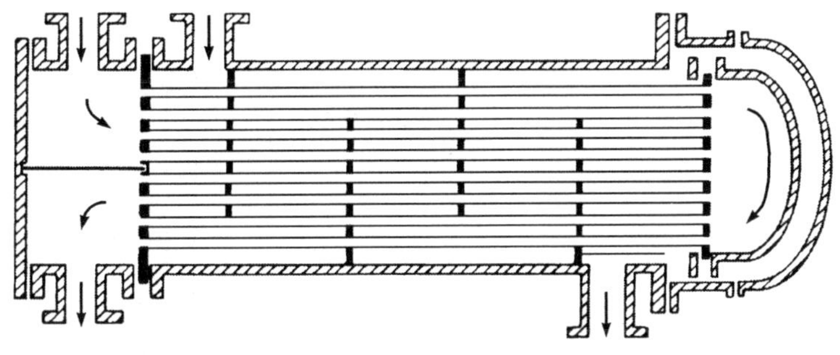

그림 9-9. 원통다관식 열교환기

4) 판상식 열교환기

판상식 열교환기(plate heat exchanger)는 그림 9-10 (a)와 같이 장방형의 얇은 금속판들을 (c)와 같이 조립한 열교환기이다. 금속판은 홈이 파여져 있으며, 가장자리는 실리콘수지 재킷이 붙어 있다. 두께 1～1.2 mm, 너비 0.3 m, 높이 0.9 mm의 스테인리스 강판들을 여러 장 겹쳐서 조이면 판과 판 사이에는 3～6 mm 정도의 갭(gap)이 생기게 된다. 이 속으로 유체를 빨리 흐르게 한다.

판을 사이에 두고 양쪽에 두 유체를 난류상태에서 흐르게 하면(b) 열교환이 신속히 일어나 효과적으로 식품을 가열할 수 있다. 총괄 전열계수가 매우 커서 짧은 시간에 가열 또는 냉각할 수 있다. 작은 장치로도 큰 전열면적을 얻을 수 있다. 그리고

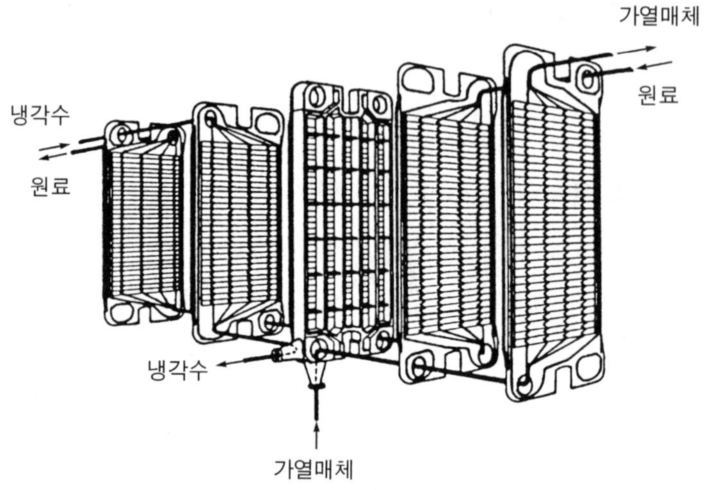

(a) 판상식 열교환기 내에서의 액체식품의 열교환 상태(향류식)

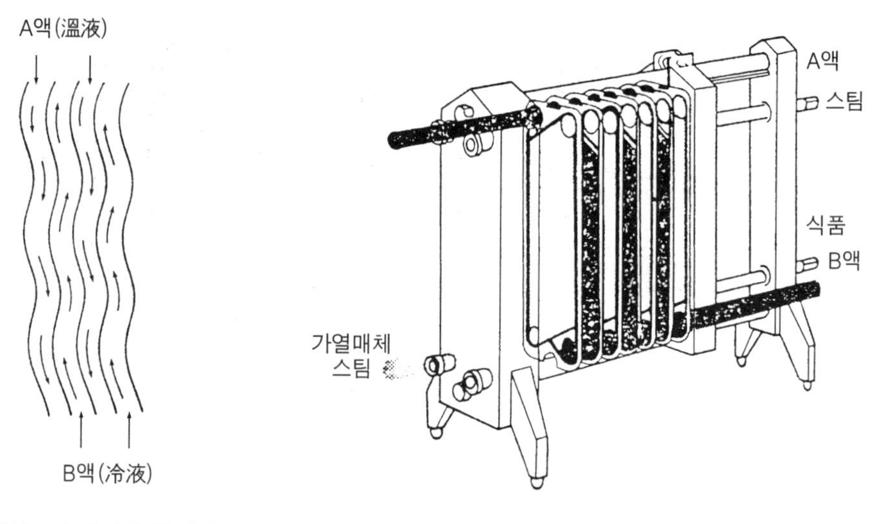

(b) 플레이트의 단면에 두 액의 흐름

(c) 조립된 상태의 판상식 열교환장치
(식품을 스팀으로 가열하는 경우 : 병류식)

그림 9-10. 판상식 열교환기의 구조

청소하기 쉽고, 유지보수가 간단하다. 판의 수를 가감함으로써 용량을 쉽게 조절할 수 있다. 그러나 비교적 비싸고, 고압과 점도가 높은 유체에 사용할 수 없는 결점이 있다. 열변성이 잘 일어날 수 있는 유제품, 주스 등의 액체식품을 가열, 냉각, 살균하는 데 널리 이용한다.

5) 보테이터식 열교환기

보테이터식(votator scraped surface type) 열교환기는 회전식 열교환기라고도 한다. 아이스크림 제조기로 알려져 있다. 그림 9-11과 같이 단열이 잘 된 원통 속의 재킷 안에는 냉매가 흐르고, 통 속에는 아이스크림 원료가 들어 있다. 그 중심에는 안벽을 긁어 줄 수 있는 주걱(scraper)이 달린 회전축이 있어서 유동성이 적은 아이스크림을 균일하게 냉동시키는 데 알맞은 열교환기이다.

주걱은 전열 면에 붙어 있어 유체를 계속 긁어 혼합시키므로 다른 열교환기에서 취급할 수 없는 점도가 높은 식품의 가열 또는 냉각에 알맞다. 총괄 전열계수는 700~3,000 kcal/m h ℃로서 상당히 큰 편이나 전열면적을 크게 할 수 없어 많은 양을 처리하는 데는 알맞지 않다. 쇼트닝, 버터, 마가린, 아이스크림 제조 등에 많이 이용된다. 또한 펌프로 수송할 수 없는 곡류와 같은 알갱이 모양의 물체의 가열 또는 냉각에도 가열매체가 흐르는 속이 빈 나사 톱니모양의 구조를 가진 열교환기를 사용하면 가능해진다.

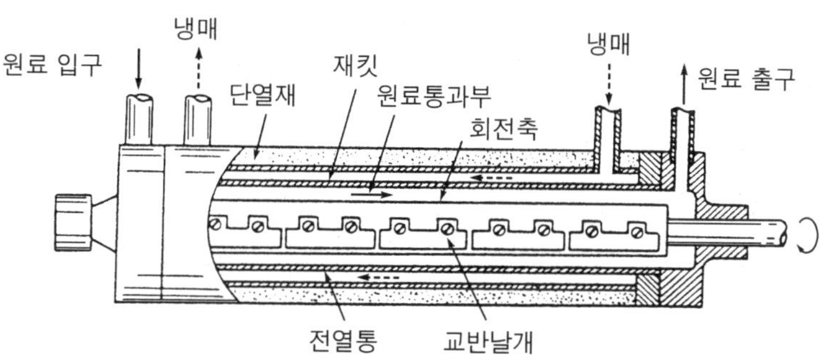

(a) 보테이터식 열교환기의 내부구조

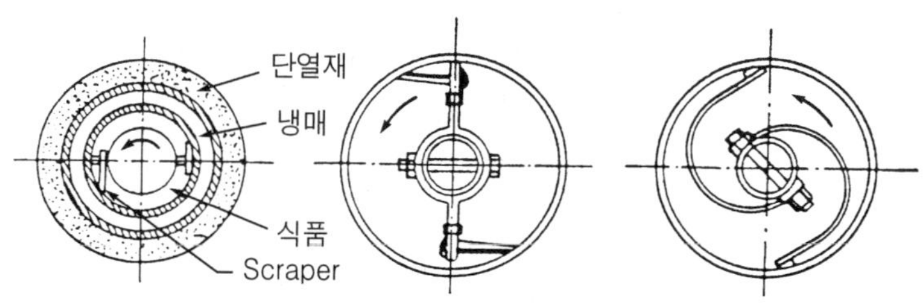

(b) 보테이터의 측면도 (c) Scraper의 여러 가지 모양

그림 9-11. 보테이터식 열교환기의 구조
(전재근, 식품공학)

6) 보일러

보일러(boiler)는 식품산업에서 널리 쓰이는 스팀제조 장치이다. 연료를 연소시켜 얻은 화염과 물이 관 벽을 사이에 두고 열을 교환하는 장치이다. 그림 9-12에서 보는 바와 같이 연관(fire tube)식 보일러와 수관 또는 관류(water tube)식 보일러가 있다. 연관보일러는 관 속으로 화염을 통하도록 하여 물을 가열하는 것이다. 소규모 공장에서 소량의 스팀과 압력이 낮은 스팀을 생산하는 데 이용된다. 수관보일러는 관 속에 물이 담겨져 있고, 화염은 관 밖에서 가열한다. 관 속에 스팀이 발생하면 경사진 관을 타고 상승하여 증기실에 도달하여 배출된다.

스팀은 압력을 조절하여 온도를 조절할 수 있고, 높은 엔탈피를 갖고 있을 뿐 아니라 무해·무독하므로 식품산업에 널리 사용되고 있는 우수한 가열매체가 된다. 가열장치의 열 계산에 이용되는 스팀의 압력, 온도, 엔탈피는 스팀표(부록 13)를 이용하면 그 특성을 알 수 있다.

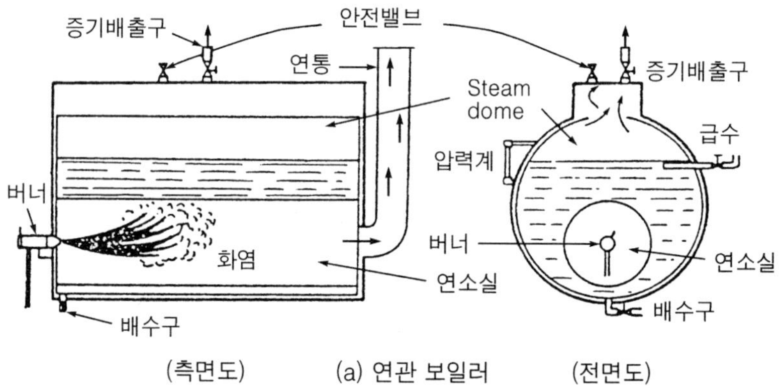

(a) 연관 보일러

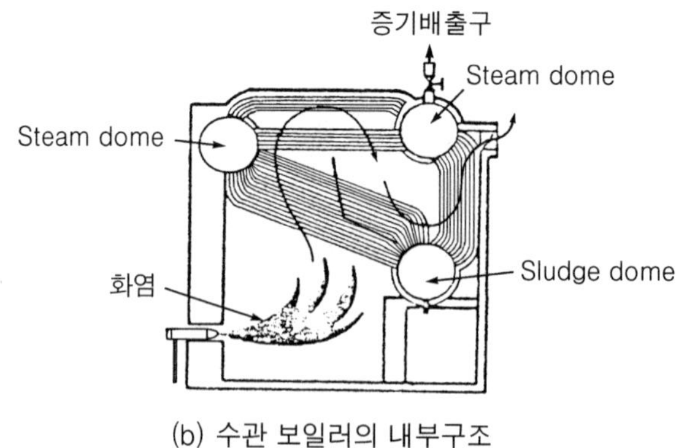

(b) 수관 보일러의 내부구조

그림 9-12. 스팀 보일러의 구조(전재근, 식품공학)

제 10 장

식품의 가열살균

식품을 저장하거나 유통과정에서 발생하는 변질요인 중에 가장 중요한 것은 미생물에 의한 식품의 변질이나 부패이다. 식품은 각종 미생물이 번식하기에 알맞은 여러 가지 영양분을 가지고 있다. 이에 따라 오염된 식품을 그대로 방치하면 쉽게 변질되거나 부패되어 식품으로서 가치를 잃게 될 뿐만 아니라 때에 따라서는 식중독을 일으키는 원인이 되기도 한다. 따라서 식품을 일정 기간 보존하면서 안전하게 먹기 위하여 오염된 미생물을 죽이는 살균(sterilization) 조작이 필요하다.

살균방법에는 보존료・살균료・산화방지제・항생물질 등 화학물질을 첨가하는 약제살균법(chemical sterilization), 고온에서 가열처리하여 살균하는 가열살균법(heat sterilization), 냉온살균(cold sterilization)이라고도 불려지는 방사선 살균법(irradiation) 등이 있다. 이들 살균방법 중에서 산업적으로 널리 이용하는 방법은 가열살균법이다.

가열살균법은 크게 저온살균과 고온살균으로 구분한다. **저온살균**은 100℃ 이하에서 열처리하는 것으로, 비교적 열에 민감한 효모, 곰팡이, 포자(spore)를 형성하지 않는 세균과 영양세포(vegetative cell)를 사멸시키는 것을 목적으로 한다. 저온살균에서 모든 병원성 미생물은 사멸되지만, 변패(變敗)에 관여하는 일부 포자를 형성하는 내열성 미생물은 사멸되지 않아 저장성이 좋지 못하다.

이에 비하여 **고온살균**은 내열성 미생물을 사멸하기 위하여 100℃ 이상의 온도에서 살균하는 것이다. 모든 미생물을 살균할 수 있어서 통조림 등 오랜 기간 동안 저장하는 가공식품의 살균에 이용된다. 식품을 가열처리하면 미생물의 사멸뿐만 아니라 효소의 불활성화가 일어나 효소에 의한 식품의 변질을 방지할 수 있다. 그러나 가열로 인한 영양성분의 파괴가 일어나고 색깔・조직・향기 등의 품질 저하가 일어나기 때문에 지나치게 가열하지 않도록 주의해야 한다. 따라서 식품의 종류, 오염된 미생물의 내열성 여부 등에 따라 살균방법을 선택하게 된다.

미생물의 사멸 정도는 가열 정도에 따라 좌우되기 때문에 살균온도와 살균시간은 어떻게 결정하는가 하는 것이 중요하다. 가열살균은 살균하는 정도에 따라서 완전살균과 부분살균으로 구분한다. 오염된 미생물을 고온에서 완전히 죽이는 것을 **완전살균**이라고 하며, 주로 통조림을 살균할 경우에 이용한다. 이때는 높은 온도에서 오랜 시간 가열해야 하므로 식품의 열변성이 일어나 식품의 품질 저하가 일어나기 쉽다.

그러나 미생물을 완전히 사멸하기란 쉬운 일이 아니다. 대부분은 식품을 저장하는 기간 동안 식품의 품질을 안전하게 보존할 수 있을 정도로 미생물의 수를 감소시키거나 억제시키고, 식품의 변질과 관계가 있는 효소를 불활성화 시키는 것으로 충분할 때가 많다. 따라서 오염된 미생물 중에 병원미생물 등 일부만을 죽이는 부분살균을 실시하는 경우가 많다. 이와 같은 살균방법을 **상업적 살균**(commercial sterilization)이라고 한다.

식품의 열처리는 식품가공의 전처리 수단으로서 이루어지는 경우도 있다. 살균방법에 있어서도 통조림 식품은 용기에 충진하여 밀봉한 다음 살균한다. 이에 비하여 우유, 술, 장류(醬類) 등 액체식품의 경우는 오염된 미생물을 열에 의해 살균한 다음 별도로 살균처리된 포장용기에 무균적으로 충진하는 방법을 이용한다. 열처리에 의한 식품저장 방법에는 조리(cooking), 데치기(blanching), 저온살균, 고온살균(통조림) 등을 들 수 있다. 식품산업에서의 열처리 공정에는 살균 이외에도 건조, 증류, 증발, 농축 등의 단위조작이 있다.

1. 미생물의 내열성에 영향을 주는 요인

대부분의 미생물은 생육을 계속하고 있는 동안에 영양세포 상태로 존재한다. 따라서 물의 비등점 부근까지 식품의 온도를 올리면 식품에 부착해 있는 미생물을 쉽게 사멸시킬 수 있다. 미생물의 종류는 매우 다양하고 많지만 이 중에서 내열성이 있는 대표적인 미생물의 사멸조건은 표 10-1에서 보는 바와 같다.

미생물의 내열성은 미생물의 종류에 따라 다르며 수분, pH, 영양상태 등 환경요인에 따라 차이가 있다. 특히 고온세균, 토양세균 등은 대부분 생활환경이 나빠지면 포자를 형성한다. 표 10-2에서 보는 바와 같이 포자를 형성하면 내열성이 높아져 살균이 어려워진다. 또한 건열에 비하여 습열에 있어서 미생물의 저항성이 커짐으로 살균조건에 유의하여야 한다. 미생물을 사멸시키는 데는 여러 가지 환경요인에 의해 살균조건이 달라진다. 보통 미생물을 일정한 조건에서 사멸시키는 데 필요한 시간은 온

표 10-1. 미생물의 내열성(건열)

미생물	온도(℃)	시간(분)	미생물	온도(℃)	시간(분)
Baciilus cereus	53	4	*Pediococcus cerevisiae*	60	8
B. subtilis	53	4～12	*Aspergillus niger*	60	10
B. mesentericus	53	22	*Saccharomyces cerevisiae*	60	10
Ps. fluorescens	53	25	*Staphylococcus aureus*	60	15
A. xylinum	55	10	*Streptomyces thermophilus*	70～75	15
Candida utilis	55	10	*Lactobacillus bulgaricus*	71	30
Salmonella typhi	60	5	*Clostridium sporogenes*	105	12
E. coli	60	5～30	*Cl. botulinum*	105	35

표 10-2. 세균포자의 내열성(습열)

미생물	살균시간(분)							
	100℃	105℃	110℃	115℃	120℃	125℃	130℃	135℃
B. stearothermophilus	1,200	600	190	70	19	7	3	
Cl. botulinum	330	100	32	10	4			
Cl. welchii	5～10	5						
Cl. sporogenes	780	170	42	15.6	5.6			
고온세균	834	405	100	40	11～12	3.9～4.6	1.7～2.2	0.7～0.9
토양세균	>1,020	420	120	15	6			

도가 상승함에 따라 감소하며, 미생물의 농도가 높을수록 길어진다. 고온살균에서 미생물의 내열성에 영향을 주는 요인은 다음과 같다.

1.1 가열할 때 미생물에 영향을 주는 요인

식품을 가열하여 미생물을 사멸시키는 경우 식품의 조건에 따라 가열살균 조건은 달라진다. 여기에 관여하는 중요한 요인을 살펴보면 다음과 같다.

1) 식품의 pH

식품의 살균공정에서 큰 영향을 주는 인자는 식품의 pH이다. 미생물의 내열성은 일반적으로 중성 부근에서 가장 크고, 산성 또는 알칼리성 쪽으로 갈수록 작아진다. 또한, 일반적으로 식품 또는 배지에 구성하는 성분 중에서 완충요소(buffer compo-

표 10-3. pH와 가열살균 조건에 따른 통조림의 분류

산도에 의한 분류	pH값	식품 종류	식품군	부패균	가열살균
비산성 식품	7.0	올리브, 달걀, 굴, 우유, 옥수수, 닭, 쇠고기, 대구, 정어리	고기, 생선, 가금류, 우유	중온 포자형성 혐기성균	고온살균 (116～ 121℃)
저산성 식품	6.0 5.0	완두, 당근, 감자, 아스파라거스 무화과, 토마토, 수프	채소	고온균, 효소의 작용	
산성 식품	4.5	감자샐러드, 딸기, 배, 살구, 복숭아, 오렌지, 파인애플, 사과, 토마토	과일	비포자 형성 내산성균, 내산성 포자 형성균	끓은 물로 가열살균 (100℃)
강산성 식품	3.0 2.0	산 절임식품, 레몬 또는 라임주스 매우 강한 산성식품	강산성 식품, 잼, 젤리	자연에 존재하 는 효소, 효모 와 곰팡이	

nent) 또는 완충작용이 있을 때는 포자의 열저항을 크게 한다. 식품은 pH에 따라 pH 6.0 이상의 비산성 식품(nonacid food), pH 6.0～4.5 범위의 저산성 식품(low-acid food), pH 4.5 이하의 산성식품(acid food)으로 나눌 수 있다.

변패미생물은 일반적으로 pH 5.3에서 생육저해를 받는다. pH 3.7 이하에서는 일부의 내산성 세균, 효모와 곰팡이만이 생육이 가능하다. 살균공정에서 중요한 분기점은 pH 4.5이다. 과일주스와 같은 산성식품은 저온살균으로도 미생물 제어가 가능하나, 비산성 식품은 100℃ 이상에서 가압살균 해야 한다(표 10-3). 보통 pH 3.7 이하의 산성식품 또는 수분활성이 낮은 식품은 변패미생물이 생육하는 데 좋지 않은 환경조건이므로 살균을 하지 않아도 된다. 그러나 효소를 불활성화 시키기 위하여 저온처리를 실시한다.

2) 식품의 이온환경

식품의 이온환경은 pH와 연관하여 생각할 수 있으나, 식품에 들어 있는 이온 조성에 따라 살균조건은 달라진다. 일반화는 곤란하나 인산완충액에 있어서 EDTA 또는 glycylglycine과 같은 chelate 물질이 존재할 때에 비하여 Mg^{2+}, Ca^{2+}의 낮은 농도에서는 미생물의 내열성이 감소한다.

3) 식품의 수분활성도

식품의 수분활성도(water activity, A_w)에 따라 살균조건에 영향을 준다. 표 10-1과 표 10-2를 비교하면 수분을 다량 함유하고 있을 때는 건조하였을 때에 비하여 미생물의 내열성이 증가한다. 미생물의 사멸은 수분이 많을 때에는 단백질의 변성에 의해 그리고 수분이 적을 때에는 산화작용에 의해 포자가 사멸되는 것으로 알려져 있다. 수분의 존재에 따라 미생물의 사멸속도가 달라진다.

4) 식품의 성분조성

식품의 성분조성 중에 탄수화물 · 단백질 · 지질 등 유기물이 많을 경우이거나, 에멀션(emulsion) 또는 거품 등과 같은 콜로이드 상태가 되었을 때는 미생물의 내열성이 증가한다. 그러나 염류 농도를 증가시키거나 germicide 또는 항생물질을 첨가하면 내열성의 감소가 일어난다.

1.2 미생물 생육과 열저항에 관여하는 요소

식품의 살균조건을 결정하는 데 식품에 부착하고 있는 미생물의 상태에 따라 달라진다. 즉 오염되어 있는 미생물의 상태가 생장(growth) 단계인 영양세포 또는 포자형성(sporulation) 단계에서의 포자에 따라 다르다. 미생물의 열저항에 관여하는 요소로는 다음과 같은 온도, 이온환경(pH), 식품성분, 미생물의 상태 등을 들 수 있다.

① 고온에서 생성한 미생물 포자는 저온에서 생성한 것보다는 열저항성이 크므로 살균이 어려워진다.

② 이온환경(ionic environment)으로는 일반적으로 식품에 들어 있는 Ca^{2+}, Mg^{2+}, Fe^{2+}, Na^{+}, Cl^{-} 이온은 미생물 포자의 내열성을 보호한다. 염장식품에 있어서 NaCl은 4% 이하에서는 미생물의 내열성을 보호하지만 농도가 짙어질수록 내열성이 감소한다.

③ 유기화합물이 존재할 때는 내열성이 보호되며, 식품의 살균온도는 용액의 살균조건보다 높아진다. 또한 포자를 형성할 때에 식품 중에 포화 또는 불포화지방산이 낮은 농도로 존재하면 내열성이 증가한다.

④ 미생물의 생장기(growth phase)의 상태에 따라 열저항은 달라진다. 영양세포인 경우는 쉽게 사멸하지만, 포자가 형성되면 살균온도는 높아진다.

2. 식품에 대한 열에너지의 이용

열에너지를 이용하여 식품에 부착해 있는 미생물을 사멸시켜 부패를 방지하거나, 식품이 가지고 있는 효소를 불활성화 시켜 내용성분의 변화를 최소화하여 저장성을 높이는 방법은 오래 전부터 많이 이용해 왔다. 열에너지를 이용하는 방법에는 조리, 데치기(blanching), 저온살균, 고온살균 등을 들 수 있다.

2.1 조 리

일반적으로 가정에서 맛있는 음식을 만들기 위하여 조리(調理, cooking)를 한다. 조리하는 방법에는 여러 가지가 있으며, 사용되는 용어에 따라 다음과 같이 구분한다. 조리에는 100℃ 이상으로 가열하는 방법인 굽기(baking), 자숙(broiling), 배초(焙炒, roasting)를 포함하여 끓는 물 또는 기름을 사용하는 삶기(boiling), 튀기기(frying), stewing 등을 포함하는 용어이다. 그러나 조리하는 과정에서는 미생물을 완전히 사멸시킬 수 없기 때문에 보조적인 저장방법이 병행되지 않는 한 오래 저장할 수 없다. 조리를 하면 다음과 같은 이점을 얻을 수 있다.

① 식품에 부착되어 있던 미생물들이 식품의 저장 중에 변질을 초래하므로 이에 관여하는 미생물의 수를 감소시켜 저장성을 향상시킨다.

② 식품 중에 들어 있는 산화효소 등이 식품의 품질을 떨어뜨린다. 이 효소들을 불활성화시켜 내용성분의 변화를 최소화함으로써 저장성을 향상시킬 수 있다.

③ 식품 중에 들어 있는 열에 약한 독성분(toxins)을 파괴시킨다.

④ 색깔, 향기 또는 물성을 증진시킬 수 있다.

⑤ 녹말 또는 단백질 식품은 가열로 효소분해가 쉬운 상태로 구조변화가 일어나 소화성을 높일 수 있다.

그러나 가열처리로 열에 약한 비타민 등 영양성분을 파괴하거나 경우에 따라서는 맛을 나쁘게 하는 경우도 있다.

2.2 데치기

데치기(blanching)는 냉동, 건조 또는 통조림을 제조하기 전에 식품원료를 전처리하는 예비공정의 형태로 많이 이용된다. 냉동식품과 건조식품의 제조에 있어서는 식품원료에 들어 있는 peroxidase, catalase 등 산화효소가 색깔·향기·영양가를 빨리 변화시킬 수 있음으로 열처리는 이들 효소의 불활성화를 목적으로 하는 경우가 많다.

열탕 중에서 효소의 불활성화에 필요한 시간은 조금 차이가 있다. 예를 들어 아스파라거스(asparagas)는 2～3분, 시금치는 1.5분, 옥수수는 2～3분, 콩은 1～1.5분이 소요된다. 그러나 일반적으로 공업적 열처리를 할 때는 스팀을 사용하여 연속적으로 실시한다. 특히 통조림을 제조할 때 데치기 하는 목적은 다음과 같다.

① 식품원료에 들어 있는 효소를 불활성화 시킨다.

② 식품조직 중의 가스를 방출한다.

③ 예열(豫熱)함으로써 원료 중에 들어 있는 산소농도를 감소시키고, 원료조직의 온도를 상승시켜 그 다음 공정을 쉽게 한다.

④ 원료조직을 부드럽게 하여 껍질벗기기(peeling)를 쉽게 한다.

열처리를 하는 방법에는 여러 가지가 있다. 보통 열수 또는 스팀을 사용한다. 제조공정의 목적에 따라 원료에 알맞은 시간 동안 처리한다. 스팀을 사용하는 경우는 수용성 영양분의 유실을 적게 할 수 있는 이점이 있다. 일반적으로 회분공정(batch process)에 의해 실시하고 있다. 그러나 주스공장, 통조림공장에서는 원료를 벨트 위에 올려 넣고 스팀 터널을 통과시켜 열처리하는 연속공정을 채택하기도 한다. 열처리의 대표적인 예는 다음과 같다.

1) Thermal screw

스팀을 사용하여 열처리하는 경우 원료를 통 속에 운반한 다음, 나선형 스크루(screw)를 끼어 넣은 후 일정한 간격으로 스팀을 보내 실시한다.

2) IQB(individual quick blanch)

원료의 평균 품온(品溫)을 높이기 위한 가열과정과 원료 내의 열적인 온도차를 없애기 위한 단열유지과정(adiabatic holding step)으로 구성되어 있다. 영양분의 손실을 방지하기 위하여 가열처리 전에 약 6% 정도 수분 감소가 일어나도록 예비건조를 시키면 효과적이다.

3) 열수 침지방법

필요한 시간 동안 열수에 침지하는 방법(water blanching)으로 스크루(screw)형, 드럼(drum)형, 파이프(pipe)형이 있다. 예를 들어 파이프형은 고형식품에 이용되며, 10～15 cm 파이프를 통해 0.9 m/sec 속도로 원료 450 g당 3.8～4.7 L의 열수를 사용한다.

4) 가열공기 처리법

가열공기 처리법(hot gas blanching)은 시금치와 같은 채소의 열처리에 이용된다. 영양분의 손실을 방지할 수 있는 이점이 있다. 옥수수의 경우는 부분적인 탈수로 인하여 표면에 갈변이 일어날 우려가 있어서 좋지 않다.

2.3 저온살균

높은 온도에서 열처리로 인하여 식품이 가지고 있는 향미(香味)가 파괴될 우려가 있는 식품에 대하여 100℃ 이하의 비교적 낮은 온도에서 열처리함으로써 주로 병원 미생물(pathogenic microorganisms)을 사멸시키는 방법을 **저온살균**(pasteurization)이라고 한다. 그리고 고형물로 되어 있는 식품의 경우는 데치기(blanching)하는 것과 같은 효과를 갖는다.

그러나 이 방법은 식품에 부착되어 있는 모든 미생물을 살균하는 것이 아니다. 따라서 내열성 포자를 형성하는 고온성 부패미생물이 남아 있을 수 있어서 살균한 다음 보조적인 저장방법을 병행한다. 즉 열처리 후에 다음과 같은 보조적인 방법이 같이 활용된다.

① 냉장

② 연유를 제조할 때와 같이 가당(加糖)하거나, 피클을 제조할 때처럼 식초를 넣는 등의 식품첨가물을 첨가

③ 우유·맥주 등은 혐기상태에서 포장

④ 요구르트와 같이 발효를 시켜 저장성을 높인다.

벚찌(cherries)·감귤·사과 등 산 함량이 많은 과일주스나 맥주 또는 과실주(wine) 등의 주류(酒類)는 유기산, CO_2 또는 에탄올이 다량 함유되어 있으므로 낮은 온도에서 살균하더라도 미생물 사멸이 가능하여 저온살균을 실시한다. 예를 들어 우유의 살균에는 Q fever 병원균인 *Coxiella burnetti*의 열에 의한 사멸을 기준으로 살균조건을 설정한다. 예전에는 우유의 살균법에 LTLT법이 이용되었으나, 지금은 초고온순간살균법이 많이 이용된다.

1) 우유살균법

우유의 살균법은 LTLT 방법에서부터 많은 변천을 거쳐 주로 초고온순간살균법에 의해 연속적으로 실시하고 있다. 살균방법의 예는 다음과 같다.

(1) LTLT 방법

LTLT(low temperature long time) 방법은 60~65℃, 30분간 살균하는 방법으로, 주로 병원균을 살균하는 데 목적이 있다. 살균이 충분하지 못하고 처리시간이 길어 비능률적이어서 현재는 거의 사용하지 않는다.

(2) HTST 방법

우유를 71.1℃(161°F) 또는 75℃에서 15초간 처리하는 고온순간살균법(high temperature short time)을 이용하여 왔으나, 130~150℃에서 수초간 살균하는 초고온순간살균법(UHT)으로 바뀌었다. LTLT 방법에 비하여 제품의 품질을 향상시킬 수 있다. 우유와 같은 액체식품은 관(pipe) 등을 쉽게 통과하며, 전열방식도 대류에 의하여 일어나기 때문에 열교환기를 사용하면 쉽게 살균할 수 있다. 이 방법은 기계장치가 차지하는 면적이 적고, 오염이 없으며 가열취(cooked flavor)가 없는 장점이 있다.

대표적인 HTST법에 의한 우유의 살균공정은 그림 10-1과 같다. 우유가 예열・살균・예냉・냉각부의 4개의 부위로 되어 있는 열교환기를 거치는 동안에 살균작업이 이루어진다. HTST법은 살균시간이 짧은 이점뿐 아니라 가열 조절시간과 냉각시간이 레토르트(retort) 살균기의 1~2%에 해당되는 정도이므로 열변성을 최소로 줄일 수 있다.

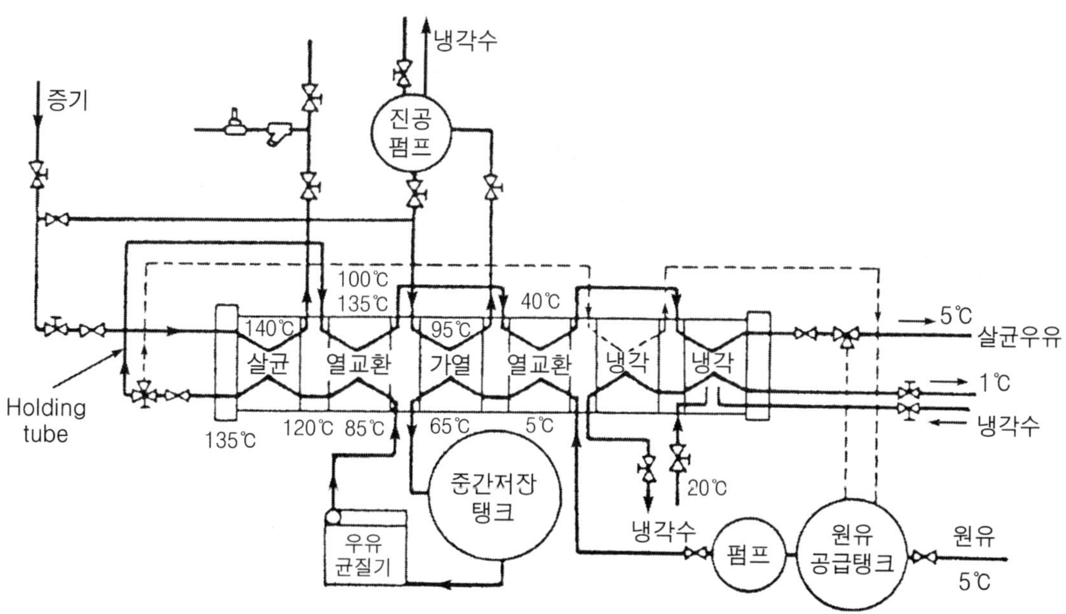

그림 10-1. 우유의 HTST 살균공정도

(3) UHT 방법

UHT(ultra high temperature)는 초고온에서 순간살균하는 방법이다. 예열된 우유를 가열부에서 130～150℃, 0.75～2초간 처리한다. 열전달은 열교환 부위를 흐르는 유체의 속도가 클수록 높아지므로 난류 상태가 되도록 유속을 높게 유지하는 일이 중요하다. 내열성 포자도 완전살균이 가능하며, 비타민 C의 파괴가 적어 신선한 상태로 유지가 가능하여 많이 이용하는 방법이다. UHT 방법에 의한 우유의 살균공정도는 그림 10-2와 같다.

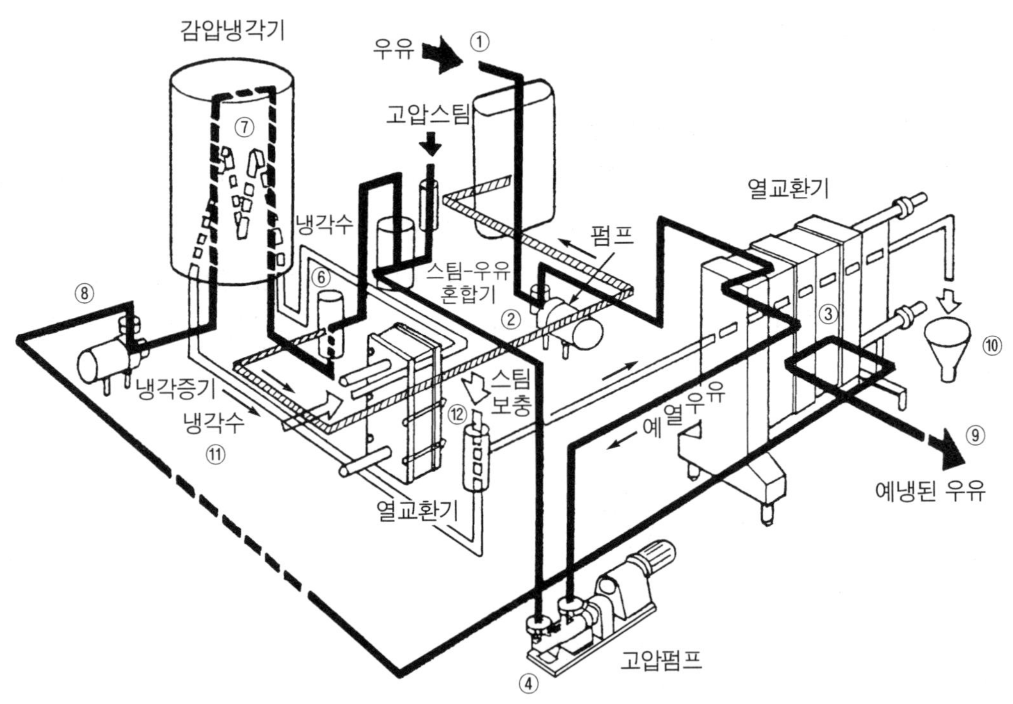

그림 10-2. 우유의 UHT 살균공정도

(4) 스팀주입 방법

스팀주입 방법(steam injection method)은 그림 10-3에서 보는 바와 같다. 우유에 고압증기를 불어넣어 순간적으로 150℃로 가열한 다음 진공탱크 속에서 우유를 분무한 다음 급히 냉각시킴과 동시에 증기에서 들어간 여분의 수분을 제거시키고 무균적으로 용기에 포장하는 방법이다. 이 방법으로 처리된 우유는 냉장하지 않고도 수개월간 신선도를 유지할 수 있어서 멸균우유를 제조할 때에 이용한다.

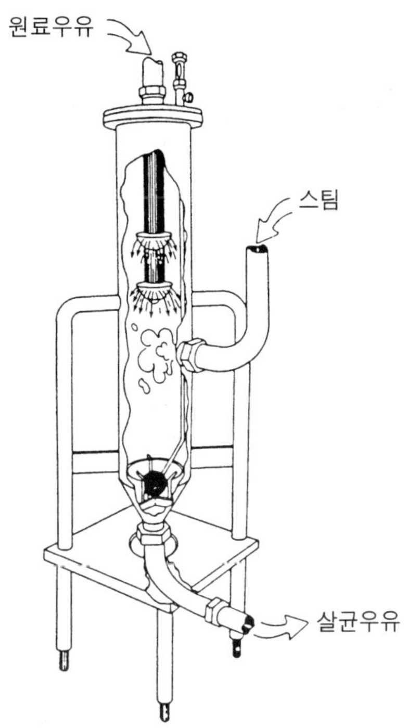

그림 10-3. 스팀주입식 열교환장치

2.4 고온살균

고온살균(sterilization)의 대표적인 예는 통조림의 살균이다. 고온에서 내열성 포자를 형성하는 미생물까지 완전히 살균하는 방법이다. 가장 내열성이 강하고, 또한 독성이 강하며, 포자를 형성하는 혐기성균인 *Clostridium botulinum*의 살균조건을 기준으로 한다. 이 균은 pH 4.5 이상의 산성인 통조림 식품에도 생육이 가능하며, 분비하는 독소(microbial toxins)의 치사량은 1/100만 그램이다.

고온살균에서의 가열조건은 다음과 같은 요인에 의해 달라진다.

① pH 등 식품의 성질

② 부착되어 있는 미생물의 종류, 미생물의 수, 또는 포자의 열저항성

③ 용기 또는 내용물(medium)의 열전달 특성

④ 열처리에 따르는 식품의 충진조건

통조림식품의 고온살균은 식품원료를 가공처리한 다음 용기에 충진시키고, 그림 10-4, 그림 10-5와 같이 밀봉기(seamer)로 밀봉한 후 살균처리하는 것이 보통이다.

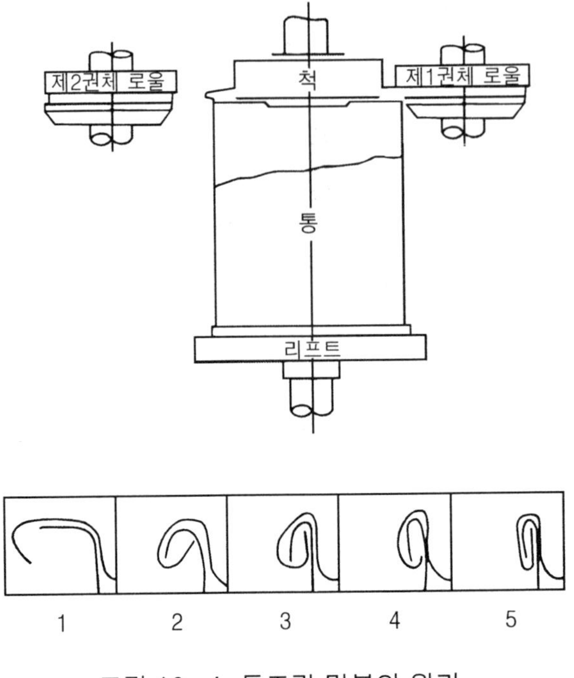

그림 10-4. 통조림 밀봉의 원리

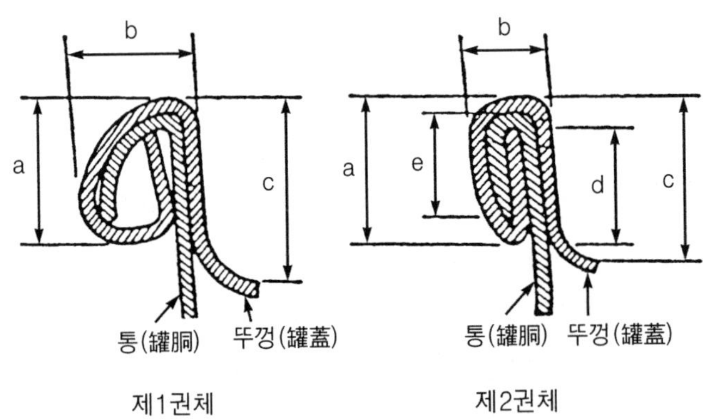

그림 10-5. 2중 권체부의 상태
a : 폭, b : 두께, c : 카운터 싱크, d : 커버 훅, e : 바디 훅

3. 열에너지와 식품성분과의 상호작용

가열살균에서 가장 중요한 것은 살균조건을 결정하는 일이다. 또한 제품의 살균 정

도를 확인하는 일이다. 살균이 완전히 이루어졌는가를 알기 위하여 제품검사를 실시한다. 제품검사에는 제품 중에 남아 있는 미생물의 종류와 수를 검사하거나 식품의 품질변화를 측정한다. 식품성분에 대한 열처리 효과를 알아보기 위하여 실제 조건에서 특수성분의 반응속도상수를 측정하거나 온도에 대한 반응속도상수를 측정할 필요가 있다.

3.1 반응속도론(reaction kinetics)

미생물의 살균을 포함하여 대부분의 영양소의 파괴, 식품의 품질저하, 효소의 불활성화 등은 1차 반응에 해당된다. 즉 1차 반응에서의 반응속도는 각 성분의 농도(c)에 비례한다. 즉,

$$-\frac{dc}{dt} = k\,c$$

식품살균에 있어서도 마찬가지로 살균온도가 정해졌다고 할 때 이 온도에서의 사멸속도(thermal death rate)는 식품 속에 존재하는 미생물 수(N)에 비례한다.

$$-\frac{dN}{dt} = k\,N \qquad (10\text{-}1)$$

식 (10-1)에서 미생물의 살균의 경우에 N은 생존하는 미생물의 수이며, k는 속도상수이다. 식 (10-1)을 적분하여 정리하면

$$-\int_{N_0}^{N} \frac{dN}{N} = k \int_{t1}^{t} dt$$

$$-\ln N + \ln N_o = k\,(t - t_1)$$

또는 $t_o = 0$일 때의 미생물의 농도를 N_o 라고 하면

$$\log \frac{N}{N_0} = \frac{-k\,t}{2.303} \qquad (10\text{-}2)$$

식 (10-2)를 반대수 그래프(semi-log paper)에 도시(plot)하면 직선관계가 되며(그림 10-6), 기울기는 -k/2.303 이 된다. 여기에서 k 는 화학반응의 1차반응식에서 볼 수 있는 반응속도상수에 해당한다. 식품의 살균에서는 표현방법을 달리하여 D 값(D value)을 사용한다. 이때 D는 그림 10-6에서 보는 바와 같이 미생물의 수를 1/10, 즉

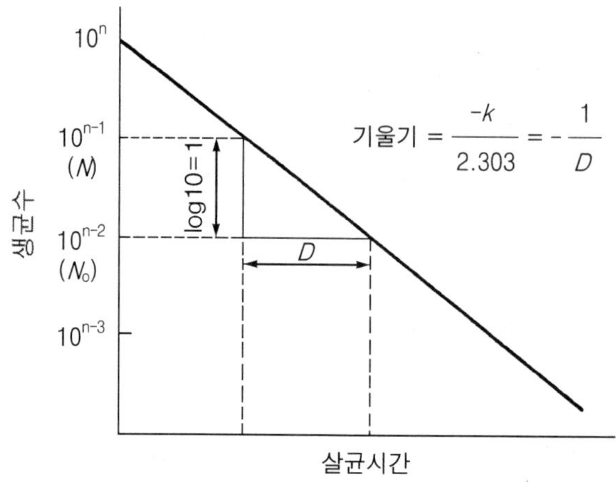

그림 10-6. 미생물의 사멸곡선

표 10-4. 중요한 부패성 미생물에 대한 살균자료

미생물	T(℃)	D(min)	z(℃)	n	대상식품
Cl. botulinum	121.1	0.1~0.3	8~11	12	약산성 식품
Cl. sporogenes	121.1	0.8~1.5	9~11	5	육 류
B. stearothermophilus	121.1	4~5	9.5~10	5	채소, 육류
Cl. thermosaccharolyticum	121.1	3~4	7~10.5	5	유제품
B. subtilis	121.1	0.4	6.5	6	pH 4.2~4.5의 식품
B. coagulans	121.1	0.01~0.07	10	5	pH 4.2~4.5의 식품
Cl. pasteurianum	100	0.1~0.5	8	5	

log 단위로 1 만큼 감소시키는 데 소요되는 시간(decimal reduction time)을 말한다 (= 2.303/k).

예를 들어 표현방법에 있어서 D_{121} = 10분이라면 하첨자는 온도를 뜻하며, 121℃에서 10분 후에 지표미생물이 90%가 사멸한다는 뜻이다. D 값은 살균 대상이 되는 미생물의 내열성의 크기를 나타낸다. D 값이 적으면 살균이 쉽다는 것을 나타낸다. 그 값이 크면 살균이 어려움을 뜻함으로 살균의 난이도를 나타내는 기준이 된다.

곰팡이, 효모, 포자를 형성하지 않는 세균의 D 값은 매우 작다. 내열성이 큰 포자형성균은 121℃에서 5분 정도이다. D 값은 미생물의 종류와 살균온도에 따라 다르다. 표 10-4는 각종 식품변패에 관여하는 대표적인 미생물의 내열성을 D 값으로 나타낸 것이다.

3.2 반응속도의 온도 의존성

일반적으로 반응속도는 반응온도와 밀접한 관계를 가지고 있다. 온도에 따른 반응속도는 Arrhenius 식 또는 가열치사시간(thermal death time, TDT)에 의존하기 때문에 이로부터 반응속도를 계산할 수 있다.

1) Arrhenius 식

$$k = s \exp(-E_a/RT) \tag{10-3}$$

여기에서 k : 반응속도상수
s : 상수로서 frequency factor
Ea : 활성화 에너지(activation energy)이다.

식 (10-3)을 대수함수로 고치면

$$\ln k = \ln s - (E_a/RT) \tag{10-4}$$

만일 온도 T_1일 때 반응속도상수가 k_1 라고 하면 식 (10-4)는

$$\ln k_1 = \ln s - (E_a/RT_1) \tag{10-5}$$

식(10-4)와 식(10-5)에서

$$\log \frac{k}{k_1} = \frac{E_a}{2.303\,R}\left(\frac{1}{T} - \frac{1}{T_1}\right) \tag{10-6}$$

2) 가열치사시간(TDT) 이용법 : Begelow 방법

식품을 살균할 때 일반적으로 가열치사시간에 의하여 가열시간을 결정한다. 즉 가열치사시간은 미생물의 완전살균이 이루어지는 최소시간을 말한다.

$$\log \frac{TDT_1}{TDT_2} = -\frac{1}{Z}(T_1 - T_2) = \frac{T_2 - T_1}{Z} \tag{10-7}$$

여기에서 TDT_1은 온도 T_1에서의 TDT
TDT_2는 온도 T_2에서의 TDT
Z값은 사멸율이다.

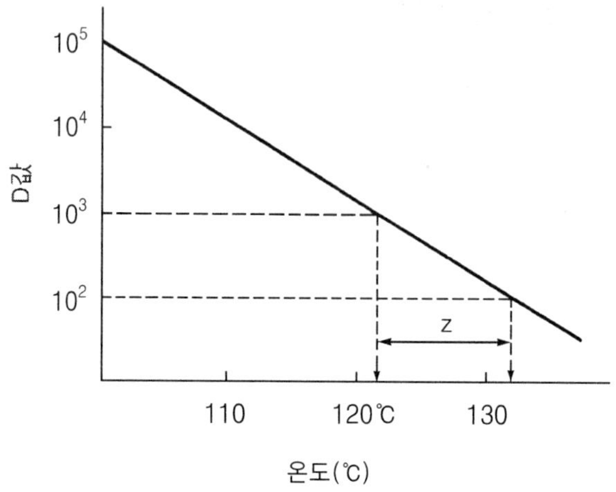

그림 10-7. D 값과 온도와의 관계

Z 값은 TDT(또는 D 값)를 10만큼 변화시키는 데 필요한 온도 변화량을 말한다. 만일 Z 값이 10일 경우 가열온도를 10℃ 상승시키면 균체 수는 1/10로 감소한다는 뜻이다. D 값과 온도와의 관계는 그림 10-7과 같다. Z 값은 온도상승에 따른 살균 대상균의 내열성 척도를 나타내는 값으로, D 값과 더불어 살균공정에서 중요한 의미를 갖는다. 즉 D 값과 Z 값이 주어지면 임의의 살균온도에서의 가열살균시간을 결정할 수 있다.

예제 1 D_{121} = 0.2 min, Z = 10℃인 *Clostridium botulinum*을 116℃에서 살균하고자 한다. D_{116} 값을 구하라.

풀 이: 식 (10-7)을 이용하면 된다.

$$\log \frac{D_{116}}{D_{121}} = \frac{T_2 - T_1}{Z}$$ 에 주어진 값을 대입하면

$$\log \frac{D_{116}}{0.2} = \frac{121 - 116}{10} \qquad D_{116} = 0.63 \text{ min}$$

〈연습문제 1〉

세균으로 오염된 식품을 살균하여 초기 균수의 10^{-6} 수준으로 하고자 한다. 살균온

도 121℃에서는 20분이 소요되었고, 125℃에서는 6분이 소요되었다면 이 균의 Z 값은 얼마인가?

답) Z = 7.6℃

3) 열에 의한 미생물의 살균

열, 화학물질 또는 방사선에 의해 미생물은 사멸한다. 이는 미생물이 가지고 있는 유전자의 파괴 또는 단백질의 변성 등에 기인한다. 열에 의한 미생물의 살균에는 2가지의 개념이 성립한다.

① **미생물의 농도에 따라 가열시간이 다르다.**

미생물의 수가 적을수록 가열시간이 단축되므로 식품의 오염을 줄이기 위해 열처리 전에 유효한 저장방법을 강구할 필요가 있다.

② **미생물의 생존곡선은 0에 도달하지 않는다.**

가열시간에 의해 미생물의 수가 0이 되는 것이 아니라 초기 미생물의 수에 비해 점차 감소하여 확률적으로 0에 가까이 됨을 알 수 있다. 미생물의 D 값에 따라 초기 미생물 수가 1/10 씩 감소하게 된다.

미생물의 열저항성에 영향을 주는 요소로는 오염되어 있는 미생물 포자의 열저항에 의한다. 미생물의 종류에 따라 다르며, 균체 구성성분 중에 안정된 단백질의 함유 여부에 따라 달라진다. 또한 미생물이 생육하거나 또는 가열할 때에 영향을 주는 환경인자에 의해 열저항성은 달라진다.

3.3 가열살균시간의 결정

가열살균시간의 결정은 일차적으로 *Clostridium botulinum*의 농도를 어느 정도로까지 줄일 것인가 하는 일이 중요한 문제가 된다. 여기에서 12 D-개념(12 D-concept)이 이용된다. 이에 따르면 체적 $1cm^3$ 내에 들어 있을 수 있는 *C. botulinum*의 최대 농도는 10^{12} 정도이다. 이 농도를 10°으로 감소시키면 *C. botulinum*을 지표로 한 공업적 살균은 그 목적이 달성된 것으로 인정된다.

그러나 *C. botulinum*보다 내열성이 큰 미생물에 의한 변패 방지를 위하여 식품별로 문제가 되는 지표미생물을 결정한다. 그 미생물을 필요한 정도까지 사멸시켜야 한다. 일반적으로 약산성 통조림 식품에서는 평면산패(flat sour)를 일으키는 *Bacillus stearothermophilus*를 가열살균의 지표미생물로 이용한다.

D 값과 z 값이 알려진 지표미생물을 치사온도 T에서 열처리하여 그 농도를 10°로 감소시키는 데 소요되는 시간을 가열치사시간(加熱致死時間)이라고 한다. 또한 F

값(F value)은 일정 온도에서 일정 농도의 미생물을 사멸하는 데 소요되는 시간을 말한다. 즉 식품 살균공정에서 살균온도 T에서 TDT를 F 값으로 표시한다. 만일 F_{121} = 15 라면 121℃에서 15분간 가열처리하면 완전 살균된다는 것을 뜻한다.

일반적으로 *C. botulinum*과 같은 지표미생물의 TDT 곡선에서 F 값 및 Z 값을 구할 수 있으며, 이에 따라 살균조건을 결정한다. 어떤 세균의 D 값이 일정 온도에서 6분이라면 세균수가 10^4에서 10^{-1}로 감소시키는 데 소요되는 살균시간은 6 × 5 = 30분이 된다. 그리고 최초 세균수가 10^{10}이라면 6 × 11 = 66분이 소요되어 오염도가 클수록 살균시간이 길어진다.

또한

$$F_T = n\,D_T \tag{10-8}$$

여기에서 F_T : 온도 T에서의 가열치사시간(min)
n : 가열 살균지수 또는 감소지수(reduction factor)
D_T : 온도 T에서의 지표 미생물의 D 값(min)

예를 들어 *C. botulinum*과 같은 세균을 살균할 때 미생물의 수를 10^{-12}/ml 만큼 감소시키는 것을 살균기준으로 삼는다고 하자. 초기 균농도가 10^2/ml이었다면 균농도의 비(比)는 $N/N_o = 10^{-12}/10^2 = 10^{-14}$이며, 감소지수(n)는 14이다. 따라서 *C. botulinum*을 살균 대상으로 할 때는 D 값의 12～14배 만큼을 가열살균시간으로 잡아야 한다. 그러나 이와 같은 살균온도는 통조림을 살균할 때 사용되는 스팀의 온도인 121.1℃를 기준하고 있기 때문에 살균온도가 다를 경우에는 별도로 온도의 영향을 고려하여야 한다.

식 (10-8)에서의 가열치사시간은 열처리 대상 식품의 초기온도와 최종온도가 일정할 때의 시간이다. 이의 계산에 필요한 일반적인 통조림 식품의 개략적인 살균자료는 표 10-4와 같다.

일반적으로 살균은 121.1℃(250°F)에서 이루어진다. 이 온도에서의 F 값을 소요 살균시간의 결정에서 기준값으로 활용되며, F_o로 표시한다. 따라서 식 (10-8)은 다음과 같이 나타낼 수 있다.

$$F_o = n\,D_{121} \tag{10-9}$$

식 (10-7), (10-8)과 식 (10-9)로부터 F_o와 F_T의 관계식을 얻을 수 있다.

$$\log \frac{D_T}{D_{121.1}} = -\frac{1}{Z}(121.1 - T)$$

$$\frac{F_T}{F_0} = \frac{D_T}{D_{121.1}} = 10^{-(121.1\ -\ T)/z}$$

따라서

$$F_T = F_o \cdot 10^{(T-121.1)/z} \qquad (10\text{-}10)$$

식 (10-10)을 이용하면 F_o 값이 주어질 때 살균 소요시간 F_T를 쉽게 구할 수 있다. 여기에서 $10^{(T-121.1)/z}$ 항을 치사율(lethal rate, L)이라고 한다. 식품의 살균에서는 기준온도 121.1℃에서 1분간 열처리할 때의 L 값을 1로 잡는다. 이것을 기준으로 다른 살균온도에서 1분간 처리될 때의 값을 나타낸 표를 치사율표라고 하며, 부록 13에 수록하였다. L은 Z의 함수가 되므로 Z 값이 정해져야 한다.

$$\int_o^t 10^{(T-121.1)/z}dt \qquad (10\text{-}11)$$

$$\int_o^t Ldt \geq F_{121.1}$$

임의의 온도에서 L 값은 그 온도에서의 1분간 열처리하였을 때의 살균효과가 121.1℃에서 몇 분간 열처리한 것에 상당하는가를 나타낸다. 예를 들어 어떤 제품의 Z 값이 10℃, 온도가 111.1℃일 때 $L = 10^{(T-121.1)/z} = 10^{(111.1-121.1)/10} = 0.1$이 된다. 즉 111.1℃에서 1분간 열처리는 121.1℃에서 0.1분간에 상당하는 살균효과를 가진다는 뜻이다. 안전하게 식품을 살균하기 위하여 살균공정의 F 값이 기준 미생물의 $F_{121.1}$ 값과 적어도 같아야 한다.

〈연습문제 2〉

B. stearothermophilus (Z = 10℃)를 121℃에서 열처리하여 균농도를 10^{-4}으로 감소시키는 데 15분이 소요되었다. 살균온도를 125℃로 높여 15분간 살균한다면 이 균의 치사율은 얼마나 커지는가?

답) 6.122 min

3.4 효소와 식품성분의 열에 의한 파괴

식품에 들어 있는 효소, 영양성분, 조직(tissue), 색, 향기 등과 같은 식품의 품질요소들이 열에 의하여 파괴되는 정도는 미생물의 사멸속도와 같이 1차 반응속도식에 따른다. 따라서 미생물에서와 마찬가지로 D 값과 Z 값으로 나타낼 수 있다.

표 10-5. 여러 가지 식품성분의 내열성

성 분	Z(℃)	Ea(kcal/mole)	D(min)
비타민	25～31	20～30	100～1,000
색소, 조직, 향기	25～44	10～30	5～500
효 소	7～56	12～100	1～10
영양세포	4～7	100～120	0.002～0.02
포 자	7～12	53～83	0.1～5.0

표 10-5는 여러 가지 식품성분의 내열성을 나타내었다. 표에서 보는 바와 같이 영양요소와 식품의 품질에 관여하는 성분의 D 값은 미생물의 D 값에 비하여 100～1,000배 정도 크다. 이는 영양요소의 파괴보다도 미생물의 사멸이 쉽게 이루어지므로 가열살균을 하더라도 영양분을 완전히 파괴하지 않고 유지할 수 있다는 것을 알 수 있다. 또한 열에 의한 영양성분 파괴속도의 온도 의존성을 나타내는 Z 값의 경우도 효소나 미생물보다 크다는 것을 알 수 있다.

예를 들어 121℃에서 미생물의 사멸속도는 영양성분의 파괴속도에 비하여 2～3배 크지만, 132℃에서는 약 10배의 차이가 생긴다. 즉 고온일수록 미생물의 사멸속도는 영양분의 파괴보다 상대적으로 더욱 빨라진다. 따라서 식품을 고온에서 짧은 시간 살균하면 더욱 많은 영양성분을 유지할 수 있음을 알 수 있다.

4. 식품에 대한 열의 침투

4.1 가열살균과 열전달

살균공정은 크게 다음과 같은 2가지 공정으로 구분할 수 있다.

① 우유·술 등과 같이 내용물에 대한 상업적 살균을 하고 무균적으로 살균된 용기에 충전하여 밀봉하는 무균공정(aseptic processing)

② 통조림을 제조할 때와 같이 내용물을 용기에 넣고 밀봉한 다음 가열살균하는 통조림식 공정(retort processing)

저온에서 통조림을 살균기(retort)에 넣어 스팀을 채우면 스팀이 응축되면서 응축잠열이 통조림 용기의 벽면을 통하여 열이 전달된다. 이 과정에서는 온도가 일정한 점이 없음으로 비정상상태의 열전달로서 통조림 중의 어느 점에서의 온도는 다음과

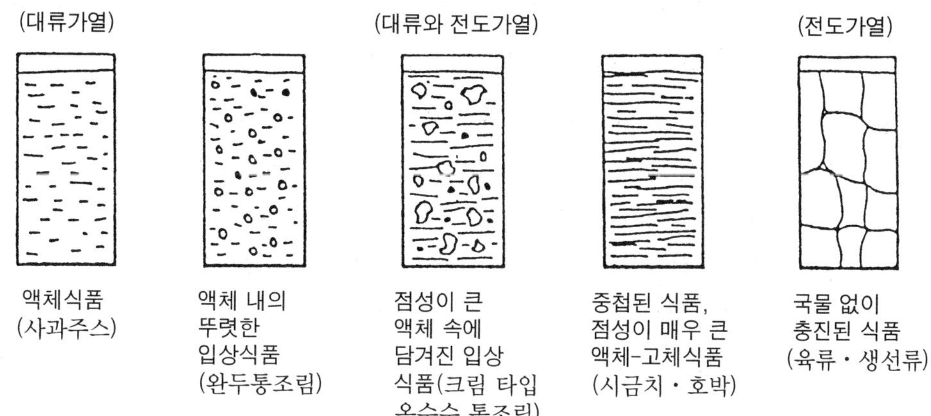

그림 10-8. 식품의 열전달 양식의 분류

같은 요인에 의해 결정된다.

① 표면 열전달계수
② 내용물과 용기의 물리적인 특성
③ 스팀과 내용물의 온도차($\varDelta$T)
④ 용기의 크기

식품에 대한 열의 침투는 열전달 방식에 의존한다. 열전달 방식은 전도·대류·복사의 형태가 있으나, 내용 식품에 따라 대류와 전도의 중간 형태로 구분하기 어려운 복합형이 있다(그림 10-8). 액체식품은 주로 대류에 의해 열전달이 이루어지므로 비교적 짧은 시간 내에 중심부의 온도까지 도달된다. 일반적으로 통조림 내용물에 따른 열전달 방식을 분류하면 다음과 같다.

① 점성이 없고 소금용액에 작은 입자로 구성되어 있는 내용물인 경우 주로 대류에 의해 열전달이 이루어지며, 열 침투가 빠르다. 연속살균기를 사용하여 통조림 용기를 회전시키거나 진탕을 시키면 열전달을 촉진시킬 수 있다.

② 점성이 높거나 고형물이 많은 식품은 주로 전도(conduction)에 의한 열전달이 이루어진다. 이때의 열전달은 비정상상태의 열전달에 해당된다. 크림 형태의 옥수수, 호박, 감자샐러드, 구운 콩 등은 여기에 해당된다.

③ 가열하는 동안 대류에 의한 열전달이 이루어지다가 녹말의 호화로 점성이 높아짐에 따라 전도에 의한 열전달이 이루어지는 경우가 있다. 수프(soup), 누들(noodle) 등이 여기에 해당된다. 고체식품 또는 액즙이 거의 없는 식품의 경우

는 전도에 의해 열전달이 서서히 이루어진다. 열이 가장 늦게 도달하는 지점을 냉점(cold point)이라고 하며, 보통 통조림의 기하학적 중심점에 존재한다.

가장 널리 쓰이는 통조림 살균방식에서의 열전달 현상을 보기로 하자. 일반적으로 수증기를 가열매체로 이용하며, 수증기의 열은 그림 10-9와 같이 용기의 벽을 통하여 식품 내부로 전달된다. 열이 전달되는 데는 일정 시간이 소요되며, 통조림 속으로의 열전달은 가열매체와 냉점 사이의 온도 차이에 의해 좌우되므로 냉점의 온도를 측정할 필요가 있다. 측정방법으로는 열전쌍온도계(thermocouple thermometer)를 장치를 사용하여 측정한다(그림 10-10).

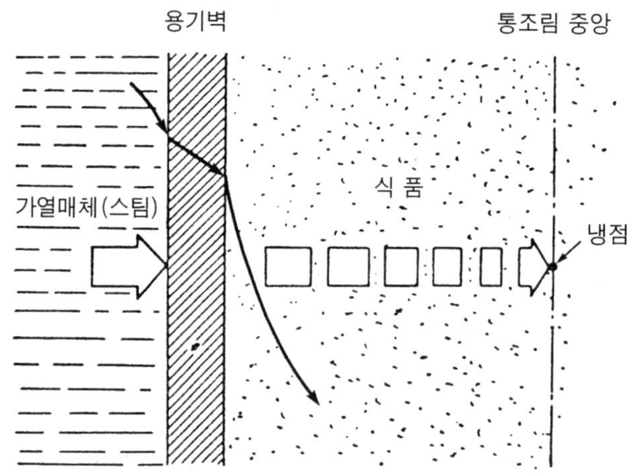

그림 10-9. 고체식품 통조림 벽을 통한 열전달

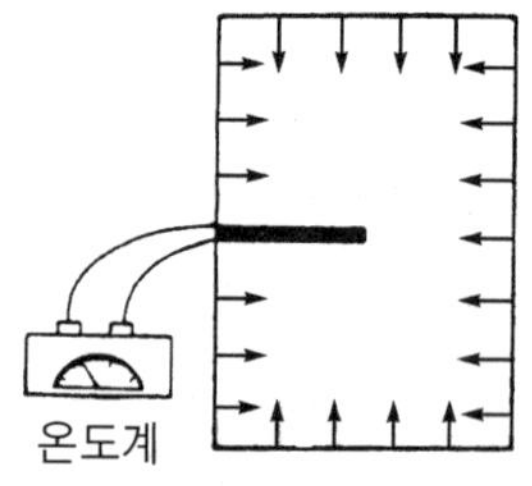

(a) 전도에 의한 열전달
(화살표는 열이 침투되는 방향)

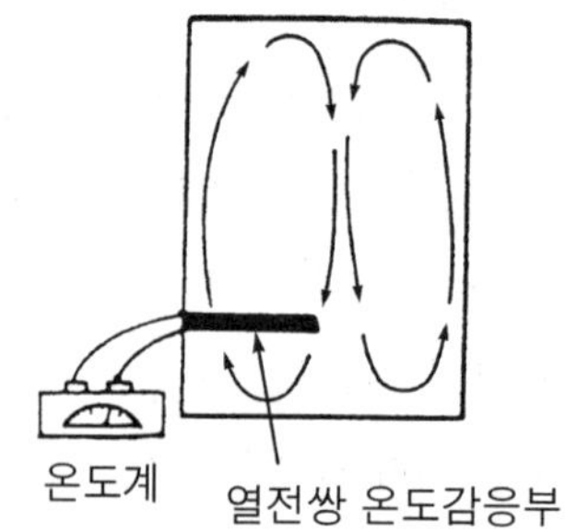

(b) 대류에 의한 열전달
(화살표는 내용물이 순환되는 방향)

그림 10-10. 고체식품 통조림 벽을 통한 열전달

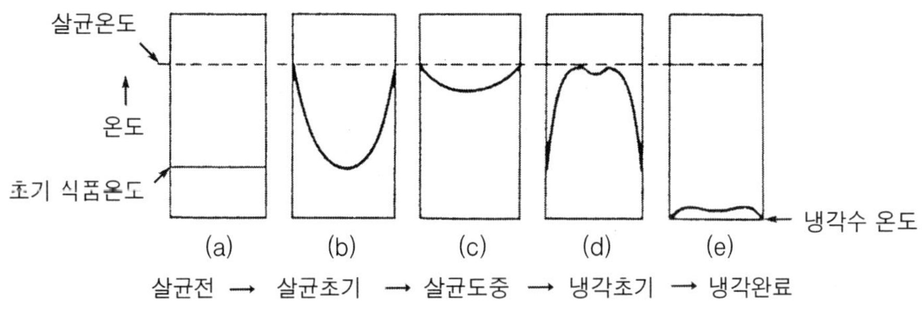

그림 10-11. 통조림 살균과정 중 내용물의 온도분포

열은 우선 용기 벽을 통과하여야 하고, 다음으로 식품조직을 거쳐 중앙까지 침투되어 들어가야 한다. 따라서 가열매체와 용기 벽 사이, 용기 벽과 식품 사이의 표면 전열계수, 그리고 용기 벽과 식품 자체의 열전도도가 통조림의 열 침투현상을 좌우한다. 보통 열전달 속도를 크게 하기 위하여 고압스팀을 사용하여 온도차를 높인다. 통조림 식품의 열전달은 일반적으로 비정상상태에 해당된다. 살균하는 과정 중에 통조림 속의 온도분포는 그림 10-11에서 보는 바와 같다.

통조림 내의 온도분포는 (a) → (b) → (c) → (d) → (e)의 순서로 변화한다. 열전달은 전도보다 대류의 경우가 훨씬 잘 되므로 유동성을 갖는 식품일수록 살균온도까지 가열하는 시간이 단축된다. 따라서 통조림 내용물을 교반하거나 레토르트 내의 수증기의 순환을 크게 하면 살균시간을 더욱 단축시킬 수 있다. 살균은 냉점의 온도를 살균온도까지 올려 주어야 하기 때문에 냉점의 온도는 살균조작에 중요한 기준이 된다.

4.2 통조림 가열시간의 결정

통조림은 레토르트 내에서 가열하게 된다. 레토르트에 스팀을 보내어 레토르트 내의 온도를 높이는 것과 통조림 내용물의 온도를 살균온도까지 올리는 데는 상당한 차이가 있기 때문에 살균시간을 결정하는 일은 그리 간단하지 않다. 레토르트와 통조림 냉점의 온도를 살균시간에 따라 변화하는 관계는 그림 10-12와 같이 나타낼 수 있다.

그림에서처럼 레토르트 내에 스팀을 주입하면 살균온도까지 순간적으로 도달하는 것이 아니고 약간의 시간이 소요된다. 이 시간을 가열조절시간(come up time, CUT)이라고 한다. 살균을 121.1℃의 레토르트 내에서 이루어진다고 하더라도 통조림 냉점의 온도는 이보다 낮은 온도에 머물러 있다.

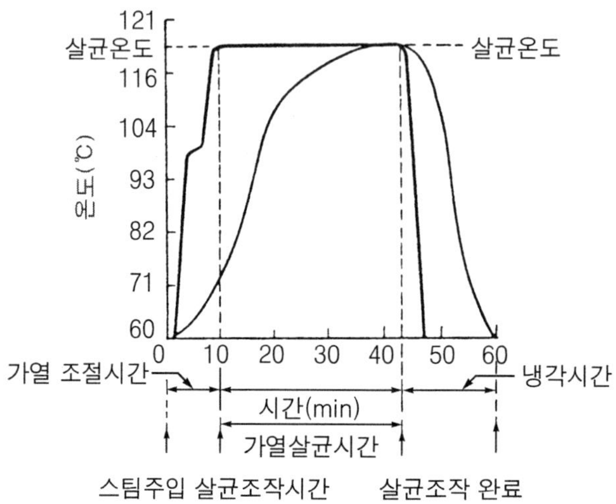

그림 10-12. 레토르트 내의 온도와 통조림 냉점의 온도변화

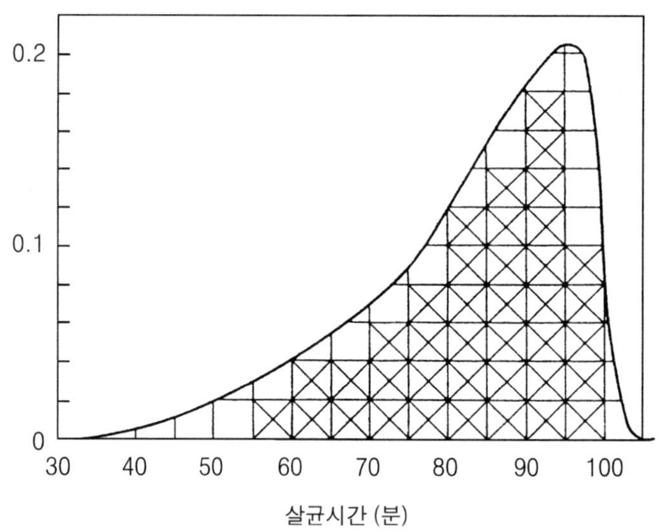

그림 10-13. 적분방법으로 알아내는 치사율과 살균시간 곡선

그 온도는 그림 10-13에서 보는 바와 같이 시간에 따라 각기 달라진다. 실제로 냉점이 121.1℃에 머무는 시간은 몇 분 되지 않고 이보다 낮은 온도에서 열처리된다. 121.1℃에서 열처리 시간에의 치사율을 L = 1.0이라고 정의하였기 때문에 이보다 낮은 온도에서의 치사율은 1보다 훨씬 적은 양이 되지만, 이들을 전부 합하면 1이 될

수 있다. 즉 통조림 살균에서 살균 소요시간은 통조림 냉점의 변화하는 온도들의 치사율을 전부 합하여 1이 되는 시간으로 한다.

예를 들어 그림 10-13에서와 같은 그림을 그려 곡선 아래의 면적이 기준 미생물의 $F_{121.1}$ 값이 될 때가 살균이 이루어진 가열시간이다. 곡선의 아래 면적은 면적계루 구하거나 도해적분(graphical integration)하면 쉽게 구할 수 있다. 그림에서 1개 4각형의 면적은 5분과 L 값이 0.02 단위이므로 곡선 아래의 면적의 합계는 완전한 4각형 39개와 그 외의 면적은 약 15개에 상당한다.

따라서 5 × 0.02 × (39 + 15) = 5.4로서 살균시간은 5.4분이 된다.

5. 살균장치

5.1 저온살균장치

가열에 의한 식품의 품질 저하를 최소화하기 위한 상업적 살균인 저온살균에 사용되는 살균기(pasteurizer)에는 여러 가지가 있다. 그의 대표적인 예로서는 다음과 같은 장치가 있다.

1) 연속식 욕탕 살균기

연속식 욕탕 살균기(continuous water bath pasteurizer)는 피클 또는 과일 등을 처리할 때 이용되는 방법이다. 벨트 위로 운송되는 식품원료를 가열탱크를 통과하도록 하여 열처리한다.

2) 연속식 열수 분무장치

연속식 열수 분무장치(continuous water spray equipment)는 병맥주, 과실주스 등 유기산 함량이 많은 포장된 액체식품을 살균할 때 이용하는 방법이다. 유리용기로 되어 있는 식품을 살균할 때에는 열적인 충격에 의해 파손이 일어날 수 있음으로 가열방법에 주의를 해야 한다. 벨트 위에 제품을 올려놓고 온도가 다른 구역으로 되어 있는 장치 내를 연속적으로 통과시켜 살균을 실시한다.

3) 스팀살균기

스팀살균기(steam pasteurizer)는 금속용기로 되어 있는 제품의 살균에 이용하며, 2)의 방법과 비슷하다.

4) 가열기

가열기(atomospheric cooker)는 토마토 등의 채소, 과일 또는 과일주스의 살균에 이용된다. 연속적으로 교반을 시키면서 가열처리를 해준다.

5) 간접가열법

간접가열법(indirect heat exchanger)은 우유, 맥주 등 포장이 되지 않은 액체식품의 살균에 이용한다. 파이프를 통하여 흐르는 액체식품을 연속적으로 살균한 다음 살균된 용기에 무균적으로 충진포장하는 방법이다.

6) 직접가열법

직접가열법(direct injection of steam)은 고압스팀을 직접 접촉시켜 살균하는 방법으로서, 우유의 살균에 이용하는 경우가 있다. 그러나 주입 부분에서 과열로 인한 단백질의 변성이나 인산칼슘의 침전 등이 생성되므로 이용에 제한요소가 많다.

5.2 고온살균장치

고온살균에 이용되는 살균장치는 작업과정을 거치는 방법에 따라 회분식(batch type)과 연속식(continuous type)으로 구분된다. 회분식은 각 단계를 별도로 수행하는 방법이다. 이에 비하여 연속식 살균은 예열·살균·예냉·냉각의 과정을 연속적으로 수행하는 방법을 말한다.

살균기에는 여러 가지가 있다. 이 가운데 가장 전형적인 회분식 살균기로는 그림 10-14에서 보는 바와 같은 레토르트(retort) 또는 가압살균기(autoclave)를 들 수 있다. 레토르트에는 형태에 따라 수평형 또는 수직형이 있다. 일종의 가압솥으로서 수증기와 냉각수를 공급할 수 있도록 되어 있고, 수증기 압력과 온도를 읽을 수 있는 압력계와 온도계가 부착되어 있다.

살균기에 제품을 넣은 후 뚜껑을 닿고 스팀으로 가열하게 된다. 가열장치에 의해 스팀공급이 이루어지며, 조절기에 의해 일정한 온도를 유지하게 된다. 보통 살균이 끝나면 스팀을 끄고 제품이 고온에서 오래 유지되지 않도록 냉각수를 사용하여 냉각시킨다. 고온 살균할 경우는 스팀을 가하기 전에 살균기 내에 들어 있는 공기를 제거해야 한다. 이는 공기가 있으면 열전달 속도가 낮아져서 살균이 불충분하게 되는 경우가 있기 때문이다.

이에 비하여 주로 대규모 공장에서 이용되는 연속식 살균기를 사용하면 대류에 의한 열전달에 의해 살균이 이루어진다. 회분식에 비하여 열전달 속도를 높일 수 있어

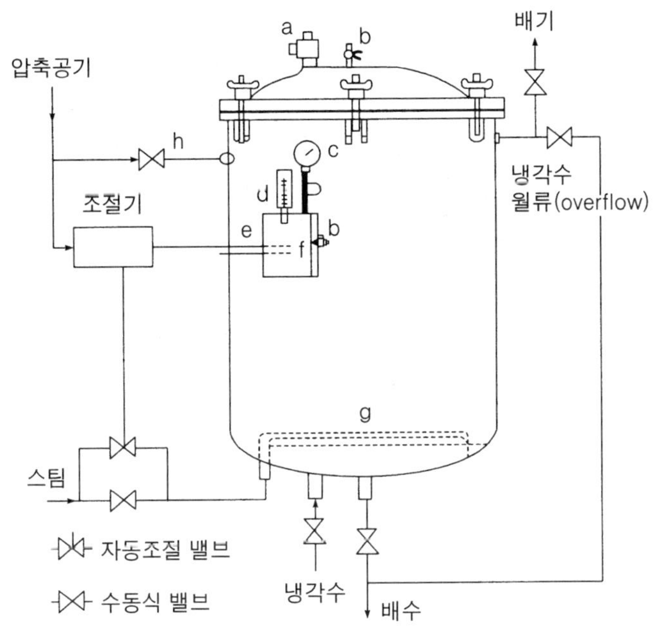

그림 10-14. 회분식 살균기(retort)의 구조

a : 안전밸브, b : 코크, c : 압력 게이지, d : 온도계,
e : 센서, f : 온도계 상자, g : 스팀분사장치, h : 냉각공기 주입구

작업시간을 단축할 수 있으며, 균일한 살균제품을 얻을 수 있는 장점이 있다. 대표적인 연속식 살균기에는 회전식 살균기, 수탑식 살균기, 하이드로록 살균기 등이 있으며, 그의 특징은 다음과 같다.

1) 하이드로록 살균기(hydrolock system)

그림 10-15와 같이 가압하여 살균할 수 있는 살균실(드럼)과 통조림을 드럼 속으로 운반할 수 있는 컨베이어(chain conveyor)로 구성되어 있다. 드럼 속은 1～2 kg/cm^2 정도의 높은 압력을 유지하므로 통조림을 드럼에 넣고 빼내는 데 특별한 압력장치가 필요하게 된다. 따라서 압력차단 수단으로 드럼 밑바닥에 물을 채워 압력을 차단하는 특별한 압력차단 밸브(water sealed rotary valve)를 쓰고 있다.

통조림은 컨베이어를 타고 가압드럼 내를 통과하는 동안 가열살균된다. 드럼 밑에 있는 물을 통과하여 압력이 차단된 상태에서 밖으로 배출된다. 컨베이어 밑에 설치된 트랙(track)에 통조림을 굴림으로써 통조림을 회전되어 열전달이 커지며, 살균온도를 143℃까지 높일 수 있다. 이 장치는 수증기, 물, 노동력, 공간 등을 경제적으로 줄

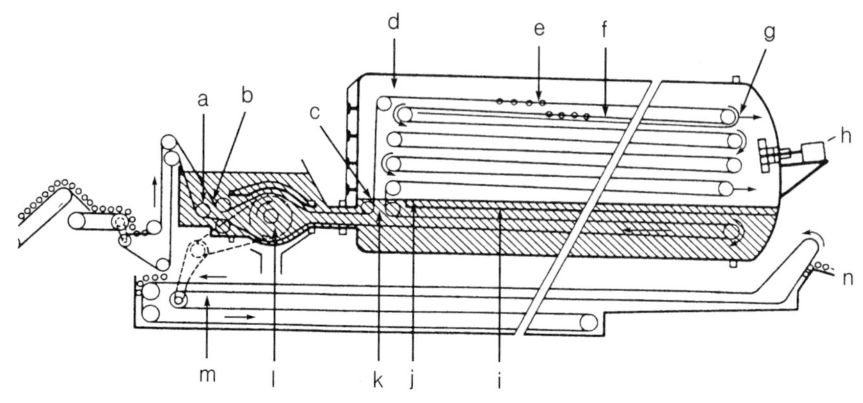

그림 10-15. 하이드로록 살균기의 구조

a : 압력차단(water seal) 장치, b : Chain conveyor, c : 수위(水位), d : 살균실, e.f.g : 통조림 및 유도로, h : 스팀-공기순환팬, i : 단열판, j : 예냉용 냉각수, k : 통조림 출구, l : 압력차단 밸브, m : 공기 냉각부, n : 살균통조림 제품 출구

일 수 있는 이점이 있다. 그러나 압력변화에 따라 통조림의 변형이 일어나기 쉬운 단점이 있다.

2) 회전식 살균기(rotary sterilizer)

원통형의 드럼 내벽에 나선형의 통조림 유도레일(spiral guide rail)이 부착되어 있으며, 그림 10-16과 같이 회전자가 드럼형 스팀실 내에서 서서히 돌도록 설계되어 있다. 점도가 낮은 식품의 살균에 이용된다.

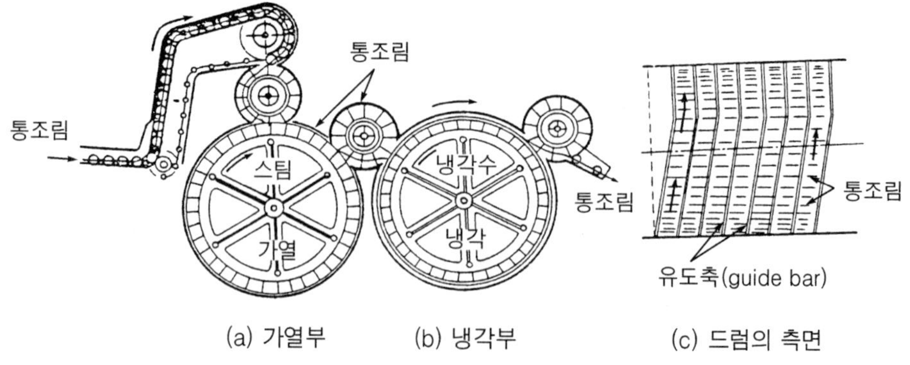

그림 10-16. 회전식 살균기

기계적인 압력 차이에 의해 식품이 들어 있는 통조림은 살균기로 운송되고, 회전축의 속도를 5 rpm으로 조정하면 통조림통은 자신의 축에 의해 100 rpm으로 회전된다. 회전속도가 커지면서 내용물은 교반이 일어나 열전달을 향상시킬 수 있는 방법이다. 입구에 장치된 유도로(誘導路)를 통하여 통조림이 투입되면 회전자가 돌아가면서 유도레일을 따라 서서히 출구 쪽으로 이동되어 배출된다.

3) 수탑식 살균기(hydrostatic cooker)

널리 사용되는 살균장치로서 그림 10-17과 같이 U자관을 연결한 모양을 하고 있다. 두 개의 물기둥(水塔) 사이에는 스팀실이 있으며, 양쪽 기둥에는 물이 채워져 있다. 스팀실을 1.03 kg/cm^2 정도로 유지할 경우 물기둥의 높이는 약 11 m가 된다.

그림 10-17에서 점선은 통조림을 운반하는 체인 컨베이어로서 화살표 방향으로 이동하면서 살균하고자 하는 통조림을 1번째 물기둥을 거쳐 예열되며, 중앙의 살균실에서 살균된다. 그리고 2번째 물기둥을 거쳐 예냉되어 배출되고, 곧 공기와 냉각수를 살포하여 예냉한 다음 냉각수조에서 완전히 냉각된다. 이 장치는 물기둥 자체가 압력차단 역할을 함과 동시에 예열과 예냉의 기능을 할 수 있는 장점이 있다.

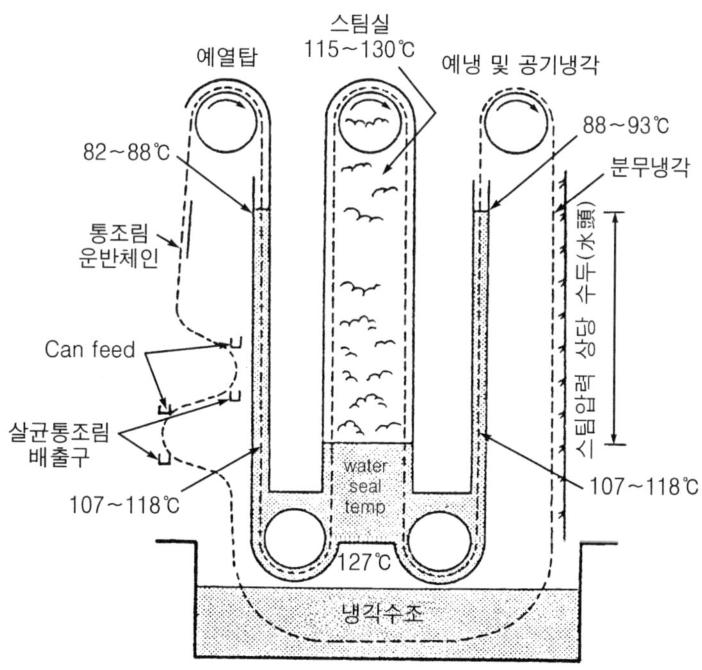

그림 10-17. 수탑식 살균장치

제 11 장

식품의 냉장과 냉동

1. 저온저장의 특성

일반적으로 식품을 저온에서 저장한다고 할 때는 동결저장(frozen storage)과는 달리 15℃ 이하에서 동결점(freezing point) 사이의 온도인 일반적으로 5~-5℃ 범위에서 식품을 저장하는 방법인 냉장법을 말한다. 건조, 염장, 고온살균 등에 비하여 식품원료가 가지고 있는 본래의 맛을 잃지 않는 점에서 유리한 저장방법이다. 그러나 이 온도 범위에서도 저온미생물의 증식이 서서히 일어난다. 또한 효소반응도 서서히 일어남으로써 식품이 변질될 우려가 있다. 저온에서 식품을 저장하면 다음과 같은 이점이 있다.

(1) 미생물의 생육을 억제할 수 있다.

표 11-1, 11-2, 11-3과 그림 11-1, 11-2에서 보는 바와 같이 저온성 미생물을 제 제외하고는 대부분의 미생물은 생육이 이루어지지 않거나 생육속도가 매우 늦어져 식품의 변질을 억제할 수 있다.

표 11-1. 저온세균의 최저 생육온도

Arthrobacter glacialis	-5℃	*Lactobacillus* sp.	(3.5~-4)℃
Bacillus globisporus	-10	*Micrococcus cryophilus*	-4
B. psychrophilus	-10	*Pseudomonas* sp.	-3~-5
Flavobacterium sp.	-5~-8	*Ps. fluorescens*	-5~-7
Klebsiella pneumoniae	0~3	*Serratia* sp.	-5~-15

*( ) 안은 식품 중에서의 온도

표 11-2. 저온성 효모의 최저 생육온도

Candida frigida	-5～-7℃	*Mycoderma* sp	(-6.7)℃
C. nibvalis	-4.5	*Rhodotorula* sp.	0(-17.8)
Cryptococcus sp.	-10	*Saccharomyces* sp.	-0～-2.2
Debaryomyces hansenii	0	*Torula botryoides*	-6
Hanseniaspora sp.	0	*Torulopsis* sp.	0

*( ) 안은 식품 중에서의 온도

표 11-3. 저온성 곰팡이의 최저 생육온도

Alternario alternata	-5℃	*Mucor muceldo*	-5℃
Aureobasidiumpullulanas	-3(-5)	*M. racemosus*	5～-3
Botrytis cinerea	-5～-6	*Penicillium expansum*	-6
Cladosporium herbarum	-5～-7	*P. glaucum*	-6
Geotrichum candidum	-8	*Rhizopus* sp.	-9
Monilia fructicola	(0～-4)	*Sportrichum carnis*	-3～-6

*( ) 안은 식품 중에서의 온도

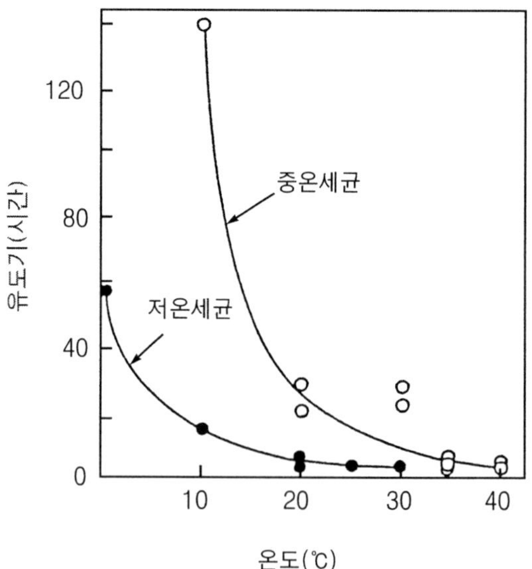

그림 11-1. 세균의 유도기에 미치는 온도의 영향

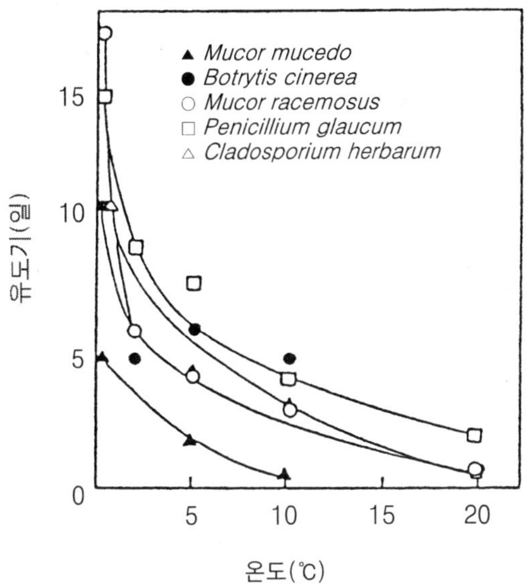

그림 11-2. 세균의 유도기에 미치는 온도의 영향

(2) 대사활성을 억제할 수 있다.

식물조직인 경우 저온에서는 수확 후(postharvest)에 일어나는 호흡, 증산, 발근 또는 발아, 휴면 등의 생리적인 대사작용을 억제할 수 있다. 동물조직에서는 도살 후(post slaughter)에 일어나는 자가소화(autodigestion), 부패 등의 대사활성을 억제할 수 있다.

(3) 화학반응을 억제할 수 있다.

식품에 일어날 수 있는 각종 화학반응이 저온에서 억제된다. 즉 갈변반응, 지방의 산화, 영양가의 손실, 어류의 자가분해(autolysis) 등을 일으키는 화학반응을 억제할 수 있다.

(4) 증발에 의한 식품의 수분손실을 줄일 수 있다.

이 외로 저온처리(chilling)는 저장목적 뿐만 아니라 결정화(crystallization), 육류의 숙성, 과실주와 치즈의 숙성 등에도 이용된다. 각 가정에 냉장고의 보급은 물론 냉동기술의 발전으로 냉동설비가 널리 보급됨에 따라 식품산업에서는 냉동기술을 적극 활용하고 있다.

특히 소비자는 신선한 상태로 품질을 유지하는 식품을 요구하고 있다. 이에 알맞은 기술로서 냉장과 냉동이 크게 빛을 보고 있다. 더욱이 저온유통체계(cold chain system)가 이루어짐에 따라 식생활에 커다란 변화를 가져왔으며, 식품의 냉장과 냉동기술은 식품산업에서 중요한 단위조작으로 취급하고 있다.

2. 저온에서의 미생물

일반적으로 미생물 생육의 가능한 온도 범위는 -10～80℃의 넓은 범위이다. 그러나 미생물의 종류에 따라 생육에 가장 알맞은 온도인 최적온도(optimum temperature), 생육이 가능한 온도인 최저온도(minimum temperature), 그리고 최고온도(maximum temperature)가 있다. 자연계에 분포하는 많은 미생물은 이러한 생육온도 범위에 따라 50～60℃의 최적온도를 갖는 고온미생물(thermophiles), 34～40℃의 범위에서 잘 자라는 중온미생물(mesophiles), 15℃ 전후에서 잘 자라는 저온미생물(psychrotrophs)로 구분된다.

저온미생물은 저온세균(psychrotrophs)과 호냉세균(psychrophiles)으로 나누고 있다. 최저 -10℃, 최고 20～25℃에서 생육하는 세균군(細菌群)을 **호냉세균**이라고 한다. 이에 비하여 **저온세균**은 최적온도가 30℃에 가까우며, 0℃ 이하에서도 생육이 가능한 미생물을 말한다.

식품을 냉장 또는 냉동을 통하여 저온에서 저장하는 목적은 미생물의 생육을 억제하는 것이다. 그림 11-1과 그림 11-2에서 보는 바와 같이 낮은 온도에서는 생육이 어려움을 알 수 있다. 식품 중에 호냉세균이 존재하는 것은 매우 드물며, 변패에 관여하는 미생물은 대부분 저온세균으로서 다음과 같은 27속이 알려져 있다.

즉 *Acinetobacter, Aeromonas, Alcaligenes, Arthrobacter, Bacillus, Chromobacterium, Citrobacter, Clostridium, Corynebacterium, Enterobacter, Erwinia, Escherichia, Flavobacterium, Klebsiella, Lactobacillius, Vibrio, Listeria, Leuconostoc, Micrococcus, Moraxella, Pseudomonas, Serratia, Streptococcus, Yersinia* 등이다.

식중독 세균은 대부분 중온미생물이며, 40～10℃에서 증식이 빠르다. 10～3.3℃에서는 증식이 서서히 이루어지나, 그 이하의 온도에서는 증식하지 않는다. 그러나 호냉세균은 0℃까지 증식이 잘 이루어지며, -10℃ 이하에서는 사멸하기 시작한다.

3.3～-10℃에서 식품을 저장하면 식중독에 대한 위험은 없으나 저장 중에 변패 또는 부패가 일어날 수 있다. 저온세균으로서 문제가 되는 것은 *Pseudomonas* 속을 비롯한 Gram 음성의 간균(桿菌)이다. 단백질과 지방을 분해하는 능력이 커서 어류나

육류식품의 변질을 초래한다.

저온성 효모에는 *Candida*, *Cryptococcus*, *Debaryomyces*, *Hanseniaspora*, *Rhodotolua*, *Trichosporon* 등이 있다. 저온성 곰팡이에는 *Alternaria*, *Aureobasidium*, *Botrytis*, *Cladosporium*, *Geotrichum*, *Mucor*, *Penicillium* 등의 속(屬)이 알려져 있다. 이들 효모와 곰팡이는 지방분해효소, 펙틴분해효소의 분비로 과일 및 채소, 어류, 육류제품의 품질을 떨어뜨리는 요인이 되기도 한다. 특히 *Candida lipolytica* 균은 강력한 리파아제(lipase) 생산균주로 알려져 있다.

3. 저온저장 중의 품질저하 요인

3.1 식물성 식품

농산물인 식물성 식품은 수확 후 여러 가지 생리적인 작용이 일어난다. 이 중에서 식품성분의 변화를 일으키는 중요한 요인은 호흡작용이다. 호기적인 호흡작용으로 농산물에 축적된 탄수화물과 유기산이 분해되어 탄산가스와 물이 발생하며 호흡열이 생긴다. 이 과정에서 소량의 휘발산을 생성하게 된다.

저온에서 식품을 저장하는 것은 미생물의 생육을 억제하고, 호흡속도를 낮추어 식물성 식품의 생리적인 현상을 억제할 수 있어서 품질 유지가 가능하게 된다. 그리고 조직이 연하고 후숙기간이 짧은 바나나, 아보카도, 배 등의 과일은 미숙과일 때 수확하여 냉장하면 후숙효과를 볼 수 있다. 그러나 열대성 과실은 저온장해를 입기 쉽기 때문에 과일의 종류에 따라 각각 알맞은 온도를 유지해 주어야 한다. 그러나 청과물의 저장은 오랜 기간 동안의 저장보다는 소비단계까지의 신선도를 유지할 목적으로 이루어지는 경향이므로 최적 저장조건을 알고 이에 따른 저장방법을 이용하는 것이 바람직하다.

3.2 동물조직

동물조직은 도살 후에는 면역성이 없어져 미생물이 침입하였을 때 부패가 쉬워진다. 그리고 산소와 탄산가스의 교환작용인 호흡작용과 혈액순환 작용의 파괴로 혐기성 호흡이 진행된다. 이에 따라 근육 중에 들어 있던 저장물질인 글리코겐(glycogen)은 포도당을 거쳐 젖산으로 바뀌게 된다.

도살 전후의 취급방법과 근육 형태에 따라 다소 차이가 있다. 생리적인 pH 값인 약 7.0에서 극한치인 pH 5.1～6.5로 떨어지며, 사후경직(死後硬直)이 일어난다. 또한 ATP의 감소로 인하여 근육단백질이 불안정해지고, 보수력(water-holding capacity)이 떨어진다. 따라서 이와 같은 과정을 조절할 수 있는 알맞은 냉장방법을 이용하면 미생물의 생육을 억제하고, 동물조직의 향미와 색깔을 유지할 수 있다. 우유, 달걀, 가공식품 등 비조직성 식품인 경우는 동물이나 식물조직처럼 생리적인 복합성은 없다. 그러나 부패가 비교적 빨리 일어남으로 동결점 부근에서 짧은 기간 동안 알맞은 저장이 필요하다.

3.3 품질저하 요인

1) 미생물 작용

식물조직은 곰팡이에 의해 부패가 쉽게 일어난다. 동물조직에서는 도살 후에 면역성을 잃게 된다. 드레싱(dressing) 또는 절단(cutting) 조작은 내장이나 표면에 부착한 미생물을 오염시키며, 근육은 미생물 생육에 알맞은 기질(substrate)로 작용한다.

2) 생리적 또는 화학활성

원료에 따라 다르지만 최적 냉장조건을 갖추면 청과물은 수확 후 생리작용인 후숙현상에 따른 품질 저하를 줄일 수 있다. 어류는 자가소화(autolysis)에 의해 주로 품질 저하가 일어난다. 육류조직은 도살 후에 보수력이 나빠지고 색깔이 퇴색되며, 조직이 거칠어져 품질이 떨어진다. 저장 중에 지질의 산화, 색소의 산화, 단백질의 변성, 비타민의 파괴 등의 화학변화는 품질을 떨어뜨리는 요인이 된다. 식품첨가물, 냉동장치 중의 냉매의 유출에서 오는 암모니아가스, 오존, 아황산가스, 탄산가스 등의 오염도 제품의 품질을 나쁘게 한다.

3) 물리적 요인

과일의 상처, 과일 및 채소의 수분손실에서 오는 겉보기의 품질 저하, 육류 근육의 절단에서 오는 보수력 감소, 거칠어진 조직 등도 저장 중에 오는 품질 저하의 현상이다.

4. 저장온도의 영향

저온저장에서는 온도조절이 매우 중요하다. 병원미생물은 10～37℃에서는 온도가 낮아질수록 생육속도가 늦어지고, 3.3℃ 이하에서는 거의 생육하지 못한다. 저온미생물의 경우에도 0～15℃에서 생육은 가능하지만 생육속도가 매우 완만하다. 냉장온

표 11-4. 과일과 채소의 저장온도에 따른 호흡량 (kcal/ton/24hr)

식품명	저장온도(℃)		
	0	4.4	15.5
사 과	185～280	300～500	1,200～1,800
오렌지	190～250	390	1,400
배	180～240	-	2,400～3,700
콩	650～830	1,200～1,700	6,000～7,600
완두콩	2,300	3,700	11,000
딸 기	700～1,050	1,400～1,800	1,200～1,800
오 이	470	700	2,900
당 근	590	960	2,250
감 자	120～240	300～490	610～980
배 추	330	470	1,130
옥수수	1,800	2,600	11,600
복숭아	240～380	400～560	2,000～2,600
버 섯	1,700	6,100	16,000
토마토	160	300	1,700
바나나			2,300(20℃)

도 범위에서 과일 및 채소는 표 11-4에서 보는 바와 같이 호흡작용이 억제된다. 4℃ 이하에서는 후숙작용도 거의 일어나지 않는다.

최대의 저장수명(shelf life)을 유지하며 영양가 손실을 최소로 줄이기 위하여 냉장온도의 조절이 필요하다. 예를 들어 배를 저온에서 저장하는 경우 -1℃를 기준으로 -2℃에서 저장하는 것이 2주간 저장기간을 연장할 수 있으나 -0.5℃에서는 1주간, 1℃에서는 4주간의 저장기간 감소가 일어난다. 가금류의 고기는 0℃보다 -2℃에서 40%의 저장기간의 연장 효과가 있다.

급속냉각 또는 빙결점 부근으로 온도가 낮아지면 식품의 품질 저하가 일어날 수가 있다. 예를 들어 가금류와 육류는 0～5℃에서 냉장할 때 보수력이 나빠지고 조직이 거칠어진다. 또한 열대 또는 아열대 과일에서는 저온에서 여러 가지 냉해(cold injury) 또는 저온장해(chilling injury)가 발생하는 경우가 있다. 따라서 표 11-5에서 보는 바와 같이 저장식품의 종류와 품종에 따라서 저장의 임계온도를 설정하여 냉해를 방지하여야 한다.

냉장할 때에는 습도 조절이 중요하다. 최적습도보다 높을 경우는 미생물 생육이 촉진되고, 생리적 장해가 일어날 수 있다. 습도가 낮았을 때는 과일이 위축되어 찌들어

표 11-5. 냉장할 때의 최저온도와 냉해증상

청과물 종류	최저 냉장 안전온도	임계온도 이하에서 일어나는 냉해증상
사 과	2~3℃	갈변, soft scald
바나나	12~13	변색
그래프후르츠	10	Scald, pitting
레 몬	14	Pitting, 변색
라임(limes)	7~9	Pitting
오렌지	3	Pitting, 갈색반점
파인애플	7~10	진녹색의 반점
토마토	7~10	연부현상, water-soaking

상품 가치가 떨어지고, 중량 감소로 인한 경제적인 손실을 가져온다.

저장고의 상대습도는 공기와 냉장코일 사이의 온도차에 기인하기 때문에 냉동코일의 표면적을 넓게 하고 공기유통을 충분히 해주는 것이 좋다. 저장고 내의 온도를 균일하게 유지하고 공기조성을 균일하게 조절하기 위하여 공기를 순환시켜 줄 필요가 있다. 냄새나 휘발성 물질을 제거하여 공기를 정화시키기 위하여 활성탄을 통과시키거나 배기(排氣)시켜 주는 것이 좋다.

5. 냉장에 미치는 다른 요인들

1) 빛

빛은 저장 중인 농산물의 호흡작용 등 생리적인 작용과 밀접한 관계가 있기 때문에 제품의 출입 이외에는 저장실을 어둡게 해주어야 한다. 빛이 차단되었을 때는 토마토와 양파는 발아가 지연되며, 탈색 등을 방지할 수 있다. UV는 세균이나 곰팡이의 생육을 억제하지만 산화작용에 의해 변향(變香, off flavor) 또는 퇴색을 초래하므로 사용에 주의를 하여야 한다.

2) 저온살균

저장용 레몬, 파파야, 복숭아, 자두 등을 46~54℃의 물에 1~4분간 처리하면 미생물의 수를 감소시킬 수 있다. 이에 따라 냉장할 때에 부패를 지연시킬 수 있다.

3) 계면활성제의 처리

수분의 증발을 방지하고 겉보기를 좋게 하기 위하여 계면활성제를 처리하는 경우도 있다. 예를 들어 호흡작용의 억제를 위하여 달걀의 경우 탄산가스 함량을 유지할 필요가 있으며, 이를 위하여 왁스를 처리하기도 한다.

4) 화학물질의 처리

냉장 중에 식품 표면에 부착해 있는 미생물 또는 곤충의 생육을 억제하기 위하여 염소가스(chlorine), 초산염(acetates), methyl bromide, diphenyl, 오존, 아황산가스 등을 과실 저장에 처리하기도 한다.

과일의 후숙 조절제로서 에틸렌의 농도를 10 ppm이 되도록 하여 바나나·배 등에 처리하면 덜 익은 과실 중에 들어 있는 클로로필이 소실되어 색깔을 좋게 할 수 있다. 이와 반대로 망고의 후숙을 억제하기 위하여 2,4,5-trichlorophenoxy acetic acid를 사용한다. 사과의 생리작용을 조절하기 위하여 diphenylamine, ethoxyquin 등을 사용한다. 양파, 감자, 당근의 발아억제제로 phenyl carbamate, maleic hydrazide (MH), nonyl alcohol(NA)을 이용한다.

5) 항산화제의 처리

BHA(butylated hydroxyanisole), BHT(butylated hydroxytoluene), L-ascorbic acid 등의 항산화제 또는 항산화보조제를 처리하면 산화작용을 억제할 수 있다.

6) 탈취제

탈취제로 이용하는 오존은 산화작용이 있음으로 사용할 때에 주의해야 한다. 탈취제를 사용할 경우에는 일정 기간을 주기로 저장고 내의 공기를 배출시키고 새로운 공기로 순환시키거나, 또는 활성탄을 사용하여 냄새 성분을 흡착시켜 제거한다.

6. 냉장장치와 냉장조건

6.1 예비냉각

저장 초기에 고온으로 인한 제품의 부패속도를 줄이고, 수송이나 저장시설에 필요한 냉동능력을 감소시키기 위하여 예비냉각(예냉)을 실시한다. 예냉을 시키는 데는 다음과 같은 방법이 있다.

표 11-6. 각 예냉방식에 따른 특징 비교

냉각방식	장 점	단 점
강제통풍 냉각 (12～24시간)	· 실내 냉각에 비하여 냉각속도가 크고 온도 편차가 작음 · 예냉 후 저온저장고로 활용이 가능 · 용기의 특별한 적재방법이 불필요 · Tunnel식 등 연속적인 예냉이 가능	· 냉동기 용량에 비하여 냉기 유량비가 클 경우 낮은 냉각속도 및 냉각편차가 발생 · 냉각속도가 비교적 늦어 예냉 중 품질저하 발생 · 외측 청과물에 결로 생성으로 저온저장에 곰팡이 발생
차압통풍 냉각 (2～5시간)	· 청과물 표면에 결로가 발생하지 않음 · 냉각속도가 빠르고 온도편차가 적음 · 기존 저온저장고를 약간의 경비로 개조가 가능 · 최적 통풍속도로 할 경우 강제 통풍식에 비해 에너지 절약이 가능	· 풍속이 클 경우 건조 발생 · 청과물 충전 및 용기 배열에 시간 및 인력이 소요 · 예냉시설 소요공간으로 입고 효율이 낮음 · 용기 크기 및 적재방법에 따라 냉각편차 발생이 가능
진공냉각 (20～40분)	· 빠른 냉각속도(20～40분)로 높은 선도유지 효과 및 당일 출하체제 가능 · 진공챔버 내 적재방법 등에 의해 균일한 냉각 가능 · 냉각에 의한 수분제거로 비에 젖었거나 수세한 청과물의 탈수로 이용 가능	· 냉각 가능한 청과물이 거의 엽채류로 한정되며, 비표면적이 작은 과일·근채류 등은 냉각속도가 늦어 부적합 · 설비비가 비교적 높고, 예냉 후 저온저장이 필요하여 전체 시설의 대형화를 초래
냉수냉각 (30분 이하)	· 냉각부하가 큰 괴상 청과물을 비교적 빨리 냉각 · 예냉 중 중량 감소가 없고 오히려 위조 회복 · 예냉과 함께 세척 효과 · 연약한 엽채류를 제외한 모든 농산물에 적용 가능 · 자동화가 가능하여 가공시스템 일부로 활용 가능 · 냉각능력에 비하여 설비비 및 운전경비가 낮음	· 골판지 상자 등 포장재 사용 불가 · 부착수에 의해 부패균 증식이 쉽고 부패율이 높음 · 물 흐름이 강하면 청과물이 물리적인 손상을 받을 경우가 있음 · 냉각 후 탈수시설 및 저온보관시설이 필요 · 상추 등 조직이 취약한 엽채류에는 적용 곤란

대부분의 과일 및 채소의 저장에 있어서는 저장고 중에 예냉을 시킬 수 있는 방을 따로 설치하여 냉각공기를 송풍하는 방법이 주로 이루어진다. 각 예냉방식에 따른 특징은 표 11-6에서 보는 바와 같다.

1) 냉각공기를 송풍하는 방법

찬 공기를 이용하여 냉각하는 방법으로서 간단하고 경제적이며, 위생적인 방법이다. 비교적 냉각장치에 부식성이 적어 널리 이용된다. 단점은 강제송풍으로 인하여 지나친 탈수 위험이 있다. 냉각공기 온도가 0℃ 이하일 때는 동결 우려가 있다. 차압통풍식에서는 골판지 상자에서 냉기가 들어가는 측의 통기공과 빠져 나오는 측의 통기공 사이에 압력의 차이가 걸리도록 적재하는 것이 중요하다.

송풍기 능력은 보통 골판지 상자 1상자당 200～300 L/min, 풍압은 300 mmH_2O 이상이 바람직하며 감귤, 포도, 완두콩, 살구, 자두 등에 이용된다. 예냉을 위한 냉기 온도는 보통 초기 빙결점보다 2～3℃ 높게 설정한다.

2) 냉수냉각

Hydrocooling이라고도 한다. 조작이 간단하여 급속냉각 방법 중에는 경비가 가장 적게 들어 경제적이다. 제품을 0℃ 부근의 찬물에 담가 두거나 뿌려 주며 아스파라거스, 당근, 복숭아, 딸기 등의 냉장에 이용된다.

3) 얼음 또는 얼음-물의 혼합물에 의한 냉각

간단하고 냉각효과가 크지만 얼음을 분쇄하는 데 에너지 비용이 많이 든다. 양배추, 복숭아, 구근류(球根類), 어류 등에 이용된다.

4) 진공냉각

중량에 비하여 표면적이 큰 채소나 내부의 수분이 쉽게 용출되는 제품의 예냉에 효과적이다. 4～4.6 mmHg의 감압에서 실시한다. 급속냉각시킴으로써 제품의 품질 손상이 적고, 노동력이 절감되지만 시설비가 많이 든다.

6.2 냉장조건

저장기간을 최대로 유지하기 위하여 저장온도와 상대습도를 조절한다. 냉장제품의 숙도(maturity), 수확일자, 품종 등을 고려하며, 관련된 handbook 등에서 실험 데이터를 이용하여 알맞은 냉장조건을 설정한다. 달걀, 우유, 육류, 냉해에 관계없는 과일 및 채소 등은 동결점보다 약간 높은 0℃ 부근에서 상대습도 90%를 유지하여 냉장한다. 냉해에 약한 과일 및 채소는 10℃, 상대습도 85～90%에서 냉장한다. 또한 어류, 양파와 같이 냄새가 있는 제품과 버터와 같이 냄새를 흡수하는 제품을 같은 저장고 내에 두면 좋지 않다.

표 11-7. 과일 및 채소의 냉장조건

구분	식 품	빙결점(℃)	냉각 냉장		
			냉장적온(℃)	냉장최적습도(%)	저장기간
채소	아스파라거스	-0.9	0	90~95	3~4주일
	양배추	-0.8	0	90~95	3~4개월
	당 근	-1.8	0	90~95	10~14일
	샐러리	-0.6	-0.6~0	90~95	2~4개월
	오 이	-0.8	7~10	90~95	10~14일
	가 지	-0.9	7~10	85~90	10일
	상 추	-0.4	0	90~95	3~4주일
	양 파	-1.1	0	70~75	6~8개월
	양송이	-1.1	0~1.7	85~90	3~5일
	감 자	-1.2	3~10	85~90	-
	호 박	-0.9	0~4	85~90	10~14일
	시금치	-0.4	0	90~95	10~14일
	고구마	-1.5	13~16	90~95	4~6개월
	토마토(완숙)	-1.1	0~1.7	85~90	3~5일
	딸 기	-0.9	0.6~0	85~90	7~10일
	수 박	-0.8	2.2~4.4	85~90	2~3주일
과일	사 과	-2.1	-1.1~0	85~90	-
	살 구	-1.3	-0.6~0	85~90	1~2주일
	무화과	-2.7	-2.2~0	85~90	5~7일
	벚 찌	-2.4	-0.6~0	85~90	10~14일
	레 몬	-1.7	13~14	85~90	1~4개월
	오렌지	-2.2	0~1.1	85~90	8~12일
	포 도	-1.4	-0.6~0	85~90	3~8주일
	복숭아	-1.3	-0.6~0	85~90	2~6주일
	서양배	-2.4	-1.7~0.6	85~90	-
	감	-2.5	-1.1	85~90	2개월
	파인애플(완숙)	-1.3	4~7	85~90	2~4주일

대표적인 과일 및 채소의 냉장조건은 표 11-7에서 보는 바와 같다.

7. CA 저장법

수확 후 과일 및 채소의 호흡, 증산, 생장(生長), 후숙 등의 생리적인 현상과 미생물의 생육을 억제하는 저장방법으로서 CA 저장법(controlled atomosphere storage)

이 있다. 수확된 과일 및 채소는 밀폐된 저장고 내에서 저장하면 호흡작용으로 저장기일이 지날수록 탄산가스의 배출량이 많아져 질식 상태에 이르게 된다. 반대로 산소를 충분히 공급하여 대사를 왕성하게 하면 신선도가 빨리 떨어진다.

CA 저장법은 과일 및 채소의 신선도를 오래 유지하기 위하여 공기 조성 중 산소 함량을 1～5%로 줄이고, 탄산가스 함량을 2～10%로 증가시켜 호흡작용을 억제하여 냉장하는 저장법이다. CO_2, O_2의 기체조절, 냉장온도 이외에도 85～95%의 습도 유지가 필수적이다. 사과・배 등의 저장에 유리하지만, 호흡량이 적은 곡류에는 큰 효과가 없다. 공기의 조성을 조절하기 위하여 냉장실은 밀폐되어야 한다. 그리고 온도와 상대습도를 조절할 수 있는 장치와 공기순환을 시킬 수 있는 장치가 있어야 한다.

CA 저장에서 공기의 조성을 조절하기 위하여 다음과 같은 방법이 이용된다.

① 외부로부터 공기를 차단하여 식물조직의 호흡작용에 의해 산소를 소모시켜 저장효과를 얻는 자연적인 방법

② 인공적으로 공기의 조성을 조절하는 방법

자연적인 방법은 간단하고 경제적인데 비하여 필요로 하는 산소농도의 수준에 이르는 데 많은 시간이 소요된다. 또한 밀폐된 저장고가 필요하며, 내용물을 일시에 출하해야 하는 단점을 가지고 있다. 이에 비하여 인공적인 방법은 저장실로 질소가스(액체질소) 또는 메탄이나 프로판을 연소시켜 산소가 적은 공기를 보내주어 필요한 산소농도를 유지하는 데 빠른 장점이 있다. 또한 저장고에 내용물을 전부 채우지 않아도 되며, 저장기간 중 일부를 출하하거나 보충을 해도 된다. 약간의 공기 유통이 이루어지더라도 산소의 알맞은 농도의 유지가 가능하다. 그러나 계속적으로 공기의 조성을 조절해야 하므로 많은 비용이 드는 결점이 있다.

7.1 공기조성을 조절하는 방법

1) 재래법(scrubber법)

소석회는 취급이 쉽고 효과적이며, 부식성이 없어 많이 이용된다. 소석회를 종이포대에 넣은 그대로 얹어 놓고 공기를 통과시켜 탄산가스를 흡수 제거하는 건식방법이 있다(dry scrubber). 그리고 탄산가스를 잘 흡수할 수 있는 Na_2CO_3, 4～5% NaOH 용액 또는 monoethanolamine, 물 등을 사용하여 과잉의 탄산가스를 흡수 제거한 공기를 불어넣는 습식방법(wet scrubber)이 있다.

물에 흡착시켜 탄산가스 농도를 조절하는 방법이 많이 이용된다. 일정한 용적에서는 탄산가스의 용해도는 공기 중의 탄산가스 분압에 따라 변한다. 정압(定壓)에서는

온도에 따라 감소하는 성질을 이용하여 흡착 제거한다. 0.03%의 탄산가스를 함유하는 일정한 압력의 공기와 평형상태인 물을 저장고 내에 두면 5% 탄산가스를 함유하게 되어 흡착된 물을 순환시키면서 조절하게 된다. 이 방법은 저장고 내의 초기 산소농도가 적어야 하며 밀폐되어야 한다.

2) Generator법

인공공기 발생장치 내에서 외기(外氣)를 연소시켜 산소를 감소시킨다. 질소 96%, 산소 2～3%, 탄산가스 1～2%의 혼합가스 농도가 되도록 하여 저장고에 주입하는 방법을 말한다. 이 방법의 대표적인 방식인 Tectrol 식(total environmental control atomosphere)은 그림 11-3에서 보는 바와 같다. 이와 같은 방법은 설비비, 연료비, 운전비 등이 많이 든다. 그리고 저장고 내에 저온을 유지하기 위하여 냉동부하가 증가하는 결점이 있다.

이외로 냉장실 내의 공기를 간단한 가스발생 장치를 통하여 순환시키는 Arcagen 식(atlantic research controlled atomosphere generating system)이 있다. Tectrol 식은 탄산가스 함량을 조정한 인공공기를 공급한다. 그러나 Arcagen 식은 인공공기를 scrubber에 통하여 과잉분을 제거하여 다시 CA 저장고에 넣는 점에서 다르다. 저장고 내의 공기조성을 조절하는 기간은 가급적 짧아야 한다. 가능한 사과는 10일, 배는 5일을 초과하지 않도록 하여야 한다. 저장고 내의 알맞은 가스농도와 온도와의 관계는 표 11-8과 같다.

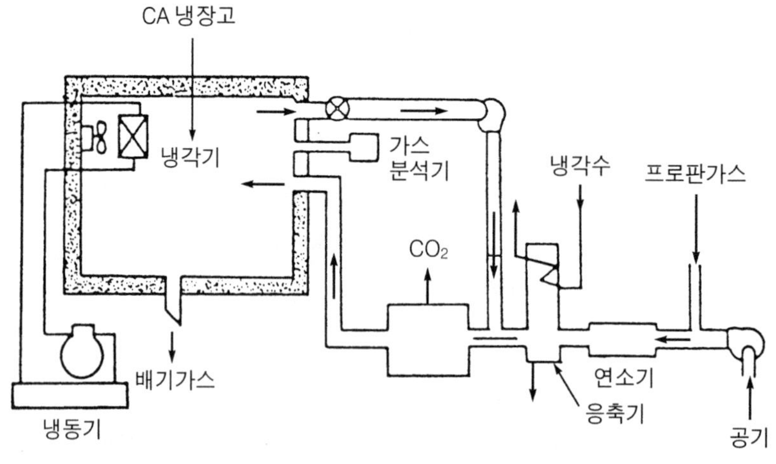

그림 11-3. Generator 법(Tectrol 식)의 과일 및 채소의 CA 저장

표 11-8. CA 저장의 온도와 가스농도

과일 및 채소	온도(℃)	산소농도(%)	탄산가스농도(%)
사과	0～5	2～3	1～2
바나나	12～15	2～5	2～5
딸기	0～5	10	15～20
Broccoli	0～5	1～2	5～10
시금치	0～5	2～5	0
토마토	8～12	3～5	0

7.2 CA 저장의 효과와 영향

CA 저장법은 냉장법과 병용하면 과일 및 채소의 생리현상을 억제할 수 있어 같은 저온에서 저장하는 것보다도 2배의 효과가 있다. 저장고 내의 산소농도를 감소시켜 식품 중에 들어 있는 비타민과 색소의 산화를 방지할 수 있다. 그러나 일정 농도 이하로 산소 농도가 감소되면 조직세포는 분자 사이 호흡에 의하여 알코올 생성 등 품질 저하를 가져온다. 사과·배 등 핵과는 CA 저장 효과가 크지만, 감귤은 저온저장과 비교하여 저장효과가 별로 없는 것으로 알려져 있다.

CA 저장에서 문제가 되는 것은 저장고 안과 밖 사이에 기압의 균형이다. 저장고 내부는 공기의 밀도가 높기 때문에 외부의 기압과 기온의 변화에 의하여 저장고 내외에 압력 차이가 발생하기 쉽다. 이 경우에는 벽과 천장에 압축과 팽창 압력이 미치기 때문에 압력 완충대(breather bag)를 설치하여 저장고 벽에 생기는 균열을 방지하고 항온을 유지시켜야 한다. 또한 과일의 호흡열에 의한 온도 상승을 막기 위하여 냉각기에 의한 저장실의 온도 조절을 해야 한다. CA 저장은 저온에서 저장함으로써 냉장과 병행하기 때문에 냉해를 받기 쉬운 과일 및 채소의 저장에는 저장온도에 유의하여야 한다.

8. 식품냉동의 용어

식품냉동을 이해하기 위하여 우선 냉동에 사용되는 여러 가지 용어를 알아보자. 식품 중의 수분이 얼도록 결빙점(結氷点 또는 凍結点, freezing point) 이하로 온도를 낮추는 것을 식품의 동결(凍結)이라고 한다. 식품을 동결시키기 위하여 식품이 가지고 있거나, 발생하는 열을 제거해 주어야 한다. 이때 제거해 주어야 할 열량을 **냉동**

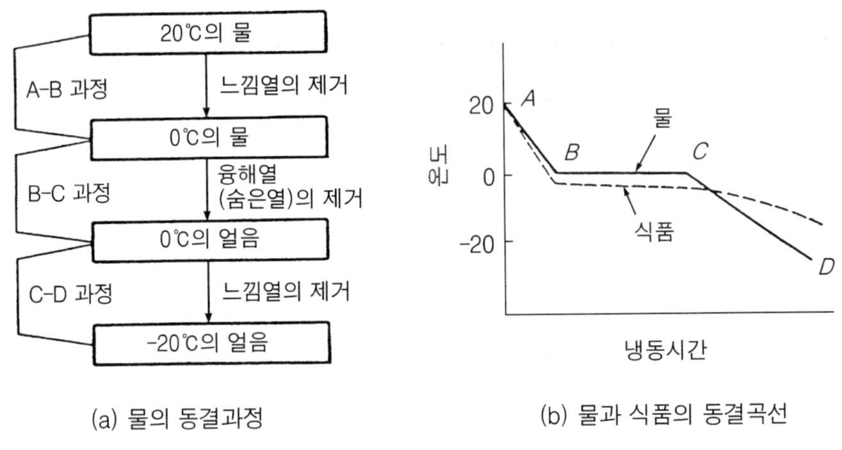

(a) 물의 동결과정 (b) 물과 식품의 동결곡선

그림 11-4. 물의 동결과정과 동결곡선

부하(冷凍負荷, refrigeration load)라고 한다.

20℃의 물을 -20℃의 얼음으로 동결시키는 과정을 통하여 알아보자. 먼저 20℃의 물이 0℃로 낮추기 위하여 느낌열(顯熱, sensible heat)을 제거해 주고, 다시 0℃의 물을 0℃의 얼음으로 상태 변화를 일으키기에 필요한 숨은열(潛熱, latent heat)을 제거해 준다. 이를 -20℃의 얼음으로 바꾸기 위한 느낌열을 제거해 주어야 하는데, 이 과정은 그림 11-4와 같이 나타낼 수 있다. 그림 11-4 (b)에서 B~C 과정이 완만한 경사를 이루는 것은 숨은열을 제거하는 데 많은 에너지가 필요함을 알 수 있다. 따라서 냉동부하는 식 (11-1)에서 계산할 수 있다. 이외로 사용되는 용어에 대한 내용은 다음과 같다.

$$\Delta H = \Delta H_s + \Delta H_L + \Delta H_F \qquad (11\text{-}1)$$

여기에서 ΔH : 냉동부하(kJ/kg) ΔH_s : 빙점까지 내리는 데 필요한 느낌열
ΔH_L : 융해잠열 ΔH_F : 얼음의 느낌열

1) 냉동능력

냉동능력(refrigeration capacity)이란 냉매가 단위시간에 피냉각 물체로부터 뽑아내는 열량이며, 보통 냉동톤(refrigeration ton, RT)으로 표시한다. 0℃의 물 1톤을 24시간 동안에 0℃의 얼음으로 만드는 냉동능력을 1 냉동톤이라고 한다. 즉 0℃ 물의 융해열이 79.68 kcal/kg이므로 (79.68) (1,000)/(24) = 3,320 kcal/hr로서 1 냉동톤은 3,320 kcal/hr의 열량을 제거해야 한다는 뜻이다.

2) 제빙능력

제빙능력(ice making capacity, ton/day)이란 얼음을 만들 수 있는 능력을 나타낸다. 이를 계산할 때는 다음과 같은 순서로 계산한다.

① 얼리고자 하는 물을 0℃의 물로 바꾸는 데 필요한 열량
② 0℃의 물을 0℃의 얼음으로 바꾸는 데 필요한 열량
③ 0℃의 얼음을 브라인(brine) 온도까지 내리는 데 소요되는 열량
④ 대기에서 제빙장치를 통해 들어온 열을 뽑아 내리는 데 필요한 냉동능력으로 ① + ② + ③의 20%에 해당한다.

위의 열량의 합계를 냉동능력으로 나누어 나타낸다.

예를 들어 얼리고자 하는 물의 온도가 25℃이며, brine 온도가 -9℃일 때의 제빙능력을 계산하여 보자.

① 1,000 × 1 × (25 − 0) = 25,000 kcal
② 1,000 × 79.68 = 79,680 kcal
③ 1,000 × 0.5 × [0 − (−9)] = 4,500 kcal
④ (25,000 + 79,680 + 4,500) × 0.2 = 21,836 kcal이므로

전체의 합은 131,016 kcal이며, 이를 물의 융해열 79,680 kcal로 나누면 1.65 RT가 된다. 즉 제빙 1톤은 약 1.65 냉동톤이 된다.

3) 동결능력

동결능력은 1일간 동결식품을 생산할 수 있는 동결장치의 능력을 말하며, 1 동결톤은 3 냉동톤에 해당된다.

4) T.T.T.

T.T.T.(time temperature tolerance)는 식품의 품질 저하에 대한 품온(品溫)과 시간과의 관계를 말한다. 품질유지 특성곡선(keeping quality characteristics curve)에서 식품의 각 온도에서 1일당 품질 변화량을 구한다. 관능검사에 의해 처음으로 품질 저하가 인정되었을 때의 변화량을 1.0이라고 한다. 그때까지의 소요일수로 나눈 값이 그 품온에서의 1일당 품질 변화량이 된다.

5) 평균품온

평균품온(平均品溫, average temperature, equalization temperature)은 동결 직후

표면과 중심부 사이의 온도구배(temperature gradient)가 존재한다. 그러나 냉장 중에 일정온도가 될 때의 냉동식품의 온도를 말한다.

6) 심온동결식품

심온동결식품(深溫凍結食品, deep-frozen food)이란 식품의 평균품온을 -18℃ 이하로 유지하도록 동결 냉장한 식품을 말한다.

7) 온도 중심점

온도 중심점(thermal center)은 식품을 동결할 때 품온(品溫)의 강하가 가장 늦어지는 점을 말한다. 일반적으로 동결시키고자 하는 고체식품의 기하학적 중심점이 온도 중심점에 해당하며, 이 점을 온점(溫點)이라고도 한다. 통조림의 가열살균에서 말하는 냉점(冷点)과는 반대의 개념이다.

8) 공칭동결시간

공칭동결시간(nominal freezing time)은 식품의 초기온도가 균일하여 0℃일 때 이것을 동결하여 온도 중심점이 -15℃까지 내리는 데 필요로 하는 시간이다. 식품의 모양, 크기, 성분, 포장법 등을 표시해야 한다.

9) 공칭동결속도

공칭동결속도(nominal rate of freezing)는 주어진 식품의 온도 중심점을 통과하는 절단면 두께의 1/2을 공칭동결시간으로 나눈 값을 말한다.

10) 공정점

공정점(共晶点, eutectic point)이란 동결점에서 자유수가 얼기 시작하여 수용액의 농도가 진해지며, 더 냉각하면 식품 중의 수분이 완전히 얼게 되는데, 이때의 온도를 말한다. 일반적인 식품은 식품 중에 들어 있는 Ca^{2+}, Mg^{2+}, Na^{+} 등의 공정점에 해당하는 -50～-60℃가 된다.

식품이 얼기 시작하는 온도를 식품의 동결점 또는 빙점이라고 한다. 식품은 물 이외에 탄수화물, 단백질, 지질 등 여러 가지 성분을 함유하고 있음으로 식품 내의 수용액은 순수한 물에 비하여 빙점이 낮아진다. 이때의 빙점 강하는 일반적으로 식 (11-2)와 같이 수용액의 농도에 비례하며, 묽은 수용액의 경우 잘 적용된다.

$$\Delta H_F = \frac{RT^2 m}{L(1,000)} \qquad (11\text{-}2)$$

여기에서 T 는 순수한 수용액의 빙점(절대온도), R 은 기체상수이며, m 은 농도(molality)이고, L 은 질량기준의 융해잠열이다.

식품 중의 물이 얼음으로 변하게 되면 상대적으로 용액의 농도는 상승하게 된다. 그 결과 빙점은 점점 낮아지게 된다(빙점강하). 따라서 냉동이 진행됨에 따라 초기의 빙점보다 훨씬 낮은 온도에서도 얼지 않고 남아 있는 부분이 생기게 된다. 이 경우 전체 중에서 얼리는 부분의 비율을 **동결율**(ice fraction)이라고 하며, 얼리지 않는 부분의 비율을 **비동결율**(unfrozen fraction)이라고 한다. 식품의 동결율과 비동결율은 식품의 냉각온도, 엔탈피, 수분함량에 따라 변화한다. 쇠고기와 같은 냉동식품은 그의 관계를 도표로 만들어 활용하기도 한다.

9. 저온저장법의 종류

일반적으로 표 11-9에서 보는 바와 같이 각 식품의 동결점 이하에서 저장하는 방법을 냉장(frozen storage)이라고 한다. -20℃ 이하의 저온에 의한 식품의 저장은 미생물의 생육과 효소에 의한 변패를 방지할 수 있다. 이는 식품 중에 들어 있는 수분의 80% 이상이 빙결로 인하여 자유수(free water) 함량이 감소하게 된다. 공기 중의 산소에 의한 산화반응의 경우도 낮은 온도에서 반응속도가 늦어짐에 따라서 30℃에 비하면 약 1/30으로 감소한다.

표 11-9. 각종 식품의 동결점

식품명	동결점(℃)	식품명	동결점(℃)
토마토	-0.4	감	-2.1
양 파	-0.9	밤	-4.5
사 과	-2	딸 기	-1.2
배	-2	벚 찌	-2.4
오렌지	-2.2	난 백	-0.45
포 도	-2.2	쇠고기	-0.6～-1.2
레 몬	-2.2	생 선	-0.6～-2
바나나	-3.4	우 유	-0.5

식품 중에 용매 역할을 하는 자유수의 양이 빙결로 감소함에 따라 염류가 농축된다. 이에 따라 단백질의 변성 등 물리적·조직적인 성상(性狀) 변화가 일어남으로 완전한 저장법이라고는 할 수 없다. 그러나 다른 방법에 비하여 우수하기 때문에 오랜 기간 동안의 저장방법으로 가장 많이 이용되고 있다. 저장법의 종류는 크게 나누어 빙장법·냉장법·동결법 등으로 구분한다.

9.1 빙장법

식품에 잘게 부순 얼음을 혼합하거나 또는 얼음물에 담가 저장하는 방법이다. 이를 수빙법(水氷法)이라고도 한다. 빙장법에서는 사용하는 물의 온도가 항상 0℃를 유지할 필요가 있으며, 흡수가 일어나는 식품에 사용은 곤란하다. 이외로 NaCl, 염화마그네슘, 염화칼슘 등의 수용액을 동결시킨 염빙법(鹽氷法, brine ice)을 사용하거나, 또는 드라이아이스(dry ice)를 이용하기도 한다. 빙장법은 미생물의 생육 또는 효소작용을 완전히 억제할 수 없어서 짧은 기간 동안의 저장에 이용된다. 이 방법은 간편하고 냉각이 빠르며, 표면건조를 방지할 수 있다. 그러나 중량의 증가와 얼음에 의한 압력으로 물리적인 손상을 줄 수 있다.

9.2 냉장법

0℃ 내외의 저온실에서 10일 내외의 짧은 기간 동안의 저장을 목적으로 한다. 과일 및 채소의 저장이나 수산가공품의 저장에 이용된다. 특히 연제품(어묵제품)은 동결할 때에 탄력이 없어져 품질이 떨어지기 때문에 이 방법을 이용한다.

9.3 동결저장법

1) 냉동기의 원리

식품을 동결저장하기 위하여 저온시설이나 냉동설비는 냉동부하에 알맞은 냉동기를 설치하게 된다. 우선 냉동기의 원리와 작동방법을 이해할 필요가 있다. 탄산가스, 질소, 암모니아 등은 상온에서 쉽게 증발하여 기화되면서 주위에서 증발열을 흡수한다. 또한 이들 증기는 압축하면 증발잠열에 해당하는 열을 방출하면서 액화된다.

따라서 냉동기는 액화시킨 이들 물질을 증발시켜서 주위의 온도를 떨어뜨리는 장치이다. 이들 액체는 상온이나 저온에서도 쉽게 증발하지만, 증기로 된 상태에서 다시 액화하려면 압력을 높여 주어야 하기 때문에 압축기(compressor)가 필요하게 된다. 이와 같은 원리를 이용한 냉동기를 증기압축식(vapor compression type)냉동기라

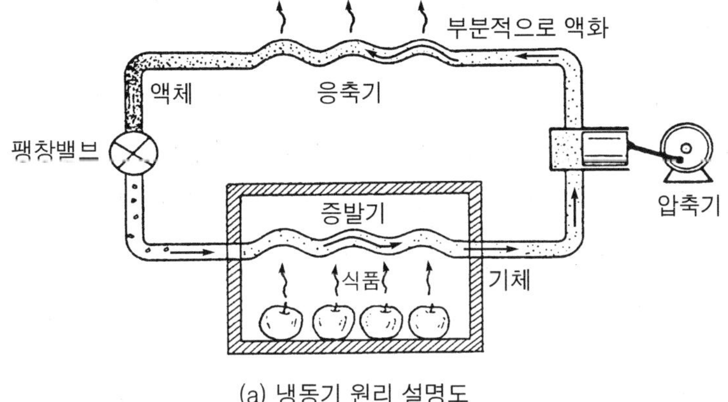

(a) 냉동기 원리 설명도

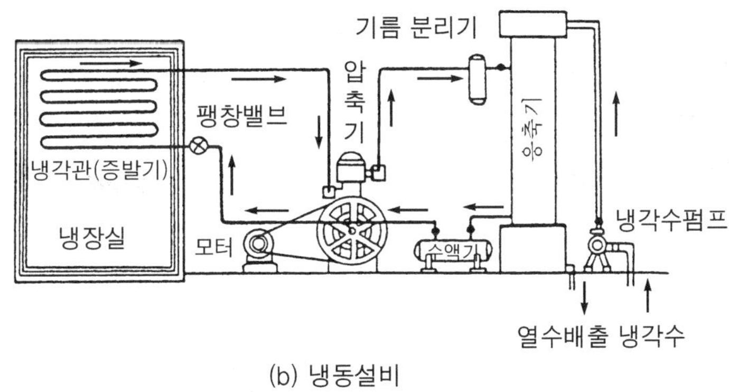

(b) 냉동설비

그림 11-5. 증기압축식 냉동기의 작동원리와 냉장설비
(전재근, 식품공학)

고 한다. 이때 사용되는 암모니아, 탄산가스, 프레온(Freon)계 화합물 등을 **냉매**(冷媒, refrigerant)라고 한다. 이와 같은 원리를 간단히 나타내면 그림 11-5와 같다.

간단한 예로서 그림 11-5에서와 같이 파이프 속에 냉매를 흐르게 하면서 증발기(evaporator)를 주위 공기와 단열시켜 놓는다. 그 속에 식품을 넣어 두면 냉매의 증발에 필요한 증발잠열을 식품으로부터 흡수하여 관 벽을 사이에 두고 열교환이 일어나 냉매는 가온된다. 가온된 냉메는 관을 따라 흘러 압축기를 거쳐서 고압에서 액화된 다음, 흡수한 열은 응축기(condenser)를 통과하여 공기 중으로 방출한다. 이때 주위의 공기는 가온되고 냉매는 냉각하게 된다. 냉각된 냉매는 다시 증발기로 들어가서 같은 경로로 순환을 반복한다.

이와 같이 냉동기는 증발 → 흡열 → 액화 → 방열 → 증발의 사이클을 되풀이하면서 작동하게 된다. 이런 사이클을 **냉동사이클**(refrigeration cycle)이라고 한다. 열기관에서 응용되는 Carnot 사이클과는 반대로 작동한다. 특히 냉동에서 압력과 엔탈피의 관계(P-h선도)를 나타낸 도표를 Mollier 선도라고 한다. 이 도표에는 압력, 엔트로피, 비체적(比體積), 용매건도(溶媒乾度) 등이 표시되어 있어서 냉동기의 운전이나 설계에 널리 활용되고 있다(부록 14 참조).

2) 동결속도

식품을 동결실에 넣고 주위를 냉각하면 식품 속의 열은 바깥쪽으로 이동되면서 품온(品溫)이 점차 떨어져 식품의 중심온도가 가장 늦게 냉각된다. 식품을 냉동시킬 때 가장 늦게 냉각되는 지점을 식품의 **온점**(溫點, thermal point)이라고 한다. 따라서 그림 11-6에서 보는 바와 같이 온도 t인 육면체의 식품을 온도 t_a인 냉매 또는 브라인 속에 담가 동결시킬 때 동결 부위는 식품이 잃어버린 열량 q와의 관계를 식 (11-3)과 같이 나타낼 수 있다.

$$q = A\rho\lambda\frac{dx}{d\theta} \tag{11-3}$$

여기에서 A는 식품이 동결되는 부위의 면적, ρ는 밀도, λ는 융해잠열, x는 동결부위의 두께, θ는 동결시간이다. 한편 열량 q는 식품 내부에서 식품의 표면까지 전도에 의해 전달되어야 하기 때문에 열전도식 (11-4)이 적용된다.

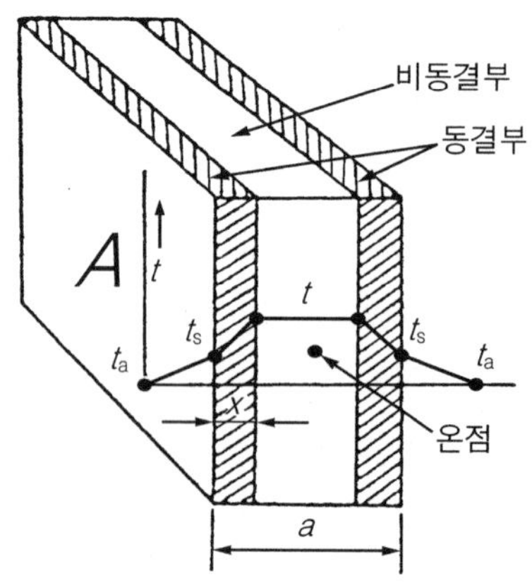

그림 11-6. 식품의 동결과정

$$q = \frac{kA(t - t_s)}{x} \tag{11-4}$$

여기에서 k는 열전도계수, t는 식품의 온도, t_s는 식품표면의 온도이다.

그리고 표면에 도달한 열은 냉매 속으로 전달되어야 하므로 표면열전달계수 h_s가 관계된다. 냉매의 온도를 t_a라고 하면 다음과 같이 나타낼 수 있다.

$$q = h_s A(t_s - t_a) \tag{11-5}$$

이와 같은 열전달이 정상상태라고 가정하면 식 (11-3), (11-4), (11-5)에서의 q는 모두 같기 때문에 식 (11-4)와 (11-5)에서 t_s를 제거하여 정리하면 식 (11-6)과 같다.

$$q = A(t - t_a) \frac{1}{\frac{1}{t_s} + \frac{x}{k}} \tag{11-6}$$

정상상태에서 식 (11-3)의 q 와 식 (11-6)의 q 가 같다고 하면

$$A \rho \lambda \frac{dx}{d\theta} = A(t - t_a) \frac{1}{\frac{1}{t_s} + \frac{x}{k}}$$

$$d\theta (t - t_a) = \rho \lambda \left(\frac{1}{t_s} + \frac{x}{k}\right) dx \tag{11-7}$$

이 식은 동결 부위의 두께 dx가 형성되는 데 소요되는 시간 dθ 와의 관계를 나타낸다. 여기에서 육면체 식품의 중앙(x = a/2)에 이르기까지 동결되는 데 소요되는 시간을 산출할 수 있다. 즉 온점까지 동결되는 데 소요시간을 θ_f라고 하고, x 대신에 냉점까지의 길이로 a/2를 대입하면 동결시간은 식 (11-8)과 같다.

$$\theta_f = \frac{\rho \lambda}{t - t_a} \left(\frac{a}{2 h_s} + \frac{a^2}{8 k}\right) \tag{11-8}$$

Plank는 식 (11-8)을 일반화시켜 식 (11-9)로 나타내었다.

$$\theta_f = \frac{\rho \lambda}{t - t_a} \left(\frac{P a}{2 h_s} + \frac{R a^2}{8 k}\right) \tag{11-9}$$

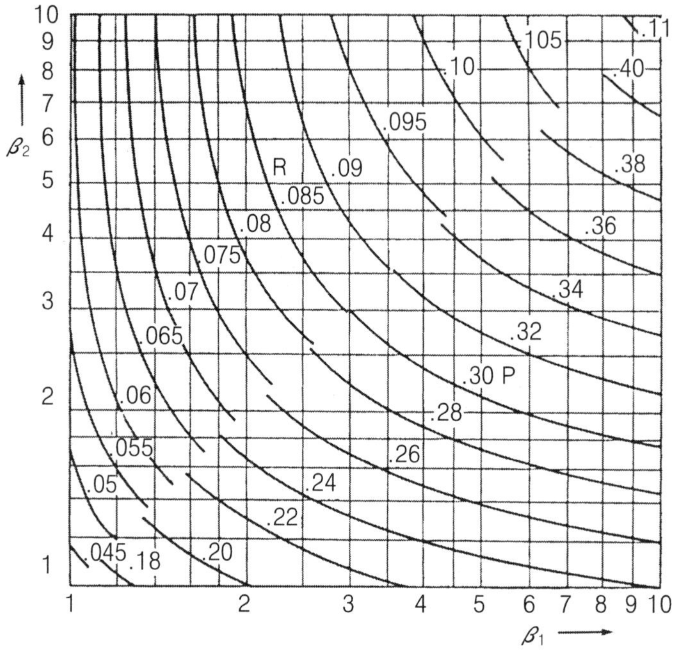

그림 11-7. Plank 식의 정수 P와 R

β_1과 β_2는 slab형 식품을 나타내는 척도로서 a는 최소변, b는 중간변, c는 최장변의 길이일 때 β_1 = c/a, β_2 = b/a이다.

여기에서 P, R은 Plank 계수이며, 예를 들어 대략적인 값은 각각 정방형 식품에 대하여 P = 1/2, R = ⅛이고, 정육면체는 P = 1/6, R = 1/24이다.

Plank 식의 정수 P와 R을 구하는 방법은 그림 11-7에서와 같이 식품의 형태에 따라 계수값을 각각 구할 수 있다. 그리고 식 (11-9)를 이용하여 동결에 소요되는 시간을 산출할 수 있다.

9.4 동결저장법의 종류

1) 공기동결법

공기동결법(sharp freezing)을 자연순환식 냉각법이라고도 한다. 그림 11-8 (a)에서 보는 바와 같이 냉동실 내부에 냉각관을 선반모양으로 조립하여 그 위에 식품을 올려놓는다. -25～-30℃의 공기를 서서히 순환시키거나, 또는 자연상태로 3～72시간

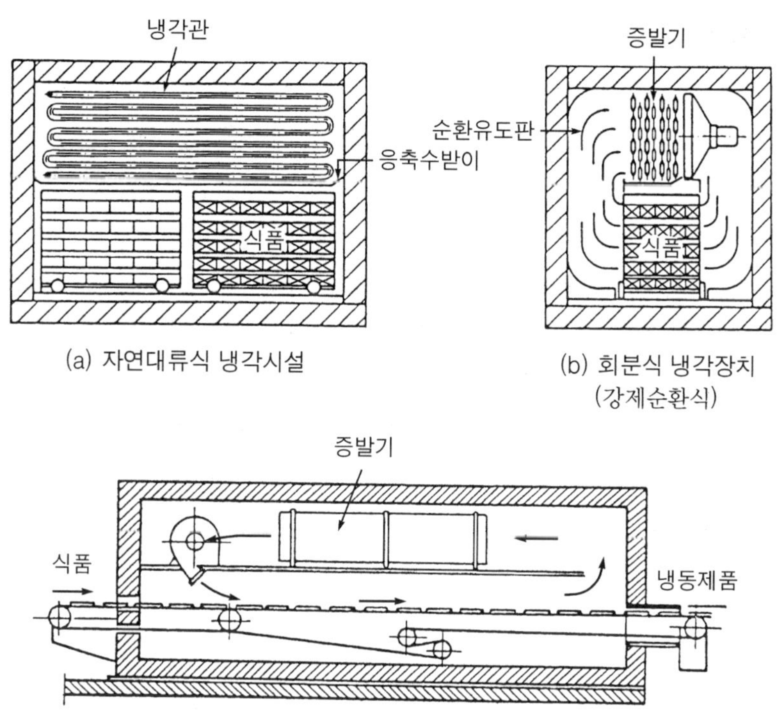

(a) 자연대류식 냉각시설

(b) 회분식 냉각장치 (강제순환식)

(c) 연속식 냉각시설(강제순환식)

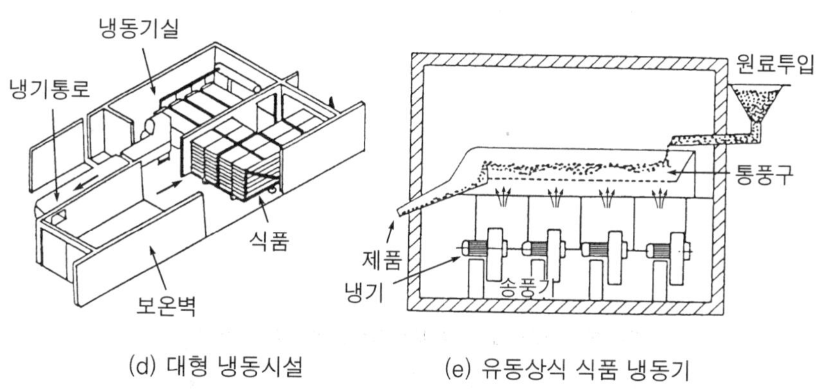

(d) 대형 냉동시설

(e) 유동상식 식품 냉동기

그림 11-8. 여러 가지 냉장시설과 냉동시설

동안 동결하는 방법이다. 이 방법은 장치가 간단하고 식품의 종류에 관계없이 대량으로 처리가 가능하다. 그러나 열전달 속도가 늦어 냉각속도가 완만하기 때문에 0℃ 이하의 비교적 낮은 온도의 냉동목적으로는 사용하기 어렵다. 그리고 식품의 품질 저하가 일어날 우려가 있어서 거의 이용되지 않는다.

2) 송풍동결법

송풍동결법(air blast freezing)에는 그림 11-8 (b)와 (c)에서와 같이 회분식과 연속식이 있다. 선반(tray) 또는 컨베이어(conveyer) 위에 식품을 올려놓고 절연된 냉동실 내에서 -30～-40℃의 공기를 3～5 m/sec로 송풍시켜 동결하는 방법이다.

일반적으로 식품의 두께가 3～4 cm이면 3～4분, 10 cm 두께이면 10～15분에 동결된다. 이 방법은 경제적이며, 크기와 모양에 관계없이 모든 식품에 적용할 수 있다. 과일 및 채소, 육류, 어류 등의 냉동저장에 이용된다. 그러나 포장을 하지 않은 식품은 지나친 탈수가 일어날 수 있다. 또한 비교적 작고 모양이 균일한 두류, 딸기, 옥수수 등의 식품을 동결할 때는 그림 11-8 (e)와 같이 강제순환형 연속식 냉각시설(그림 11-8 c)의 방법을 변형한 형태인 유동상식 동결법(fluidized-bed freezing)을 이용한다. 이 방법은 열전달 속도를 높이고, 제품의 탈수를 적게 할 수 있는 이점이 있다.

3) 접촉식 동결법

접촉식 동결법(contact freezing)은 그림 11-9에서와 같다. 냉각된 알루미늄 합금과 같은 금속판 사이에 식품을 넣고 상하로 밀착시켜 동결하는 방법이다. 금속판의 온도는 -30～-40℃이며, 접촉할 때의 압력은 0.1～0.2 kg/cm^2 정도로 하면 3～4 cm 두께의 식품을 1.5시간 정도에 동결시킬 수 있다.

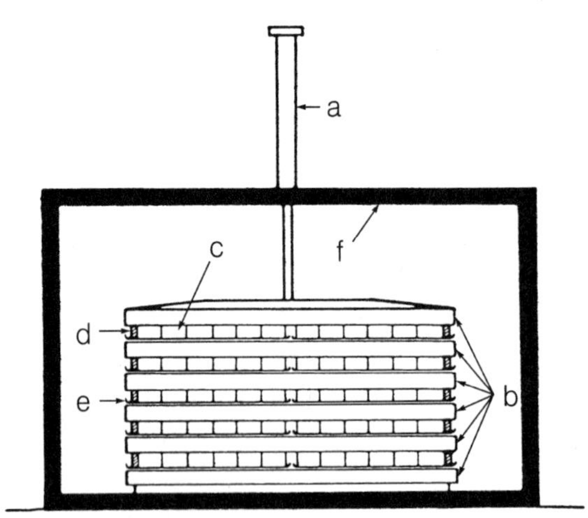

그림 11-9. 접촉동결장치

a : 냉각판 유도봉, b : 냉동판, c : 식품, d : 공간유지봉,
e : 냉동 tray, f : 절연체

이 방법은 벽돌모양의 육류와 같은 식품을 냉동시키는 데 이용한다. 제품이 균일하고, 동결장치가 차지하는 면적이 적은 이점이 있다. 이 냉동법은 전도에 의한 열이동으로 냉각되기 때문에 냉각판과 식품을 완전히 접촉시켜야 한다.

4) 침지동결법

침지동결법(liquid immersion freezing)은 방수성 플라스틱 필름으로 밀착 포장한 식품에 브라인을 분무하거나 침지하여 동결하는 방법이다. 통조림을 한 농축 오렌지 주스, 가금류(poultry), 어류 또는 새우 등의 급속동결에 이용된다. 연속조작이 가능한 장점이 있으나 알맞은 브라인을 얻기 어려워 이용에 제한된다.

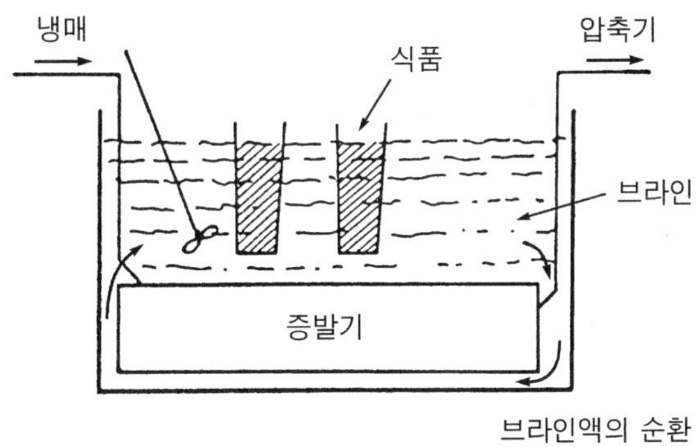

그림 11-10. 브라인을 사용한 침지식 냉동장치

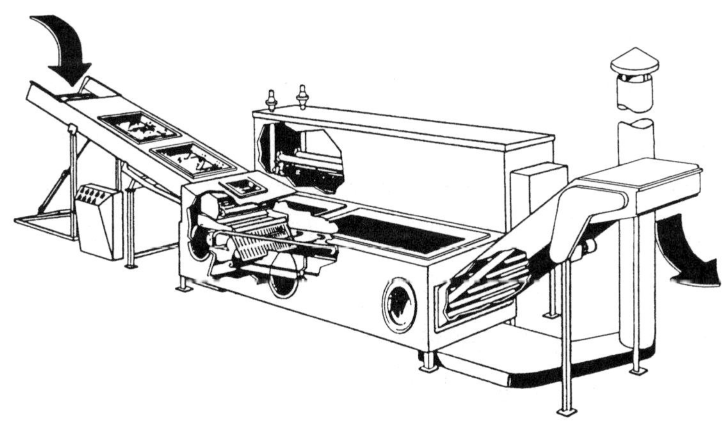

그림 11-11. 침지동결법에 의한 개별 급속동결식품의 제조

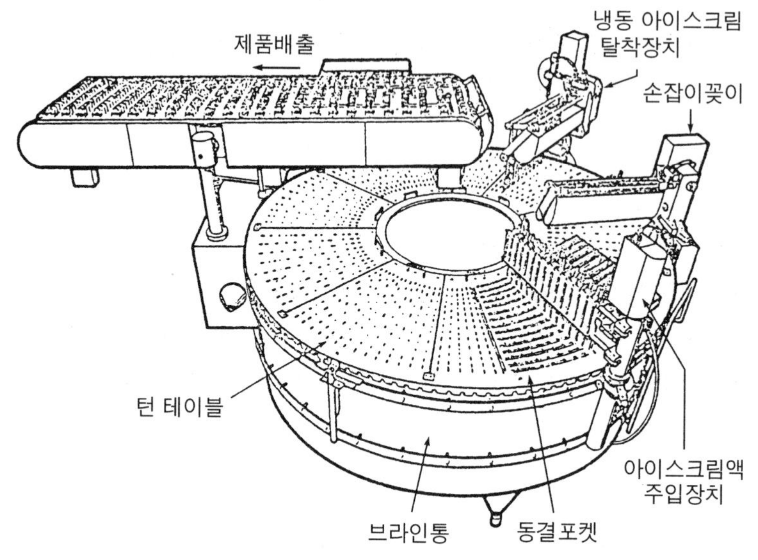

그림 11-12. 아이스크림 제조기

이 방법은 표면전열계수가 높아(200～500 kcal/m^2 h ℃) 급속동결에 알맞아 닭고기와 같은 고체식품과 액체식품을 용기에 담가 얼리는 빙과류의 제조, 얼음의 제조 등에 이용된다(그림 11-10).

포장된 식품의 경우는 그림 11-11에서 보는 바와 같이 침지동결법에 의해 급속동결시킬 수 있어서 개별 급속동결식품(IQF food, individually quick frozen food)을 얻을 수 있기 때문에 많이 이용된다. 또한 아이스크림 제조시설로서 브라인 통 위에 턴테이블(turn table)을 장치하고, 브라인 속에 잠겨진 아이스크림 포켓 속에서 아이스크림을 얼리게 하는 장치를 이용할 수 있다(그림 11-12).

금속판 또는 침지식 냉동법에서 식품을 냉각시키기 위하여 냉매(refrigerant) 또는 브라인(brine)을 사용한다. 냉매는 냉동사이클 내를 순환하며, 피냉각 물질로부터 열을 추출하여 소요온도로 낮추는 화학물질이다.

냉매와 브라인이 갖추어야 할 조건은 다음과 같다.

① 응축압력에 녹지 않고, 냉매가스는 쉽게 액화되어야 한다.
② 증발압력이 알맞게 높고, 증발압력이 커야 한다.
③ 냉동능력에 대하여 소요동력이 적어야 한다.
④ 성적계수가 커야 한다.

⑤ 열전도율이 크고, 점도가 작아야 한다.
⑥ 화학적 결합이 좋고, 안정해야 한다.
⑦ 금속에 대한 부식성이 없고, 독성과 자극성이 없어야 한다.
⑧ 가연성과 폭발성이 없어야 한다.
⑨ 냉매의 leak test가 쉬워야 한다.
⑩ 값이 싸고 구입이 쉬워야 한다.

브라인은 증발기에서 증발하는 냉매의 냉동력을 이용하여 피냉각 물질에 전열하는 부동액(不凍液)을 말하며, 다음과 같은 조건을 갖추어야 한다.

① 열전도율이 높고
② 동결점이 낮아야 하며
③ 점도와 부식성이 적고
④ 불연성이며
⑤ 악취와 독성이 없고
⑥ 값이 싸고 구입이 쉬워야 한다.

이와 같은 조건을 모두 충족시켜 줄 수 있는 이상적인 물질은 없다. 일반적으로 냉매로서 암모니아 또는 프레온(freon)을 많이 이용한다. 그의 물리적 조건과 성질 등은 표 11-10과 같다.

프레온은 값싸고 매우 안정한 화합물로서 냉동공업에 중요한 냉매로 이용되어 왔

표 11-10. 냉매의 성질

성 질	암모니아	Freon
분자량	17.03	120.9
임계온도	133	112
응고점	-77.7	-155
증발잠열(-15℃, kcal/kg)	313.5	38.6
냄 새	강함	없음
폭발성	공기 중 16~25%일 때	없음
언 성	잘 타지 않음	다지 않음
독 성	강함	없음
부식하는 금속	Cu와 Cu합금에서 미약	수분이 있을 때 Al, Mg
기름 용해성	없다	있다
사용온도 범위	-60~0℃	-60~0℃

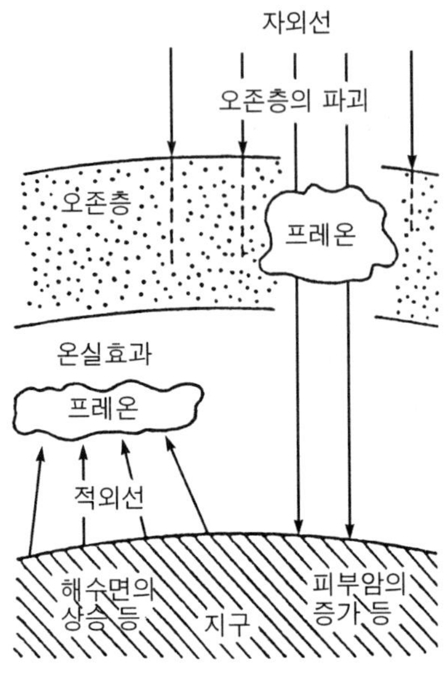

그림 11-13. 프레온의 공해

으나 대기에 방출하면 약 10년 후에 성층권에 도달하여 오존층을 파괴한다고 한다. 즉 프레온의 공해는 그림 11-13에서 보는 바와 같이 온실효과뿐만 아니라 성층권에서 오존을 산소로 바꾸어 버림으로써(O_3 + O → $2O_2$) 오존층의 파괴로 자외선의 노출을 유발하여 피부암의 증가 등 여러 가지 부작용을 낳고 있다.

이에 따라 CFC(chlorofluorocarbon)의 단계적 감축을 내용으로 하는 몬트리얼(Montreal) 의정서에 협약함에 따라 대체물질을 개발해야 할 실정이다. 1987년 9월 오존층 파괴물질에 대한 의정서를 채택한 후 2000년까지 완전히 생산을 금지하도록 되어 있다. 또한 대체용으로 개발된 HCFC(hydrochloro fluorocarbon)는 2040년까지 완전히 폐지할 수 있게 생산량을 조절하도록 하고 있다[8].

이와 같은 여건을 고려하여 점차 냉매로 이용되는 프레온-12, 프레온-115 대신에 대기수명이 짧은 HCFC로 대체하여 냉장고용으로 이용하고 있다. 그리고 브라인은 화학적 성분에 따라 유기물과 무기물로 구분되며, 무기 브라인으로는 제빙용으로 쓰이는 염화칼슘, 식품의 동결에 이용하는 NaCl, 염화칼슘 대용품으로 쓰이는 염화마그네슘이 있다. 유기 브라인에는 ethylene glycol, propylene glycol, methylene chloride가 있다. 주요 냉매와 브라인의 용도와 사용온도는 표 11-11과 같다.

---

8) 여수동, 박종환, 화학교육, 21(1), 22(1994)

표 11-11. 주요 냉매와 브라인의 사용온도와 용도

냉매 또는 브라인	사용온도(℃)	용 도
염화칼슘($CaCl_2$)	-40	제빙용, 냉장용
염화나트륨, 식염(NaCl)	-17	식품과 직접 접하는 경우
R-11(CCl_3F)	-50	저온용
R-12(CCl_2F_2)	-30	동결용
에틸렌글리콜($HOCH_2CH_2OH$)	-30	소형 기계에 이용
프로필렌글리콜($HOC_2H_3CH_3OH$)	-20	냉동식품의 동결용
에틸알코올(C_2H_5OH)	-40	동결용
물(H_2O)	+5	냉장용, 고온용

5) 액체질소에 의한 방법(cryogenic freezing)

액체질소, 액체탄산가스, freon 12 등을 이용한 급속동결 방법이다. 액체질소를 제외하고는 잘 이용이 안 되며, 액체질소의 가격이 비싸 운전비가 많이 든다. 그림 11-14에서 보는 바와 같이 액체질소는 -195.8℃에서 기화하며, 이때 47.6 kcal/kg의 증발잠열을 주위에서 흡수한다. 따라서 다음과 같은 장점이 있어서 개별 급속동결식품을 얻을 수 있기 때문에 여러 가지 제품에 이용이 가능하다.

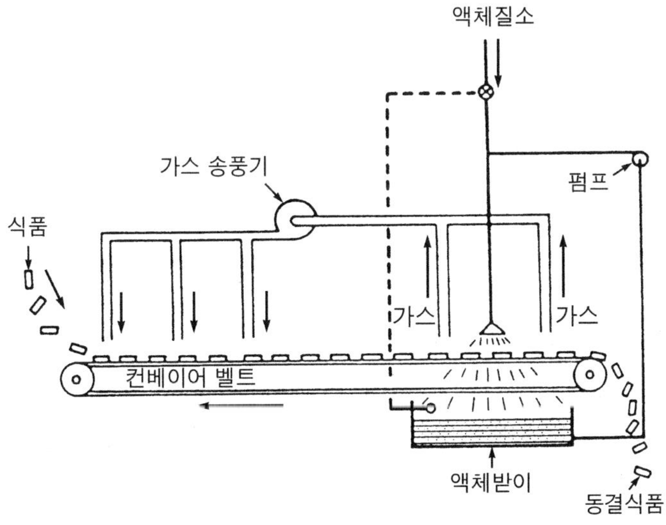

그림 11-14. 액체질소를 사용한 급속동결장치

① 탈수로 인한 손실을 1% 이하로 할 수 있다.
② 산화를 방지할 수 있어서 색깔이 좋다.
③ 미세한 빙결정을 형성함으로써 세포손상이 적어서 동결로 인한 품질 저하를 최소로 할 수 있다.
④ 급속동결로 향미를 유지할 수 있으며, 특히 녹말식품의 경우 동결할 때에 α화 고정률이 좋다.
⑤ 시설이 간단하고 연속조작이 가능하여 좁은 장소에서 동결속도를 높일 수 있다.
⑥ 미생물의 증식을 최소로 할 수 있다.

이와 같은 장점은 액체질소에 의한 동결법을 비롯하여 급속동결법에서는 완만동결법에 비하여 식품의 품질 유지가 쉽다.

10. 냉동방법의 선택

식품에 따른 냉동방법의 선택은 제품의 종류, 공정규모, 시설투자, 냉동비용, 식품의 품질 등 여러 가지 요인에 의해 결정된다. 대규모의 공정에서의 제품 1 kg에 대한 냉동비용은 송풍동결법, 접촉식 동결법, fluidized bed 동결법, freon 동결법은 거의 비슷하다. 액체질소에 의한 동결법은 공정에서 사용된 액체질소를 회수할 수 없어 가장 비싸다. 액체 탄산가스에 의한 동결법은 중간 정도에 해당한다.

식품의 품질을 유지하기 위하여 급속동결법(rapid freezing)을 이용하면 얼음결정이 미세하여 조직의 파괴와 단백질의 변성이 적고, 원료의 상태를 유지하는 일이 가능하다. 동결할 때에 결정속도가 빠르면 얼음 결정체가 작아지고, 늦으면 커진다. 따라서 과일 및 채소와 같이 조직이 섬세할수록 급속동결을 시키면 동결로 인한 손상을 줄일 수 있다.

11. 식품의 동결

동결속도에 따른 대표적인 식품의 동결곡선은 그림 11-15에서 보는 바와 같다.

A~S 구간은 느낌열(sensible heat)이 제거되는 냉각기로 과냉각(supercooling)이 일어날 때까지 온도는 직선적으로 감소한다. S~B 구간은 과냉각되었던 얼음이 결정화열(crystallization heat)을 방출하면서 온도가 약간 상승하여 빙결점에 이르게 된다. B~C 구간은 수분이 결정화가 일어나는 부분으로 전체의 약 3/4에 해당하며, 길고 평탄하다.

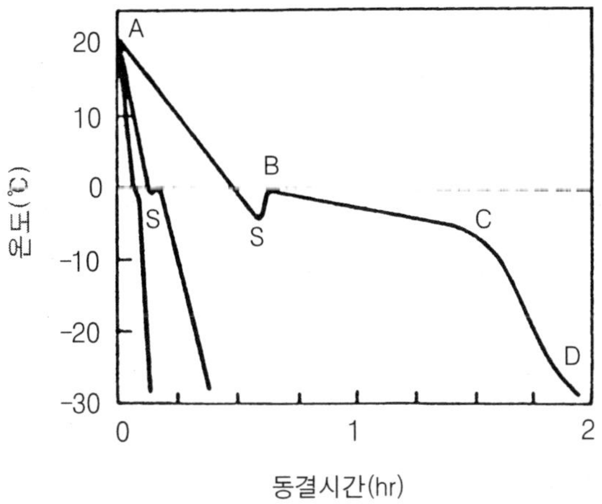

그림 11-15. 동결속도에 따른 대표적인 동결곡선
S : Supercooling

이는 동결이 안 된 부분의 농도가 증가하여 동결잠열을 외부로 방출하기 때문이다. 이 구간을 최대 **빙결정 생성대** 또는 **한계 온도대**라고 한다. -1～5℃의 온도구간으로 이 구간을 빨리 통과시켜 물리적·화학적인 품질의 변화를 줄일 수 있다. 급속동결은 일반적으로 한계 온도대를 35분 이내에 통과시켜 얼음결정이 70 μ 이하로 하는 것을 말한다. 그러나 실제적인 동결장치를 사용할 때에 35분 이내에 -5℃가 되는 것은 표면에서 1.5 cm 정도이다. 따라서 실제에 있어서는 3 cm 이상의 두께를 가진 식품이 많아 식품 전체가 급속동결되는 경우는 거의 없다.

12. 냉동공정

식품의 냉동공정은 서로 비슷하다. 식품냉동에서 많이 이루어지고 있는 수산물의 냉동공정을 예로 들어 설명하면 다음과 같다.

전처리 공정 : 원료의 선별 → 수세(水洗) → 조리 → 재수세(再水洗) → 선별(選別) → 산화방지제 또는 동결변성 방지제의 처리 → 칭량과 내장작업 → Panning(freezing pan에 담는 작업) →

동결공정 : 어류 중에 큰 것은 개체동결(個體凍結)을 시키며, 작은 것은 집괴동결(block freezing)을 시킨다.
↓

Depanning 작업 : 표면에 물을 뿌리거나, 흐르는 물에 30～60초 간 침지한 다음 가볍게 충격을 준다. 이때 사용하는 물은 10～20℃이고, 실내온도는 5～10℃가 알맞다.

↓

Glazing : 냉수에 담근 다음 건져 올리면 부착한 물은 얼어붙어 표면에 얇은 얼음 피막(氷衣, glaze)을 형성하게 된다. 얼음 피막을 입히는 작업은 표면 경화현상(skin effect)을 방지할 수 있다. 그리고 산화방지, 단백질의 변성방지, 유소(油燒, rusting) 현상을 방지할 수 있다. 이때 실내온도는 -5～-10℃, 용수온도는 1～3℃로 한다. 맑은 물을 사용하여 3～6초 간 2～3회 침지처리 함으로써 3～5%의 중량 증가가 일어나도록 2～7 mm 이상 두께의 얼음 피막이 붙도록 한다.

바닷물을 사용할 때는 부착 양의 70～80%가 떨어지고 불투명한 결점이 있다. 무색투명하게 하기 위하여 5～7%의 propylene glycol를 혼용한다. 또한 면실유 등을 사용하여 동결식품 표면에 덮는 경우도 있으며(oil glazing), 두껍고 단단하게 부착시키기 위하여 용수에 젤라틴, 녹말, CMC, 알긴산 등의 1% 용액을 사용하면 호료(糊料, glazing) 부착 양이 2～3배 증가한다.

↓

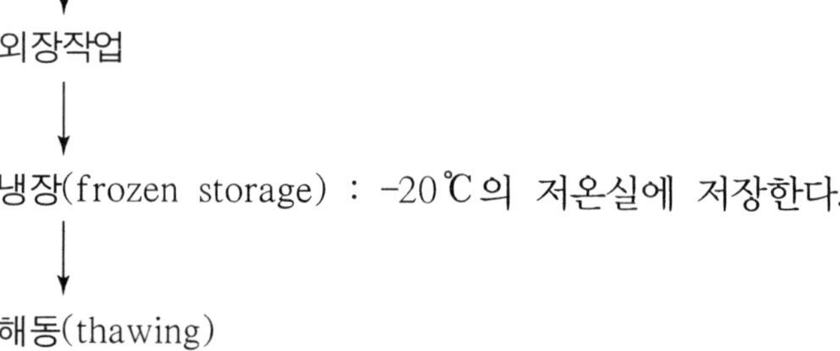

13. 냉 장

동결한 식품을 -18℃ 부근에서 저장함으로써 미생물에 의한 품질 저하는 거의 없다. 그러나 물리적 또는 화학적인 변화로 품질이 떨어지는 경우가 있다.

13.1 물리적인 변화

냉장 중에 일어나는 물리적인 변화로는 얼음의 재결정과 승화를 들 수 있다. 또한 동결할 때에 얼음의 팽창률이 약 9%로 세포 자체나 세포의 배열에 물리적인 손상을

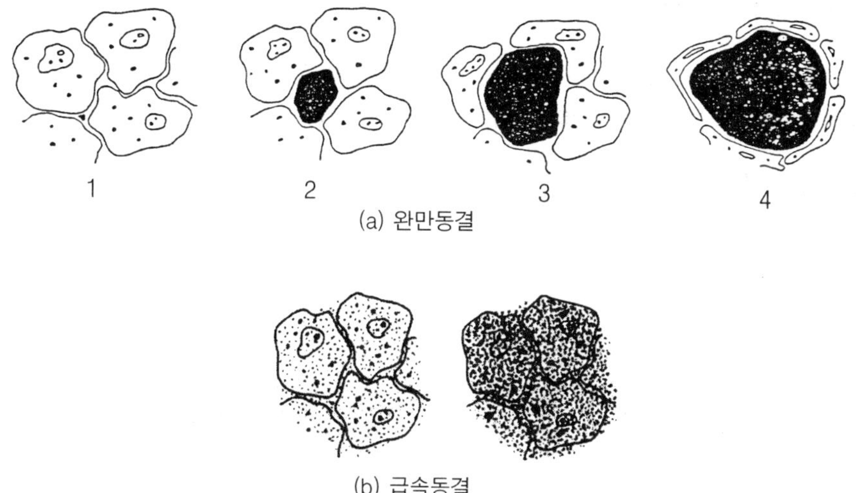

그림 11-16. 근육조직의 동결 중에 볼 수 있는 세포외 빙결정 생성과 세포의 탈수 진행상황

줄 수 있다. 냉장 중에 미세한 얼음 결정이 모여서 큰 얼음결정을 형성하는 것을 재결정(recrystallization)이라고 한다. 재결정은 냉장 중에 흔히 발생한다. 냉장 초기에는 급속동결에 의해 얼음 결정을 미세하게 만들어 세포의 손상을 최소화 할 수 있다. 그러나 급속동결에 대한 효과는 완만동결에 비하여 품질 보존이 초기에 나타났다가 저장기간이 경과함에 따라 재결정으로 인하여 점차 없어지게 된다. 재결정의 방지를 위하여 저장온도를 일정하게 유지하거나, 저장기간을 단축하여 재결정을 효과적으로 조절하여야 한다.

그림 11-16에서 보는 바와 같이 식품을 완만동결을 시킬 때 또는 급속동결을 한 식품을 오랜 기간 동안을 냉장하면 미세한 얼음결정(검은 부분)이 냉장 중에 점차 커지면서 세포조직이 수축과 탈수가 일어나 식품이 기계적 손상을 입는 것을 알 수 있다.

냉장 중에 일어나는 승화(sublimation)는 불완전한 포장식품에서 나타나며, 심한 경우에는 냉동화상(freezer burn)을 일으킨다. 냉동화상은 식품 표면이 다공성(多孔性)이 되어 공기와 접촉면이 커져 지방의 산화, 단백질의 변성, 풍미의 저하 등이 일어난다. 제품의 수분손실을 방지하기 위하여 상대습도를 높이거나, 수증기압에 대한 투과성이 없는 포장재료를 사용하면 방지할 수 있다.

13.2 화학적인 변화

냉장 중에 일어나는 화학적인 변화는 급속동결과 완만동결 사이의 품질 차이를 감소시키는 반응으로서 다음과 같은 현상이 일어난다.

① 색소의 소실
② 비타민의 파괴
③ 지방의 산화
④ 비동결 부분의 용액 중에 유기염류 또는 무기염류의 농도 증가로 일어나는 염석(salting out)
⑤ pH 변화로 콜로이드 계의 손상에서 오는 단백질의 불용화 또는 불안정

이와 같은 화학적인 변화는 냉장 중에 서서히 일어나며, 온도가 낮아질수록 화학반응은 감소한다. 또한 동결 초기에는 자가소화(glycolysis) 현상도 일어날 수 있다.

14. 해 동

비유동성 식품(nonfluid food)은 동결시간에 비하여 해동(thawing) 시간이 길어지며, 온도 차이도 적다. 이때 화학적·물리적 변화와 미생물에 의한 손상이 크다. 이는 얼음과 물의 성질을 비교할 때 열전도도가 4배의 차이가 나며, 열확산도(thermal diffusivity)도 9배의 차이가 나기 때문이다.

그림 11-17에서 보는 바와 같이 실린더형 식품을 동결할 때와 해동할 때의 열이동 방향과 온도 분포를 비교해 보면 쉽게 이해할 수 있다. 동결할 때에 비하여 해동할 때에 많은 시간이 소요됨을 알 수 있다. 즉 동결할 때는 시간이 경과함에 따라 외부로부터 얼음 층이 형성되어 열이동 속도가 빨라지는데 비하여, 해동할 때는 반대로 외부로부터 얼음 층이 녹아 없어지게 되어 외부로부터 내부로 열전달속도가 낮아지게 된다.

이를 냉동시간과 해동시간별로 식품온도의 변화를 비교하면 그림 11-18과 같이 2배 이상의 시간이 소요됨을 알 수 있다. 가정에서 냉동식품을 해동(解凍)할 때는 끓은 물에 직접 침지하는 경우 대부분의 과일은 고온에서 상해를 받음으로 따뜻한 온도를 유지해 주어야 한다. 그리고 해동 후에 색깔과 물성이 빨리 손상되므로 바로 소비하여야 한다. 육류·어류·가금류는 동결품의 크기가 작을 때는 동결상태에서 직접 조리하며, 클 때는 다음과 같은 해동방법을 이용한다.

① 냉장고 냉장실 내에서 해동한다.

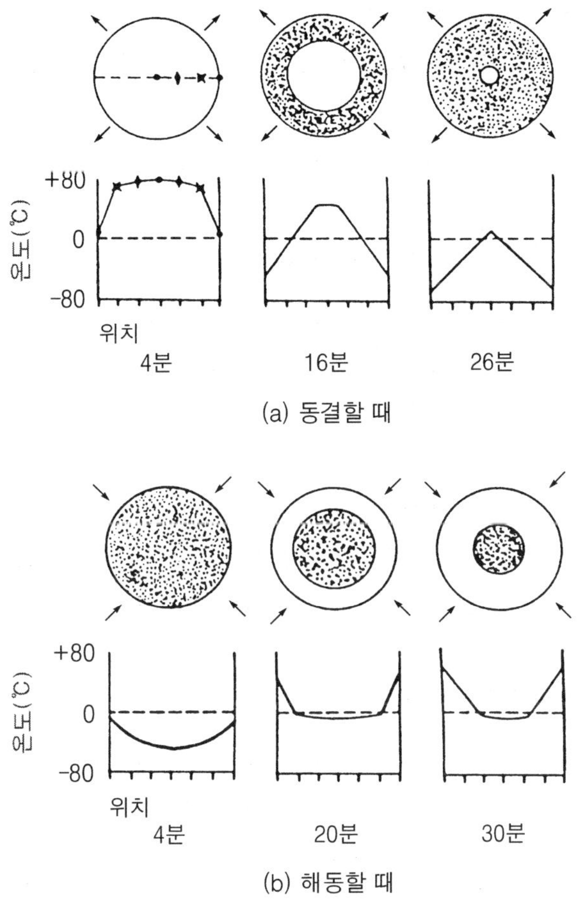

그림 11-17. 실린더형 식품의 냉동과 해동할 때의 변화

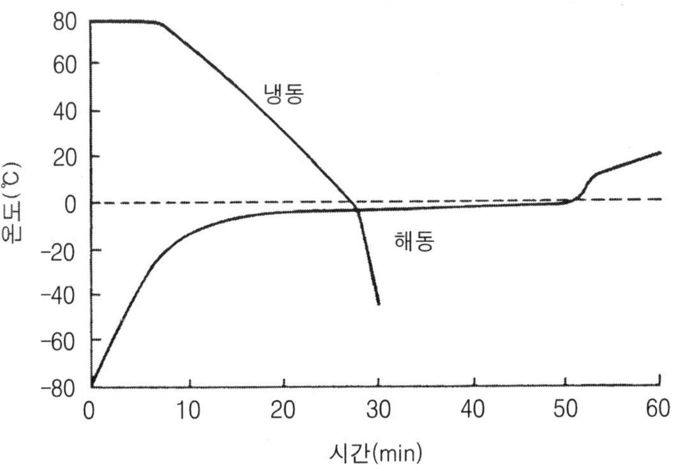

그림 11-18. 냉동식품의 냉동곡선과 해동곡선

② 제품이 포장되어 절연되었을 때는 실온에서 해동한다.
③ 플라스틱 필름으로 잘 포장이 되어 있는 제품은 약간 따뜻한 물에 침지하여 해동하는 것이 좋다.

공업적인 해동방법에는 다음과 같은 방법이 있다.

1) 전기해동법(radiofrequency heating)

10～100 Mcycle의 dielectric 또는 microwave에 의한 해동방법으로 전도에 의한 해동법에 비하여 빠르고 균일하게 이루어진다. 제품의 종류・크기・형태에 따라 해동조건이 달라지므로 유의해야 한다.

2) 송풍해동법(air blast thawing)

20℃의 공기를 300 m/min의 속도로 송풍하여 해동하거나, 감압상태에서 20℃의 온수를 약 30 cm/min의 속도로 흐르게 하여 해동시킨다.

3) 접촉해동법(contact thawing)

냉동장치 중에 있는 응축기의 냉각수를 이용하여 해동하는 방법이다. 해동할 때에는 유출액즙(drip)이 발생하는 경우가 많다. Drip이 발생하면 무게의 감소, 단백질, 엑스분(extract), 비타민, 염류 등 가용성 성분의 용출로 식품의 풍미와 조직이 나빠진다. 이는 동결로 인한 식품조직의 물리적인 손상과 단백질의 변성으로 인한 교질적 변화로 보수력의 감소로 인해 발생된다. 발생량은 원료의 종류, 선도(鮮度), 동결속도, 냉장온도, 냉장기간, 냉장 중의 온도변화, 해동방법 등에 의한다. 전처리 과정에서 당류, 식염, 축합인산염(polyphosphate) 등의 첨가로 drip 양을 어느 정도 감소시킬 수 있다.

제 12 장

식품의 건조

쌀·보리 등과 같은 곡류를 비롯하여 두류(豆類), 해조류와 어류 등의 수산물, 분유와 인스턴트차 등과 같은 가공식품은 우리 식생활에 흔히 이용되고 있는 건조식품이다. 식품의 건조는 단순히 식품에 들어 있는 수분을 제거하는 조작에 불과하지만, 이로 인하여 많은 이득을 얻게 된다. 우선 무게와 부피를 줄여 수송과 유통을 편하게 할 뿐만 아니라 미생물의 번식을 억제하여 오랜 기간 동안 저장이 가능하도록 한다. 식품의 종류에 따라서는 건조과정에서 독특한 색깔, 맛, 향미를 나타내는 경우가 많아 상품적인 가치를 높이기도 한다.

건조(drying) 또는 탈수(dehydration)에 의한 식품의 저장원리는 식품 내의 수분을 낮춤으로써 용질의 상대적인 농도를 높여 식품의 수분활성도(A_w)를 떨어뜨리는 것이다. 이에 따라 미생물, 효소에 의한 식품의 변질을 억제하는 일 외에도 식품성분 사이의 화학변화를 줄일 수 있다.

식품은 잘 마르지 않는 성질이 있어서 열에너지가 많이 소요될 뿐만 아니라 건조하는 데 많은 시간이 소요된다. 따라서 열효율을 높이고, 짧은 시간 내에 효과적으로 수분을 제거하는 방법과 원리를 습득하는 것이 필요하다. 식품의 건조에는 일광건조처럼 특별한 시설을 요구하지 않는 경우도 있지만, 대부분 건조공장에서는 가열공기에 의한 인공건조법이 이용된다.

액체식품에 있어서는 수분을 증발시켜 농축하거나 탈수시켜 건조제품으로 만든 후 진공포장한다. 또한 건조 중에 제품이 가지고 있는 성분의 변화를 최소화하기 위하여 냉동건조법이 많이 이용된다. 식품의 종류에 따라 각각의 건조장치를 사용해야 하므로 그 구조와 기능을 이해할 필요가 있다.

1. 식품건조의 원리

식품에 들어 있는 수분을 제거하기 위하여 증발잠열(latent heat of vaporization)을 외부로부터 공급해 주어야 한다. 식품을 가열하는 방법은 미리 가열된 철판에 접촉시켜 전도(傳導)에 의한 열전달 방법도 있다. 그러나 일반적으로 가열된 공기를 식품에 접촉시켜 대류(對流)에 의해 열이 식품 속으로 전달하게 하는 방법이 주로 이용된다.

상압건조에서의 건조원리는 가열공기로서 식품에 열을 전달하며, 식품 표면의 수분을 증발시켜 식품에서부터 생기는 수증기를 제거하는 것이다. 즉 식품 내의 수분은 건조된 표면으로부터 수분증발이 진행됨에 따라 표면증발(surface evaporation)이 일어나고, 식품의 표면층과 내부와의 성분의 농도 차이가 발생한다. 그리고 수분의 내부확산 또는 식품조직 내에 형성된 모세관 현상에 의해 내부에 있던 수분은 표면으로 확산된다.

표면으로 이동된 수분은 공기의 흐름에 의해 제거된다. 따라서 건조속도는 '수분이 내부로부터의 확산'과 '표면으로부터의 증발'의 2가지 요소에 의해 결정된다. 건조속도는 주로 표면증발의 속도에 의해 결정된다. 표면증발에 비하여 내부 확산속도가 늦을 때는 내부 확산이 이루어지는 속도에 의해 결정된다. 식품을 건조할 때 초기에는 표면에 있던 수분이 대기와 수분평형이 될 때까지 증발하게 된다. 어느 정도 시간이 경과하더라도 건조비율은 거의 일정하게 진행한다. 이 기간(그림 12-1의 B～C 구간)을 **항율건조기**(constant rate period of drying)이라고 하며, 이 기간에는 건조속도가 크다.

이후는 건조가 진행될수록 표면의 수분이 점차 없어지고, 내부 확산이 서서히 진행됨에 따라 저항이 생긴다. 시간이 경과함에 따라 건조속도는 점차 떨어지게 된다. 이

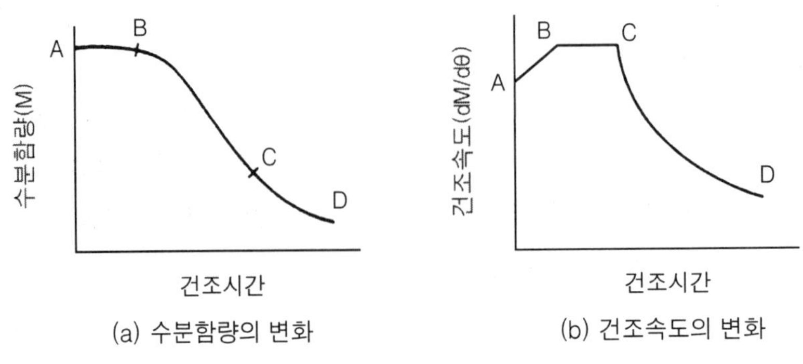

그림 12-1. 식품의 건조곡선

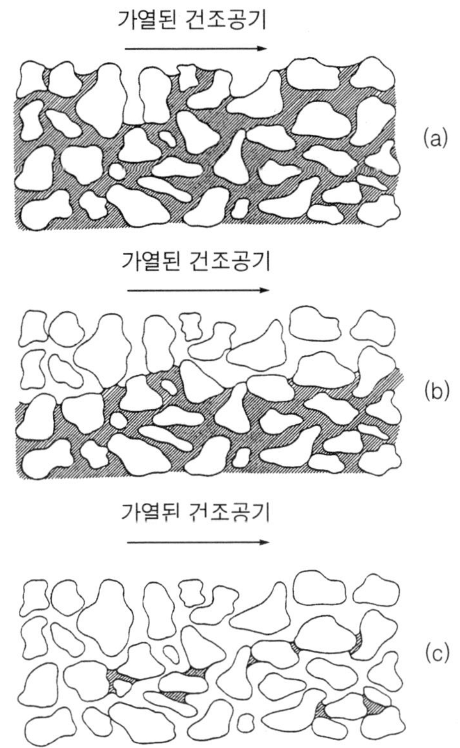

그림 12-2. 식품의 건조 중에 일어나는 모형(진한 부분은 수분)

기간(C～D 구간)을 **감율건조기**(falling rate period of drying)이라고 한다. 그림 12-1에서 보는 바와 같이 이 기간은 건조속도가 직선적으로 감소하는 감율건조기 제1단계와 곡선 형태로 이루어지는 감율건조기 제2단계로 구분된다.

건조가 진행되는 동안 식품 속에 들어 있는 수분의 변화에 대한 모형은 그림 12-2에서 보는 바와 같다. 세포 사이에 들어 있던 수분은 건조가 진행되는 동안 표면으로 이동하면서 표면증발이 일어나고(a), 점차 수분함량의 감소로 건조가 어려워진다(b). 건조 종료시기에는 식품 내부의 수분함량 감소로 식품조직이 위축되거나 또는 냉동건조에서는 다공성 조직을 형성하게 된다(c).

1.1 항율건조

건조속도가 일정한 기간으로서 이슬에 젖은 곡물, 세척한 채소 등 수분이 많은 상태의 식품 또는 분무건조에서처럼 액적(液滴)의 초기 건조 등이 항율건조에 해당한다. 식품원료가 물의 막에 싸여져 있는 것과 같아서 마치 순수한 물의 건조속도로 생각할 수 있다.

항율건조기에 있어서는 가열공기가 대류 방식에 의해 물 층으로 전달되기 때문에 열전달 속도(q)는 식 (12-1)과 같이 나타낼 수 있다.

$$q = hA(t - t_w) \tag{12-1}$$

여기에서 h는 표면전열계수(W/m² °K), A는 식품의 표면적(m²), t는 식품과 접하고 있는 공기의 온도, t_w는 식품의 표면온도이다.

항율건조기에서의 건조속도(dM/dθ)는 열이동식으로부터 구할 수 있다. 즉,

$$-\frac{dM}{d\theta} = \frac{q}{A\lambda_w} = \frac{h(t - t_w)}{\lambda_w} \tag{12-2}$$

여기에서 λ_w는 온도 t_w에서의 물의 증발잠열(J/kg)이다.

표면전열계수 h 값은 일반적으로 실험식을 사용하여 구할 수 있다. 예를 들어 가열공기의 이동이 식품표면과 수평일 경우는 식 (12-3)이 적용되며, 수직일 경우는 식 (12-4)가 적용된다. 식에서 G는 질량속도(mass velocity, kg/h m²)이며, h는 W/m²° K의 단위를 갖는다.

$$h = 0.0204\,G^{0.8} \tag{12-3}$$

$$h = 1.17\,G^{0.37} \tag{12-4}$$

1.2 감율건조

건조가 진행됨에 따라 식품 표면에 수분이 매우 적거나 또는 거의 없을 경우 식품 중의 수분을 증발시키기 위하여 내부의 수분이 표면으로 이동해야 한다. 이때 표면에서의 수분 증발속도보다 조직 내의 수분 이동속도가 작으면 수분증발은 제한을 받게 된다. 따라서 이때는 표면에서의 수분 증발속도가 감소하는 감율건조 현상이 일어난다.

이 기간의 건조속도는 조직 내의 수분 이동속도에 지배를 받는 건조기간이라고 할 수 있다. 이때 수분이 이동되는 현상은 조직 내의 모세관을 따라 수분이 이동하는 모세관 이동(capillary movement)과 수분의 농도가 수증기 분압의 차이에 따라 이동되는 확산이동(diffusion movement)에 따라 이루어진다.

감율건조 기간의 건조속도는 매우 복잡하기 때문에 어떤 형태로 수분이 이동되는가에 따라 이에 상응하는 건조식을 적용하여야 한다. 일반적으로 감율건조기의 건조속도는 식품의 건조 형태에 따라 주로 모세관 이동에 따를 경우 그리고 확산이동에 따를 경우로 나누어 경험식에 의해 구하게 된다.

1) 모세관 이동에 따를 경우

식품조직 내의 모세관을 통하여 수분이 표면 쪽으로 이동하면서 건조되는 경우이다. 조직 속의 수분함량이 계속하여 변화하기 때문에 건조속도는 수분함량에 비례하며, 식 (12-5)가 적용된다. 예를 들어 곡물을 큰 상자에 넣어 건조할 경우를 생각해 보자. 곡물에는 수분이 충분히 들어 있다고 가정한다면 곡물과 곡물 사이에 좁은 공극(pore)으로 된 모세관 통로를 따라 이동되기 때문에 다음과 같은 식이 적용된다.

$$-\frac{dM}{d\theta} = KA(M - M_e) \qquad (12\text{-}5)$$

여기에서 M_e는 식품의 평형수분함량(equilibrium moisture content)이며, A는 식품의 표면적, K는 수분이동계수(moisture transfer coefficient)이다.

2) 확산이동에 따를 경우

공기와 식품 내의 수분 농도구배가 있을 경우 또는 수증기 분압구배(gradient)가 있을 경우에 해당하며, 식 (12-6)이 적용된다.

$$-\frac{dM}{d\theta} = \kappa(M - M_e) \qquad (12\text{-}6)$$

식 (12-6)은 모세관 이동의 경우와 흡사하며, 실제로 식품을 건조하는 경우 실험적으로 건조속도와 M와 M_e을 실측하여 κ 값을 구한다. 이때 κ 값을 건조상수(drying constant)라고 한다.

1.3 수분 증발속도에 영향을 주는 요인

식품을 건조할 때 수분 증발속도에 영향을 주는 요인으로는 다음과 같은 경우를 들 수 있다.

① 건조공기의 온도, 습도, 압력, 속도, 공기의 이동방향 등이 건조속도에 영향을 준다. 공기의 흐름이 빠를수록 표면에서의 수분증발은 어느 정도 빨라진다. 공

기의 온도가 높을수록 건조속도는 커지나, 갑자기 고온으로 하면 식품 성분이 열변성으로 인하여 품질을 떨어뜨리는 경우가 많다. 공기 흐름의 방향이 평행으로 흐를 때 건조속도가 가장 크고, 수직으로 되면 가장 적어진다.

② 피건조물의 크기·형태로서 표면 증발속도는 표면적에 비례하며, 내부 확산속도는 두께의 제곱에 반비례한다. 또한 조직 중의 지질, 에멀션, 다공성 또는 결정성 입자의 유무 등의 식품 특성에 따라 결정된다. 지방이나 교질상태가 복잡하게 엉켜있는 조직은 건조속도가 빠르면 내부 확산을 방해하여 건조가 늦어진다. 다공성이나 결정성 입자가 많은 식품은 건조가 빠르다.

③ 습도가 높을수록 건조속도는 감소된다. 공기 중의 습도를 감소시켜 일정한 온도를 유지시켜 주면 최대 증기압과의 차이가 커져 건조속도가 빨라진다.

2. 공기의 성질

공기는 식품을 건조할 때 열을 전달하는 매체로서 뿐만 아니라 증발된 수분을 건조기 밖으로 운반 제거하는 역할을 한다. 습윤도표를 이용하여 건조에 관한 내용을 이해하기 위하여 일반적인 공기의 주요 성질을 정리하면 다음과 같다.

1) 절대습도와 포화습도

절대습도(H, humidity)는 단위 질량의 건조공기가 갖고 있는 수분의 양으로서 식 (12-7)과 같이 정의된다. 포화습도(H_s, saturation humidity)는 식 (12-8)과 같이 정의된다.

$$H(H_2O\ \ kg/kg\text{-}air) = \frac{18\ P_a}{29(P - P_a)} \qquad (12\text{-}7)$$

$$H_s = \frac{18\ P_{as}}{29(P - P_{as})} \qquad (12\text{-}8)$$

여기에서 P와 P_a는 공기 중의 수증기 분압(partial pressure)과 전압(total pressure)이다. 그리고 P_{as}는 순수한 물의 수증기압이다.

2) 상대습도와 습도 퍼센트

상대습도(RH, relative humidity)는 공기 중의 수증기 분압과 같은 온도에서 물의 포화증기압(P_s)과의 비율이다. 습도 퍼센트(H_p, % humidity)는 식 (12-10)과 같이 정의된다.

$$RH\ \% = \frac{P_a}{P_s} \times 100 \qquad (12\text{-}9)$$

$$H_p = \frac{H}{H_s} \times 100 \qquad (12\text{-}10)$$

3) 습윤비열

습윤비열(C_s, humid heat)은 공기 1 kg당 H kg의 수분을 포함한 공기의 비열을 의미하며, 다음과 같이 나타낼 수 있다.

$$C_s\,(\text{kJ/kg - 건조공기}) = C_{p\,air} + C_{p\,w}\,H = 1.005 + 1.88\,H \qquad (12\text{-}11)$$

여기에서 $C_{p\,air}$는 공기의 비열, $C_{p\,w}$는 수증기의 비열이다.

4) 습윤비용

습윤비용(v_H, humid volume)은 공기 1 kg이 차지하는 부피를 의미하며, 습도와 공기의 온도(T℃)에 따라 변화하는데 다음과 같이 정의된다.

$$V_H(\text{m}^3\text{/kg - 건조공기}) = 22.4\left(\frac{T+273}{273}\right)\left(\frac{1}{29}+\frac{H}{18}\right) \qquad (12\text{-}12)$$

5) 공기의 엔탈피

공기의 엔탈피(h, enthalpy)는 습도와 온도에 따라 공기가 지니는 열용량이 결정되며, 다음과 같이 정의된다.

$$h\,(\text{kJ/kg - 건조공기}) = 1.005\,T + (1.88\,T + \lambda_w)\,H \qquad (12\text{-}13)$$

여기에서 T는 공기의 온도(℃), H는 습도, λ_w는 온도 T에서의 증발잠열이다.

6) 이슬점

이슬점(T_{dp}, dew point)은 공기가 냉각되어 공기 중에 포함된 수증기가 응축되는 온도를 의미한다.

7) 습구온도

습구온도(T_{WB}, wet bulb temperature)는 얇은 막으로 덮인 온도계가 온도 T인 공기와 접촉하였을 때 나타내는 온도이다. 공기의 습도(H_a), 그 온도에서의 포화습도(H_w), 공기의 습윤비열(C_s) 등에 의해 영향을 받는다.

$$T_{WB} = T_a + \frac{H_a - H_w}{C_s \ \lambda_w} \tag{12-14}$$

식 (12-14)에서 H_w가 H_a보다 크거나 같기 때문에 T_{WB}는 T_a보다 항상 작거나 같은 값을 갖는다. T_a를 T_{WB}와 구분하기 위하여 T_{DB}(건구온도)로 표시한다.

이상과 같은 관계식을 적용하여 공기의 성질을 산출할 수 있다. 이를 쉽게 이용할 수 있도록 하나의 도표로 만든 것을 **습윤도표**(psychrometric chart)라고 한다(그림 12-3).

습윤도표에서 습구온도, 건구온도, 엔탈피, 비용적, 비열들 중에서 어느 2가지를 알면 나머지 것들을 직접 읽을 수 있어서 식품의 건조조작에 널리 이용된다. 예를 들어

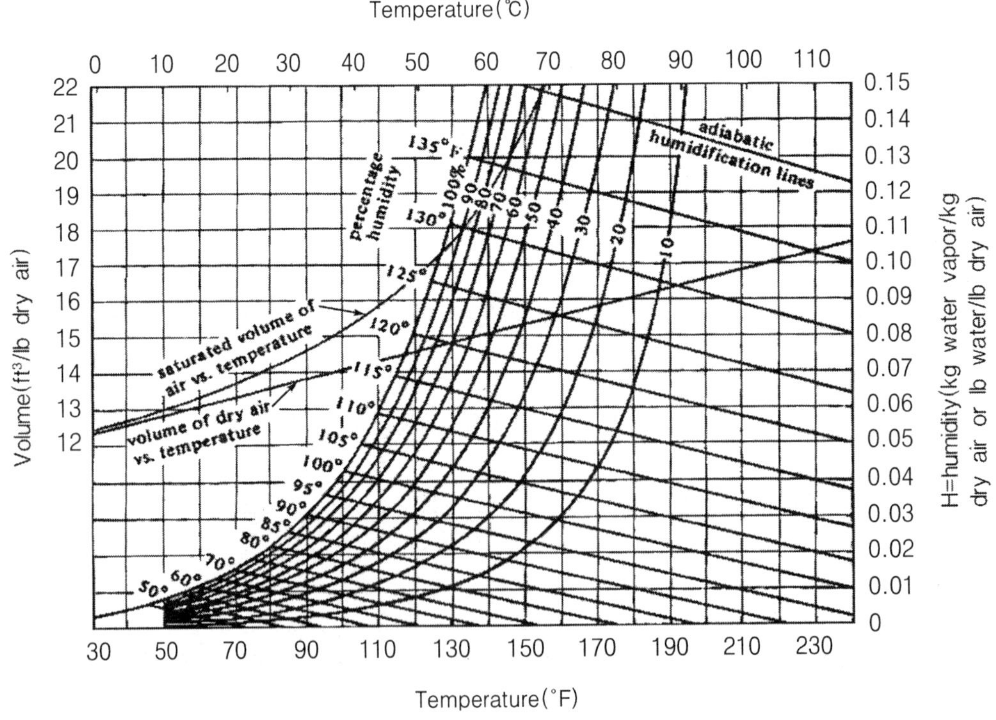

그림 12-3. 공기의 습윤도표

건조실에 불어넣은 건조공기와 건조실에서 배출되는 습윤공기의 온도를 측정하면 증발되는 수분량을 도표로부터 쉽게 알아낼 수 있다.

예제를 통하여 습윤도표를 이용하는 방법을 알아보자.

예제 1 건조실에 건조공기(T_{DB} = 55℃, RH = 25%)를 불어넣어 식품을 건조하고 있다. 건조실에서 나오는 공기의 온도와 습도를 측정하였더니 49℃, 75% RH이었다. 공기 1 kg이 갖고 나가는 수분의 양은 얼마가 되는가?

풀 이: 습윤도표를 이용한다.

① 건조실에 들어가는 공기(55℃, RH = 25%)의 성질에 해당되는 점을 표시하고(a), 오른쪽으로 수평으로 선을 그어 습도값 H_a를 읽는다.

② 건조실에 배출되는 공기(49℃, RH = 75%)의 싱질에 해당되는 짐을 표시하고(b), 오른쪽으로 수평으로 선을 그어 습도값 H_b를 읽는다.

③ $H_b - H_a$의 값이 공기 1 kg이 갖고 나가는 수분량이며, 0.078 - 0.038 = 0.04 kg이다.

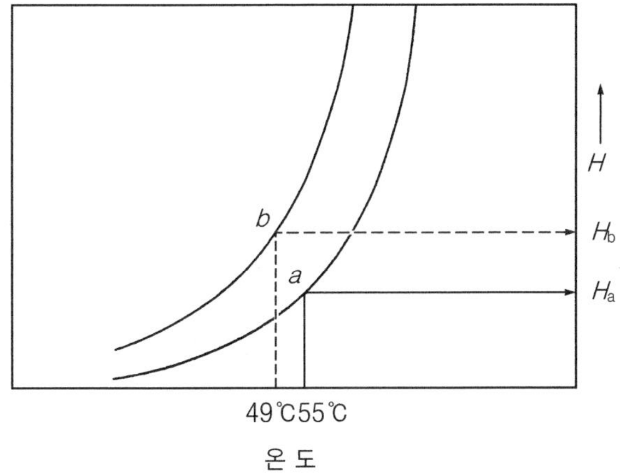

3. 건조방법의 종류

식품을 건조시킬 때는 원료식품의 조직상태, 성분조성, 농도에 알맞은 건조방법과 조건을 선택하며, 건조 후 이용방법에 알맞은 방법을 택해야 한다. 식품 건조방법을 구분하면 그림 12-4에서 보는 바와 같다. 그리고 각종 건조방법에 따른 적용식품과 특징을 요약하면 표 12-1에서 보는 바와 같다.

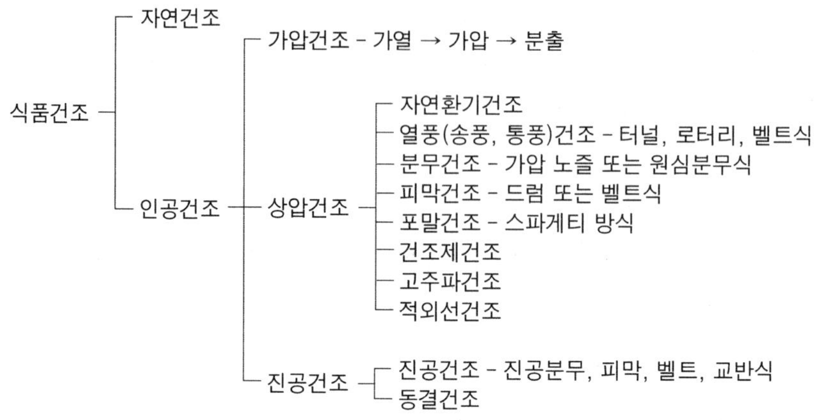

그림 12-4. 건조방법의 종류

표 12-1. 건조방법과 건조식품과의 관계

건조방법	적용식품	특 징
열풍건조 분무식	인스턴트커피, 분유, 분말유지, spice류, 조미료, 수프, 분말음료, 코코아 등	액상의 상태를 분립상으로 제조하는 방식으로서 인스턴트식품에 많이 응용된다.
통기벨트식	마카로니, 스파게티, 건면, 건조채소, 유아식, 홍차, 애완용 사료, 분말사료 등	고형물의 건조에 주로 사용하며, 연속처리가 가능하다.
유동층식	인스턴트크림, 분말치즈, 분말주스, 소금, 밀가루, 착즙박(감귤, 사과) 등	분말상 식품의 건조에 응용되며, 조립기를 병용하여 이용하는 경우가 많다.
회전식	설탕, 포도당, 녹차, 홍차, 사료, 착즙박 등	분말상 식품에 주로 이용되며, 연속적으로 대량 처리에 유리하다.
기류식	밀가루, 분말전분, 코코아, 인스턴트크림, 어분(魚粉) 등	분말상 식품에 응용된다.
상자형 (케비넬형)	코코아, 분말젤리, 건조채소, 건조과일, 염장어류 등	정치식으로 가장 일반적인 형태로서 설치비가 적게 들고, 취급이 간단하다.
기 타 (터널, 드럼 롤러식 등)	채소, 과일, 엿, 감자플레이크, 인스턴트소스 등	여러 가지 형태의 건조기가 있으며, 드럼 건조기는 유동성이 좋지 않아 분무건조가 부적합 식품에 이용된다.
진공건조	분말주스, 분말커피, 글루텐, spice, 채소, 과일류, 분말된장, 분말연유 등	열에 의해 품질의 변화가 일어나기 쉬운 식품의 건조에 이용한다.
동결건조	인스턴트커피, 분말된장, 채소, 과일, spice류, 천연색소, 로얄젤리, 육류, 어패류 등	진공건조와 비슷하며, 고품질 유지를 요구하는 식품의 건조에 이용한다.

4. 건조장치

식품의 건조에 이용되는 건조장치에는 많은 종류가 개발되어 이용되고 있다. 각 식품의 특성에 따라 알맞은 건조장치를 선택할 필요가 있다. 여기에서는 대표적인 건조장치에 대하여 알아보자.

4.1 회분식 건조기

1) 일광건조

일광건조는 자연건조 또는 태양열 건조라고도 한다. 태양열과 풍력을 이용한 건조방법으로 농산물, 어패류, 해조류 등 많은 식품의 건조에 이용된다. 특별한 설비가 필요 없으며 간단하다. 대량 처리가 가능하며, 가격이 적게 드는 장점이 있다. 그러나 기후에 영향을 받으며 착색·퇴색·산화 등의 화학적인 성분변화가 심하다. 그리고 효소에 의한 성분의 분해가 많이 일어나는 결점이 있다.

2) Kiln 건조기

그림 12-5에서 보는 바와 같은 건조장치로서 식품을 건조기에 올려놓고 건조한 가열공기를 이용하여 건조한다. 건조 도중에 식품을 내리거나 뒤집는 등 노동력이 많이 들고, 건조시간이 길다. 건조사과의 제조 등에 이용된다. 건조 중에 수분이 20% 이상

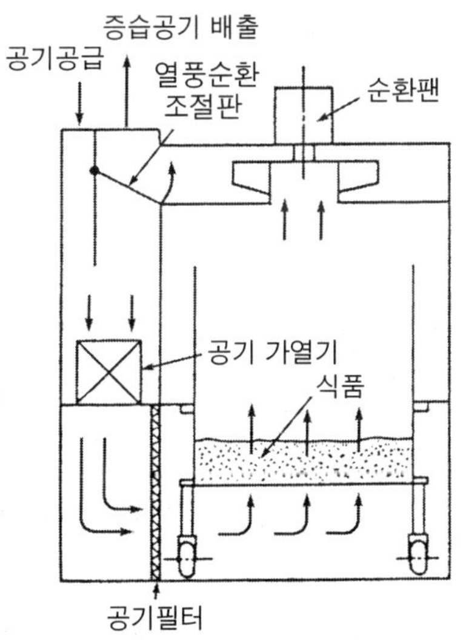

그림 12-5. Kiln 건조기

이 되더라도 지나친 건조시간을 피하기 위하여 건조를 중지하고 아황산처리(sulfiting)를 해야 한다.

3) Cabinet 또는 tray 건조기

그림 12-6에서 보는 바와 같은 건조기로서 소규모 공정에 유리하다. 시설비가 적게 들고, 시설의 변경 등에 유리하다. 가열공기를 120~300 m/min의 속도로 순환시킨다. 가열장치로는 직접 가스를 연소시켜 가열공기를 얻거나 스팀에 의한 열교환장치 또는 전기에 의한다. 과일 및 채소의 건조에 많이 이용하는 건조기이다.

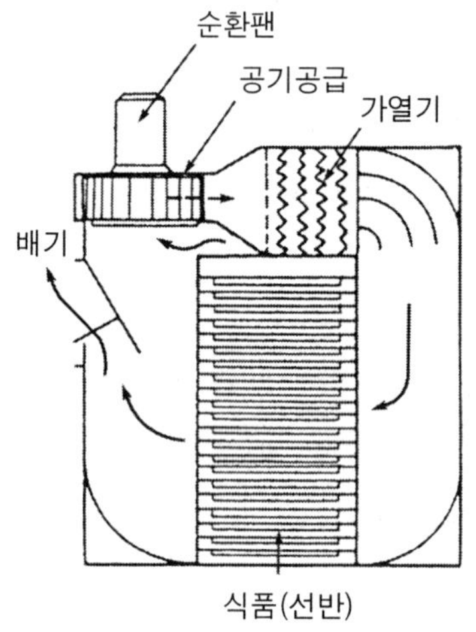

그림 12-6. Cabinet 건조기

4.2 연속식 건조기

1) 터널건조기

그림 12-7에서 보는 바와 같은 터널건조기(tunnel drier)는 가열공기를 보내는 방향에 따라 향류식(co-current)과 병류식(count-current)의 형태로 나눈다. 건조터널의 크기는 약 1.8 × 1.8 × 24 m이며, 가열공기의 속도는 150~360 m/min로 한다. 향류식 건조기는 수분증발 효과가 크며, 열에 의한 손상이 작으나 수분함량이 낮은 제품을 얻기 어렵다.

그러나 병류식 건조기는 향류식에 비하여 수분함량이 낮은 제품을 얻을 수 있고 경제적이다. 그러나 건조속도가 떨어져 제품의 수축이 일어날 수 있고, 변질이 우려

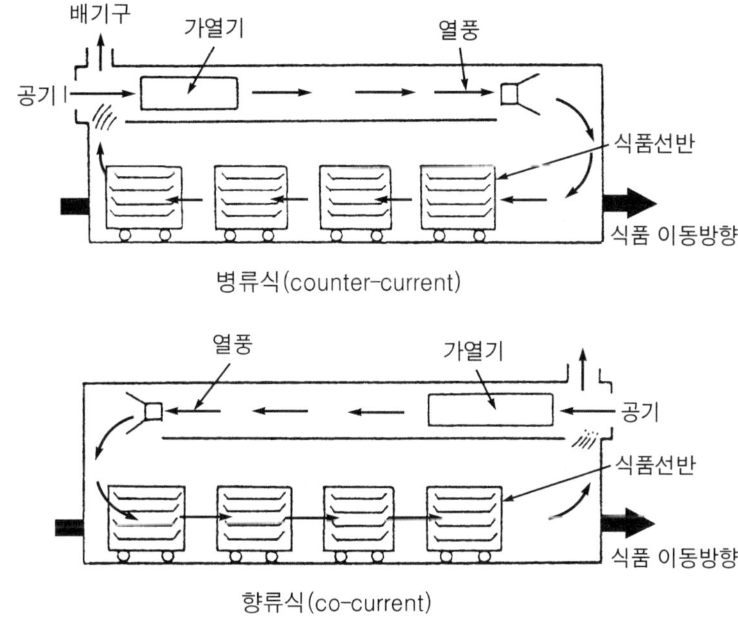

그림 12-7. 터널건조기(병류식 및 향류식)

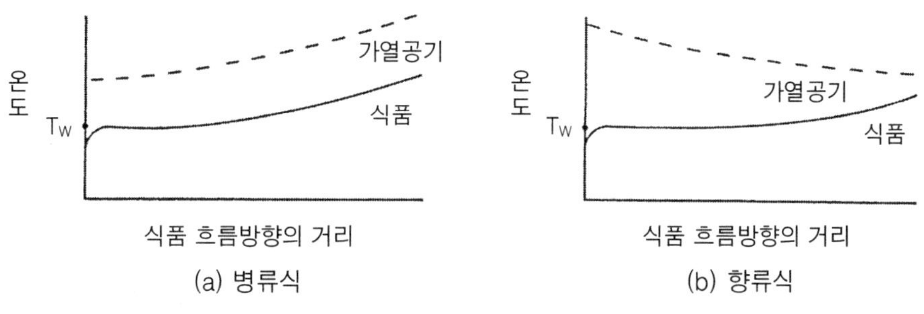

그림 12-8. 항율건조기에서의 온도 변화

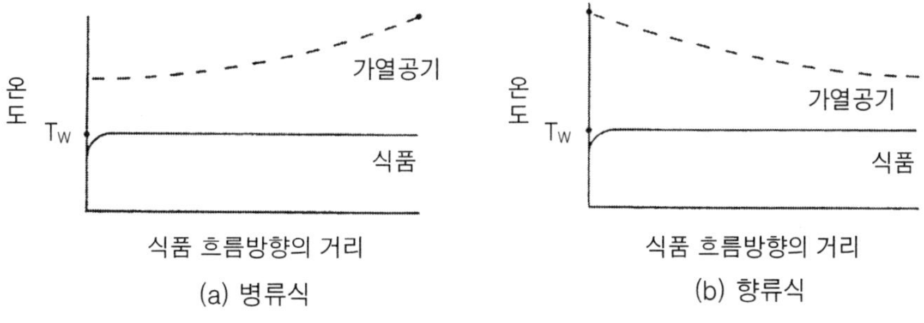

그림 12-9. 감율건조기에서의 온도 변화

된다. 향류식과 병류식 건조기 내에서 항온건조기와 감율건조기에서 가열공기와 제품의 온도 변화를 보면 그림 12-8과 그림 12-9에서 보는 바와 같다.

두 가지 건조기의 결점을 보완하기 위하여 측면에서 가열공기를 보내는 방법(cross-flow system)을 이용하는 경우도 있다. 이 방법은 온도 조절이 가변적이기 때문에 가열공기의 방향을 조절하여 수분함량이 일정한 제품을 얻을 수 있으나 비교적 건조비용이 많이 든다.

2) 벨트건조기

벨트건조기(belt dryer 또는 conveyer dryer)는 그림 12-10에서 보는 바와 같다. 연속식 건조기로서 과일 및 채소의 건조에 많이 이용된다. 과일 및 채소를 세척한 다음 알맞은 크기로 절단하여 피건조물의 표면적을 증가시켜 건조속도를 높인다. 10~15%의 수분함량을 갖는 제품을 얻을 수 있으며, 다른 방법에 비하여 비교적 건조비용이 많이 든다. 한 가지 종류의 원료를 연속적으로 건조할 경우는 알맞다. 그러나 원료 특성이 다른 여러 가지 종류의 채소를 건조하려고 할 때는 내부 설비를 교환해야 하는 등 운용에 문제점이 있다.

곡류·두류 등 입상식품을 포함하여 분상식품, 인스턴트용 채소, 스낵식품, 해조, 버섯 등 성형식품에 이르기까지 사용범위가 매우 넓다.

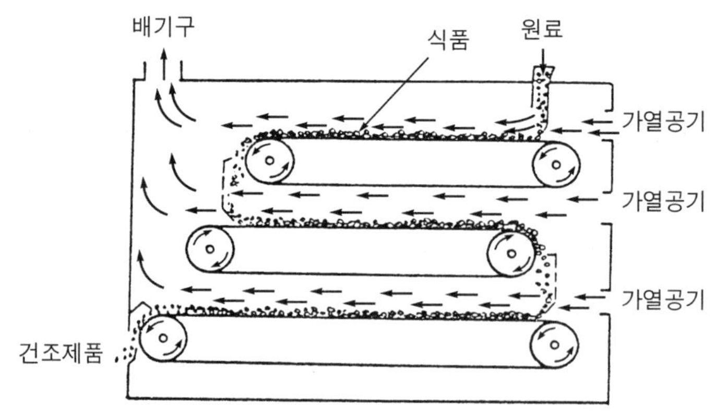

그림 12-10. 벨트건조기

4.3 드럼건조기

드럼건조기(drum dryer, film dryer 또는 roller dryer)는 액체, slurry 상, paste 상, 반고형상의 원료를 건조하는 데 이용된다. 액상인 피건조물을 드럼 표면에 엷은

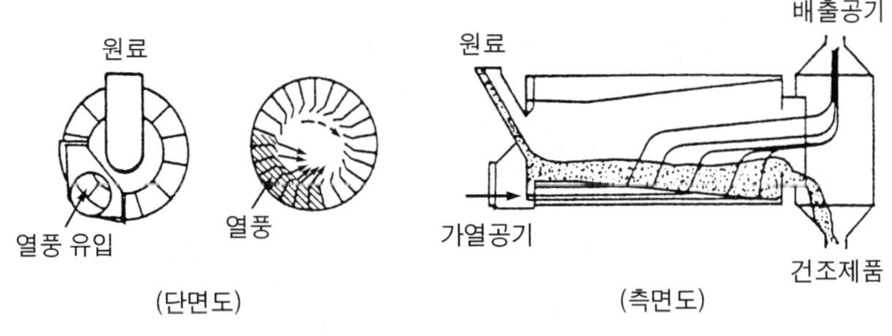

(a) 곡물 또는 입상식품 건조용 드럼건조기

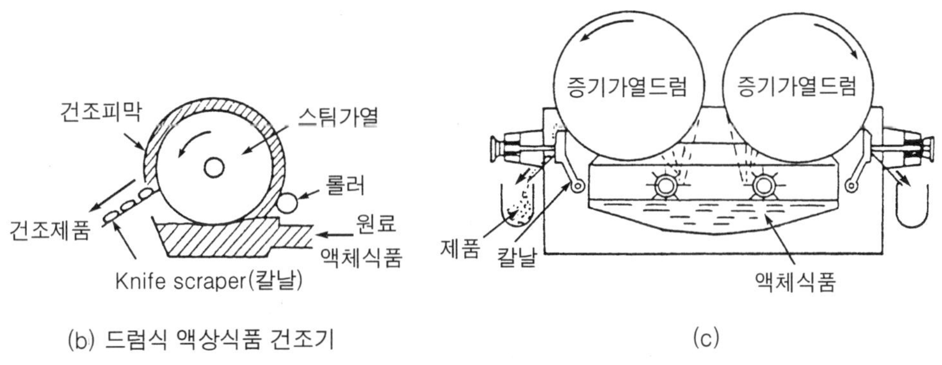

(b) 드럼식 액상식품 건조기

(c)

그림 12-11. 드럼건조기

막을 형성하도록 하여, 이를 가열표면에 접촉시켜 전도에 의한 건조가 이루어진다. 드럼은 철제 또는 스테인리스 스틸로 되어 있으며, 스팀으로 내부에서 가열하도록 되어 있다. 그림 12-11에서 보는 바와 같이 피건조물을 드럼 표면에 주입하는 방법에 따라 구분하기도 한다.

드럼건조는 여러 가지 범위의 원료에 적용시킬 수 있다. 건조시간이 매우 짧기 때문에 열변성이 적은 특징이 있다. 그리고 열효율이 높고 구조가 간단하며, 청소하는 일이 쉽다. 따라서 소량 다품종 생산에 알맞아 많은 종류의 식품건조에 응용된다.

4.4 분무건조기

인스턴트커피, 분유, 크림, 차 등 많은 액상식품의 건조제품을 만들 때 이용된다. 그림 12-12에서 보는 바와 같은 건조장치를 이용한다. 액상인 피건조물을 건조실(chamber) 내에 10～200 ㎛ 정도의 입자 크기로 분산시켜 가열공기로 1～10초간 급속히 건조시킨다. 건조된 아주 작은 분말입자는 사이클론(cyclone) 등의 분리장치

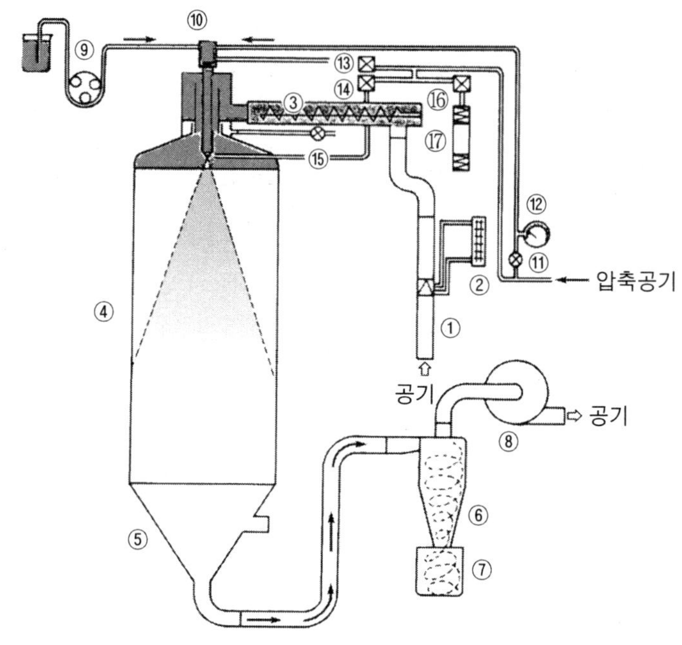

그림 12-12. 대표적인 분무건조장치

① Orifice관 ② 건조공기 풍량계 ③ 가열기 ④ 건조실 ⑤ 하부 건조실
⑥ 사이클론 ⑦ 분말포집용기 ⑧ Aspirator ⑨ 펌프 ⑩ 분무노즐
⑪ 분무공기 압력조정 밸브 ⑫ 분무공기 압력계 ⑬ 전자기 밸브
⑭ 전자기 밸브 ⑮ 유량 밸브 ⑯ 전자기 밸브 ⑰ 공기실린더

에서 공기와 분리 수집한 후 포장한다. 일반적으로 피건조물의 점도, 표면장력, 화학조성 등의 특성을 건조 전에 조절해야 하며, 작은 입자로 분산시키는 과정(atomization)이 매우 중요하다.

분무 건조기에 사용하는 분무장치는 노즐(nozzle)형과 원심식 2 가지가 있다(그림 12-13). 노즐형은 고압의 액체식품을 아주 작은 구멍(nozzle 또는 orifice)을 통과시키면 액체는 미세한 방울로 분쇄되어 미세액적(微細液滴)을 만들게 된다. 그리고 원심식은 가장자리에 작은 구멍을 뚫어 놓은 원판(disc)을 5,000~25,000 rpm으로 회전시키면서 액체식품을 디스크의 내부로 유입시키면 액체는 원심력에 의해 높은 압력으로 구멍을 통과하면서 미세액적을 만들게 된다.

분무건조는 피건조물의 표면적을 매우 크게 함으로써 순간적인 건조가 이루어진다. 따라서 열변성이 쉽게 일어나거나, 영양가와 향기성분 등 열에 민감한 물질을 함유한

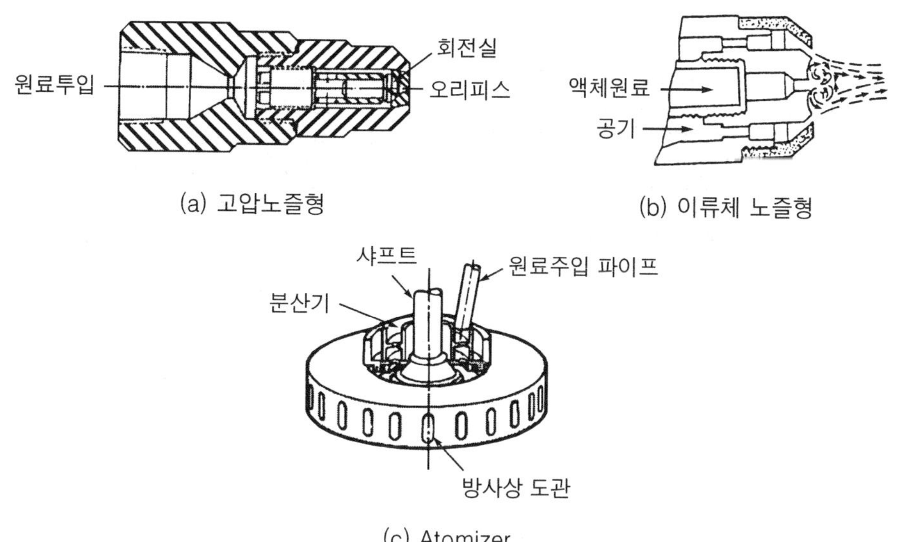

(a) 고압노즐형
(b) 이류체 노즐형
(c) Atomizer

그림 12-13. 여러 가지 액적기(atomizer)의 구조

식품에 응용이 가능하다. 액상식품을 직접 분말화하는 일이 가능하며, 연속적으로 대량 처리도 가능하다. 그리고 제품의 형태를 다공질 입자로 만들 수 있어서 건조물은 용해성과 분산성이 우수하여 인스턴트 분말을 제조하는 데 유리하다.

4.5 동결건조장치

동결건조(freeze drying)는 식품 내의 수분을 -5～-15℃의 동결상태로 만들어 4.58 mmHg 정도의 감압상태에서 동결된 물을 승화작용에 의해 제거하는 원리를 이용한 건조기이다. 따라서 냉동건조장치는 그림 12-14에서 보는 바와 같이 식품을 동결시킬 수 있는 냉동시설, 건조실 내를 감압으로 유지할 수 있는 감압시설, 그리고 승화열을 공급할 수 있는 가열장치로 구성되어 있다. 또한 증발되는 많은 양의 수분을 응축시켜 제거할 수 있는 응축기(condenser)가 설치되어 있다.

동결건조식품은 저온에서 건조가 이루어지므로 건조 중에 식품조직의 파괴가 적다. 그리고 제품의 복원성(復元性)[9]이 뛰어나며, 향미성분의 유지가 잘 되기 때문에 점

9) 건조식품을 끓은 물, 냉수, 조미액 등에 넣었을 경우 건조 전의 식품의 상태로 돌아가는 현상을 말하며, 복원, 복수(復水), 흡수(吸水), 환원(還元), reconstitution, rehydration 등으로 불려진다.

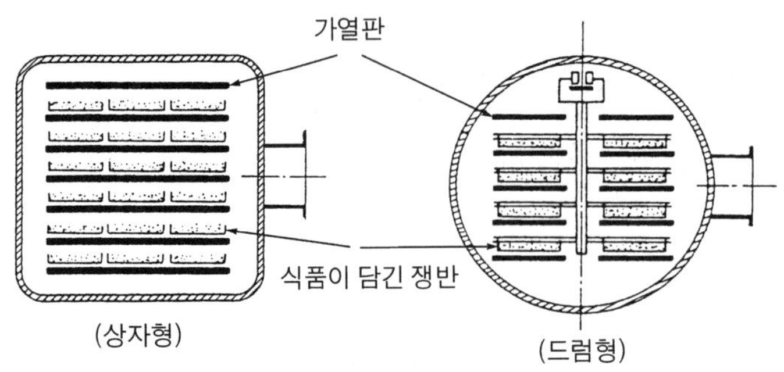

(a) 냉동건조실의 구조

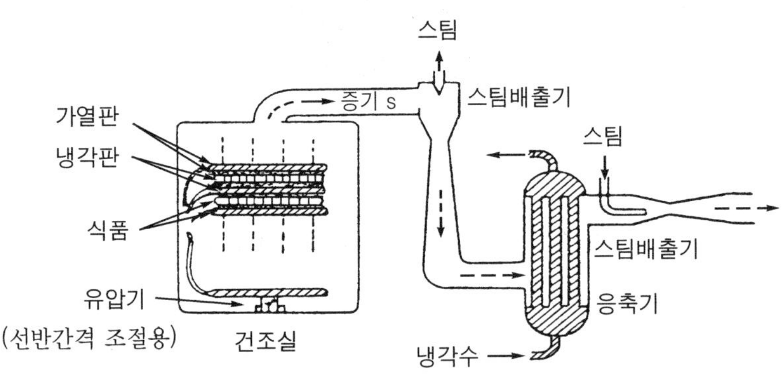

(b) 냉동건조장치의 구조

그림 12-14. 냉동건조장치

차 이용범위가 커지고 있다. 그러나 냉동건조는 다른 건조방법에 비하여 건조비용이 많이 들기 때문에 부가가치가 높은 식품에 이용된다.

4.6 기타 건조장치

이 밖의 건조장치로는 곡물과 같이 균일한 입상의 식품을 건조할 때 이용하는 유동층식 건조기(fluidized bed dryer) 또는 부상식(浮上式) 건조기(그림 12-15), 기송식 건조기(pneumatic dryer, 그림 12-16)가 있다. 죽(paste)과 같은 액상의 식품을 체망(screen) 벨트 위에 5 mm 정도의 거품을 만들어 가열공기로 건조하는 장치인 포말건조기(foam mat dryer, 그림 12-17) 등이 실용화되어 있다.

이외로 적외선(infra-red ray)을 이용한 적외선 건조기, 2,000 MHz의 초단파(microwave)를 이용한 초단파 건조기, 전기적 유전효과(誘電效果)에서 발생하는 열에너지를 이용한 유전건조기 등이 있다. 그러나 이들 건조장치들은 아직 산업적으로

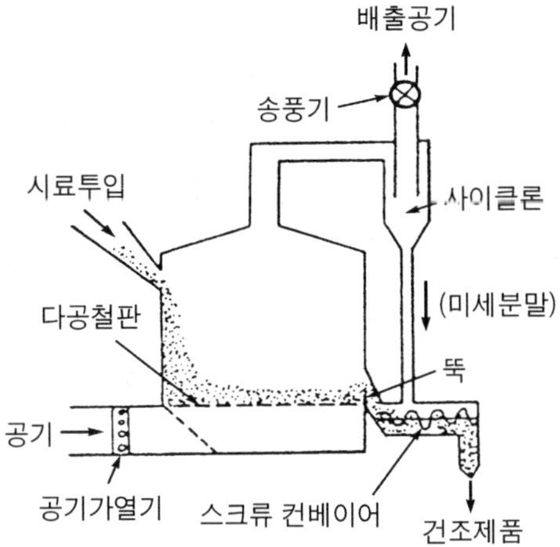

그림 12-15. 유동층식 건조기

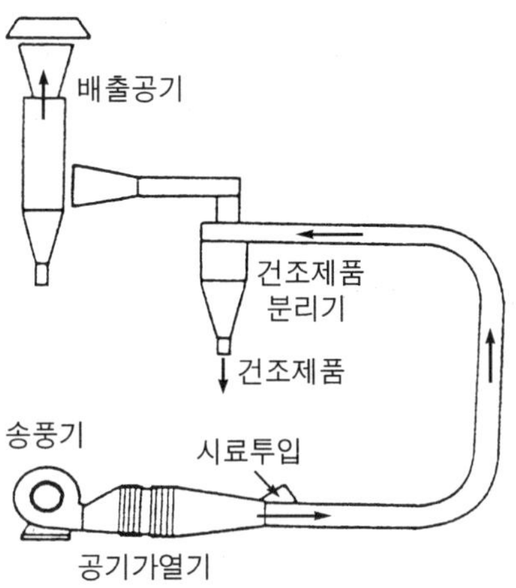

그림 12-16. 기송식 건조기

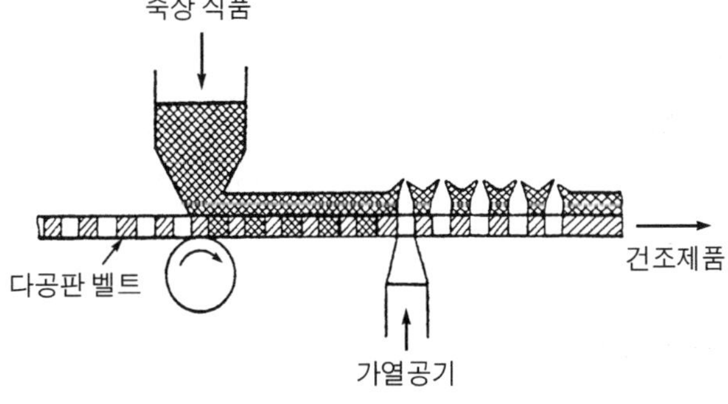

그림 12-17. 포말식 건조기

이용하는 예는 많지 않다.

식품을 건조할 때 가열공기를 만들기 위하여 많은 열에너지를 투입한다. 실제로 가열공기가 가지고 있는 열에너지의 일부만이 수분을 증발시키는 데 이용된다. 따라서 투입된 총에너지 중에서 실제로 건조조작에 이용되는 열에너지의 양을 건조기 효율(dryer efficiency)로 나타낸다. 건조효율에는 가열공기를 기준으로 하는 건조기 효율과 연료 자체를 기준으로 하는 총괄 건조기 효율(overall dryer efficiency)로 나눌 수 있다. 건조기 효율은 건조장치와 건조방식의 기능을 평가하거나 선택하는 데 기준이 된다. 일반적으로 드럼건조기는 35～80%, 분무식 건조기는 20～50%, 복사식 건조기는 30～40%의 건조기 효율을 나타낸다.

$$\text{건조기 효율 \%} = \frac{\text{건조에 기여한 열량(kcal)}}{\text{건조공기와 함께 투입된 열량(kcal)}} \times 100$$

$$\text{총괄 건조기 효율 \%} = \frac{\text{건조에 기여한 열량(kcal)}}{\text{연료로서 투입된 열량(kcal)}} \times 100$$

5. 건조 중의 식품조직의 변화

1) 수축효과

살아있는 세포에는 팽만현상으로 장력과 탄성을 유지하고 있으나, 열처리를 통하여 세포벽은 침투성을 가지게 되어 수축효과(shrinkage effect)를 나타낸다. 따라서 가열건조한 제품은 수축효과로 인하여 보통 복원성을 잃게 된다. 이에 비하여 동결건조는 세포가 팽창된 상태에서 승화작용으로 수분이 제거되므로 형태의 변화가 적고, 복원성이 우수하다.

2) 가밀도에 대한 영향

건조속도가 완만할 때는 식품의 표면과 내부 사이에 수분함량의 차이가 거의 없다. 그러나 건조 중에 수축현상이 일어나기 때문에 가밀도(bulk density)가 급속건조에 비하여 약 2배 정도 감소한다.

3) 갈변과 열에 의한 손상

건조 중에 과열로 인한 식품의 변색, 향미(香味)의 손실, 수분흡수에 대한 복원성의 저하, 비타민의 파괴 등이 일어난다. 온도상승에 따라 갈변현상(browning reaction)도 발생한다. 갈변을 방지하기 위하여 보통 아황산처리를 하거나 건조온도를 낮추고 건조시간을 줄여야 한다. 또한 건조효과를 높이기 위하여 식품을 절단하거나 건조기의 용량을 증가시켜 열에 의한 손상을 최소로 한다.

아황산처리(sulfuring)는 훈증실에서 원료 중량에 대하여 0.1～0.4% SO_2를 30분～5시간 동안 처리하거나, 0.2～0.6% 아황산염액에 침지 또는 분무하는 방법으로서 SO_2 잔존량이 30 ppm을 초과해서는 안 된다. 아황산염으로서는 sodium sulfite, sodium bisulfite, sodium metabisulfite 등이 이용된다.

4) 수용성 성분의 이동

건조 중에 수용성 물질이 기공(pore), 모세관 등을 통하여 표면으로 이동함으로써 수용성 성분농도가 증가한다. 심할 경우는 표면경화(case hardening)가 발생한다. 표면경화는 건조온도와 습도조절이 잘 이루어지지 않았을 경우 수분의 확산속도와 표면에서의 건조속도가 차이가 크면 표면은 건조되었지만, 내부는 건조가 안 된 상태로서 표면만 지나치게 건조하게 된다. 또한 심할 경우에는 표면이 균열되는 현상을 말한다. 따라서 식품을 건조할 때에는 최적 건조조건을 유지하는 것이 필요하다. 일반적인 식품의 경우 수분의 확산속도는 25～30%의 수분을 함유하고 있는 식품에 비하여 5～10%의 수분함량일 경우는 1/100 정도에 불과하다.

5) 복원성의 상실

일반적으로 냉동건조식품은 복원성이 우수하지만, 가열건조 제품에 있어서는 불가역적인 반응이 일어난다. 예를 들어 육류를 건조했을 때 건조제품에 수분을 가하여도 부스러지기 쉽고 즙액이 적게 되어 복원성을 잃게 되는 것을 알 수 있다.

6) 휘발성 성분의 손실

휘발성 성분인 향기성분은 건조로 인해 손실을 가져와 식품의 품질을 떨어뜨린다. 실험실적으로 활성탄 또는 흡착제를 사용하여 향기성분을 회수하는 방법을 시도하고 있으나 실용화되지는 않았다.

6. 제품화와 저장

분무건조한 분말은 미립자 형태이므로 용해성이 나쁜 결점이 있다. 따라서 각종 조립기술(造粒技術)과 장치가 개발되어 용해성이 좋은 제품을 생산하고 있다. 예를 들어 탈지분유, 천연조미료 분말, 코코아 분말 등 많은 분체식품을 조립하여 상품성을 향상시키고 있다. 또한 각종 건조방법에 의해 건조한 식품은 비용적(比容積)이 크기 때문에 포장이나 수송에 결점이 있다. 이를 개선하기 위하여 가습·가압하여 판상(板狀), dice 상, pellet 상, plate 상, tablet 상 등으로 체적을 축소시켜 취급이나 포장, 수송에 편리하도록 제품화하고 있다.

건조식품은 원료식품과의 성분 함량과 성분조성, 건조 후의 수분함량, 제품으로서의 형태 등이 달라져 저장기간 중에 품질변화가 일어나기 쉽다. 일반적으로 저장 중에 다음과 같은 변화가 일어난다.

① 흡습에 의한 화학적·물리적 변화에 의한 상품성의 저하
② 저장온도에 따른 물리화학적 변화에 의한 상품성의 저하
③ 저장용기 중에 들어 있는 공기(산소)에 의한 지방 또는 지용성 성분의 산화
④ 광선에 의한 물리화학적인 변화

따라서 이들을 정리하면 표 12-2에서 보는 바와 같은 건조제품의 저장 중에 일어나는 여러 가지 문제점들을 들 수 있다. 저장 중에 건조제품의 품질을 보존하기 위하여 다음과 같은 점에 유의할 필요가 있다.

① 고온에서 유통하는 일을 피하는 것이 좋다. 특히 자연건조한 건어류, 건조과일 및 채소는 상온보다 낮은 온도에서 보존하는 것이 좋다.

표 12-2. 건조식품의 저장 중에 일어나는 문제점

환경요인		건조식품에서의 문제점
물리적	온도	지방 또는 지용성 성분의 산화, 비효소적 갈변에 의한 품질저하
	습도	평형수분 또는 흡습성으로 고형화(caking), 형태변화, 물성의 변화
	광선	간접적으로 습도, 온도에 의한 변화를 촉진시켜 색깔, 향기의 변화에 관여
	기체	산소가 존재할 때 화학반응을 촉진하여 품질을 저하시킴
화학적	수용성 성분	갈변, 향기의 변화, 복원성과 용해성의 저하, 영양가의 손실
	지용성 성분	지방 또는 지용성 성분의 산화에 의한 변색, 비타민과 향기성분의 손실
	효소	효소의 활성도의 변화에 따른 색깔·맛·향기성분의 변화
생물학적	미생물	증식에 의한 품질 저하, 위생 및 제품규격에서의 문제
	해충	〃

② 투습성, 산소 투과성이 매우 적고, 수증기·공기·광선 등에 완전한 차단성이 있는 포장재료를 사용한다.

③ 수분함량이 낮은 상태를 유지하기 위하여 건조제품에 흡습제를 같이 넣어 포장한다.

④ 산화방지를 위하여 질소·탄산가스 등의 불활성 가스를 치환포장하거나, 산소 흡수제(탈산소제)를 같이 넣어 포장한다.

⑤ 수송 중에 파손을 방지하기 위하여 완충제를 사용하는 것이 좋다.

⑥ 건조제품의 검사, 포장작업에는 20℃ 이하, 상대습도 70% 이하에서 작업하는 것이 바람직하다.

제 13 장

식품의 농축

농축과즙, 당시럽, 식염, 각종 인스턴트 차와 수프(soup)들은 농축 조작만으로 만들어진 제품이거나 또는 제조과정 중에 농축조작을 거쳐 생산한 식품에 해당된다. 농축(濃縮, concentration)은 용액으로부터 용매를 제거하여 용액의 농도를 높여 주는 조작을 말한다. 용매는 물 또는 유기용매이다. 인스턴트 인삼차 등을 제조하는 경우와 같이 유용성분을 추출하기 위하여 에탄올을 사용하는 경우와 같이 특수한 경우를 제외하고 식품산업에서는 주로 물을 사용한다. 그리고 식품가공 중에 유효물질의 농도가 낮을 때 농도를 높이는 수단으로서도 이용된다.

농축과정에서 용매를 제거하는 방법에 따라 **증발농축**(evaporation)과 **냉동농축**(freeze concentration)으로 나눌 수 있다. 식품산업에서는 대부분 증발농축 방법이 이용된다. 이와 같이 농축을 시키기 위한 증발조작은 용액을 비점(끓는점)까지 가열하여, 기화(氣化)에 의하여 용액으로부터 수분을 제거하는 것이다. 식품산업에서는 다음과 같은 목적으로 이용된다.

① 분무건조, 드럼건조, 결정화 등의 조작을 거치기 전에 예비농축을 할 필요가 있을 때

② 저장·포장·수송 등의 경비를 절감하기 위해 액체부피를 줄일 때

③ 물엿, 오렌지 주스에서처럼 가용성 성분의 농도를 높여 저장성을 향상시키고자 할 때

식품성분은 열에 민감하기 때문에 가능한 감압상태에서 증발시키거나, 증발기 내에서 체류시간을 짧게 하여 열에 의한 손상을 줄여야 한다. 그리고 유기물이 많아 열전달 표면을 오염시키거나, 스케일(scale)을 생성하기 쉬워 청소하기 쉬운 증발기를 사용하는 것이 좋다.

1. 증발농축에 영향을 주는 현상

증발조작에서의 열전달은 수증기의 응축온도와 용액의 비점 사이의 온도차에 기인하므로 용액의 비점은 증발효율에 큰 영향을 준다. 용액의 비점은 용액의 농도, 압력, 용액의 깊이 등에 영향을 받는다.

1.1 비점상승

일반적으로 증발 농축하는 식품은 수용액이다. 수용액의 비점(沸點)은 같은 압력에서 물의 비점보다 높다. 수용액의 성질은 용질의 종류와 농도에 따라 다르다. 농축이 진행되는 동안 계속 변화하는 특성을 가지고 있다. 따라서 농축이 진행되면 용액의 농도가 상승하면서 비점상승(boiling point elevation) 현상이 나타나 순수한 물보다 높은 온도에서 끓게 된다.

비점상승은 식 (13-1)에 의해 대략적인 값을 구할 수 있다. 이와 같이 높은 비점에서 발생된 증기는 비점상승 온도만큼 과열되어 있기 때문에 증발관과 응축기의 열부하(熱負荷)를 높여 주는 현상을 낳는다.

$$\Delta T_B = \frac{R\,T_w^2}{\Delta H_v}(1 - X_w) \qquad (13\text{-}1)$$

여기에서 ΔT_B는 비점 상승온도, R은 기체상수, T_w는 순수한 물의 비점, X_w는 물

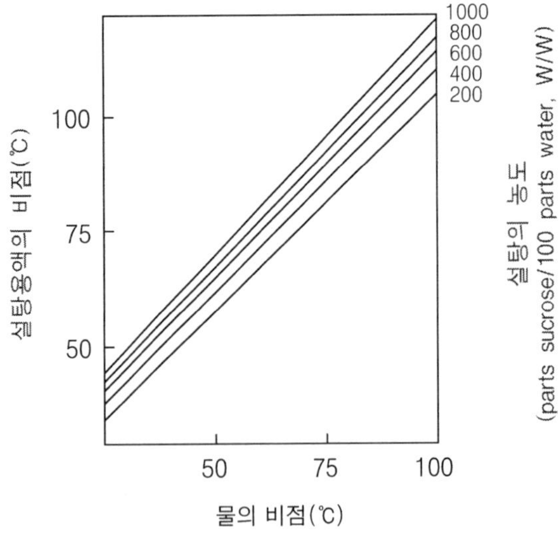

그림 13-1. 설탕용액의 뒤이링 선도(線圖)

의 몰분율, ΔH_v는 물의 증발잠열이다.

수용액의 농도와 비점과의 관계는 뒤이링(During)의 법칙에 따른다. 뒤이링 선도(線圖)는 그림 13-1에서 보는 바와 같이 같은 압력에서 순수한 용매의 비점에 대한 각 농도에 따른 용액의 비점을 그린 것이다. 설탕용액의 경우 농도가 증가할수록 비점은 증가하고 있음을 알 수 있다. 설탕용액은 20%에서 60%로 농축하였을 때 비점상승이 3.5℃ 정도인데 비하여, 수산화나트륨(NaOH)의 경우는 60℃ 정도의 차이가 있어서 매우 큰 영향을 받는다. 비점상승 현상은 농축액의 온도를 상승시키므로 식품의 열변성을 일으키는 주요한 원인이 되기도 한다.

1.2 증발관 내의 압력

어떤 액체의 증기압이 외부압력과 같아질 때 그 액체는 끓게 되므로 외부 압력에 따라 비점이 달라진다. 만일 증발관 내의 압력을 알맞게 조절하면 비점을 조절할 수 있으며, 외부압력인 대기압보다 낮춘 감압상태에서 가열하면 비점을 낮출 수 있다. 가능한 낮은 온도에서 가열하면 식품의 열변성을 줄일 수 있을 뿐만 아니라, 가열매체인 스팀과 수용액의 온도차를 크게 만들 수 있어서 열전달 속도를 높일 수 있다.

예를 들어 우유를 50℃에서 증발시키기 위하여 증발관 내의 압력을 92.5 mmHg로 유지하여야 한다. 이와 같이 대기압보다 낮은 압력에서 증발시키는 것을 진공증발(vacuum evaporation)이라고 한다. 식품산업에서 사용하는 농축은 대부분 감압농축 방법을 이용하고 있다.

수용액의 압력은 증발관 내의 용액 높이에 따라 결정된다. 즉 증발기의 밑부분에 있는 용액의 비점은 액면에서의 비점보다 높다. 용액의 깊이가 증가함에 따라 깊이에 상당하는 정수압(靜水壓, hydrostatic pressure) 만큼 압력이 증가하여 비점이 상승한다. 이로 인하여 수증기와 용액과의 온도차가 작아지고, 용액은 과열(overheating)될 우려가 있다. 증발기를 설계할 때는 수용액의 압력은 액의 중간 부분의 압력을 기준으로 계산한다. 그리고 이와 같은 수용액의 높이에 따른 영향을 줄이기 위하여 박막(薄膜) 증발기를 사용하기도 한다.

1.3 점도의 상승

농축이 진행됨에 따라 용액의 농도가 상승하면서 섬노(viscosity)가 커시며, 이에 따라 액의 순환속도가 늦어진다. 순환속도가 늦어지면 열전달 속도를 감소시켜 열효율이 떨어지기 때문에 강제순환장치를 설치하는 경우가 많다.

식품은 유기물을 다량 함유하고 있어서 끓일 때 거품(foam)이 발생하는 경우가 많고, 감압조건에서는 거품발생이 더 많아진다. 거품이 많이 발생하면 작업용량의 감소는 물론 열전달이 늦어지고 작업을 어렵게 한다. 따라서 거품이 많이 발생하는 원료를 농축할 경우는 거품을 제거할 수 있는 특별한 장치를 부착한다. 경우에 따라서는 소포제(消泡劑, antifoaming agent)를 첨가하기도 한다. 소포제로는 알콜계(stearyl, octyl decanol) esters, 지방산 또는 지방산 유도체, silicones, polypropylene glycol 등이 이용된다.

1.4 관석의 생성

증발관의 가열부는 수용액을 가열하는 중요한 부분으로, 보통 총괄전열계수(overall heat transfer coefficient, U) 값이 크도록 설계되어 있다. 그러나 수용액이 가열부와 오랜 기간 동안 접촉하게 되면 가열 표면에 고형분이 쌓여 딱딱한 층을 형성한다. 이 층을 **관석**(罐石, scaling)이라고 한다. 관석은 U값을 크게 떨어뜨려 열전달을 방해한다. 액의 순환속도가 낮을수록 관석 형성이 잘 일어난다. 증발관은 일정기간 사용한 후에 가열부를 해체하여 관석을 제거해 주어야 한다. 대표적인 증발농축장치의 총괄전열계수 값은 표 13-1에서 보는 바와 같다.

표 13-1. 대표적인 증발농축장치의 총괄전열계수 값

증발농축장치의 형식	총괄전열계수(kcal/m^{2}h℃)
〈장관 수직형 증발기〉	
• 자연순환	1,000～3,000
• 강제순환	2,000～10,000
〈단관 증발기〉	
• 수평형	1,000～2,000
• 칼란드리아형	750～2,500
〈코일식 증발기〉	1,000～2,000
〈교반 박막형 증발기〉	
• 1 cP	2,000
• 1 P	1,500
• 100 P	600

1.5 비말동반

증발관 내에서 액체가 끓을 때 아주 작은 액체방울이 생기며, 이것이 증기와 더불어 증발관 밖으로 나가게 된다. 이와 같은 현상을 **비말동반**(飛沫同伴, entrainment)이라고 하며, 유용성분의 손실을 초래한다. 대부분 증발관은 비말동반을 방지하기 위하여 액체방울을 분리할 수 있는 장애판(baffle)이나 원심분리식 액체분리장치를 설치한다.

2. 증발농축의 열수지와 물질수지

증발농축 조작은 원료용액의 농도 변화를 가져온다. 이와 같은 변화는 열에너지 투입에 의해 이루어진다. 증발기에서 열손실을 무시하고 응축되는 수증기에서 방출된 열이 전부 농축하는 용액으로 전달되었다고 하면 다음 식과 같이 나타낼 수 있다.

$$\left(\begin{array}{c}\text{응축되는 수증기로}\\\text{부터 방출된 열량}\end{array}\right) = \left(\begin{array}{c}\text{원료용액이}\\\text{얻은 현열}\end{array}\right) + \left(\begin{array}{c}\text{발생되는}\\\text{증기의 잠열}\end{array}\right)$$

$$W_s \lambda_s = F c_{pf} (T_b - T_i) + V \lambda_v \qquad (13\text{-}2)$$

여기에서 W_s는 수증기실에서 응축되는 수증기의 질량유량, λ_s는 수증기의 응축잠열, F는 원료액의 질량유량, c_{pf}는 원료액의 비열, T_b는 원료액의 비점, T_i는 원료액의 온도, V는 증기의 질량유량, λ_v는 발생되는 증기의 증발잠열이다.

수증기실에서 나가는 응축수는 응축온도에서 배출된다. 열손실이 없다고 가정하였으므로 응축수증기로부터 방출된 열량은 전부 용액에 전달될 것이다. 따라서

$$q = W_s (H_s - H_c) = W_s \lambda_s = U A (T_s - T_b) \qquad (13\text{-}3)$$

여기에서 H_s는 수증기의 엔탈피, H_c는 응축수의 엔탈피, T_s는 수증기의 온도이다.

총괄전열계수 U는 보통 1,000～3,000 kcal/m^2 h ℃이며(표 13-1), $(T_s - T_b) = \Delta T$는 대개의 경우 25～30℃ 정도이다. 비말동반에 의한 액의 손실을 무시하는 경우 물질수지식은 다음과 같다.

$$\text{전체 물질수지 : } F = V + P$$

$$\text{고형분에 대한 물질수지 : } F X_f = P X_p \qquad (13\text{-}4)$$

여기에서 X_f는 원료액 중의 고형분에 대한 질량분율, X_p는 농축액 중의 고형분의 질량분율이다.

증발장치의 능력은 일반적으로 **수증기 경제성**(steam economy)으로 표시된다.

$$\text{수증기 경제성} = \frac{V}{W_s} = \frac{\text{증발한 수분량}}{\text{증발기에 공급한 수증기량} } \tag{13-5}$$

증발장치의 능력은 열전달 속도에 의존하며, 총괄전열계수가 크면 열전달 면적이 감소되고, 장치비도 이에 비례하여 감소한다.

예제 1 우유를 10%에서 50%까지 단효용 증발기(single effect evaporator)를 사용하여 농축한다. 가열수증기는 절대압력이 2 kg/cm^2이고, 증발기 내의 진공도는 650 mmHg이다. 원료우유는 2,000 kg/h로 공급되고, 총괄전열계수는 2,000 kg/m^2 h ℃, 원료온도는 20℃, 우유의 비열은 0.9 kcal/kg℃일 때 비점상승을 무시하고 증기의 발생량, 필요한 수증기량, 열전달 면적을 계산하라.

풀 이: 진공도 650 mmHg이면 증발기 내의 압력은 110 mmHg이며(*1 mmHg = 101.324/0.76 Pa ≒ 133.3 Pa, 또는 1 mmHg = 133.32 N/m^2), 14.66 kPa에 해당되므로 수증기표(부록 10)로부터 이 압력에서 포화수증기의 온도와 증발잠열을 찾으면 54℃, 566 kcal/kg이다. 그리고 가열증기인 2 kg/cm^2을 찾으면 수증기 온도와 응축잠열은 각각 119.6℃, 526 kcal/kg이다.

물질수지식은

$$2{,}000 = V + P \tag{1}$$

$$(2{,}000)\ (0.1) = 0.5\ P \tag{2}$$

식 (1)과 (2)를 풀면

$$P = 400\ kg/h, \qquad V = 1{,}600\ kg/h$$

열수지식은

$$W_s(526) = (2{,}000)\ (0.9)\ (54 - 20) + (1{,}600)\ (566)$$

$$W_s = 1{,}838\ kg/h$$

식 (13-2)에서

$$(1{,}838)\ (526) = (2{,}000)\ (A)\ (119.6 - 54)$$

$$A = 7.37\ m^2$$

예제 2 증발기에서 15 cmHg의 압력으로 5,000 kg/h의 물이 증발되어 나온다고 할 때 이 수증기를 응축시키는 데 필요한 냉각수의 양을 구하라. 냉각수의 입구온도는 18℃이며, 응축기를 거쳐 나오는 물의 온도는 35℃라고 한다.

풀 이 : 증발기의 압력은 식 (5-3)에서부터

$P = Z\ \rho\ g = (0.15)(13.4 \times 1{,}000)(9.81) = 20$ kPa이다.

수증기표(부록 10)로부터 20 kPa에서의 물의 온도는 60℃이며, 증발잠열은 2,358 kJ/kg이다.

따라서 수증기 1 kg당 응축시키는 데 필요한 열량은

증발잠열 + 현열($\Delta H = m\ C_p\ \ \Delta T$)이므로

$(2.358 \times 10^3) + ①\ (4.186 \times 10^3)(60 - 35) = 2.46 \times 10^6$ J/kg

냉각수 1 kg이 얻는 열량은

$①\ (4.186 \times 10^3)(35 - 18) = 7.1 \times 10^4$ J/kg

5,000 kg/h의 수증기를 응축시키는 데 필요한 냉각수 양은

$(5{,}000)(2.46 \times 10^6)/(2.46 \times 10^6) = 1.7 \times 10^5$ kg이다.

〈연습문제 1〉

토마토주스를 지름 3.81 cm, 길이 3.3 m인 상승박막형 증발기를 사용하여 고형분 함량을 12%에서 28%로 농축한다. 주스는 56.7℃로 증발기에 공급하며, 이 온도에서의 증발잠열은 564 kcal/kg이다. 증발기의 재킷에 공급하는 수증기 절대압력은 1.68 kg/cm^2이며, 총괄전열계수가 4,882 kg/m^2 h ℃일 때 매시간에 공급되는 주스의 양을 구하라.

답) 350 kg/h

3. 증발농축장치

액체를 가열 농축시킬 수 있는 장치를 **증발농축관** 또는 **증발관**이라고 한다. 증발관에는 여러 가지 형태가 있으나 일반적으로 가열부, 액체-기체 분리부, 응축부로 구성되어 있다. 대표적인 증발농축장치의 예를 들면 다음과 같다.

3.1 솥형 농축기

솥 또는 팬(pan)형으로 된 가장 간단한 농축기로서 화염으로 직접 가열하는 직화식과 스팀으로 간접 가열하는 스팀재킷식이 있다.

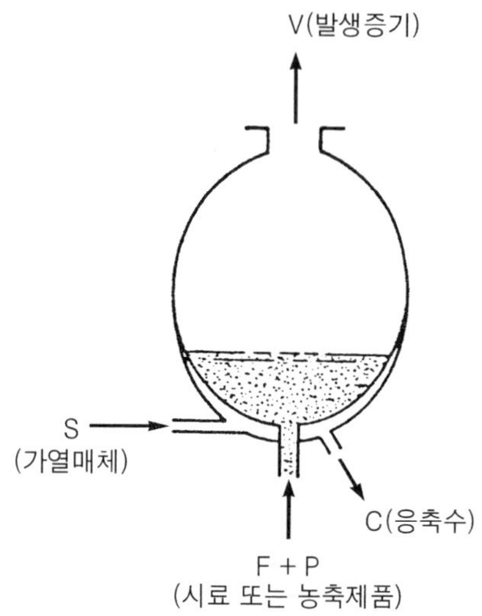

그림 13-2. 솥형 증발농축기

그림 13-2에서 보는 바와 같이 구조가 간단하고 가격이 저렴하기 때문에 잼, 젤리, 토마토 농축액, 수프 등을 농축할 때 소규모 회분식 식품가공 공정에 이용된다. 개방형이 많으나 경우에 따라서는 밀폐형으로 제작하여 증발관 내의 압력을 낮추어 주거나 교반기를 설치하여 농축시간을 단축하도록 제작된 것도 있다. 농축시간이 길어 식품의 열변성이 많은 단점이 있다.

3.2 단관형 농축관

일반적으로 사용하는 농축기의 대표적인 형태로서 칼란드리아 증발관(calandria evaporator)이라고도 한다. 가열부는 지름이 3.2～7.6 cm, 길이 0.8～2 m인 짧은 관으로 고정되어 있는 것이 특징이며, 관의 배열이 수직인 것과 수평인 것이 있다. 증발관의 압력을 조절할 수 있도록 밀폐식으로 되어 있다. 원료액의 입구, 가열부, 장애판(baffle), 발생증기 배출구, 농축제품 배출구로 구성되어 있다(그림 13-3).

원료액 입구로부터 들어간 액은 감압상태로 유지된 증발관 내에서 대류작용에 의해 가열부 주위를 순환하게 된다. 원료액이 비점에 이르면 증기가 발생되는데, 이 증기는 배출구를 통하여 쉽게 관을 떠난다. 증발조작이 이루어지는 동안 계속하여 가열매체로서 수증기를 사용하며, 이때 생기는 응축수는 출구를 통하여 배출된다. 액을 순환시키는 방법에 따라 자연 대류형과 강제 대류형(그림 13-4)으로 구분된다.

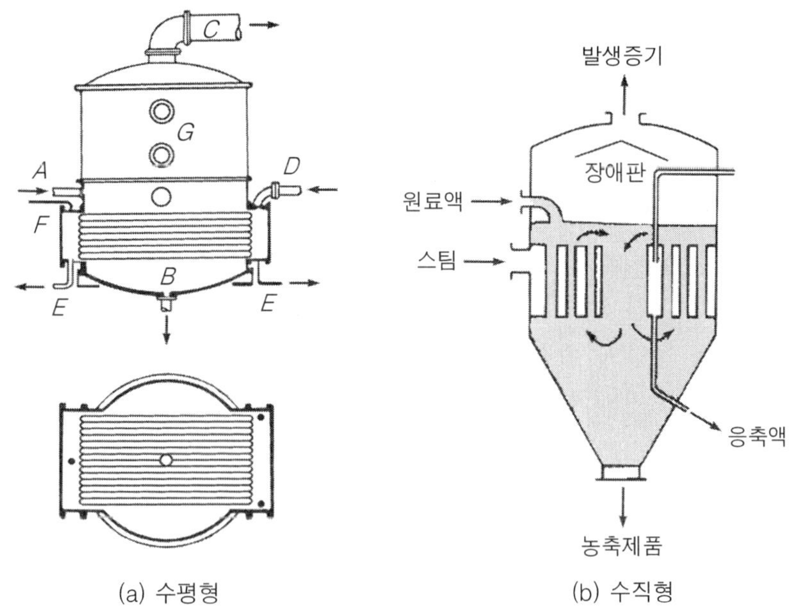

(a) 수평형 (b) 수직형

그림 13-3. 단관형 증발농축장치

A : 원료액, B : 농축액, C : 발생증기, D : 가열증기(스팀), E : 응축수,
F : 비응축가스, G : 투시창, H : 원료액 통로

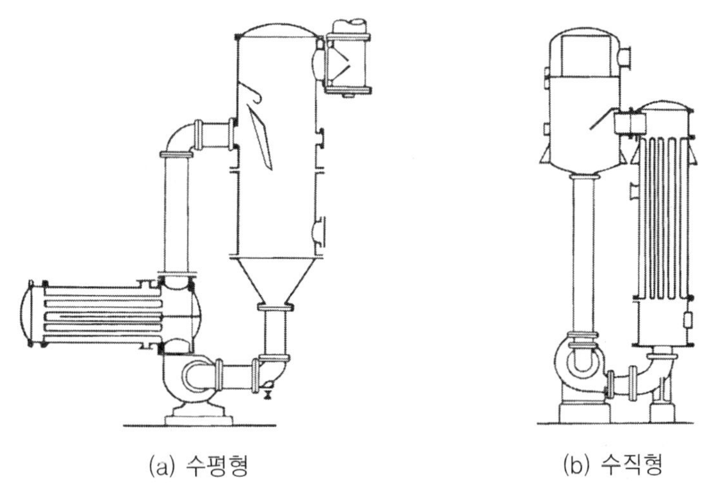

(a) 수평형 (b) 수직형

그림 13-4. 강제순환식 증발농축장치

강제 대류형은 자연순환이 어려운 용액, 발포성(發泡性) 용액, 결정입자를 갖는 용액 등을 농축할 경우에 이용된다. 열전달계수가 1,000～5,000 kcal/m^2 h ℃로서 자연

대류형에 비하여 매우 크기 때문에 농축효과를 높일 수 있다. 이 장치는 식품산업에서 제당이나 포도당·물엿·과즙 등 당시럽을 제조하는 데 이용되며, 점차 장관형 또는 특수형으로 대체되고 있다.

3.3 장관형 농축관

가열관의 지름 25～30 mm, 길이 3～12 m로 긴 것이 특징이며, 가열부가 증발관 밖에 설치되어 있다(그림 13-5). 가열부의 길이가 길기 때문에 원료액이 가열관을 단 한번을 거쳐 흐르는 동안에 비점까지 가열되어 증발관 속으로 들어가서 곧 증발된다. 액이 얇은 필름상태로 가열파이프 벽을 상승함으로써 열전달이 우수하고, 액 깊이에 따른 비점상승도 없다. 또한 가열면과 접촉하는 시간이 매우 짧아 열에 민감한 용액의 농축에 유리하다.

이 형태의 증발기에는 가열부를 통과하는 방식에 따라 상승막(rising film) 식과 하강막(falling film) 식으로 구분된다. 상승막 식은 그림 13-5의 (a)에서 보는 바와 같이 가열부에서 액이 밑에서 위쪽으로 흘러 증발관 속으로 들어가는 방식이다. 하강막 식은 (b)에서와 같이 위에서 밑으로 흘러 들어간다. 가열시간이 보통 5～10초 정도 밖에 걸리지 않기 때문에 단관형 증발관에서처럼 오래 열에 노출되지 않아 열에 약한 우유·과즙·젤라틴·당시럽 등을 농축하는 데 널리 이용된다.

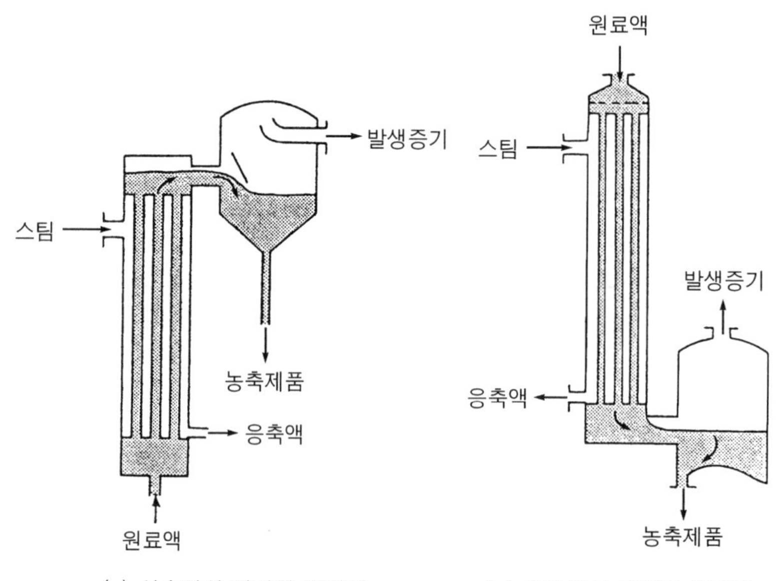

(a) 상승막식 장관형 증발관 (b) 하강막식 장관형 증발관

그림 13-5. 장관형 증발농축장치

3.4 판상식 농축장치

가열부가 판상식(plate type) 열교환기 구조로 되어 있으며, 가열부와 증발관이 분리되어 있다(그림 13-6). 가열부에서 비점까지 가열된 용액은 원심분리식 기체-액체 분리기에서 농축액이 분리되어 제품을 얻고 증기는 배출된다.

이 농축기는 액이 판 내를 얇은 필름상태로 고속 이동함으로써 U 값이 크다. 액이 순간적으로 가열되므로 열에 약한 우유·과즙·맥아즙 등의 농축에 알맞다. 그리고 가열판을 분해하거나 청소하기 쉽다. 열교환기의 판수(板數)를 변화시킴으로써 증발능력을 쉽게 조절할 수 있으며, 소요면적이 적은 장점이 있다.

이와 같은 농축장치 외에도 발포성 용액의 농축에 알맞은 기계막식 증발기, 열에 민감한 액을 농축시키기 위하여 원심분리기와 판상 열교환기를 조합한 원심식 증발기, 열에 민감한 액을 저온에서 농축시킬 수 있는 열펌프식 증발기 등이 사용목적에 따라 이용된다.

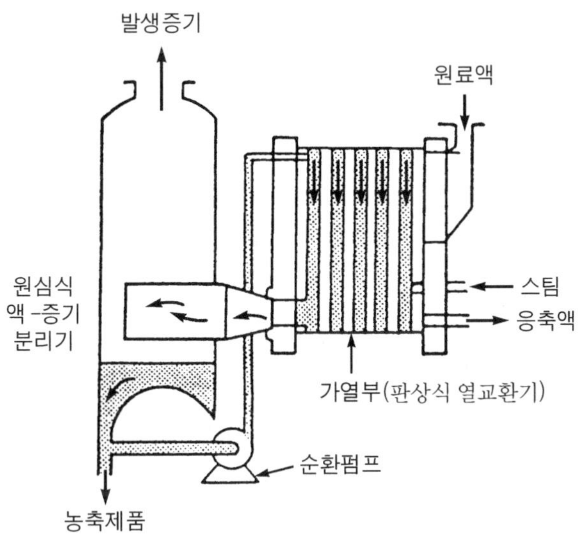

그림 13-6. 판상식 농축장치

4. 다중효용 증발기

앞에서 설명한 단효용 증발기(single effect evaporator)에서는 발생한 증기를 응축기에서 그대로 응축시켜 증기가 가지고 있는 잠열을 버리게 된다. 증발기를 여러 개 연결하여 제 1 증발기에서 발생한 증기를 다음 증발기의 열원으로 공급한다면 증기의 잠열을 유효하게 이용할 수 있다. 이를 위하여 제 2 증발기의 비점이 제 1 증발기의 비점보다 낮아야 하므로 제 2증발기의 압력을 낮게 유지하여 준다.

이와 같은 원리로 증발기를 여러 개 연결한 것을 다중효용(多重效用) 증발기라고 한다. 예를 들어 3효용 증발기에서의 증발농축압력과 온도와의 관계를 살펴보면 그림 13-7에서 보는 바와 같다. 다중효용 방법을 사용하면 스팀의 경제성을 높일 수 있고, 응축기도 제일 마지막 농축에만 필요하게 되어 농축조작을 경제적으로 운용할 수 있다. 그러나 일반적으로 효용수가 증가하면 용액과 가열증기의 온도가 낮아져 총괄전열계수가 낮아진다.

예를 들어 설탕농축에 있어서 3중효용 증발기의 총괄전열계수는 제 1 효용에서 2,000～2,250 kcal/m^2 h ℃, 제 2 효용에서 1,200 kcal/m^2 h ℃, 제 3 효용에서 600～700 kcal/ m^2 h ℃ 정도이다. 다중효용 증발기에서는 전열면적이 큰데 비하여 증발능력은 단효용 증발기에 비하여 떨어지며, 수증기는 효용수가 클수록 절약된다. 예를 들어 단효용 증발기에서 물 1 kg을 증발시키기 위하여 약 1.3 kg의 수증기가 필요한데 비하여, 2중효용에서는 0.6 kg, 3중효용에서는 0.4 kg이 소요된다.

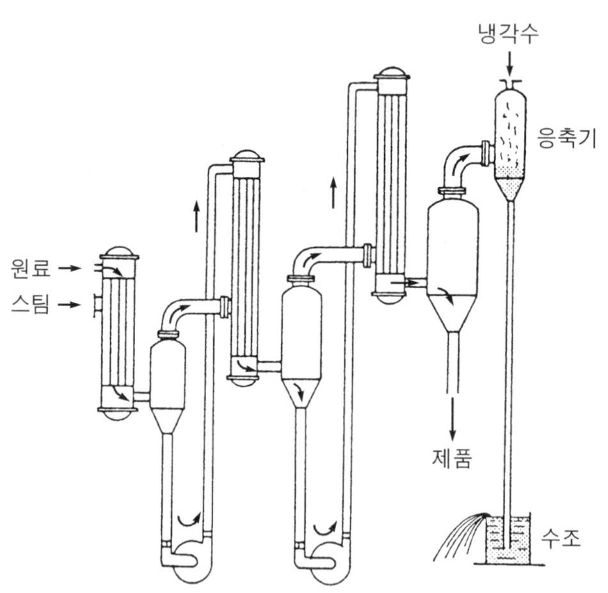

그림 13-7. 다중(3)효용 증발농축 압력과 온도와의 관계

증발관의 압력을 P_1 (100 kPa) > P_2 (100 kPa) > P_3 (100 kPa)로 낮추어 줄 때 비등온도는 T_1 (99.6℃) > T_2 (75.9℃) > T_3 (45.8℃)와 같이 낮아진다(전재근, 식품공학).

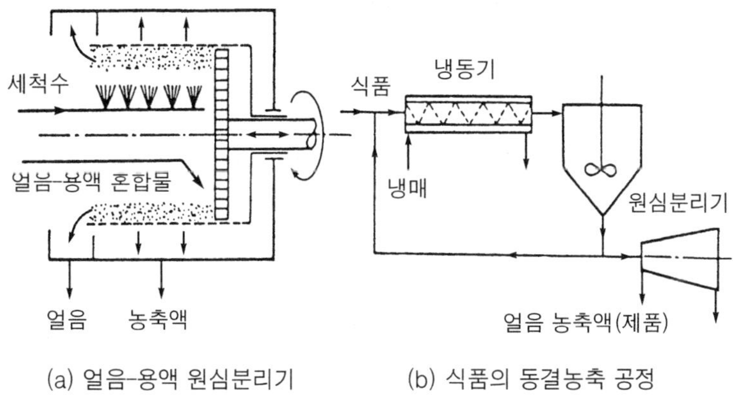

그림 13-8. 원심분리형 동결농축장치와 식품의 동결농축 공정도

따라서 유가공공장이 대규모화되고 에너지 값이 상승함에 따라 5~7효용이 많이 이용되고 있다.

5. 동결농축

동결농축은 용액을 냉동할 때 일어나는 얼음의 석출현상을 이용한 농축방법이다. 용액의 동결에 의해 얼음이 형성되면 비동결액의 용질농도가 높아지기 때문에 얼음을 체 또는 원심분리기를 이용하여 제거해 주면 농축효과를 얻을 수 있다.

냉동농축에 사용되는 원심분리장치와 농축공정을 그림 13-8에서 보는 바와 같다. 동결기에서 얼음 결정을 형성시켜 탱크에서 교반하여 혼합액을 만든 다음, 원심분리기에서 얼음을 분리·제거하여 농축액을 얻는다. 남은 용액은 냉각기를 통과하면서 다시 동결하여 농축을 계속한다.

6. 막분리법

막분리 기술로는 gas permeation, pervaporation, 투석(dialysis), 전기투석(electro-dialysis), 여과(filtration) 등이 있다. 그리고 막여과 방법에는 역삼투압법(reverse osmosis, RO 또는 hyperfiltration), 한외여과법(ultrafiltration, UF), microfiltration (MF), particle filtration 등이 있다.

막분리는 다공성의 분리매체를 통과하는 물질들의 크기와 확산속도 차이에 의해 분리하는 방법으로, 액체분리에 많이 이용되고 있다. 막분리법은 크게 분리하고자 하는 물질의 분자량이 물분자에 비하여 10배 정도로 작을 경우를 역삼투압법이라고 한다. 분자량이 물분자보다도 수백 배 이상으로 클 경우를 한외여과법이라고 한다. 막분리는 단순히 압력 차이에 의해 분리되며, 다음과 같은 장점을 가지고 있다.

① 상변화(相變化)를 수반하지 않아 에너지가 적게 든다. 일반적으로 막분리에 드는 비용은 전력비, 막 또는 모듈(module) 교환비에 해당한다.

② 가열농축이 아니기 때문에 처리 대상물이 열변성을 받지 않는다. 따라서 단백질과 같은 열에 불안정한 물질의 분리가 가능하다.

③ 저온에서 처리가 가능하여 처리물질 중에 존재하는 잡균의 증식을 억제할 수 있을 뿐 아니라 단백질 분해효소가 존재하더라도 그 활성을 낮출 수 있다.

④ 녹아 있는 무기물이나 유기물의 선택적 분리가 가능하다. 즉 막을 통과하는 저분자 물질을 계의 밖으로 제거하는 동시에 단백질과 같은 고분자물질을 농축할 수 있다.

그러나 이에 대한 단점으로는 다음과 같은 점을 들 수 있다.

① 농도분극 현상이나 fouling이 발생할 수 있어서 분리능이 저하가 일어날 수 있으며, 공정에 알맞은 세정법(洗淨法)을 확립할 필요가 있다.

② 막의 성능에서 약품, 열, 용제에 견딜 수 있는 정도에 한계가 있기 때문에 사용에 제한을 주는 경우가 있다.

③ 막분리 기술만으로 처리목표를 달성할 수 있는 경우는 비교적 적고, 전처리 또는 분리 후 처리기술 등을 조합하여 운용해야 하는 경우가 많다.

이와 같은 단점을 보완하기 위한 기술개발이 활발히 진행되고 있고, 이미 많은 분야에 실용화되고 있다. 막분리 기술을 이용하는 경우는 각종 항생물질의 농축을 포함하여 각종 효소의 제조, 아미노산의 정제 또는 농축, 식초의 제조, xanthan gum과 같은 고분자 다당류의 농축 등에 이용되고 있다.

제 14 장

식품의 추출과 증류

천연물을 다루는 식품산업에 있어서 물질의 분리조작은 여러 가지가 있다. 이는 그림 14-1에서 보는 바와 같이 입자의 크기, 확산, 하전, 증기압, 용해도, 표면장력, 중

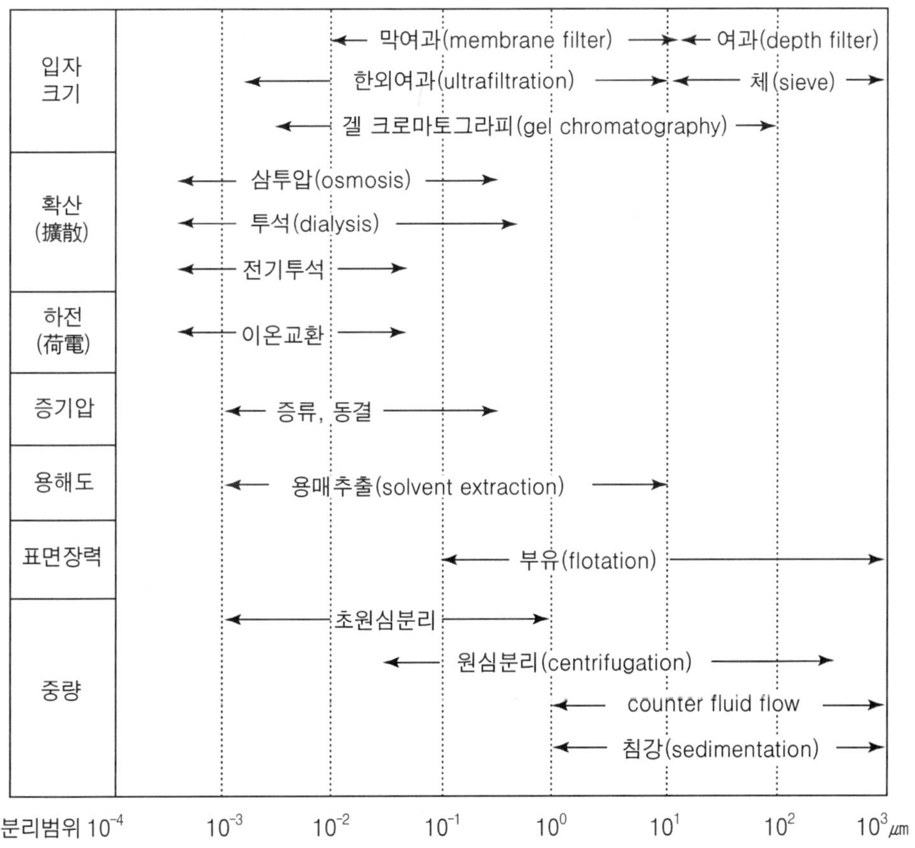

그림 14-1. 여러 가지 화학적・물리적인 성질을 이용한 분리정제 방법

량 등 물질이 가지고 있는 물리화학적 성질에 따라 분리방법을 선택하게 된다. 앞에서 열전달을 응용한 단위조작을 살펴보았으며, 이 장에서부터는 중요한 물질분리 조작에 대하여 알아보자.

1. 식품의 추출

사탕무나 사탕수수에서 온수를 사용하여 설탕을 추출하거나, 유량종자(油量種子)에서 n-hexane을 사용하여 식용유를 회수하는 등 식품원료에서 유용성분만을 필요로 하는 경우가 많다. 대부분의 유용성분은 물, 에탄올, 헥산(hexane)과 같은 용매(溶媒, solvent)에 잘 녹기 때문에 용매는 유용성분을 녹여 내는 분리수단으로 사용된다.

용매를 사용하여 유용성분인 용질(溶質, solute)을 분리하는 조작을 추출(抽出, extraction)이라고 한다. 이때 추출에 사용하는 원료를 추재(抽材, raw material), 추출하여 나오는 액을 추출액(extract)이라고 한다. 추출하고 남는 물질을 추잔물(抽殘物, raffinate) 또는 폐기물(waste)이라고 한다.

추출조작은 추재의 성질과 분리목적에 따라 고-액 추출(固-液抽出, solid-liquid extraction), 액-액 추출(liquid-liquid extraction), 세척(washing) 등으로 구분할 수 있다. 식품산업에서의 추출조작은 대부분 고-액 추출에 해당한다. 인스턴트커피, 차, 식용유의 분리, 매실주와 같은 침출주의 제조 등 많은 예를 들 수 있다.

추출조작은 추재가 용매와 접촉하여 추재 내에 들어 있는 용질이 용매 속으로 이동되는 물질이동 조작(mass transfer operation)이다. 이때 물질 이동속도는 추재와 용매 사이의 농도 차이의 크기에 비례한다. 용질이 고체와 액체의 2개 상(相, phase) 사이에서 평형상태에 도달하면 용질의 이동은 더 이상 일어나지 않는다. 즉 접촉평형 분리조작(contact equilibrium separation)이라고 할 수 있다. 이런 점에서 증류조작과 비슷하다. 그러나 증류는 액체-기체 사이의 물질이동인데 비하여, 추출은 고체-액체(또는 액체-액체) 사이의 물질이동이란 점에서 차이가 있다.

1.1 추출 이론

용매추출법(liquid-liquid extraction method)은 배양액에 용매를 가하여 목적하는 성분을 용해시킨 후 분리하는 방법을 말한다. 즉 2가지 상(相, phase) 사이에 성분분포의 차이에 의해 분리할 수 있는 방법이다. 추출공정은 추재를 용매와 접촉시켜 고체상에 있는 용질을 액상으로 이동시키는 상 사이의 접촉평형을 거쳐 이루어지는 물질이동 현상이다.

고체의 추출조작에서 중요한 문제는 추출속도에 영향을 미치는 요인, 원료로부터 목적하는 가용성 성분을 가능한 완전히 추출하는 동시에 고농도의 추출액을 얻는 방법이다. 일반적으로 고체원료에서의 추출조작은 다음과 같은 3단계의 과정을 거쳐 이루어진다.

① 먼저 용매가 고체 내부로 침투하여 가용성 성분을 녹인다.
② 용해된 가용성 성분은 확산에 의해 표면으로 이동한다.
③ 고체 표면의 액체 막을 통하여 외부의 용매 중으로 이동한다.

(1) 고체 표면에서 주위 용매로의 물질이동이 내부에서의 이동에 비하여 아주 빠를 경우 추출속도는 내부 확산에 의한 가용성 성분의 이동속도에 좌우한다.

(2) 표면에서 주위로 물질이동이 고체 내부에서의 이동에 비하여 대단히 느린 경우로서, 실제 추출과징에서는 거의 일어나시 않는다. 추출조작에서는 대부분 (1)의 경우에 해당한다. 표면에서의 이동속도가 크기 때문에 용매의 유속이 추출속도에 거의 영향을 미치지 않는다.

추출속도는 용질이 고체 내부에서 외부 용매로 이동하는 속도를 나타내는 것으로 고체입자의 크기, 용매의 종류, 액체의 교반에 의한 영향을 받는다. 따라서 고체입자가 작을수록 접촉 면적이 커지고, 표면으로의 이동속도가 빨라진다. 그리고 용매의 선택성이 커서 목적하는 성분에 대해서만 용해도가 크고, 그 밖의 성분은 녹이지 않는 성질이 있어야 한다. 그리고 점도가 낮아 유동성이 커야 한다.

식품산업에서 다루는 대부분의 재료는 세포질이기 때문에 실제 추출은 매우 복잡하다. 특히 살아 있는 세포는 추출속도가 매우 느리기 때문에 이 경우는 열처리 또는 기계적 처리를 통하여 세포를 파괴시킬 필요가 있다. 용질의 이동은 고체 주위의 액체 막을 통한 저항에 의해 지배된다고 하면 용질의 이동속도는 다음과 같다.

$$\frac{dN}{d\theta} = K_L a (C_s - C) \tag{14-1}$$

여기에서 N은 이동한 용질의 질량, K_L는 물질이동계수, a는 입자의 표면적, C_s는 고체와 접촉하고 있는 용액의 포화농도, C는 임의시간 θ에서 용액 중의 용질농도이다.

고체 표면에서의 이동속도가 느리면 고체-액체의 경계면에서 포화용액이 형성되는 것으로 생각할 수 있다. 회분식 추출기에서 용액의 총 부피 V가 일정하다고 하면 $dN = V\,dC$ 이므로 식 (14-1)은 다음과 같이 된다.

$$\int \frac{dC}{C_s - C} = \int \frac{K_L\, a}{V}\, d\theta \qquad (14\text{-}2)$$

또는

$$\ln \frac{C_s - C_o}{C_s - C} = \frac{K_L\, a\, \theta}{V} \qquad (14\text{-}3)$$

순수한 용매를 사용하면 C_o = 0 이므로 식 (14-3)은

$$C = C_s\,(1 - e^{-K_L\, a\, \theta/V}) \qquad (14\text{-}4)$$

따라서 물질이동계수(overall mass transfer coefficient), 고체와 액체의 표면적, 용액의 부피는 용매가 포화농도에 도달하는 속도에 영향을 준다. 시간에 따라 대수함수적인 평형에 도달된다는 것을 알 수 있다. 식 (14-3)은 회분식 고체-액체 추출조작에서 입자의 크기, 추출액의 양 등을 알 때 추출시간 θ가 경과하였을 때의 추출액의 농도를 산출하는 데 이용할 수 있다(그림 14-2).

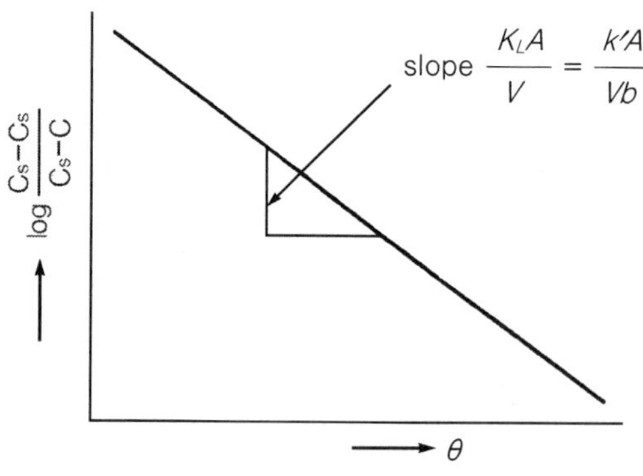

그림 14-2. 추출곡선

1.2 추출공정에서의 물질수지와 성분수지

1단 추출공정에서 상층류와 하층류의 유량과 이들의 조성 사이에는 밀접한 관계가 있으며, 다음과 같은 물질 및 성분 수지식으로부터 얻어진다.

물질수지식 : $L_o + V_o = M_1$ (14-5)

성분수지식 : $L_o x_o + V_o y_o = M_1 x_m$ (14-6)

여기에서 M_1은 평형단의 고체-액체 혼합물의 양이며, x_m은 그 조성이다.

〈연습문제 1〉

50%의 가용성 고형분을 포함한 100 g을 1 L의 물과 혼합하였을 때 평형이 이루어진 후 가용성 고형분의 조성은 얼마나 되는가?

답) 고형분 함량 4.5%

그러면 다음과 같은 상층류와 하층류로 이루어진 1단 추출조작의 경우를 살펴보자.

물질수지식 : $L_o + V_2 = L_1 + V_1$ (14-7)

성분수지식 : $L_o x_o + V_2 y_2 = L_1 x_1 + V_1 y_1$ (14-8)

이와 같은 물질 및 성분 수지식은 n개로 구성된 추출공정의 임의의 추출단에서도 성립되며, 다음과 같이 나타낼 수 있다.

물질수지식 : $L_{n-1} + V_{n+1} = L_n + V_n$ (14-9)

성분수지식 : $L_{n-1} x_{n-1} + V_{n+1} y_{n+1} = L_n x_n + V_n y_n$ (14-10)

따라서 각 추출단에서 2개의 식을 얻어 낼 수 있으며, 2개의 식을 연립으로 풀어 필요한 값을 알아낼 수 있다. 이런 관계는 용질에서 뿐만 아니라 용매와 불용성 고형성분에 대해서도 같은 방법으로 적용할 수 있다. 만일 용매를 a, 용질을 b, 불용성 고형물을 c 라고 한다면 몰분율은 각각 x_a, x_b, x_c 로 나타내므로 이들의 합은 항상 1.0이 된다.

$$x_a + x_b + x_c = 1 \tag{14-11}$$

향류식 다단추출공정에서 n번째 단에서 얻어지는 추출액의 농도 y_{n+1}에 대하여 식 (14-9)와 (14-10)을 정리하면 식 (14-12)를 얻을 수 있다.

$$y_{n+1} = \left(\frac{L_n}{L_n - L_{n-1} + V_n}\right) x_n + \frac{V_n y_n - L_{n-1} x_{n-1}}{L_n - L_{n-1} + V_n} \tag{14-12}$$

이 식을 추출조작선이라고 한다. 만일 각 추출단 사이를 이동하는 상층류와 하층류의 양이 일정하다면 $L_{n+1} = L_n = L_{n-1} \cdots = L$(일정), $V_{n+1} = V_n = V_{n-1} \cdots = V$(일정)가 된다. 그러면 추출조작선은 식 (14-13)과 같이 간단한 식으로 정리할 수 있다.

$$y_{n+1} = \frac{L}{V} x_n + y_n - \frac{L x_{n-1}}{V} \tag{14-13}$$

이 식은 n-1, n, n+1번째 추출단의 조성 중 2개의 단(n-1과 n)의 조성을 알고, 상층류와 하층류의 양(L, V)을 알면 나머지 단(n+1)의 조성(y_{n+1})을 구하는 데 이용할 수 있다. 그리고 n번째 단에서 x_n과 y_n과의 관계는 식 (14-14)로부터 얻어진다.

$$y_n = m\ x_n \tag{14-14}$$

이 식을 **평형관계식**이라고 한다. 여기에서 m은 물질분배상수이며, 이 값이 주어지고 x_n를 알면 y_n을 알 수 있다. 이는 x_n, x_{n-1}을 알고 L/V를 알면 y_{n+1}을 구할 수 있다.

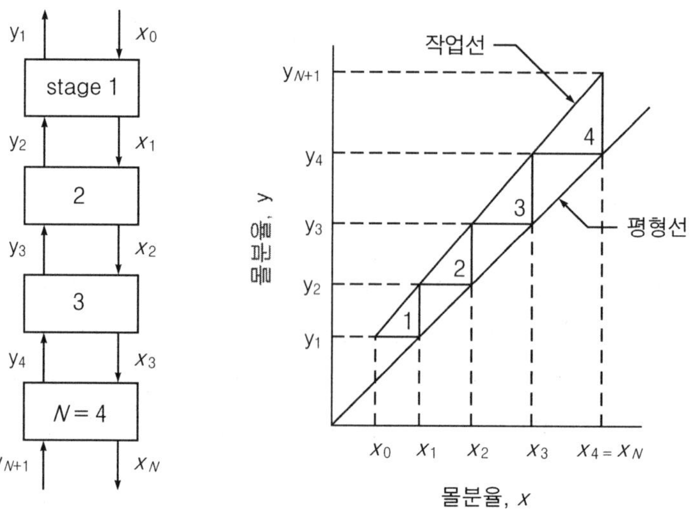

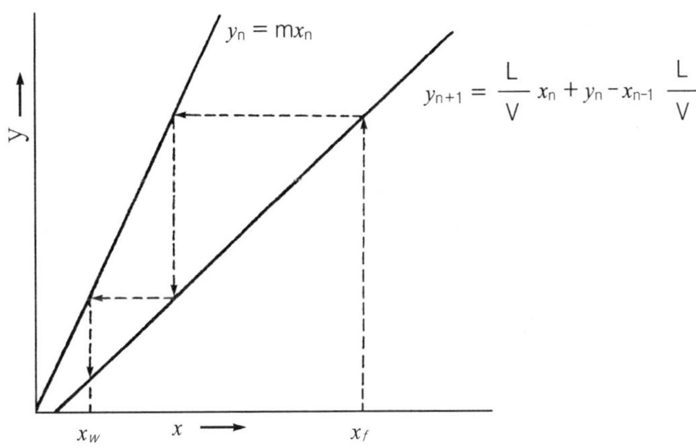

그림 14-3. 추출조작선을 이용한 작도법

추재에서 가용성 성분을 주어진 수준까지 추출하는 데 몇 개의 추출단이 필요한가를 아는 것은 실제 추출공정에서 추출장치를 설계하거나 작업조건을 결정하는 데 매우 중요하다. 이때 필요한 추출단의 수를 **소요이론 추출단**이라고 한다.

추출조작선을 이용한 도해법은 McCabe Thiele 방법이라고도 하며, 증류조작에서 이론단수를 구하는 방법과 비슷하다. 식 (14-13)과 식 (14-14)를 이용하여 그림 14-3과 같이 작도한다. 만일 추재가 x_f 값을 갖는다면 → 와 같이 작도하여 얻어지는 계단의 수를 소요단수로 한다. 그림에서는 x_w 까지 도달하는데 2개의 소요단이 얻어졌다. 이 외에도 삼각선도(三角線圖)를 이용하여 추출조작에서의 이론 소요단수를 구한다.

1.3 추출방법

1) 추출조건과 전처리

추재는 보통 동물이나 식물조직체이다. 유효성분은 이들 조직의 구성성분이기 때문에 세포 내에 들어 있는 유효성분을 녹여낼 수 있도록 용매가 조직 내로 침투할 수 있도록 하는 조건을 만들어 주어야 한다. 따라서 추재를 잘게 자르거나 분쇄하여 사용한다. 이때 입자의 크기는 작을수록 용매와의 접촉 면적이 커지게 됨으로 추출속도는 증가한다. 그러나 입자가 너무 작을 경우는 상층류와 하층류의 분리가 어려워지기 때문에 알맞은 크기의 입자를 사용하는 것이 좋다.

2) 용매와 추출방식

추출에 사용하는 용매는 유효성분을 작 녹일 수 있는 것을 선택하는 것이 좋다. 보통 각종 용매에 따른 목적하는 성분의 용해특성 등을 검토하여 결정하게 된다. 그리고 유용성분이 극성 또는 비극성인가에 따라서 용매를 선택한다. 각종 용매의 유전상수(誘電常數, dielectric constant)는 표 14-1에서 보는 바와 같다.

일반적으로 물, 알코올, 벤젠, 아세톤, 헥산(hexane), 에테르(ethyl ether), 케톤 등이 이용되며, 실제 사용에 있어서는 경제성·작업성·안전성 등이 고려된다. 추출은 가능한 최소의 용매로 최대한 유효성분을 분리하는 것이 중요하다. 추출에 소요되는 시간을 가능한 짧게 하여야 한다. 따라서 다단식 추출방식에 의해 용매를 절약함은 물론 향류식(counter current type)을 사용하는 것이 추출효과를 높일 수 있다.

향류식은 병류식에 비하여 추출단수가 증가하여도 그림 14-4에서 보는 바와 같이 일정한 농도구배를 유지하므로 추출과정을 통하여 추출속도가 거의 일정하다는 이점이 있다. 그리고 용매의 증발손실이 크지 않는 범위에서는 추출온도를 높게 하면 물질이동계수(K_L)를 크게 할 수 있어 추출속도가 커진다. 또한 물질이동이 잘 이루어질 수 있도록 추출하는 동안 교반해 주는 것이 좋다. 즉 추출온도를 상승시키면 용질의 용해도와 확산계수가 증가하기 때문에 추출속도가 증가하며, 교반은 입자 표면에서 물질이동 저항을 감소시키며 확산을 증가한다.

표 14-1. 각종 용매의 유전상수(25℃)

유기용매	유전상수
Hexane	1.90 (비극성) ↑
Cyclohexane	2.02
Carbon tetrachloride	2.24
Benzene	2.28
Ethyl ether	4.43
Chloroform	4.87
Ethyl acetate	6.02
Butan-2-ol	15.8
Butan-1-ol	17.8
Propan-1-ol	20.1
Acetone	20.7
Ethanol	24.3
Methanol	32.6
물	78.54 (극성) ↓

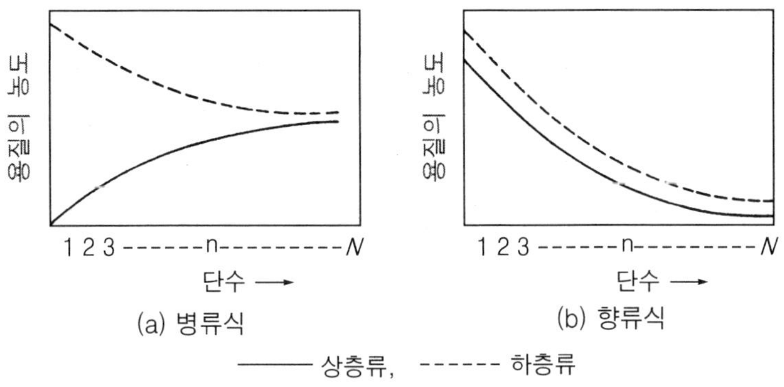

그림 14-4. 다단식 추출방식에 따른 용질의 농도구배

1.4 추출장치

추출장치는 추재와 용매를 고루 접촉하여 쉽게 평형에 도달시킨 후 상층류와 하층류를 분리할 수 있도록 만든 장치이다. 추출기(extractor)는 회분식 추출기와 연속식 추출기가 있다. 식품산업에 이용되는 대표적인 추출기는 다음과 같은 것이 있다.

1) 회분식 추출기

그림 14-5에서 보는 바와 같이 추재와 용매가 고루 접촉할 수 있도록 되어 있는 회분식 추출기(single stage extractor)는 간단하면서도 식품산업에서 흔히 쓰이는 대

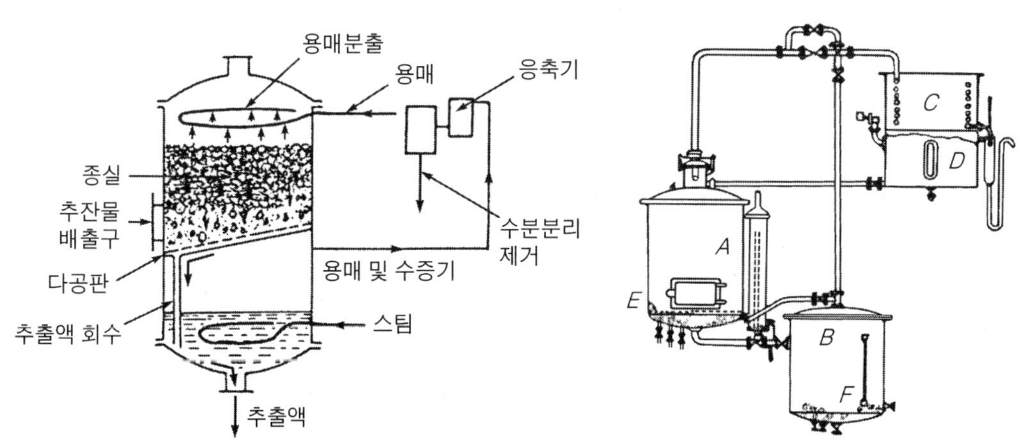

그림 14-5. 회분식 추출기의 구조

A : 추출탱크, B : 증류탱크, C : 응축탱크, D : 용매탱크, E : 다공판

표적인 추출기이다.

추출이 완료되면 상층류를 쉽게 분리하여 회수할 수 있도록 다공판이 깔려 있다. 추출액은 작은 구멍을 통하여 추출액 회수관으로 이송된다. 회수된 추출액은 스팀에 의하여 가열되어 용매는 증발되고 나면 농축된 제품을 얻을 수 있다. 용매는 응축기에서 냉각, 응축되어 다시 용매로 이용된다. 회분식 추출기는 종실유, 커피, 차 등의 제조에 이용된다.

2) 다단식 추출기

추출조작은 상(相) 사이의 접촉평형을 거쳐 이루어지는 물질이동 현상이다. 보통 2개 이상의 추출단(抽出段, extraction stage)을 사용하는 다단추출 방식에 의해 이루어진다. 다단식 추출기(multistage extractor)는 추재와 용매의 접촉방법에 따라 여러 가지 형으로 구분할 수 있다.

연속식 추출기로서 대표적인 것은 회분식 추출기를 여러 개 연결하여 하나의 추출기에서 분리되는 상층류를 다음의 추출기에 다시 사용하는 방식인 배터리식 추출장치(battery type extractor)는 그림 14-6에서 보는 바와 같다. 이 추출기에서는 하층류는 이동하지 않고 고정되어 있기 때문에 고정상식(固定床式, fixed bed) 추출기라고도 하며, 반연속식 추출기이다.

또 다른 형태는 상층류와 하층류를 모두 이동시키는 다단식 추출기를 들 수 있다. 연속추출법에 이용되는 추출기로는 분무침투식(spray percolation)과 침지식(immersion)으로 구분되며, 이를 병용한 추출기도 있다. 그림 14-7 (a)에서와 같이 Bollmann 추출기는 버킷(bucket) 또는 스크루 컨베이어(screw conveyor)에 의해 추재가 이동되는 동시에 상층류와 접촉되도록 되어 있다.

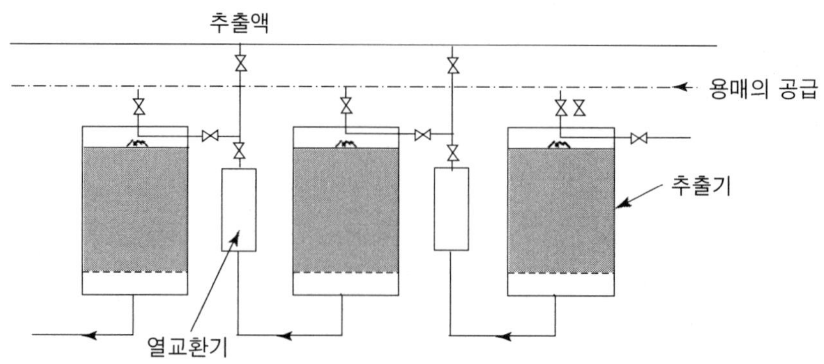

그림 14-6. 배터리식 연속추출기

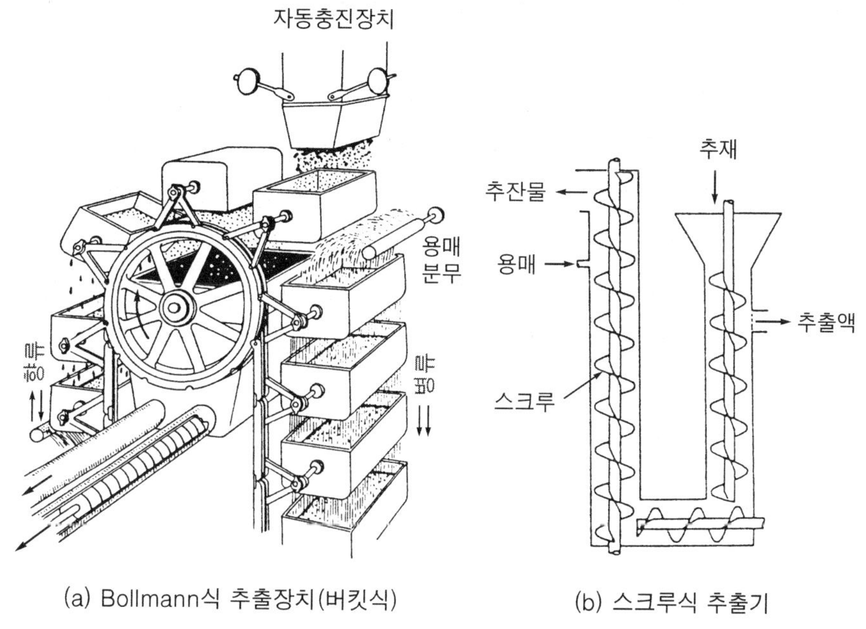

(a) Bollmann식 추출장치(버킷식)

(b) 스크루식 추출기

그림 14-7. 이동상식 연속추출기

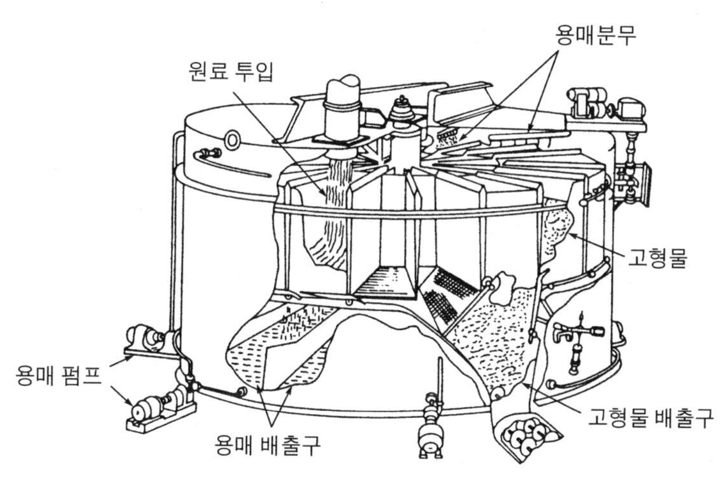

그림 14-8. Rotocel 연속추출기

바닥에 구멍이 뚫린 버킷을 부착한 엘리베이터(elevator)를 밀폐실에 설치한다. 버킷에 원료를 담아 천천히 운반하면서 상부에서 용매를 분무하여 주면 용매는 버킷을 통해 흘러내리도록 되어 있다. 이 장치는 처리용량이 커서 주로 대두 등과 같은 종실에서 식용유를 추출하는 데 널리 이용된다. 작업을 연속적으로 수행할 수 있는 연속식 추출기로서 하층류가 움직이기 때문에 이를 이동상식(移動床式, moving bed) 추출기라고 한다.

벨트컨베이어 식에는 Desmet 추출기와 Lurgi 추출기가 있다. 내부가 셀(cell)형으로 되어 있는 Rotocel 추출기(그림 14-8)는 대두, 면실, 유채 등 유량종자에서 식용유를 제조하는 데 널리 이용되는 대표적인 추출기이다. 침지식 추출기에는 원료의 이동방법에 따라 스크루 컨베이어형과 탑형이 있다. 그림 14-7 (b)에서 보는 바와 같은 Hildbrandt 추출기는 U자형으로 설치된 컨베이어에 의해 고체가 이동하고, 반대 방향에서 용매가 공급되도록 되어 있다. 이 장치는 처리능력이 큰 반면 작업 도중에 수평 스크루 부분이 막히는 결점이 있다.

2. 식품의 증류

추출은 서로 잘 녹지 않는 액체와 액체 사이의 물질분리이다. 이에 비하여 증류(蒸溜, distillation)는 액체와 기체 사이에서 물질을 분리하는 조작으로서, 모두 2개의 상 사이의 물질이동을 취급한다는 점에서 공통점을 가지고 있다. 앞에서 용매추출법에서 사용한 용매를 회수할 경우 또는 주정공업, acetone-butanol 발효에서처럼 유용성분이 저비점 물질인 경우 증류에 의해 이와 같은 성분을 분리한다.

증류는 혼합액의 분리방법과 분리 정도에 따라서 단증류, 분류, 공비증류, 수증기증류로 구분된다. 단증류(單蒸溜, simple distillation)는 혼합용액을 끓일 때 발생하는 증기를 전부 응축하여 이를 제품화하는 증류법이다. 여기에 비하여 분류(分溜, fractional distillation)는 혼합액을 구성하는 여러 가지 성분의 비점 차이에 따라 분별 증류하여 각각의 성분을 분리하는 방법이다. 보통 증류라고 하면 분류를 의미하는 경우가 많다.

그리고 공비증류(共沸蒸溜, azeotropic distillation)는 증류하고자 하는 혼합물의 성분이 어떤 성분 조성비에 이르면 비점이 같아지는 공비현상이 일어난다. 이 경우 제 3의 물질을 첨가하면 두 성분 사이에 비점의 차이가 생겨 분리가 가능해지는 것을 이용한 증류법이다. 또한 비점이 높은 물질을 비휘발성 물질로부터 분리하고자 할 때 수증기를 원료액에 불어넣어 분리하는 수증기증류(水蒸氣蒸溜, steam distillation)가 있다. 주로 향미성분을 분리할 때 이용된다.

2.1 증류 이론

증류는 혼합액을 가열함으로써 액상(liquid phase) 속에 있는 저비점 성분을 증기화시켜 액체 속에 있는 물질을 기체 속으로 이동시킨다. 이것을 응축시켜 저비점 성분을 얻는 조작이다. 증류는 상(相, phase)의 변화와 동시에 물질이동 조작이라고 할 수 있다. 따라서 상의 법칙(phase rule), Raoult 및 Henry의 법칙 등이 이용된다. 저비점 성분의 액체-기체 상태에서의 평형관계를 나타내는 평형곡선(equilibrium curve)의 개념을 이해할 필요가 있다.

1) 평형단과 평형곡선

에탄올-물과 같이 저비점 성분을 갖는 2성분계의 혼합용액의 예를 생각해 보자. 혼합용액을 용기에 넣고 일정 온도에 두면 비점이 낮은 에탄올은 증발하여 액체상으로부터 기체상으로 이동한다. 이와 같은 이동은 일정시간이 경과하면 더 이상 이동하지 않는 기-액 평형상태에 도달한다. 이 평형상태를 **평형단**이라고 하며, 증류장치에서의 증류단에 해당한다.

평형상태에서 증기 조성분 중 저비점 성분의 농도(y)는 액체 중에 있는 저비점 성분의 농도(x)에 따라 변화한다. 이때 x와 y의 관계를 나타낸 도표를 x-y 선도라고 하며, 에탄올-물의 경우 그림 14-9와 같다.

x-y 선도는 혼합액의 조성을 알고 있을 때 여기에서 발생하는 증기 중의 저비점 성분의 조성을 알 수 있다. 증기를 응축하였을 때 얻는 응축액의 저비점 성분조성을 알 수 있기 때문에 증류조작에서 기본적인 자료가 된다.

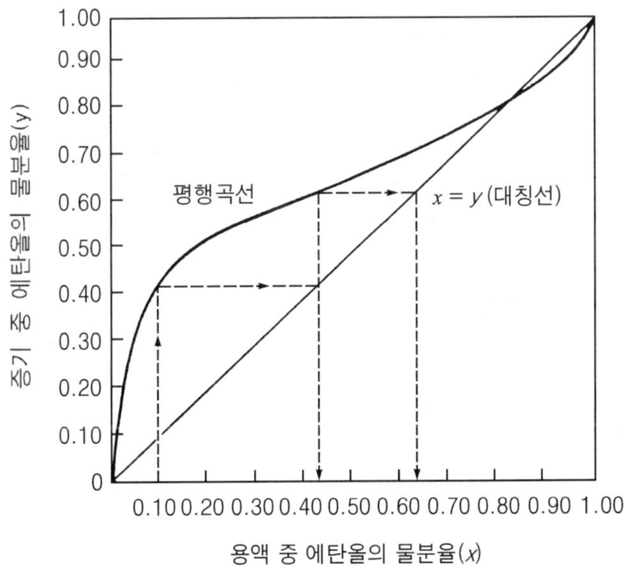

그림 14-9. 2성분계의 x-y 선도

2) 분류(分溜)

증류에 의한 저비점 성분의 분리는 기-액 평형단수가 많을수록 잘 이루어지기 때문에 대부분 증류장치는 여러 개의 평형단수(증류단수)로 이루어져 있다. 이와 같이 여러 개의 증류단으로 이루어진 탑을 증류탑(distillation tower)이라고 하며, 이를 흔히 **다단식 증류탑**이라고 한다. 증류탑은 그림 14-10에서 보는 바와 같이 수직으로 세워져 있다. 증류가 진행되는 동안 액체는 밑으로 이동된다. 기체는 위쪽으로 서로 반대 방향으로 이동되므로 증류탑에서의 증류는 다단향류식 증류(multistage counter current distillation)이다.

그림 14-10에서와 같이 정상상태에서 증류가 이루어진다고 할 때 혼합액은 공급단(feed plate)을 통하여 증류탑 속으로 유입된다. 증류탑 속으로 들어간 혼합액은 곧 끓게 되어 기-액 평형상태에 도달한다. 발생되는 증기는 액보다 저비점 성분농도가 더 높다. 공급단의 위쪽 단으로 올라갈수록 증기 중의 저비점 성분농도는 점점 높아진다.

따라서 상단부는 저비점 성분의 농도를 높여 주는 역할을 하기 때문에 농축부(enriching section)라고 한다. 공급단 밑으로 내려 갈수록 저비점 성분농도가 낮아지

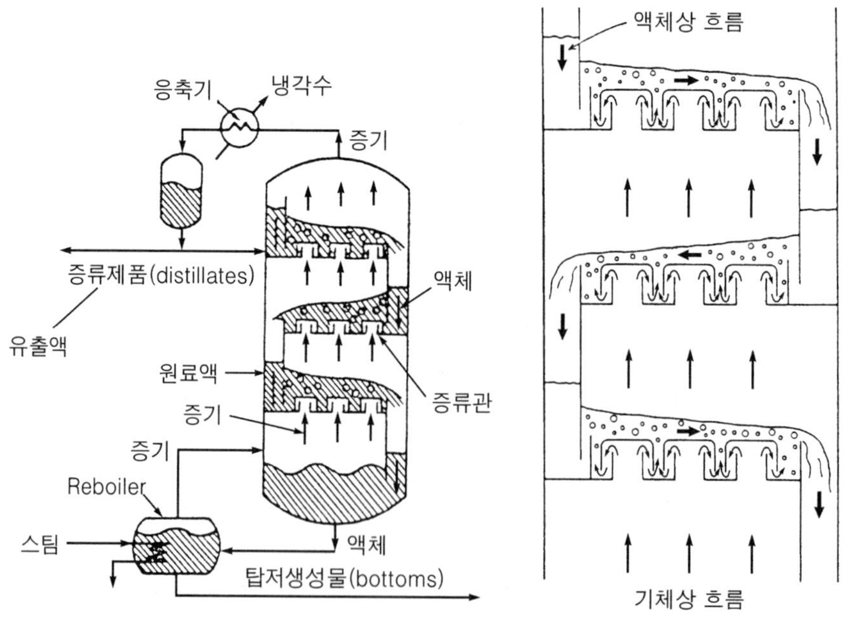

(a) 3개의 증류단으로 된 증류탑의 증류상태 (b) (a)의 증류탑의 내부구조

그림 14-10. 증류탑에서 증류되는 상태와 증류장치의 구성요소

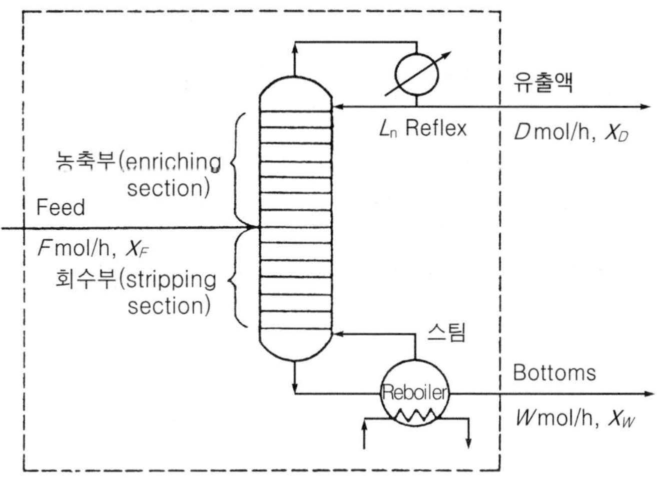

그림 14-11. 증류탑의 농축부와 회수부

고 고비점 성분농도는 증가하여 회수되므로 공급단 아랫부분을 회수부(stripping section)라고 한다. 증류탑은 그림 14-11과 같이 공급단을 기준으로 하여 농축부와 회수부로 나누어진다.

저비점 물질은 농축부 맨 위쪽 단에서 나오는 증기가 응축기를 거치면서 액화되어 유출된다. 증류제품은 액상이며, 이를 유출물(distillate) 또는 제품이라고 한다. 그리고 증류 잔류물은 액체상태로 밑으로 흘러내려 회수부 하단에 있는 리보일러(reboiler)를 통하여 배출된다. 배출되는 물질은 보통 버리게 되므로 이를 폐액 또는 탑저생성물(waste, bottoms)이라고 한다. 리보일러도 끓은 상태에 있음으로 하나의 평형단수로 간주되기 때문에 그림 14-11에서의 증류탑의 단수는 4개가 된다.

따라서 증류조작에서 증류탑의 이론단수(theoretical plate)를 농축부와 회수부에서의 증류조작선 또는 작업선(operation line)을 한다. 이를 x-y선도에 작도하여 각각의 이론단수를 구한 다음 이들로부터 소요 증류단수를 구하게 된다. 증류조작에서 응축액은 전부 제품으로 얻는 것이 아니라 그 일부는 증류탑 속으로 되돌려 보내게 되는데, 이를 환류(還流, reflux)라고 한다. 제품의 양에 대한 환류량의 비를 환류비(reflux ratio, $R = L_n/D$)라고 한다.

2.2 증류장치

증류장치는 증류탑·증류관·응축기로 구성되어 있다. 이외로 펌프, 파이프 배관

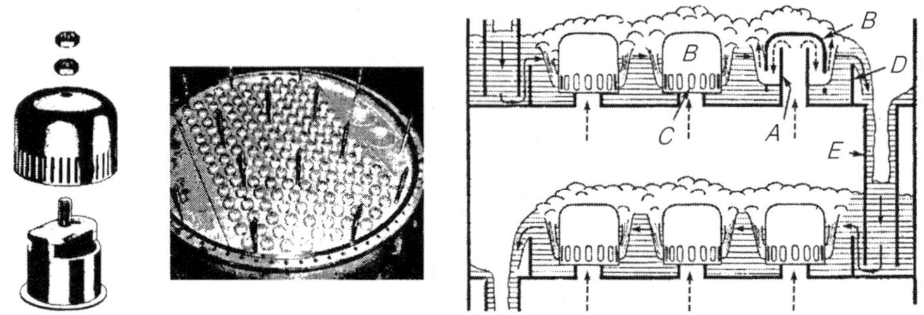

(a) 포종의 모양 b) 여러 개의 포종을 갖춘 증류단에서의 기-액 접촉상태

그림 14-12. 증류탑의 구조

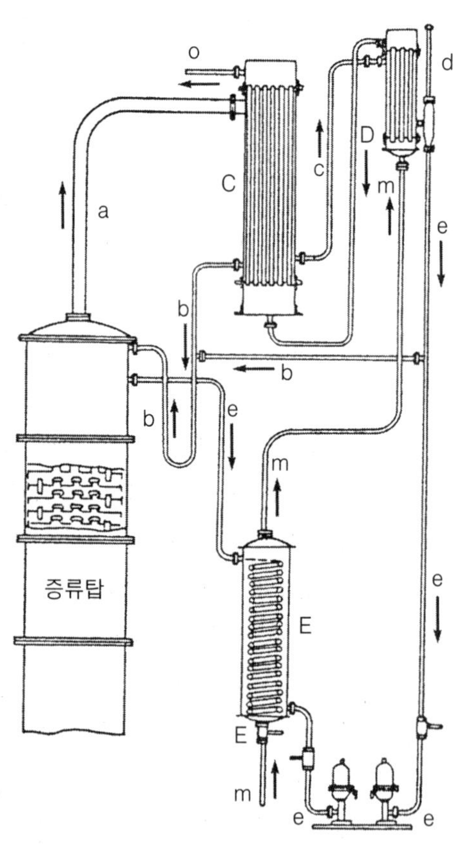

그림 14-13. 증류탑에 설치된 응축기

C : 제1응축기, D : 제2응축기, E : 냉각기, a : 에탄올 증기, b : 제1응축기로부터의 환류액, c : 제1응축기로부터 제2응축기로 들어가는 에탄올, d : 불응축 가스인 알데히드 배출구, e : 제품(에탄올)액, m : 냉각수 (전재근, 식품공학)

등으로 이루어져 각 부위의 온도·압력·유량 등을 측정하여 기록, 조절할 수 있는 계기 등이 설치되어 있다. 증류탑은 여러 개의 증류단을 조립하여 만든 탑으로 높이가 수 m에서 수십 m에 이르는 것이 있다. 증류탑의 기본이 되는 것은 증류단이다. 기-액 평형이 신속히 이루어질 수 있도록 증기와 액이 잘 접촉할 수 있는 구조로 되어 있다.

한 예로 포종형(泡種型, bubble cap) 증류단은 그림 14-12에서 보는 바와 같다. 실제 증류탑에서 이론적인 평형단에서처럼 기-액 평형이 완전하지 못하기 때문에 저비점 성분의 분리효율, 즉 단효율(plate efficiency)이 떨어진다. 에탄올의 경우 단효율의 70%라고 하면 증류탑의 실제 단수는 이론단수 × (100/70) 만큼 소요된다.

응축기는 증류탑 농축부 상단에서 나오는 저비점 성분을 포함하는 증기를 냉각하는 역할을 한다. 그 구조는 원통다관식 열교환기와 비슷하다. 응축기는 증류탑에 1~3개를 사용하며, 한 예로는 그림 14-13에서 보는 바와 같다. 응축기는 증기를 응축·냉각시키는 형태에 따라 분축기(partial condenser), 응축기(total condenser), 냉각기(cooler)로 구분한다.

증류관(reboiler 또는 still)은 증류원료를 가열하여 증기화시키는 가열장치로서 그

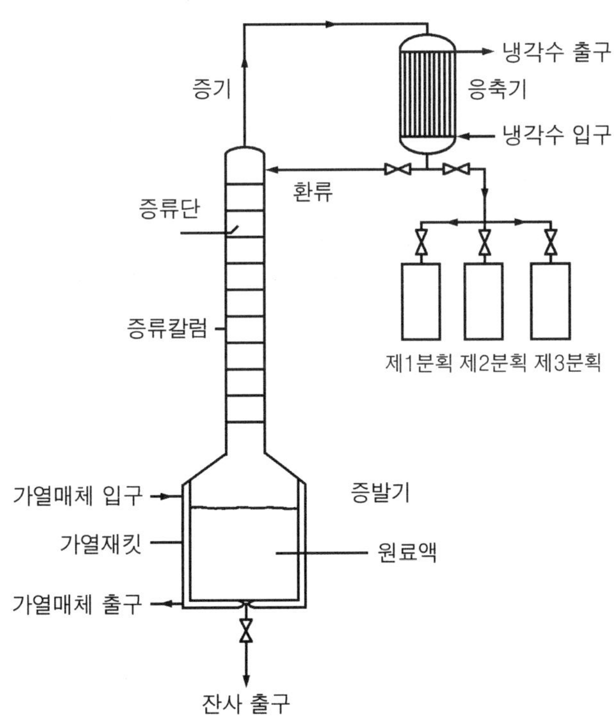

그림 14-14. 회분식 증류장치

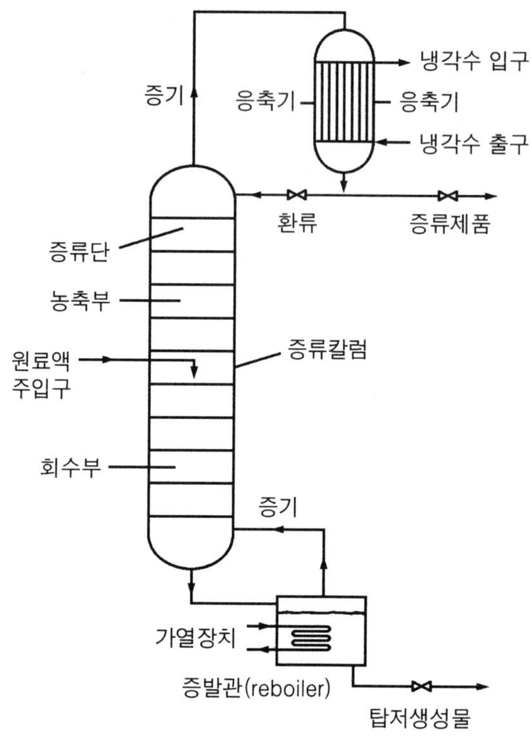

그림 14-15. 연속식 증류장치

구조는 보일러와 거의 같다. 증류단에 있는 액은 증류가 끝날 때까지 항상 비등점까지 가열해야 하기 때문에 다량의 수증기가 소요된다.

회분식 또는 연속식 증류장치는 그림 14-14와 그림 14-15에서 보는 바와 같다.

제 15 장

식품의 성형과 포장

1. 식품의 성형

식품을 가공 또는 제품화하는 과정에서 일정한 모양을 갖추도록 하는 작업을 성형 조작이라고 한다. 식품의 성형과 포장방법은 식품의 종류와 성질에 따라 차이가 있다. 그 종류도 너무 많아서 이를 모두 다루기가 어렵다. 여기에서는 대표적인 것만을 취급하고자 한다. 가공식품의 성형은 원료식품의 모양을 바꾸는 것으로 식품의 종류에 따라 차이가 있지만, 다음의 몇 가지 형태로 구분할 수 있다.

1.1 주조성형

일정한 모양을 가진 틀에 식품을 담고 냉각 혹은 가열 등의 방법을 사용하여 고형화시키는 방법을 주조성형(鑄造成型, casting 또는 molding)이라고 한다. 크림, 젤리, 빙과, 빵, 과자 등의 제조에 이용되며, 대표적인 주조성형의 예는 그림 15-1에서 보는 바와 같다.

(a) 빙과류의 냉동성형　(b) 식빵의 가열성형　(c) 가압법에 의한 두부의 성형

그림 15-1. 주조성형의 예

1.2 압연성형

압연성형(壓延成型, sheeting 또는 pressing)한 제품인 국수, 껌, 도넛, 비스킷 등은 분체식품을 반죽한다. 이것을 로울로 얇게 늘리어 면대(sheet)를 만든 다음 세절하거나 압인(壓印, stamping) 또는 압절(壓切)하는 방법으로 성형한 제품이다. 국수기가 대표적인 압연성형기이다.

그림 15-2 (a)에서는 밀가루 반죽으로 면대를 만들어 국수(細切麵)를 만드는 과정을 보여 주고 있으며, (b)는 글자나 각종 모양이 새겨진 롤러로 비스킷의 형태를 떠내는 것을 보여 주고 있다.

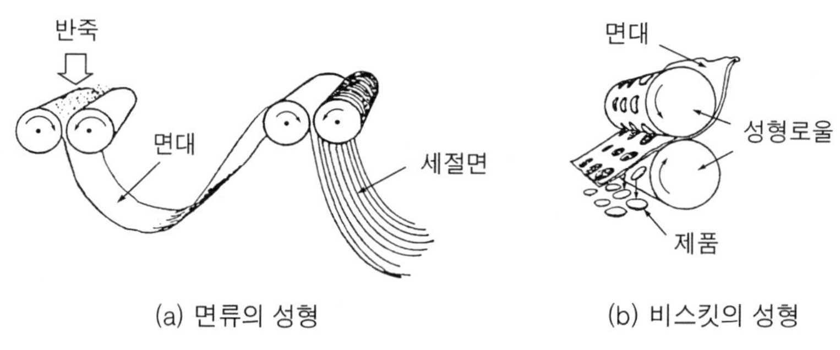

그림 15-2. 압연성형 방법

1.3 압출성형

반죽, 반고체, 액체식품을 노즐 또는 다이스(dice)와 같은 구멍을 통하여 압력으로 밀어내어 성형하는 방법이다. 마카로니(macaroni), 소시지, 인조 육제품(meat analog) 등은 이와 같은 방법으로 제조된 가공식품이다. 대표적인 압출성형기의 구조는 그림 15-3에서 보는 바와 같이 노즐 또는 다이스를 갖춘 용기와 식품을 압축할 수 있는 가압장치로 되어 있다. 그림에서 (a)는 소시지 성형기이며, (b)와 (c)는 마카로니 제조기이다.

1.4 절단성형

칼날 또는 톱날과 같은 절단수단을 사용하여 식품을 일정한 크기와 모양으로 만드는 성형법이다. 식품의 종류와 물성에 따라 여러 가지 형태가 있으며, 채소나 반고체 식품과 같은 유연성 식품은 칼, 원판형 칼 또는 가느다란 금속선을 사용하여 절단한다.

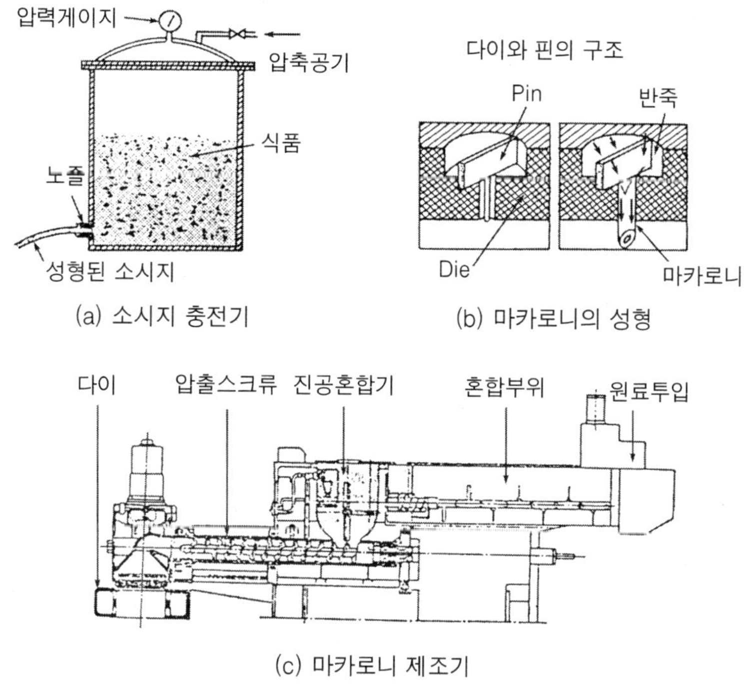

그림 15-3. 압출성형기

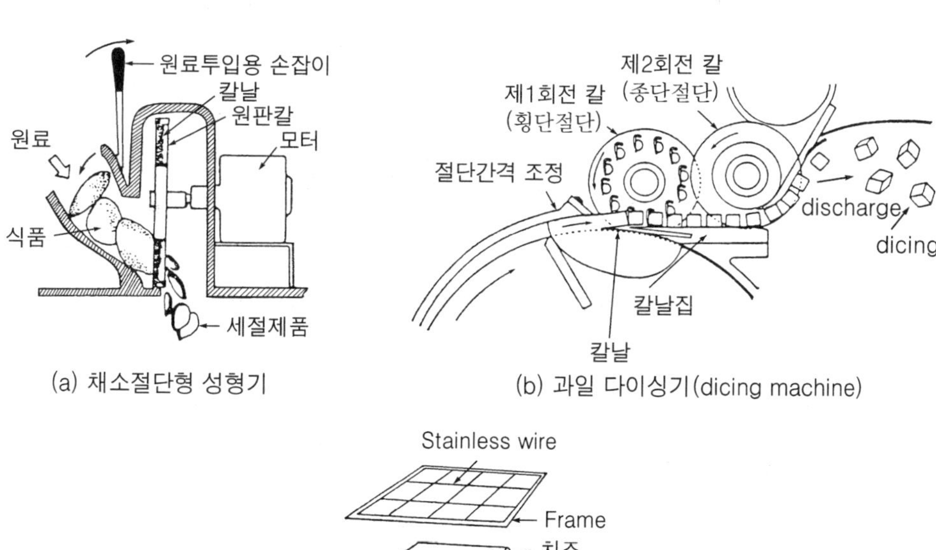

그림 15-4. 여러 가지 절단성형기

그림 15-4에서 (a)는 과일과 채소의 세절에 사용되는 절단기로서 절간고구마, 무채를 만드는 데 이용된다. 그림에서 (b)는 과일을 정사각형으로 썰어서 다이싱(dicing)을 제조하는 과일 다이싱기(fruit dicing machine)이다. (c)는 치즈나 두부 등을 절단하는 치즈커터(cheese cutter)로서 팽팽한 금속선을 절단 수단으로 사용한다.

1.5 과립성형

커피, 분말주스 등은 입자가 작으면 물속으로 가라앉지 않고 표면에 떠있어 잘 녹지 않는 성질이 있기 때문에 분말을 응집시켜 과립형태(agglomeration)로 바꾸게 된다. 그림 15-5 (a)에서 보는 바와 같이 건조분체 중에 작은 물방울(mist)을 분사시켜 응집하는 방법을 응괴성형(凝塊成型)이라고 한다. (b)는 축축히 젖은 상태의 분체식품을 작은 구멍(dice)이 있는 회전드럼 속에서 회전롤러에 의해 압출되어 펠릿(pellet)으로 만드는 과립성형(granulating 또는 pelleting)이 있다. 그리고 (c)는 당의정(糖依錠)으로 성형시키는 회전솥으로 피복하고자 하는 식품 표면에 당액을 분사시키면서 건조하는 작업을 반복함으로써 차츰 그 모양을 크게 하는 피복성형법이 있다.

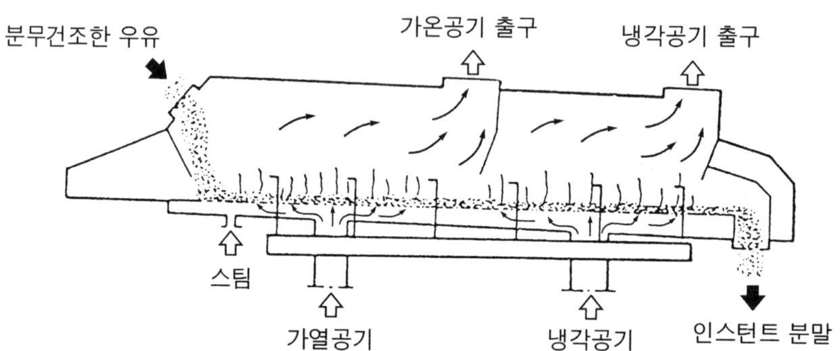

(a) 분체를 스팀(mist) 속에서 응괴시켜 건조하는 과정

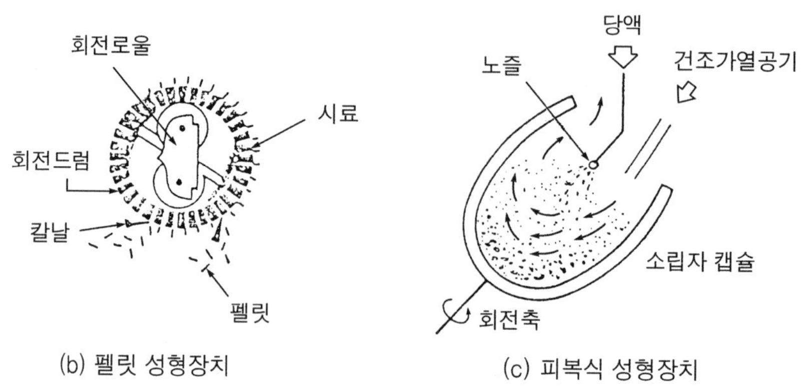

(b) 펠릿 성형장치

(c) 피복식 성형장치

그림 15-5. 과립성형 방법

2. 식품의 포장

각종 저장방법에 있어서 예외적인 경우를 제외하고는 어떤 형태이든 포장을 하게 된다. 초기 천연물을 포장하던 시대에서 새로운 포장시대로 접어든 것은 1804년 프랑스의 Nicolas Appert가 통조림의 원리를 발견하였다. 1810년 영국의 Peter Durand가 오늘날에 사용하고 있는 통조림의 양철관에 식품을 넣고 살균하는 방법에 성공하면서부터 시작되었다. 제2의 새로운 시대로 접어든 것은 1955년경에 석유화학의 발전에 따라 각종 합성수지(plastics)가 값 싸게 공급되면서부터이다.

우리나라의 경우 1995년도에 종이포장재가 3,290톤이 생산되어 전체 포장재의 60%를 차지하고 있으나, 매년 포장재에서 차지하는 비율이 감소하고 있다. 이에 비하여 플라스틱 용기는 1990년에 585톤으로 전체 포장재의 15%를 차지하였으나, 1995년에 1,054돈을 생산하여 전체 포장새에서 차지하는 비율이 19%로 내년 크게 증가하였다.

생산과 소비가 별개의 목적으로 이루어지고 있으며, 이 2단계를 연결해 주는 기본적인 매체가 포장이라고 할 수 있다. 식품의 포장은 '식품의 유통과정에 있어서 보존성과 위생적인 안전성을 높이고, 편의성과 보호성을 부여하며, 판매를 촉진하기 위하여 알맞은 재료나 용기를 사용하여 식품에 알맞은 처리를 하는 기술이나 또는 그렇게 한 상태'를 말한다.

따라서 식품포장은 식품원료 및 식품의 생산에서 저장 · 가공 · 수송 · 판매 등의 과정을 거쳐 소비자에 이르기까지 받게 되는 다음과 같은 요인으로부터 피해를 줄이기 위하여 이루어진다.

① 충격, 진동, 압축 등의 물리적인 외부의 힘
② 온도, 습도, 빛, 기체, 먼지 등의 외부적인 환경요인
③ 쥐, 해충, 미생물 등에 의한 생물적인 피해
④ 주변 환경으로부터의 오염
⑤ 식품성분의 상호작용에 의한 화학적인 변질

식품포장은 식품의 수송, 보관, 진열, 판매, 소비 등에 있어서 알맞은 재료를 적용하여 그의 가치와 상태를 보호하는 것 또는 그 기술을 말한다. 포장의 기능은 유통과정에서 식품의 품질을 유지하기 위한 위생성, 수송 · 휴대 · 개폐 등을 쉽게 하기 위한 편의성, 작업을 쉽게 하기 위한 작업성, 상품가치 부여를 위한 경제성 등을 높이는 데 있다. 따라서 포장재료와 포장공정의 선택은 표 15-1에서 보는 바와 같은 요인들을 고려하여야 한다.

표 15-1. 포장재료와 포장공정의 선택요인

물리적인 요인	생화학적인 요인
〈포 장〉 • 모 양 • 용 적 • 가스 투과성 • 화학적 반응성 • 포장 내의 첨가물 • 가 스 • 흡착제 〈환경요인〉 • 시 간 • 온 도 • 압 력	〈생산적 인자〉 • 품 종 • 재배방법 • 재배지역 • 용적 및 중량 • 표면적/용적 비율 • 성숙도(maturity state) • 기계적 손상 등 수확상태 • 전처리의 최소화 〈환경적 인자〉 • 수송의 필요성 • 해충으로부터의 보호

식품포장에 사용하는 용어는 다음과 같이 구분한다. 즉 물품의 보관이나 수송에 있어서 가치와 상태를 보존하고, 판매를 촉진하기 위하여 알맞은 재료로 물품을 포장하는 방법·상태·기술을 합쳐 포장(packaging)이라고 한다. 따라서 포장은 조작(operation) 전체를 포함하는 넓은 의미를 뜻한다. 이를 구분하기 위하여 라면을 상자에 넣고 묶을 때 쓰이는 재료 또는 과정 등 묶는 정도를 나타낼 때는 packing이라 하고, 라면봉지와 같은 포장대를 의미하는 용어는 package라고 한다.

2.1 식품포장의 목적과 기능

식품포장의 목적과 기능을 요약하면 다음과 같다.

(1) 물품의 취급수단으로 이용된다.

예를 들어 액체식품을 병에 포장하는 것과 같이 필요한 양의 식품을 용기에 포장한다.

(2) 가공의 보조수단이 된다.

살균에 사용하는 금속용기는 식품의 보호기능과 제품의 안정성을 부여한다. 식품에 미생물, 이물질, 유해물의 혼입을 방지할 수 있도록 위생적인 안전성을 높이고, 식품의 품질을 유지할 수 있도록 하는 보존성을 높인다.

(3) 작업성의 향상과 편의성을 부여한다.

작업 능률을 높이고, 소비자에 대한 편의성을 부여하기 위한 방법을 말한다. 또한 제품의 운반・판매・소비하는 데 간편하도록 하는 편의성을 부여한다.

(4) 상품성을 향상시킨다.

이는 시장기능이라고 할 수 있다. 외관과 내용물의 분류를 쉽게 하며, 판매를 촉진할 수 있다.

(5) 경비절약 수단이 된다.

식품의 유출을 방지하며, 수송을 쉽게 한다. 또한 오염을 방지하고, 생산비(노동력) 절감 등과 같은 직접적인 요인 외에 간접적인 요인 등이 복합적으로 작용한다.

(6) 제품의 보호기능을 갖는다.

기계적인 외부의 힘으로부터 보호하는 물리적인 보존, 외적환경 요인과 생물적인 피해에서 보호하는 품질 보존의 기능을 갖는다. 식품포장은 주로 식품을 생물적인 환경에서 보호하는 식품위생적인 보존을 말하며, 이 기능이 가장 중요한 요인으로서 식품포장에서는 이 문제를 주로 다루게 된다.

2.2 식품포장의 중요성

식품포장(food packaging)의 중요성은 다음과 같은 점에서 고려될 수 있다.

① 식품의 변질을 방지
② 생산지에서 소비지까지 수송을 하거나 저장하는 수단
③ 분배에 도움
④ 생산시기와 소비시기와의 가격 차이를 줄여 가격을 안정
⑤ 산패, 빛, 산소, 금속이온, 수분 등에 의한 식품의 변질을 방지함으로써 식품의 위생적인 조건을 유지
⑥ 미생물에 의한 변패나 효소작용에 의한 산화를 방지함으로써 식품을 보존
⑦ 내용물의 분류를 쉽게 할 수 있게 내용물의 표시

식품포장에 의한 가공과 저장 중에 일어나는 제품의 품질에 미치는 영향은 그림 15-6과 같다. 환경요인에 의한 저장 중 식품의 품질변화는 포장의 상태에 따라 크게 차이가 생긴다. 저장 및 유통기간에 제품의 품질유지를 위하여 포장에 세심한 주의가 필요하다.

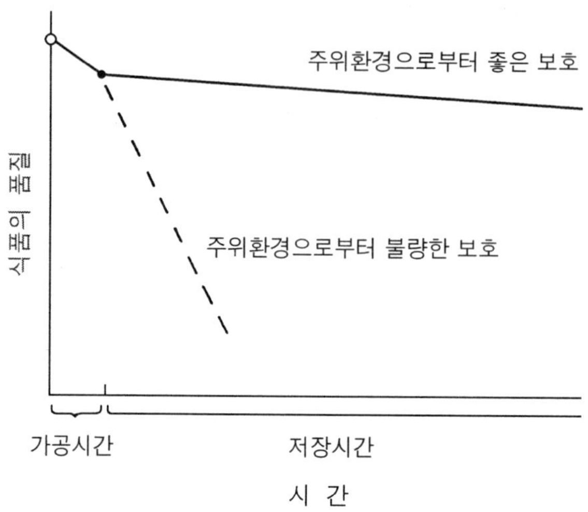

그림 15-6. 포장에 의한 제품의 품질에 미치는 영향

2.3 포장의 분류

식품을 포장하는 경우 포장하는 식품의 상태와 형상, 품질, 용도, 수송조건, 보관조건 등에 따라 각각 다른 포장재료, 포장형태, 포장조건을 하게 된다. 이를 분류하는 방식이 서로 다른데 크게 나누어 기능별, 포장형태별, 포장방식별 등으로 구분된다.

(1) 내용물의 종류와 유통방법에 따른 분류

상업적인 포장과 공업적인 포장으로 구분된다. 은단을 포장하는 것은 상업적인 포장의 예로서 판매촉진에 기여할 수 있다. 공업적인 포장의 경우는 수송에 편리하도록 하는 것으로, 포장비의 절감을 위하여 개별 포장하지 않고 bulk로 한다.

(2) 내용물의 중량에 의한 분류

중포장(重包裝)은 내용물이 집중적인 하중을 가지고 있어서 외포장과의 사이를 떼어 놓거나 완충제로 충진하는 것으로 기계포장 등을 들 수 있다. 중포장(中包裝)은 통조림식품, 병포장 등 완충제를 넣은 포장을 말한다. 경포장(輕包裝)은 대부분의 식품포장에서 볼 수 있으며, 완충제를 쓰지 않아도 된다.

(3) 포장재가 사용되는 장소에 따른 분류

포장의 기능별 분류로서 수분, 빛, 충격 방지를 위하여 내부에 넣는 경우와 나무상자, 드럼통, 금속상자 등 외부에 사용되는 경우로 구분된다.

(4) 포장재의 특성에 따른 분류

Polyethylene, polyester, PVC 등 플라스틱 필름(plastic film)과 같은 유연한 성질을 갖는 포장재료를 사용하여 포장하는 유연포장(flexible package)이 있다. 이와는 반대로 금속, 유리와 같이 견고한 포장재료를 사용하는 통조림, 병조림 등과 같은 강직포장(rigid container)으로 구분된다. 일반적으로 유연포장 재료는 물은 통과하지 않으나 가스는 통과할 수 있는 특성을 가지고 있다.

(5) 품목에 따른 포장의 분류

내용물의 종류에 따라 분류하는 방식으로서 식품포장, 기계포장, 의류포장, 위험물 포장 등으로 구분된다.

(6) 기능성에 따른 분류

포장의 목적 또는 기능성에 따라 수송을 위한 포장, 저장을 위한 포장, 배분을 쉽게 하기 위한 포장, 집하를 위한 포장, 파손 또는 변질을 방지하기 위한 포장, 판매촉진을 위한 포장 등으로 구분된다.

(7) 포장방법에 따른 분류

방수포장, 방습포장, 불활성 기체에 의한 충진포장을 포함한 진공포장, 압축포장(shrinkage packaging) 등으로 구분된다.

식품포장은 포장수준에 따라 분류하기도 한다. 1차 포장은 담은 제품과 직접 접촉하는 것을 말하며, 차단성을 부여한다. 캔(can), 유리병, 파우치 등이 있다. 2차 포장은 유통용기이며, 골판지 상자와 같이 1차 포장들을 담는 것을 말한다. 3차 포장은 2차 포장을 담도록 하는 것이다. 예를 들어 골판지 상자를 수축필름으로 싼 펠릿을 들 수 있다. 국제무역에서는 3차 포장인 여러 개의 펠릿을 담은 4차 포장인 컨테이너가 자주 사용된다.

2.4 포장재의 조건

그 동안 국내의 식품포장산업은 식품산업의 양적·질적 변화에 따라 많은 변화를 겪어 왔다. 원시적 형태의 포장상태에서 경제개발계획이 진행되면서 각종 플라스틱 재료가 개발되기 시작하였다.

1970년대에 석유화학단지가 건설되면서 LDPE(low density polyethylene), HDPE(high density PE), PP(polypropylene), PS(polystrene), PVC(polyvinyl chloride)

등과 같은 플라스틱 재료가 생산됨에 따라 양적 증가를 가져왔다. 1980년대에는 소비자의 다양한 욕구에 부응하려는 시장경쟁이 치열하여 질적인 향상에 주력하게 되었다. 1990년대는 첨단기술이 식품포장산업에 적극 활용되고 있다.

1995년에 종이포장재가 3,290톤이 생산되었다. 전체 포장재의 60%를 차지하였으나, 점차 차지하는 비율은 감소하고 있다. 이에 비하여 플라스틱 용기는 1990년 585톤에서 1995년에 1,054톤을 생산하여 전체 포장재에서 차지하는 비율이 19%로 매년 증가하였다.

포장재로서는 종이, 판지, 셀로판, 플라스틱과 그 접합(laminated) 재료, 병, 캔, 나무상자 등의 주재료로부터 테이프, 끈, 접착제, 탈탄소재 등의 부재료까지 다양하게 사용되고 있다. 그러나 식품포장 재료의 대종은 플라스틱을 기본으로 하는 각종 재료와 용기이다. 식품포장에 있어서 가장 기본적인 재료는 개별 포장재료와 용기이다. 이들이 갖추어야 할 기본적인 조건은 다음과 같다.

(1) 위생성(안전성)

포장재는 식품과 직접 접촉하게 되어 식품 중에 들어 있는 수분, 염류, 유지 등에 의해 부식되거나 용기성분이 용출되어서는 안 된다. 납・철・비소 등의 중금속염, 페놀・포르말린 등의 화학물질과의 반응이 완전히 일어나지 않아야 한다. 포장재 원료에 남아 있는 monomer 등의 가소제 또는 안정제 등의 용출이 일어날 수 있는 포장재는 식품포장 재료로서 맞지 않다.

(2) 보호성

내용물의 품질을 보존하는 성질로서 품질의 저하를 방지하는 성능을 가지고 있어야 한다. 기체의 차단성, 차광성, 내열성, 내한성, 내충격성, 내압성, 내진공성, 충진과 밀봉 특성 등의 물리적인 구비조건 이외에도 내산성(耐酸性), 내염성(耐鹽性), 내유성(耐油性), 내부식성(耐腐蝕性) 등의 화학적인 구비조건을 갖추어야 한다.

(3) 안정성(작업성)

현재의 식품가공과 유통에 있어서는 대량 생산 및 수송에 대한 유통체제를 갖추고 있기 때문에 포장재료가 작업 중에 손상을 입거나, 파괴되지 않을 정도로 강도, 유연성 등을 갖추어야 한다.

(4) 편의성

소비자들이 포장식품을 이용하기 편리하도록 하기 위하여 포장식품을 빨리 가열하거나 냉각할 수 있고, 개봉이 쉽고 소비습관에도 알맞은 편의성을 가져야 한다.

(5) 상품성

포장재료는 청결감을 주고, 내용물의 식별이 쉬워야 한다. 또한 구매 의욕을 줄 수 있도록 형상·표식 등의 디자인을 할 수 있도록 인쇄 적성에 맞아야 한다.

(6) 경제성

포장재료의 가격이 싸고, 대량 생산이 쉬워야 한다.

2.5 포장재료에 따른 특성

1) 유 리

유리는 오래 전부터 포장재로서 사용되어 왔다. 물리적으로는 고점성을 갖는 물질이 과냉각된 상태이고, 화학적으로는 무기산화물의 혼합물로 볼 수 있다. 유리는 70~75%의 Na 또는 Ca silicate와 6~12%의 Ca 또는 Mg의 산화물로 되어 있다. 이외로 Al, Ba 등의 금속산화물로 구성되어 있다. 유리는 보통 1,500℃의 회화로에서 녹인 다음 혼합하여 성형한다.

포장재료로서 유리용기는 다음과 같은 장점이 있다.

① 투명하고 빛깔이 있으며 청결하다.
② 화학적으로 안정하여 유리의 성분이 식품의 품질 변화에 미치는 영향이 적고, 위생적인 문제가 잘 일어나지 않는다.
③ 2~50회 정도 회수하여 재사용이 가능하다.
④ 제조비용이 비교적 적어 경제적이다.
⑤ 원료자원이 국내에 풍부하다.

그러나 유리용기는 다음과 같은 결점을 가지고 있다.

① 내열성과 내한성(耐寒性)이 약하다.
② 중량이 무겁다. 내용물과 용기에 대한 중량비를 비교해 보면 유리는 40~100%, 양철관은 10~25%, 플라스틱은 4~10%로서 유리가 무겁다.
③ 열전도도가 낮아 열처리가 어렵고, 에너지 비용이 많이 소요된다.
④ 깨지기 쉽고, 장력(tensile strength)이 약한 결점이 있다.

유리원료 및 유리제조법의 개선을 통하여 이러한 결점들을 보완해 나가고 있다. 토닉워터, 주스, 맥주, 콜라 등에 이용되는 경량화 유리병(narrow neck press & blow, NNPB)은 유리병의 강도 보존을 위하여 발포성 PS를 이용한 plastic shield와 연신폴리스틸렌(OPS)이나 PVC 필름을 이용한 safety shield, 그리고 종이를 사용하여 종이 라벨에 의한 shield가 있다.

유리에 Fe^{+3}, Cr^{+6}, Ce^{+3}, V^{+5} 등을 함유시킴으로써 무색 유리병의 경우 350 nm 이하의 자외선을 차단시킬 수 있는 유리병이 생산되고 있다. 자외선 차단용 유리병은 유지식품, 착색식품, 단백질식품, 비타민 C를 함유한 음료수 등의 용기로 이용된다. 병조림에 사용하는 유리용기를 밀봉할 경우 마개(cap)는 함석, 알루미늄, 플라스틱으로 되어 있다. 병 입구와 밀착되어 밀봉이 잘 되어야 하기 때문에 병 주둥이와 마개의 형태가 중요하다. 마개 속에는 보통고무, 합성고무, 여러 가지 합성수지 팩킹(packing)을 부착하거나 피복하여 사용한다. 대표적인 유리병과 마개의 종류는 그림 15-7과 같다.

우리나라의 제병업계의 생산능력은 70여만 톤에 이르고 있으며, 1985년부터 맥주, 소주병 등에 대한 공병 보증금제도를 적용하고 있다. 두산유리를 포함한 8개의 자동제병업체가 전체 생산량의 95%를 차지하고 있다. 유리용기는 캔, 플라스틱병, 종이카톤 등의 용기에 침식되고 있으나 병조림, 장조림 포장이 유리병으로 대체되고 있다. 대표적으로 유리병에 충전하는 방법은 그림 15-8에서 보는 바와 같다.

액체식품의 경우는 그림 15-8 (a)에서와 같이 정용 실린더(metering cylinder)를

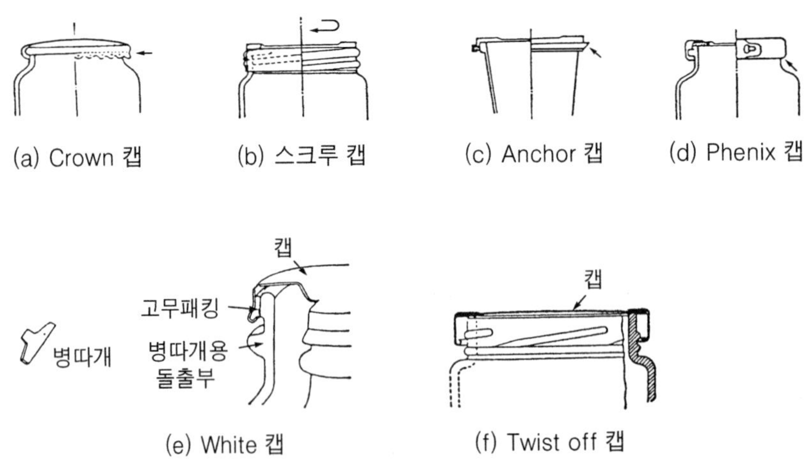

그림 15-7. 여러 가지 병조림용 병과 마개의 모양

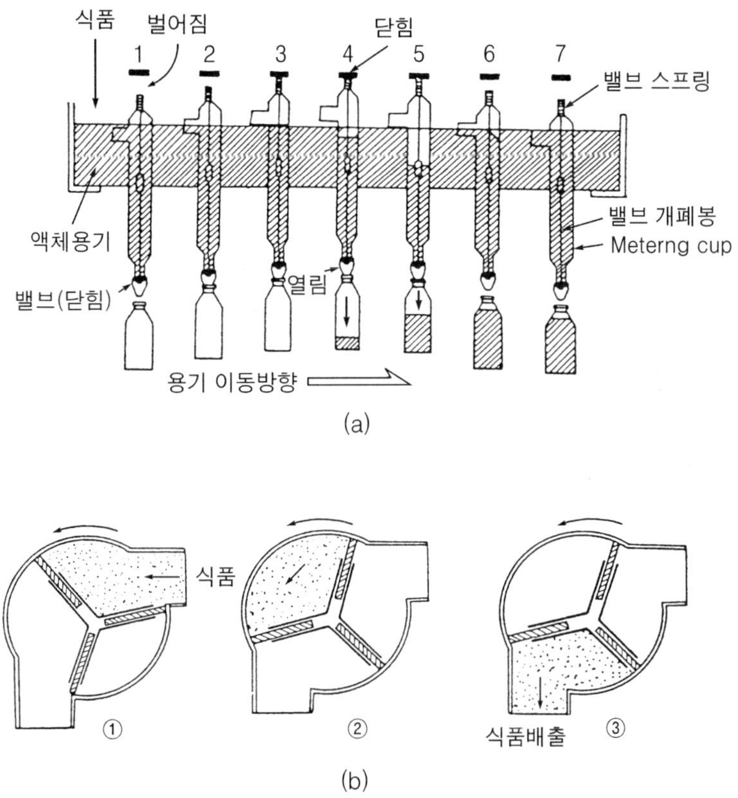

그림 15-8. 액체 및 페이스트상 식품의 충전방법

그림에서 (b)는 고추장, 마요네즈, 케첩 등과 같은 죽(paste)상의 식품을 충전하는 데 사용하는 로타리밴(rotary vane) 펌프식 충전기이다. ① → ② → ③의 순으로 서로 일정량씩 배출되면서 용기에 담겨진다.

사용하여 정확한 액량을 주입하는 방법을 이용한다. 정용 실린더는 일류구(over-flow exit)에 있어서 액 속에 잠기면 일류구까지 액이 차게 되고, 중앙 상단에 있는 스프링 작동에 의해 하단의 시트 벨트(seat belt)가 개폐될 수 있는 밸브 로드(valve rod)가 장치되어 있다. 아래쪽에서 병이 도달하여 밸브에 접한 다음, 병이 위로 올라가면 실린더가 액체 위로 부상한다. 병은 스프링을 고정판(1~3)에 부딪쳐 눌러지면(4, 5) 밸브가 열려 실린더 속의 액체가 병 속으로 유입되어 충전이 이루어진다. 그 다음 병이 하강하고, 실린더도 밑으로 내려오면서 실린더 속은 다시 액으로 충전되며, 다음의 병이 대기하게 된다.

2) 금 속

(1) 통조림통

식품용기에 이용되는 금속재료는 철·알루미늄·주석·크롬이며, 열에 의한 살균이 필요한 식품의 포장재로 이용된다. 보통 강판(steel plate)과 주석판(tinplate)이 이용되고 있다. 통조림 제품을 제조할 때 이용되는 통조림통은 두께 0.15~0.3 mm인 저탄소 강판의 양면에 전기도금에 의해 주석을 2.8~17.0 g/mm(두께 0.4~2.5 ㎛) 정도로 입혀 사용한다(tin-plate). 그러나 내용물에 의한 부식성이 있는 경우에는 통조림통에 에나멜(enamels), oleoresin, 비닐수지(vinyl resin), 에폭시수지(epoxy resin), 페놀수지(phenolic resin), 왁스(wax) 등의 수지(resin) 또는 무기산화물을 입혀 사용하는 경우도 있다.

주석도금을 하지 않는 강철판(tin free steel, TFS) 등에 내열성의 나일론(nylon)이나 크롬을 도장한 관이 탄산음료용 용기로 개발되어 사용하고 있다. 통조림통의 제조는 주석 도금한 얇은 양철판을 이용하여 그림 15-9에서 보는 바와 같은 순서에 의하여 이루어진다. 그리고 공관(空罐, empty can)의 구조와 명칭은 그림 15-10과 같다.

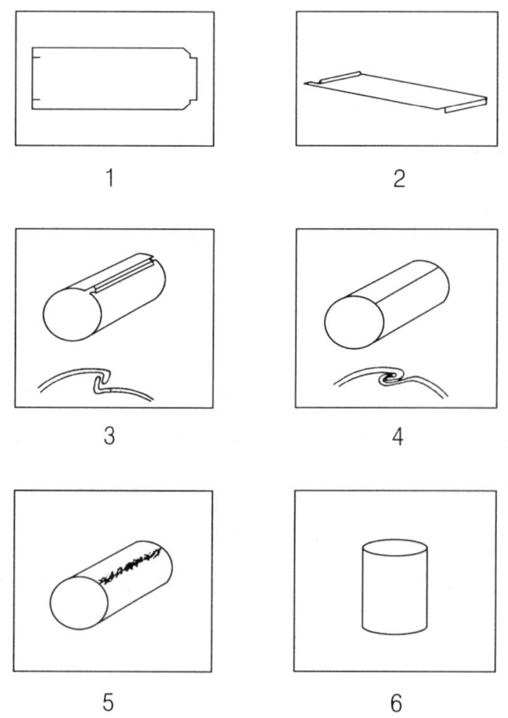

그림 15-9. 통조림통의 제조과정(1 → 6)

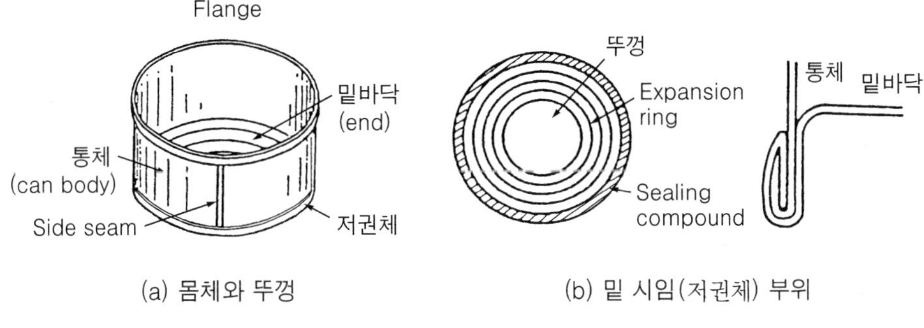

(a) 몸체와 뚜껑　　(b) 밑 시임(저권체) 부위

그림 15-10. 통조림통의 구조와 명칭

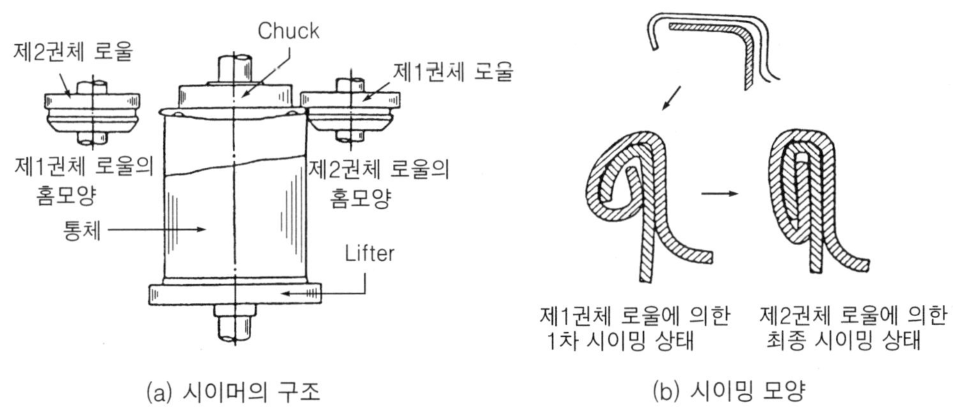

(a) 시이머의 구조　　(b) 시이밍 모양

그림 15-11. 시이머의 구조와 시이밍 부분의 모양

뚜껑과 밑바닥은 통조림 내의 압력에 견딜 수 있도록 expansion ring으로 되어 있다. 통조림을 제조할 때는 가공처리한 내용물을 용기에 충진(filling)한 다음 공기를 빼내는 작업인 탈기(脫氣, exhaust)를 하고 나서 밀봉한다. 밀봉(密封, seaming)하는 데 사용하는 기계를 권체기(捲締機) 또는 시이머(seamer)라고 한다. 대형 공장에서는 연속공정이 가능한 세미트로 시이머(semitro seamer) 또는 진공시이머(vacuum seamer) 등을 사용한다. 시이머의 구조와 통조림이 밀봉되는 모양은 그림 15-11과 같다.

시이머는 제1권체 로울, 제2권체 로울, 처크(chuck) 및 리프터(lifter)의 4부분으로 되어 있다. 밀봉할 경우 탈기가 끝난 통조림을 리프터 위에 올려놓으면 리프터가 위쪽으로 이동되어 처크에 고정된다. 이때 뚜껑의 봉합 부분과 통의 푸렌지(flange)가 맞물리게 된다. 제1권체 로울이 수평으로 이동하여 뚜껑의 가장자리를 구부리면서 그림 15-11 (b)의 왼쪽과 같이 1차 시이밍(seaming)이 이루어진다.

그 다음에는 제1권체 로울은 후퇴하고 대신 제2권체 로울이 다가와서 밀봉하게 된다. 이와 같이 2중으로 뚜껑을 봉하기 때문에 통조림의 밀봉방식을 이중권체(double seaming)라고 한다. 밀봉이 끝난 통조림은 대부분 가열살균하여 제품화한다. 통조림의 살균장치는 제7장에서 설명하였다. 이와 같은 시이밍의 번거로움을 없애기 위하여 밑부분과 옆부분에 시이밍이 필요가 없는 통이 많이 사용되고 있다. 이를 2-piece can이라고 하며, 고온살균이 필요 없는 맥주용 알루미늄캔 등에서 볼 수 있다.

국내 통조림 용기의 발전과정을 살펴보면, 1965년 삼화제관이 통조림용 캔이 본격적으로 생산하기 시작하였으며, 1975년 한일제관이 용접에 의한 제관기가 도입되었다. 1970년대 포항제철의 완공에 따른 통조림 공관용 철판의 국산화가 이루어져 포장산업의 발달을 보게 되었다. 형태에서도 1981년 두산제관에서 2-piece can의 생산이 가능하게 되었다. 1989년에 스틸 2-piece can이 생산이 이루어졌고, 1992년에 환경친화적인 탭 부착형 캔이 생산되기 시작하였다. Side seam 기술의 경우에도 납땜방식에서는 식품의 오염문제가 대두되고 있어 전기용접 방식인 welding 방식으로 변하여 왔다. 2-piece can은 천연과즙 등의 과일음료, 콜라·사이다 등의 탄산음료, 홍차 등의 기호음료, 이온음료, 벌꿀음료 등에 이용하고 있다.

(2) 알루미늄캔

알루미늄은 양철판에 비하여 가볍고, 폐품을 회수하여 재이용할 수 있다. 황화물(sulfide)에 의한 퇴색이 없고, 부식성이 없다. 그리고 인쇄 적성이 뛰어나며, 개관이 쉬운 장점이 있다. 그러나 양철관에 비하여 장력이 약하고, 가격이 비싸다. 또한 내구성이 없고, 알루미늄만으로는 장력이 매우 약하다. 장력을 유지하기 위하여 Mg 합금을 사용하는데 이는 부식성을 유발하게 된다.

알루미늄캔은 고온살균 처리하는 식품용기로는 이용이 곤란하다. 맥주 등의 주류, 탄산음료 계통, 비탄산음료 계통의 과즙함유 청량음료, 토닉음료, 홍차·커피 등의 저산성 음료공업에 주로 이용되고 있다. 이 외에도 금속재료로서 알루미늄박(aluminium foil) 또는 steel foil을 이용하는 경우도 있다. 두께가 0.15 mm 이하의 것을 알루미늄박이라고 한다. 식품의 보호기능을 가지고 있어 식품포장재로 이용된다. 0.030 mm 이하로 너무 얇은 호일(foil)은 핀홀(pinhole)이 생기기 쉽고, 가스나 수증기의 확산 문제가 있다. 방습성, 방수성, 기체투과 방지성, 광차단성이 우수하기 때문에 차단을 필요로 하는 식품에 많이 이용한다. 또한 내유성, 내한성, 형상 안정성이 있다. 그러나 산, 알칼리, 염분에 약한 것이 결점이다. 알루미늄박은 가공적성이 좋으며, 가볍고 사용하기 편리하다. 가격이 저렴하여 경제적이다.

(3) 알루미늄박 용기

알루미늄박 용기(foil container)는 알루미늄박으로 만든 접시·컵 모양 등의 성형 용기, 그리고 주스 관에 이용하는 알루미늄박에 크라프트지 등을 적층(積充)하여 만든 관 형태의 복합 알루미늄박 용기로 나눌 수 있다. 편의식품의 수요 증가로 소비가 많이 늘고 있다.

3) 종 이

식품포장용으로는 판지상자 형태로 제과 포장에 주로 사용하고 있다. 다른 상품과 마찬가지로 겉포장 또는 수송용 포장에 골판지 상자가 이용된다. 국내에는 펄프용으로 사용 가능한 재목이 거의 없어 대부분 수입에 의존하고 있다.

포장재로서의 종이는 다음과 같은 장점을 가지고 있다.

① 가볍고, 자외선 차단이 크고 산화방지 효과가 크다.
② 다른 포장재에 비하여 값이 싸다.
③ 무균충진 포장이 쉽다.
④ 금속이온이 용출이나 포장재료의 냄새가 배어나지 않는다.
⑤ 개봉이 쉽다.
⑥ 인쇄 적성이 좋다.
⑦ 소각이 간단하고, 사용 후 폐기물 처리가 쉽고 환경오염이 적다.

이와 같이 사용에 여러 가지의 편의성 때문에 우유, 과실음료, 소주, 청주 등의 액상식품에 무균포장재로서 많이 이용되는 포장재료이다. 그러나 포장재로서의 강도 및 기계적 특성은 섬유(fiber)의 기계적 처리와 접착물질 등에 기인한다. 다른 포장재료에 비하여 다음과 같은 결점이 있다.

① 강도가 약하다.
② 열전도율이 나쁘다.
③ 기체의 투과성이 약간 있다.
④ 탄산음료에 사용할 수 없다.
⑤ 상품수명(shelf life)이 다른 용기에 비하여 비교적 짧다.

과실음료의 경우 냉장할 때에 90～150일, 상온에서 60～120일간 정도이다. 보통은 액체와 가스의 투과성을 조절하기 위하여 왁스, 플라스틱, 고무, 수지, 접착제 등으로 도포(coating)하여 사용한다. 종이는 유연포장 재료로서 포장지, 봉투, 받침판, 가방(bags), 겉포장지의 제조용으로 크라프트종이(kraft paper), 방수종이(greaseproof paper), 그라신지(glassines), waxed paper 등을 이용한다. 그리고 강직 포장재로서 골판지(cartons), fiber cans, drums, liquid tight cups, tetrahedral packs, 상자 등의 제조에 이용된다.

(1) 크라프트종이

크라프트종이는 sulfate process에 의해 제조한 갈색 종이로 중량이 10～130 g/m^2이다. 가장 경제적이고 강한 종이이다. 설탕포대, 밀가루포대, 잡화봉지 등에 이용한다. 중량이 54～73 g/m^2일 때는 4.5 kg/m^2의 하중에도 견딜 수 있다.

(2) 황산지

황산지(parchment paper 또는 greaseproof 종이)는 구리스로 도포한 포장재로 냄새를 보호할 수 있다. 39～40 g/m^2의 것은 일반적인 식품포장에, 40～45g/m^2의 것은 비스킷 포장에, 그리고 45～48 g/m^2의 것은 버터・마가린 등 지방질 식품포장에 이용된다.

(3) 그라신지

그라신지(glassine 종이)는 합성수지를 도포한 종이이다. 양과자, 초콜릿, 쿠키, 커피, 빵, 버터, 우유 등의 식품포장재 또는 사전, 인쇄용지로도 이용된다.

(4) 테트라팩

테트라팩(Tetra Pak사 제품)은 1972년부터 우유포장에 활용하기 시작하였다. 두유, 주스는 물론 소주, 유산균 음료까지 적용 범위가 확대되었다. 1989년도에는 약 11억개 규모로 높은 신장률을 보이고 있다. 무균포장 종이용기는 취급의 편의성, 유통의 효율성, 폐기처리의 용이성 등으로 활용도가 더욱 증가할 것으로 예상된다. 술・커피 등 기호식품, 수정과 등 전통식품 뿐만 아니라 수프(soup)・케첩・두부 등의 반고형 식품에까지 이용범위가 넓어질 것으로 보인다.

이외에 과일을 싸는 과실박엽지, 파라핀지, 편광지 등이 있다. 천연펄프로 가공한 아이스크림, 버터, 마가린, 냉동식품 등에 1회용으로 이용되는 food board container가 있다. 그리고 운반할 때에 제품의 보호를 위한 판지 또는 골판지 상자가 이용된다.

(5) 셀로판

셀로판(cellophanes)은 섬유소에 글리세롤 또는 글리콜(glycol) 등의 휘발성이 낮은 용매를 플라스틱에 가하여 고분자물의 사슬(chain) 사이의 인력을 감소시켜 유연성을 갖도록 만든 제품이다. 수증기의 확산을 방지할 수 없어 보호제로서 왁스, 수지, 합성고분자물, 니트로셀룰로오스(nitrocellulose) 등으로 도포한다.

셀로판은 건조식품·과자·스낵식품 등에 이용하는 방습셀로판, 커피·홍차분말 등의 건조식품, 진공포장식품에 이용하는 polycello(polyethylene laminated cellophane), 날고기의 예비포장에 이용하는 초화선계 편면방습 셀로판, 이외로 자외선 방지 셀로판, 포장용 복합필름, 셀로판테이프용 등이 있다.

4) 플라스틱

유기고분자 물질로서 구조, 화학적 조성, 물리적 성질 등은 종류에 따라 다르다. 플라스틱 용기는 다음과 같은 장점이 있다.

① 가볍다.
② 가소성이 있다.
③ 산, 염기, 염류 등에 안정하여 부식하지 않는다.
④ 필름성이 있다.
⑤ 열접착이 가능하여 밀봉이 쉽다.
⑥ 빛깔과 투명성이 있다.
⑦ 인쇄 적성에 맞다.
⑧ 값이 싸기 때문에 많이 이용되고 있다.

그러나 이와 같은 장점에도 불구하고 플라스틱 용기는 다음과 같은 결점이 있어서 사용에 제한요소가 된다.

① 강도가 약하다.
② 가열살균을 할 수 없다.
③ 해충에 의해 파손 우려가 있다.
④ 기체의 투과성을 완전히 방지할 수 없다.

이와 같은 결점은 종이, 알루미늄 등 다른 재료와 접합(lamination) 또는 복합(composite)에 의해 개선될 수 있다.

5) 나 무

장거리 수송을 위한 중량물 포장에 많이 쓰이고 있다. 선적을 하거나 식품포장을 저장하는 수단으로서 나무를 포장재로 이용한다. 식품포장에는 생선상자, 청과물 상자, 젓갈류통 등에 사용되고 있다. 그러나 목재상자는 골판지 상자, 플라스틱 상자에 밀려 감소 추세에 있다. 포장재료로서 앞에서 설명한 유리, 금속, 종이, 플라스틱 이외에도 복합재료를 사용한 포장재의 개발이 실용화되어 많은 발전을 보고 있다. 따라서 식품포장산업도 산업발전에 부응하여 많은 변화가 있을 것으로 예상된다.

2.6 플라스틱 포장재료

플라스틱 포장재료로 이용되는 소재 중에서 중요한 것들을 요약하면 다음과 같다.

1) 폴리에틸렌(polyethylene, PE)

에틸렌(ethylene)이나 아세틸렌(acethylene)으로부터 가열과 압력으로 중합하여 polyethylene 수지를 만들어 가공한다. 화학적으로 안정하고, 수축률이 크고 강도가 세다. 밀봉은 쉽게 될 수 있으나, 개봉에는 다소 어려운 점이 있다.

폴리올레핀(polyolefins)에는 폴리에틸렌이 대표적인 물질이다. 밀도가 큰 것(high density polyethylene, HDPE)은 열안정성과 투과성이 떨어져 우유포장 등의 강직포장 재료로 쓰인다. 밀도가 적은 것(low density polyethylene, LDPE)은 유연성이 크고 값이 싸므로 식품의 겉포장재에 널리 이용된다. 특히 LDPE의 수요가 매우 커서 포장재의 주를 이루고 있다.

2) 폴리프로필렌(polypropylene, PP)

위생적인 안정성이 높고, 수증기 투과율이 낮은 편에 속한다. 개봉할 때 단열저항이 대단히 커서 열리는 성질이 다른 플라스틱 포장재보다도 우수하다. 식초·시럽·요구르트·마가린·주스·두부 등에 이용하는 PP 중공성형(中空成形) 용기와 냉동가공식품에 이용하는 접시형, 간장·식용유 등에 이용하는 PP 다층연신(多層延伸) 중공성형병 등이 있다.

3) 비닐유도체(vinyl derivatives)

에틸기의 수소 대신에 염소, 벤젠, 메틸, 수산화기 등의 치환체의 성질과 분자량, 사슬 내의 배열상태에 따라 비닐의 성질이 다르다. 결정화도가 높을수록 강도와 고온에서의 저항성, 용매작용에 대한 저항성, 확산에 대한 저항성이 증가한다. 비닐유도체에는 염화비닐(polyvinyl chloride, PVC), 초산폴리비닐(polyvinylidene chloride, PVDC), polystyrene(PS), ethylene vinyl acetate(EVA), ethylene vinyl alcohol (EVAL, EVOH) 등이 있다.

4) 폴리에스테르(polyester, polyethylene terephtalate, PET)

폴리에스테르의 대표적인 제품으로는 polyethylene terephthalate이다. Ethylene glycol과 terephthalic acid의 축합물로서 Du Pont사의 제품인 'Mylar'로 널리 알려져 있다. 1977년 콜라병으로 본격적인 사용이 이루어짐으로써 시장이 급속히 확대되었다. 1979년 효성에서 국내 생산이 이루어지기 시작하여 지금은 많은 업체에서 생산하고 있다. PET병은 매우 안정하며, 기계적 강도 등이 우수하다. 가공이 쉽지만 열접착성이 좋지 않다. PET필름은 냉동식품, 축육가공품, 수산가공품, 건조식품, 레토르트식품 등에 널리 이용된다. 성형용기는 전자오븐용 포장에 이용된다.

5) 기타 플라스틱 포장재료

앞에서 설명한 플라스틱 재료 이외로 polyamide(PA, nylon), polyvinyl alcohol (PVA), polycarbonate(PC), pliofilm(rubber hydrochloride), polyfluorocarbons(tefron, trifluoro chloroethylene, polyvinyl fluoride 등), polyurethane(PU), 불소수지(PTFE), 아크릴수지 등이 포장재료로 사용된다. Cellulosics는 셀로판과 비슷한 성질을 가진다. Cellulose acetate, ethyl cellulose, cellulose nitrate 제조의 기본재료로 이용된다.

6) 가식필름

가식필름(edible film)으로는 α-전분의 필름인 oblate는 캐러멜, 젤리, 캔디 등의 접착방지에 이용한다. 치즈나 버터 등의 내유피복, 냉동식품의 보존성 향상을 위한 포장용으로 이용하는 아밀로오스 필름, 축육가공품에 이용하는 콜라겐(collagen)을 정제하여 만든 재제장(再製腸) 등이 있다.

7) 라미네이트 필름

플라스틱 필름의 강도와 기체의 차단성을 보강하기 위하여 1가지 이상의 필름 또는 종이 및 알루미늄박을 접착시킨 중층(重層) 필름을 사용한다. 이와 같이 여러 겹으로 된 유연포장재를 라미네이트 필름(laminate film)이라고 한다. 대표적인 예로는 PP/PE, cellophane/PE, Al/PE 등이 있다.

라미네이트 필름 중에서 내열성이 높은 것은 135℃로 가열하더라도 견딜 수 있는 성질이 있다. 통조림 포장과 같은 강직포장재를 대신하여 유연포장 살균식품을 제조하고 있다. 이와 같이 유연포장재를 사용한 살균식품을 레토르트 파우치(retort pouch)라고 한다.

레토르트 파우치식품과 같은 유연포장재를 이용한 식품의 경우는 다음과 같은 장점을 가지고 있어서 그 수요가 점차 증가하여 일반화하기에 이르렀다.

(1) 가열시간의 단축과 품질 손상의 최소화

통조림이나 병조림에 비하여 레토르트 파우치는 평평한 형태로 되어 있다. 살균온도에 도달하는 시간을 30～50% 단축시킬 수 있어 제품의 품질 손상이 적다.

(2) 장기 저장의 안정성

레토르트 파우치는 살균처리로 상업적 무균상태를 유지함으로써 냉장 또는 냉동할 필요가 없다. 보존을 위하여 첨가제를 가하지 않고도 통조림과 같은 저장수명을 갖는다.

(3) 에너지 경비절감

유연포장재는 열전도도가 크기 때문에 살균공정을 단축할 수 있다. 통조림이나 병조림에 비하여 에너지 비용이 적게 든다. 제조공정에서 유통단계까지의 총에너지 비용은 냉동식보다도 55～60% 저렴한 것으로 알려져 있다.

(4) 개봉 용이

레토르트 파우치는 상부 옆부분에 약간 잘라낸 곳을 찢거나 가위로 잘라 안전하고 쉽게 개봉할 수 있다.

(5) 휴대 간편

통조림이나 병조림에 비하여 가볍기 때문에 유통비가 싸고 휴대가 간편하다.

(6) 폐기 용이

레토르트 파우치는 병조림 등에 비하여 저장 공간이 약 85% 절약되며, 사용 후에 폐기가 쉽다.

(7) 상품성이 우수함

유연포장재는 열용융으로 간단히 밀봉된다. Al-foil의 광택 및 우수한 인쇄 적성으로 아름다운 겉보기를 나타내어 시각효과를 높일 수 있다. 그러나 레토르트 파우치는 통조림이나 병조림에 비하여 충진속도가 느리고 불량품의 검출이 어렵다. 내용물의 형체가 파괴될 우려가 있어서 외포장이 필요하다. 파우치는 크기에 제한을 받는 단점이 있다.

8) 분해성 플라스틱

환경오염을 최소화하기 위하여 광분해성 또는 미생물에 의해 분해가 쉽게 일어날 수 있는 생분해성 포장재에 대한 관심이 커지고 있다. 천연 고분자를 생분해성 포장지로 개발할 경우 석유화학 합성수지 포장지에 비하여 가격경쟁에서 뒤떨어지는 단점이 있다. 그러나 폐기 처분된 포장지의 완전 분해와 환경오염을 최소화 할 수 있는 장점이 있다.

미생물 작용에 의해 분해가 일어나는 생분해성 플라스틱에 대하여 분해성 플라스틱은 '일정기간 동안 특정 환경조건에서 화학구조가 상당히 변화되어 표준 시험방법으로 측정이 가능한 성질의 손실을 가져오도록 고안된 플라스틱'으로 정의하고 있다. 생분해성 플라스틱 필름의 원료로는 단백질, 다당류, 지질이 있다. 필름 형성을 위해 연구된 단백질에는 콜라겐, 젤라틴, keratin, corn zein, wheat gluten, soy protein isolate, peanut protein, casein, whey protein 등이 있다.

다당류로는 cellulose 유도체, alginate, 펙틴, 카라게난(carrageenan), 전분 유도체들이 있다. 지질을 원료로 한 코팅물질에는 acetylated glyceride, 지방산과 beeswax, carnauba wax, rice bran wax, cadelilla wax와 같은 다양한 왁스들이 있다. 생고분자 원료를 용매에 용해시킨 다음 압출법에 의해 필름을 제조한다. 생고분자 필름과 코팅제는 과일과 채소의 코팅, 지방함량이 많은 견과의 코팅, 튀김용 필름, 피자 및 아이스크림콘 등 가식성 필름을 이용한 수분투과 방지용, 캔디의 코팅, 제약의 코팅 등에 응용이 가능하다.

2.7 플라스틱 재료의 포장방법

플라스틱 필름을 밀봉은 다음과 같은 방법이 이용된다.

① 고주파 접착법 : Vinylidene chloride계의 필름
② 가열접착법 : 폴리에틸렌, 폴리프로필렌, 방습셀로판 등
③ 임펄스식 열접착법(impulse seal method) : 기계장치가 싸기 때문에 대부분의 필름접착에 이용
④ 끈으로 묶는 법

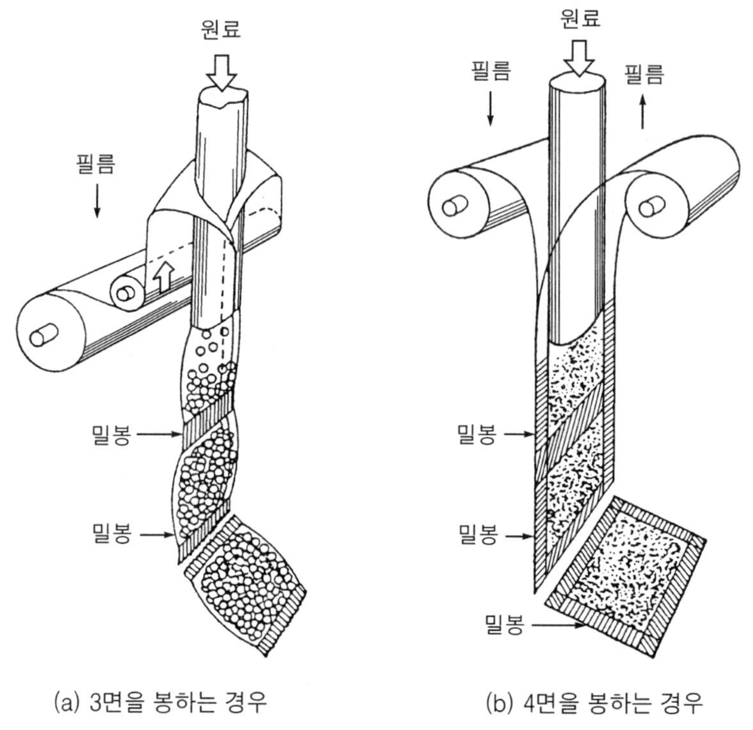

그림 15-12. 유연포장의 기본원리

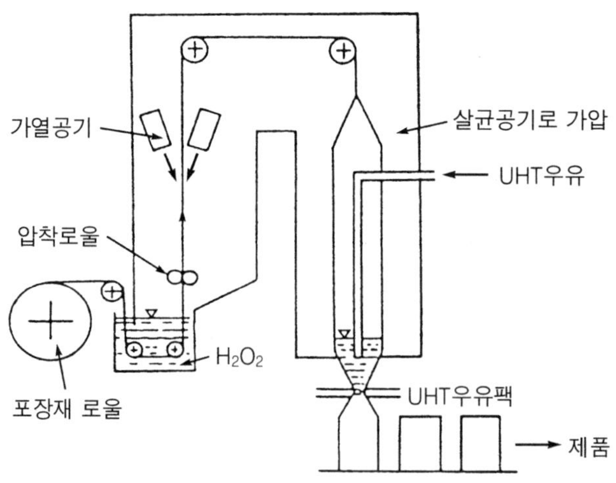

그림 15-13. 살균우유의 포장

시판하고 있는 우유의 포장방법 중의 하나로 포장재료를 H_2O_2 용액으로 살균하고, 열풍으로 H_2O_2를 날려 보낸 다음 미리 UHT살균한 우유를 넣고 3면 봉합하여 pack을 만든다.

포장기법은 무균포장, 가스치환포장, 진공포장 등이 각광을 받고 있으며, 선도 유지 포장이 새로이 등장하고 있다. 대표적인 유연포장재를 사용하여 포장하는 유연포장기계의 기본구조는 그림 15-12와 같다. 그리고 살균우유를 포장하는 대표적인 포장기계의 구조는 그림 15-13에서 보는 바와 같고, 그림 15-14에서는 여러 가지 유연포장기계의 구조를 나타내었다.

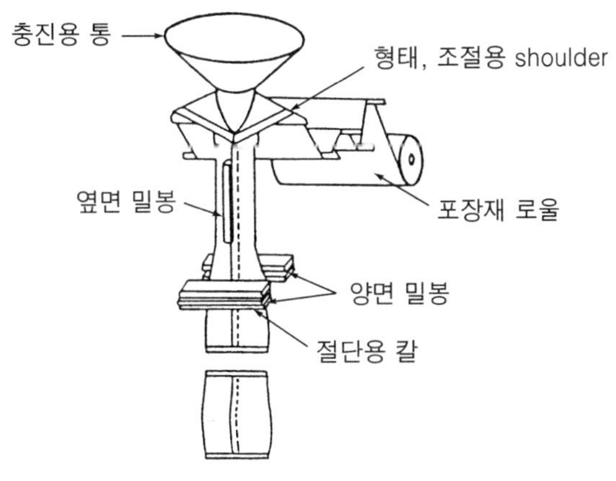

(a) 3면 포장기계

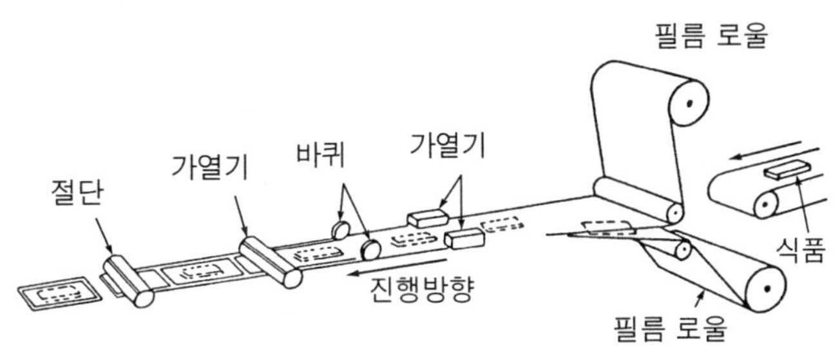

(b) 4면 포장기계

그림 15-14. 유연포장기계의 구조

(a) 필름과 식품이 동시에 공급되면서 세로봉합, 가로봉합, 절단작업이 순차적으로 수행된다.
(b) 4면 봉합포장의 원리를 이용한 자동포장기이다.

2.8 식품의 안정성에 미치는 환경요인

1) 빛

빛은 화학반응을 유발하는 중요한 요인이다. 빛에 의한 화학반응으로 오는 식품의 변질은 매우 다양하다. 빛에 의한 식품의 변질로는 유지의 산화로 인한 산패(酸敗), 우유의 저장 중에 발생하는 휘발성 물질의 생성이나 불쾌한 mercaptan의 생성, 연어 또는 새우에서 astaxanthin에 의한 적색 색소의 발현, 육류의 myoglobin에 의한 색깔의 발현, riboflavin과 ascorbic acid의 광에 대한 민감성 등을 들 수 있다. 빛에 의한 산화반응은 빛의 파장, 강도, 노출시간에 따라 차이가 난다.

2) 산 소

산화적인 산패, 비타민, 색소, 어떤 종류의 아미노산이나 단백질은 산소에 민감한 성질을 가지고 있다. 따라서 포장은 2가지의 요인을 조절함으로써 이루어진다. 화학반응이 일어날 수 있는 유효한 총 산소량을 조절하거나 산소압을 조절하는 것이다. 불투과성 물질로 진공포장하면 산화반응은 내부에 존재하는 산소량의 소모 이상으로 진행되지 않는다. 만일 반응 정도가 식품의 품질에 영향을 주지 않을 정도라면 화학반응 속도는 식품의 저장수명(shelf life)에 영향을 주지 않는다.

그러나 포장된 용기 내의 산소가 품질에 영향을 주는 정도이거나 포장재를 통하여 산소의 유통이 이루어지는 경우는 산소분압이 중요한 요인이 된다. 산화속도는 반응형태, 반응생성물의 종류, 온도 등에 따라 다르다. 용적에 대한 체적비가 적을 때 지질의 산화는 산소분압에 비례하여 증가한다. 그러나 충분히 컸을 때는 직선적으로 증가하지는 않는다.

이러한 산소량을 줄여 산화적인 반응을 억제시켜 식품의 색깔, 향기와 풍미(風味)를 보존한다. 미생물의 생육을 억제하기 위하여 질소, CO_2 가스 또는 혼합가스로 포장 내를 치환하는 포장방법을 가스치환포장(gas exchange packaging)이라고 한다. 마른 김, 녹차, 인스턴트커피, 스낵, 분유, 양과자, 햄, 수산연제품 등의 포장에서 볼 수 있다.

3) 수분과 온도

미생물에 의한 식품의 변질은 수분활성도와 밀접한 관계가 있다. 저장온도가 높을수록 미생물 또는 화학반응에 의한 변질이 빨라진다.

4) 기계적 손상에 대한 민감성

운송, 유통과정에서 기계적인 손상에 의해 식품이 유출되거나 변형이 일어나기도 한다. 기계적인 충격으로부터 식품을 보호하기 위하여 알맞은 완충제 또는 포장재의 선택이 중요하다.

5) 생물적인 변질에 대한 민감성

포장 전후의 미생물의 살균 또는 오염을 방지해야 한다. 식품첨가물의 사용, 쥐 등으로부터 식품을 보호하기 위하여 알맞은 용기를 사용한다.

2.9 포장과 포장재의 특성

1) 빛으로부터 보호특성

빛의 투과 정도는 포장재료에 따라 다르다. 빛으로부터 식품을 보호하기 위하여 유리 등은 착색물질을 처리하기도 한다. 플라스틱은 염색 등 특별한 처리를 함으로써 빛을 차단할 수 있다.

2) 가스 또는 수증기의 침투성

포장재의 미세한 구멍(microscopic pores 또는 pinholes)을 통하여 가스의 투과가 이루어진다. 투과성은 다음과 같은 확산법칙에 따른다.

$$J = -D\,A\,\frac{dC}{dX} \qquad (15\text{-}1)$$

여기에서 J는 가스의 투과량(mole/sec), D는 확산계수(cm^2/sec), A는 표면적(cm^2), C는 가스농도(mole/cm^3), X는 거리(cm)이다.

정상상태에 있어서는

$$J = D\,A\,\frac{C_1 - C_2}{\Delta X} \qquad (15\text{-}2)$$

이며, C = s p(Henry's law)이다.

여기에서 s는 용해도(mole/cm^3/atm)이며, p는 가스의 분압이다.

투과량의 측정은 pressure increase method, electric hygrometer 또는 gas chromatography 등에 의해 분석한다.

포장재에 따라 가스의 투과성이 다르며, 같은 재료인 경우에는 가스의 종류에 따라 다르다. Polyvinylidene chloride(saran)은 실리콘 고무에 비하여 산소의 투과성이 10만 배 정도 작다. 또한 가스 종류에 따른 투과성의 크기는 탄산가스·산소·질소 순서이다. 필름의 수분흡수 정도는 상대습도가 높을 때 급속히 증가한다.

3) 포장에 의한 미생물의 오염방지

포장식품에 있어서 미생물의 오염은 포장재의 기계적 손상 여부와 미생물 침투에 대한 저항성에 의한다. 플라스틱 필름 등에 핀홀(pinhole)이 없을 때는 미생물의 침투가 안 된다. 실제로는 핀홀이 존재하더라도 다음과 같은 이유로 인하여 비교적 안전하다고 할 수 있다.

부착된 미생물이 내부로 침투할 수 있으려면 포장재 표면의 표면장력으로 인하여 외압이 포장 내의 압력보다 커야만 통과가 가능하다. 그러나 포장재료가 일반적으로 두껍게 사용하므로 핀홀이 흔하지 않고 매우 적기 때문이다. 그러나 살균과 재오염에 대한 시험을 통하여 포장재를 선택하는 것이 보통이다. 포장식품의 변패에 관여하는 인

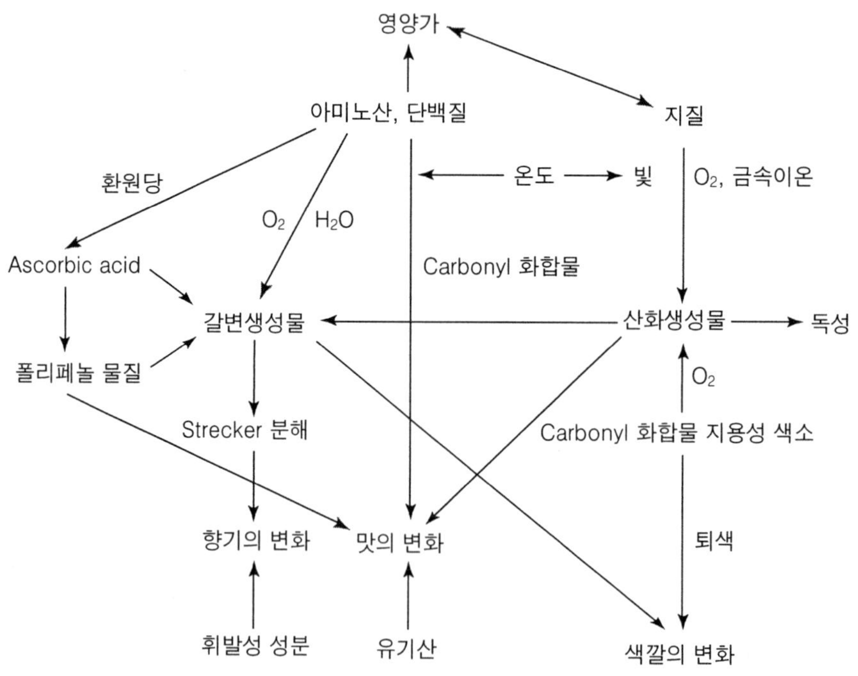

그림 15-15. 포장식품의 변패에 관여하는 여러 인자

자들을 요약하여 간단히 나타내면 그림 15-15에서 보는 바와 같다.

2.10 포장재 시험

포장재의 시험은 용기나 포장의 여러 가지 구성요소를 평가하는 목적으로 수행된다. 국내에서는 한국공업규격(KS)에서 규정하는 시험방법이 기준이 된다. 즉 포장재의 기초적 성질, 기계적 강도, 투과성, 기타로 나누어 이루어진다. 포장재료는 여러 가지 기계적인 힘(그림 15-16)에 의해 파손되는 경우가 있어서 일정한 조건에서 포장재의 장력, 압축성, 충격, 절단력 등을 시험한다.

1) 종이와 골판지의 두께

27℃, 상대습도 65%인 IS(international standard condition) 조건에서 0.005 mm의 정밀도를 갖는 마이크로메타(motor operated dial type micrometer, spring loaded dial micrometer 또는 screw gauge micrometer)로 시료당 5위치를 측정한 다음 평균값으로 나타낸다.

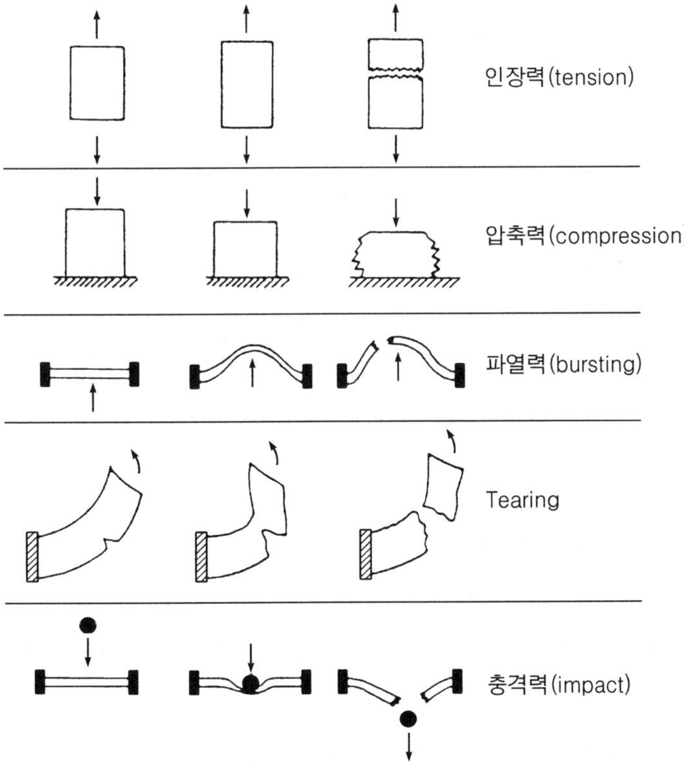

그림 15-16. 여러 가지 기계적인 힘에 의한 포장재의 파손

2) 포장재의 중량

포장재료 판매할 때에 필요하며, g/m^2로 표시하는데 1 g/10 × 10 cm인 포장재 10장을 임의 채취 후에 무게를 측정하고 평균치를 나타낸다.

3) 인장강도

인장강도(tensile strength)는 미국의 표준방법(ASTM D 882-88)의 Instron(model 1125, Instron Engineering Corp., Canton, USA)을 사용하여 측정한다. 20개 시료를 원래 필름에서 잘라내어 25℃, 상대습도 50%인 항온 항습기에서 48시간 보관한 다음 측정한다. 겉포장 끈은 신장률이 적고, 인장강도가 커야 한다. 포장재에 따른 인장강도와 신장률은 표 15-2에서 보는 바와 같다.

$$\text{인장강도(Pa)} = \frac{\text{필름이 끊어질 때의 강도(kg} \times 9.8\ \text{N/kg)}}{\text{필름의 너비(m)} \times \text{필름의 두께(m)}}$$

표 15-2. 포장재에 따른 인장강도와 신장률

포장재	인장강도(10 lb/in^2)	신장률(%)
Cellophane	4～12	5～50
Cellulose acetate	5～10	5～50
Polyethylene	2～3	100～800
Mylar	17～22	40～100
Saran	4～9	20～150
Aluminium foil	5～30	20～50
포장종이	5～15	2～50
Steel foil	30～100	1～15

4) 수분 흡수력(Cobb test)

단면적이 81.7 cm^2이고, 높이가 5 cm인 실린더형의 포장재를 1 cm 만큼 물에 잠기도록 하여 2분 후에 흡습된 무게를 측정한다. Cobb 값은 다음과 같이 나타낸다.

$$\text{(수분침투 후의 무게 - 최초 무게)} \times \frac{100}{81.7} \qquad (15\text{-}3)$$

5) 파열강도

종이와 골판지 등을 bursting strength tester로 파열강도(bursting strength)를 측정한다.

6) Puncture test

수송 도중에 일어나는 돌출부에 의한 충격으로 포장재가 뚫리는 정도를 측정한다.

7) 마모저항

마모저항(abrasion resistance test)은 직경이 50 cm되는 원반형 포장재 위에 500, 750, 1,000 g이 되는 철판을 올려놓고 65～75 rpm이 되도록 회전시킨 다음 마모된 양을 측정한다.

$$\text{마모저항}(\text{mg/m}^2) = \frac{(\text{철판무게})(\text{마모된 양, mg})}{(\text{회전수, rpm})} \qquad (15\text{-}4)$$

8) Folding insularance test

골판지 상자를 제조할 때에 시험한다. 135도의 각도로 접었다 폈다 하는 데 견디는 힘, 또는 찢어질 때까지 견디는 힘을 측정한다.

9) 낙하시험

낙하시험(drop test)은 수송한 후 하역할 때에 내용물을 일정한 높이에서 던졌을 때 견디는 정도를 측정한다. 낙하시키는 높이를 변화시키면서 포장을 낙하시켜서 손상이나 파괴 정도를 검사하게 된다. 낙하 회수도 중요하기 때문에 종합적인 평가가 중요하다.

10) 압축시험

압축시험(compression test)은 15 mm/min 속도로 압력을 가하면서 상자가 부서질 때까지의 최고압력을 측정한다. 예를 들어 골판지 상자의 경우 압축강도는 하중의 부과기간, 판지의 수분함량, 적재방법, 이전의 포장 취급방법, 포장의 내용물과 지지물에 의한 지지도 등에 영향을 받는다.

11) 경사충격

경사충격(inclined impact test)은 일정한 거리에서 경사도를 달리하여 상자를 떨어뜨렸을 때의 부서지는 정도를 측정한다.

12) 진동시험

진동시험(vibration test)은 일정한 속도로 흔들었을 때 내용물이 포장재료의 벽에 의해 부서지는 정도를 측정한다. 보통 분당 120∼130회 범위에서 15∼60분간 진행되며, 1시간의 진동효과는 대략 철도수송 1,600 km에 해당한다.

13) Grease resistance test

기름의 흡수 여부를 측정한다.

14) Hexagonal drum test

육면체의 포장상자 내에 쇠로 된 공을 놓고 돌릴 때 부서지거나 찌그러드는 정도를 시험한다.

참고문헌

1. 고정삼, 농산식품가공학, 광일문화사, 2002.
2. 고정삼, 강영주, 감귤가공, 제주대학교 출판부, 1998.
3. 고정삼, 감귤산업, 제주문화, 2001.
4. 고정삼, 식품산업의 이해, 유한문화사, 2002.
5. 고정삼, 고영환, 오남순, 김진현, 인만진, 채희정, 생물공학, 유한문화사, 2003.
6. 변유량, 식품공학, 탑출판사, 1980.
7. 전재근, 식품공학 -이론과 응용-, 개문사, 1986.
8. 전학제, 김기수, 성백능, 조병하 편집, 최신 이화학사전, 법경출판사, 1986.
9. 食品工學シリズ, 1巻, 光琳書院, 1963.
10. 寺本四郎 編, 食糧工學ハンドブック, 朝倉書店, 1966.
11. 七宮三郎, 微生物工學の應用, 共立出版, 1981.
12. 山根恒夫, 微生物反應工學, 産業圖書, 1980.
13. 新食品技術振興會, 化學技術と食品工學, 化學工業社, 1971.
14. Aiba, S. et al., Biochemical Engineering, 2nd ed., The University of Tokyo, 1975.
15. Brennan, J. G., J. R. Butters, N. D. Cowell and A. E. V. Lilly, Food Engineering Operations, 2nd ed., Applied Sci. Pub., 1976.
16. Charm, S. E., Fundamentals of Food Engineering, Avi, 1971.
17. Crueger, W and A. Crueger, Biotechnology; a textbook of industrial microbiology, Science Tech. Inc, 1984.
18. Earle, R. L., Unit Operations in Food Processing, 2nd ed., Pergamon Press, 1983.
19. Foust, A. S. et al., Principles of Unit Operations, John Wiley & Sons, 1960.
20. Geankoplis, C. J., Transport Processes and Unit Operation, Allyn and Bacon Inc, 1978.
21. Harper, J. C., Elements of Food Engineering, Avi, 1976.
22. Heldman, D. R., Food Process Engineering, Avi, 1975.
23. Himmelblau, D. M., Basic Principles and Calculations in Chemical Engineering, 2nd ed., Prentice-Hall, 1967.

24. Joslyn, M. A. and J. L. Heid, Food Processing Operations, Avi, 1964.
25. Leniger, H. A. and W. A. Beverloo, Food Process Engineering, D. Riedel Pub. Co, 1975.
26. Loncin, M. and R. L. Merson, Food Engineering, Academic Press, 1979.
27. Perry, R. H. and D. Green ed., Chemical Engineers Handbook, 6th ed., McGraw-Hill Book Co., New York, 1985.
28. Peters, M., Elementary Chemical Engineering, 2nd ed., McGraw-Hill, 1984.
29. Stumbo, C. R., Thermobacteriology in Food Processing, 2nd ed., Pergamon Press, 1973.
30. Toledo, R. T., Fundamentals of Food Process Engineering, Avi, 1980.
31. IFT, Food Technology, 각년도
32. 한국식품과학회, 식품과학과 산업, 각년도
33. 한국미생물학회, 미생물과 산업, 각년도
34. 한국산업미생물학회, 생물산업, 각년도
35. 식품산업과 포장기술, 한국포장학회
36. 관련 인터넷 사이트

부록 1. 단위 환산표

1) 길 이

cm	m	in	ft	척(尺)
1	0.01	0.3937	0.03281	0.03300
100	1	39.37	3.281	3.300
2.540	0.02540	1	0.08333	0.08382
30.48	0.3048	12.00	1	1.006
30.30	0.3030	11.93	0.9942	1

1 間 = 6 尺 = 60 寸 = 1.818 m　　1 Å = 10^{-8}cm

1 mile = 80 chain = 1,760 yard = 5,280 ft

2) 면 적

cm^2	m^2	in^2	ft^2	평(坪)
1	1×10^{-4}	0.1550	0.001076	3.025×10^{-5}
1×10^4	1	1550	10.76	0.3025
6.452	6.452×10^{-4}	1	0.006944	1.952×10^{-4}
292.0	0.09290	144.0	1	0.02810
3.306×10^4	3.306	5.124×10^3	35.58	1

1 hare = 1000 ml,　　1 石 = 10 斗 = 100 升 = 1,000 合 = 180.4 l

1 acre = 43560 ft^2 = 4047 m^2

3) 체 적

L	m^3	ft^3	gal(美國)	石
1	0.001	0.03532	0.2642	0.005544
1000	1	35.32	2642	5.544
28.32	0.02832	1	7.418	0.1570
3.785	0.003785	0.1337	1	0.02098
180.4	0.1804	6.3709	47.65	1

1 L = 1000 ml,　　1 石 = 10 斗 = 100 升 = 1,000 合 = 180.4 L

1 gal(英) = 1.201 gal(美國) = 4.547 L

1 barrel = 42 gal(美國) = 159.0 L

4) 질 량

g	kg	ton	lb_m	貫
1	0.001	1×10^{-6}	0.002205	2.667×10^{-4}
1000	1	0.001	2.205	0.2667
1×10^{6}	1000	1	2205	266.7
453.6	0.4536	4.536×10^{-4}	1	0.1210
3.750×10^{3}	3.750	0.003750	8.267	1

1 lb = 16 ounce

5) 밀 도

g/cm^3	kg/m^3	lb/in^3	lb/ft^3	lb/gal(美)
1	1000	0.03613	62.43	8.345
0.001	1	3.613×10^{-5}	0.06243	0.008345
27.68	2.768×10^{4}	1	1728	231.0
0.01602	16.02	5.787×10^{-4}	1	0.1337
0.1198	119.8	0.004329	7.481	1

6) 압 력

kg/cm^2	lb/in^2	atm	mHg	inHg
1	14.22	0.9678	0.7356	28.96
0.07031	1	0.06805	0.05171	2.036
1.033	14.70	1	0.7600	29.92
1.360	19.34	1.316	1	39.37
0.03453	0.4912	0.03342	0.02540	1

1 bar = 10^6 dyne/cm^2 = 1,020 kg/cm^2 = 0.9869 atm = 10^5 N/m^2 = 10^5 Pa

1 mmHg(1 torr) = 133.32 N/m^2, 절대압 = 대기압 + 계기압

7) 점 도

poise	kg/m sec	kg/m h	lb/ft sec	lb/ft h
1	0.1	360.0	0.06720	241.9
10	1	3600	0.6720	2419
0.002778	2.778×10^{-4}	1	1.867×10^{-4}	0.6720
14.88	1.488	5357	1	3600
0.004134	4.134×10^{-4}	1.488	2.778×10^{-4}	1

1 poise = 100 c.p.(centipoise) = 1 g/cm sec

8) 중량, 힘

kg	lb_f	dyne	N	poundal
1	2.205	9.807×10^5	9.807	70.91
0.4536	1	4.448×10^5	4.448	32.17
1.029×10^{-6}	2.248×10^{-6}	1	1×10^{-5}	7.233×10^{-5}
0.1020	0.2248	1×10^5	1	7.233
0.01410	0.03108	1.383×10^4	0.1383	1

1 N = 1 kg m/sec^2, 1 dyne = 1 g/cm sec^2, 1 poundal = 1 lb ft/sec^2

9) 일, 에너지, 열량

kg m	lb ft	kWh	l atm	joule	kcal(℃)	Btu(60°F)
1	7.233	2.724×10^{-6}	0.09678	9.807	0.002343	0.009299
0.1383	1	3.766×10^{-7}	0.01338	1.356	3.239×10^{-4}	0.001286
3.671×10^5	2.655×10^6	1	3.553×10^4	3.6×10^6	860.1	3414
10.33	74.74	2.815×10^{-5}	1	101.3	0.02421	0.09609
0.1020	0.7376	2.778×10^{-7}	0.009869	1	2.389×10^{-4}	9.483×10^{-4}
426.8	3087	0.001163	43.31	4186	1	3.969
107.5	777.8	2.929×10^{-4}	10.41	1055	0.2520	1

1 joule = 10^7 erg = 1 N m, 1 erg = 1 dyne cm

1 HP h = 2.738×10^5 kg m = 641.7 kcal

10) 동력, 일

kg m/sec	lb ft/sec	kW	HP	kcal/h	Btu/h
1	7.233	0.009807	0.01315	8.435	33.48
0.1383	1	0.001356	0.001818	1.166	4.629
102.0	737.6	1	1.341	860.1	3414
76.04	550	0.7457	1	641.4	2546
0.1186	0.8575	0.001163	0.9863	1	3.969
0.02987	0.2161	0.0002929	3.928×10^{-4}	0.2520	1

1 kW = 1000 W, 1 W = 1 joule/sec

11) 열전도도

cal/cm sec ℃	kcal/m h ℃	Btu/ft h °F
1	360.0	241.9
0.002778	1	0.6720
0.004136	1.488	1

12) 전열계수

cal/cm^2 sec ℃	kcal/m^2 h ℃	Btu/ft^2 h °F
1	3600×10^4	7373
2.778×10^{-5}	1	0.2048
1.356×10^{-4}	4.883	1

13) 확산계수

cm^2/sec	m^2/h	in^2/sec	ft^2/h
1	0.3600	0.1550	3.875
2.778	1	0.4306	10.76
6.452	2.323	1	25.00
0.2581	0.09290	0.0400	1

부록 2. 수에 대한 접두어 및 그리스 문자

수에 대한 실용 접두어(수의 자리수를 나타내는 호칭)

수	호칭		기호	호칭
10^{-12}	피코(마이크로 마이크로)	pico-	p($\mu\mu$)	
10^{-9}	나노	nano-	n	
10^{-6}	마이크로	micro-	μ	
10^{-5}	센티밀리	centimili-	cm	
10^{-4}	데시밀리	decimili-	dm	
10^{-3}	밀리	mili-	m	
10^{-2}	센티	centi-	c	
10^{-1}	데시	deci-	d	
1	모노	mono-		one
10	데카	deca-	D, da	ten
10^{2}	헥토	hecto-	h	hundred
10^{3}	킬로	kilo-	k	thousand
10^{4}	미리아	myria-	ma	ten-thousand
10^{5}	헥토킬로	hectokilo-	hk	hundred-thousand
10^{6}	메가	mega-	M	million
10^{9}	기가	giga-	G	billion
10^{12}	테라	tera-	T	trillion

그리스 문자

이 름	문 자		이 름	문 자	
	대문자	소문자		대문자	소문자
Alpha	A	α	Nu	N	ν
Beta	B	β	xi	Ξ	ξ
Gamma	Γ	γ	Omieron	O	o
Delta	Δ	δ	Pi	Π	π
Epsilon	E	ε	Ro	P	ρ
Zeta	Z	ζ	Sigma	Σ	σ
Eta	H	η	Tau	T	τ
Theta	Θ	θ	Upsilon	Υ	υ
Iota	I	ι	Phi	Φ	φ
Kappa	K	κ	Chi	X	x
Lamda	Λ	λ	Psi	Ψ	ψ
Mu	M	μ	Omega	Ω	ω

화학명을 쓸 때의 접두어

수	호 칭
1	mono-(uni-)
2	di-(bi-)
3	tri-(ter-)
4	tetra-(quatra-)
5	penta-(quinque-)
6	hexa-(sexi-)
7	hepta-(septa-)
8	octa-(octi-)
9	ennea-(nona-)
10	deca-(deci-)

* ( )안은 라틴어에서 유래한 것

부록 3. 탄소강관(steel pipe)의 치수

공칭 파이프 크기(in)	외경 in	Schedule No	벽두께 in	내경 in	단면적 in^2	내부 단면적 ft^2	둘레 길이	
							외부	내부
⅛	0.405	40	0.068	0.269	0.072	0.00040	0.106	0.0705
		80	0.095	0.215	0.093	0.00025	0.106	0.0563
1/4	0.545	40	0.088	0.364	0.125	0.00072	0.141	0.0954
		80	0.119	0.302	0.157	0.00050	0.141	0.0792
⅜	0.675	40	0.091	0.493	0.167	0.00133	0.177	0.1293
		80	0.126	0.423	0.217	0.00098	0.177	0.1110
1/2	0.840	40	0.109	0.622	0.250	0.00211	0.220	0.1630
		80	0.147	0.546	0.320	0.00163	0.220	0.1430
3/4	1.050	40	0.113	0.824	0.333	0.00371	0.275	0.2158
		80	0.154	0.742	0.433	0.00300	0.275	0.1942
1	1.315	40	0.133	1.049	0.494	0.00600	0.344	0.2745
		80	0.179	0.957	0.639	0.00499	0.344	0.2505
1¼	1.660	40	0.140	1.380	0.669	0.01040	0.435	0.362
		80	0.191	1.278	0.881	0.00891	0.435	0.335
1½	1.900	40	0.145	1.610	0.799	0.01414	0.498	0.422
		80	0.200	1.500	1.068	0.01225	0.498	0.393
2	2.375	40	0.154	2.067	1.075	0.02330	0.622	0.542
		80	0.218	1.939	1.477	0.02050	0.622	0.508
2½	2.875	40	0.203	2.469	1.704	0.03322	0.753	0.647
		80	0.276	2.323	2.254	0.02942	0.753	0.609
3	3.500	40	0.216	3.068	2.228	0.05130	0.917	0.804
		80	0.300	2.900	3.016	0.04587	0.917	0.760
3½	4.000	40	0.226	3.548	2.680	0.06870	1.047	0.930
		80	0.318	3.364	3.678	0.06170	1.047	0.882
4	4.500	40	0.237	4.026	3.173	0.08840	1.178	1.055
		80	0.337	3.826	4.407	0.07986	1.178	1.002
5	5.563	40	0.258	5.047	4.304	0.1390	1.456	1.322
		80	0.375	4.813	6.112	0.1263	1.456	1.263
6	6.625	40	0.280	6.065	5.584	0.2006	1.734	1.590
		80	0.432	5.761	8.405	0.1810	1.734	1.510
8	8.625	40	0.322	7.981	8.396	0.3474	2.258	2.090
		80	0.500	7.625	12.76	0.3171	2.258	2.000
10	10.75	40	0.365	10.020	11.90	0.5475	2.814	2.620
		80	0.593	9.564	18.92	0.4989	2.814	2.503
12	12.75	40	0.406	11.938	15.77	0.7773	3.338	3.13
		80	0.687	11.376	26.03	0.7058	3.338	2.98

부록 4. 파이프의 재질에 따른 상대적인 조활도

(Moody, L.F., 1944. Trans. ASME, 66, 671～684)

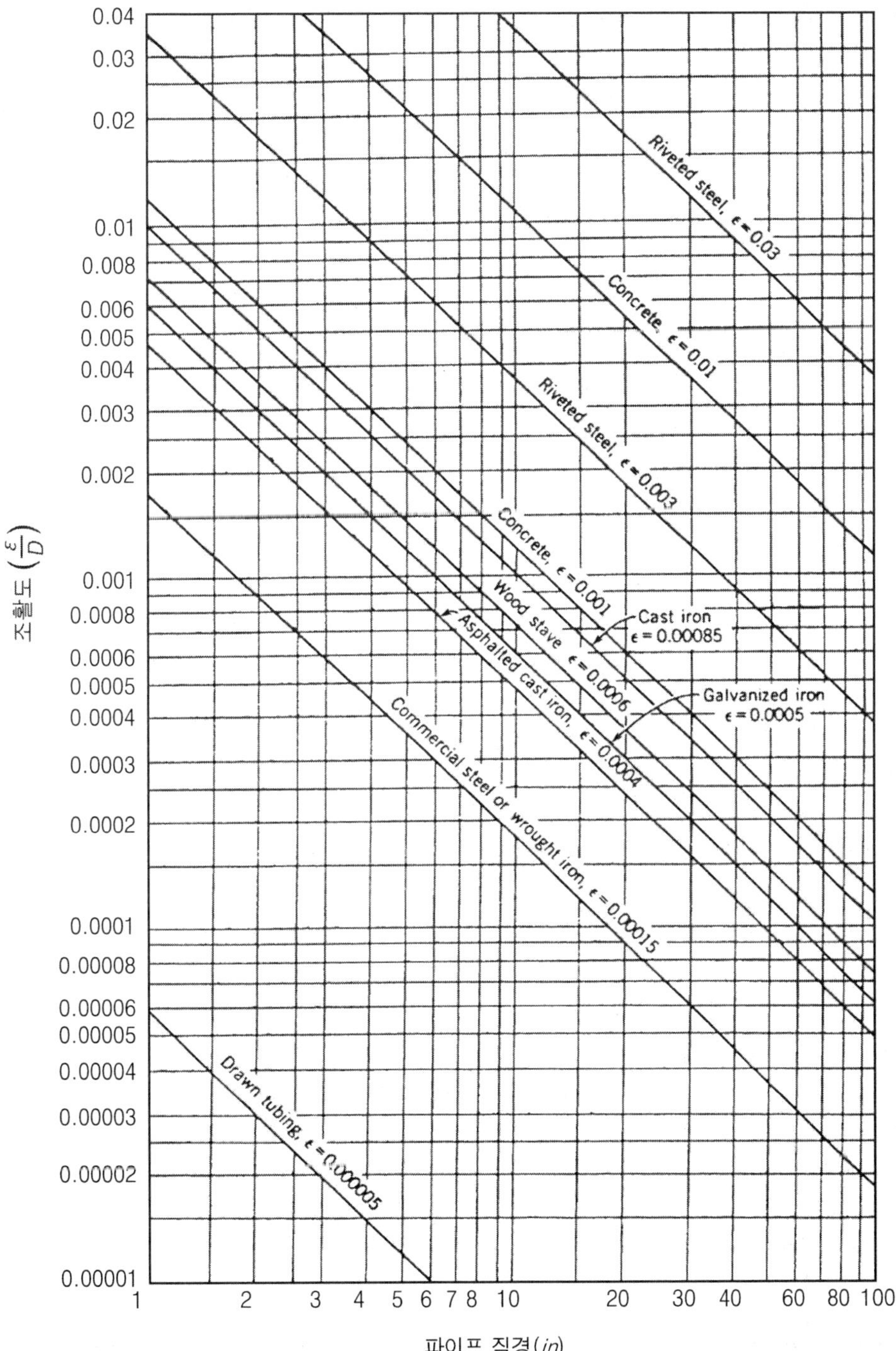

부록 5. 유체의 마찰손실

* 여러 가지 밸브와 피칭(pitting)에 대한 대표적인 파이프의 상당길이(equivalent pipe length)

관 부속품	파이프 상당길이(L/D)
글로브밸브(globe valve)	
일반형	
평면 또는 플러그형, 완전개폐	340
wing 또는 핀디스크형, 완전개폐	450
Y-형	
파이프 흐름의 방향에서 60°축, 완전개폐	175
파이프 흐름의 방향에서 45°축, 완전개폐	145
앵글밸브(angle valve), 일반형	
평면 또는 플러그형, 완전개폐	145
wing 또는 핀디스크형, 완전개폐	200
게이트밸브(gate valve)	
일반형, wedge disk, 더블디스크, 플러그디스크	
완전개폐	13
3/4 개폐	35
1/2 개폐	160
1/4 개폐	900
체크밸브(check valve)	
일반형 날개, 최소압력강하 0.5, 완전개폐	135
clearway swing, 최소압력강하 0.5, 완전개폐	50
Butterfly valve	
6인치 이상, 완전개폐	20
코크(cock)	
직선형, 파이프 단면적과 100% 일치, 완전개폐	18
3방향 직선형, 파이프 단면적과 80% 일치, 완전개폐	44
3방향 가지형, 파이프 단면적과 80% 일치, 완전개폐	140
피팅(pitting)	
90°표준형 엘보우	30
45°표준형 엘보우	16
90°street 엘보우	50
45°street 엘보우	26
표준형 티이	20

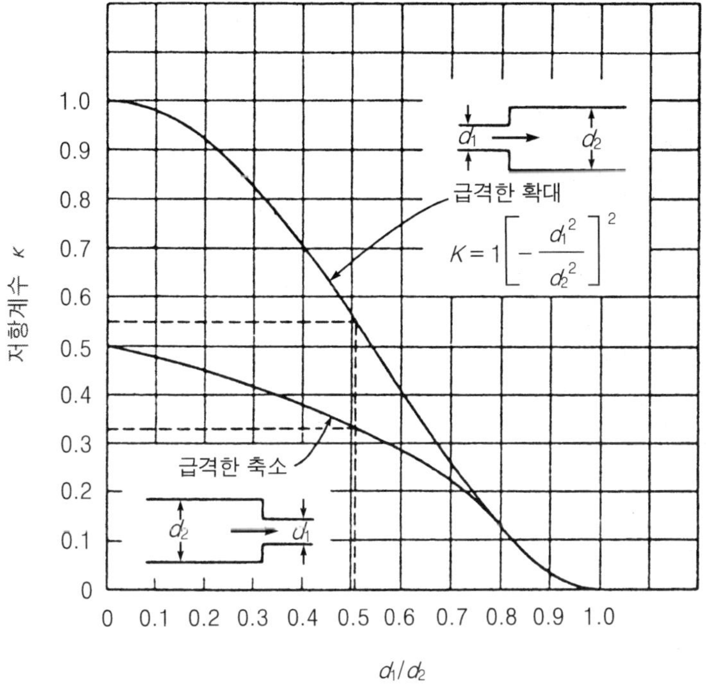

급격한 관의 확대 또는 축소에 따른 마찰계수

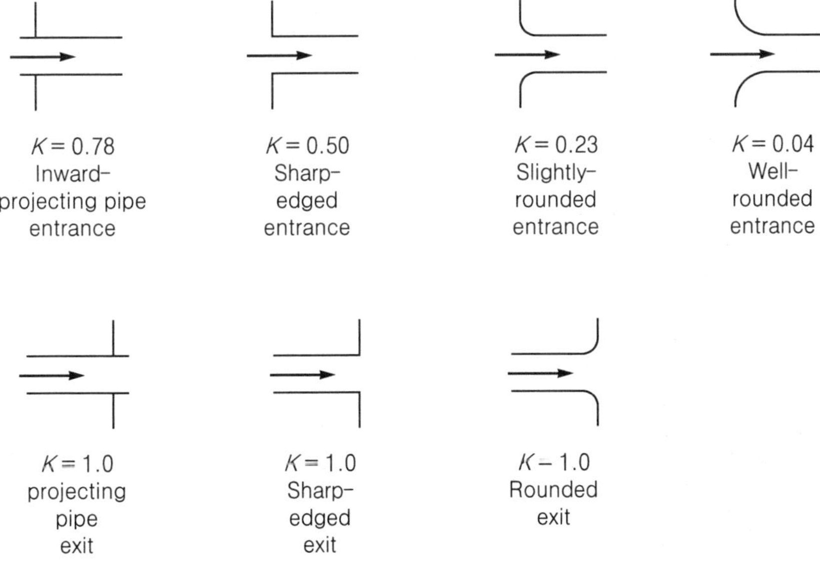

관의 입구와 출구형태에 따른 저항계수

상당길이(equivalent length) L, L/D와 저항계수 K의 관계

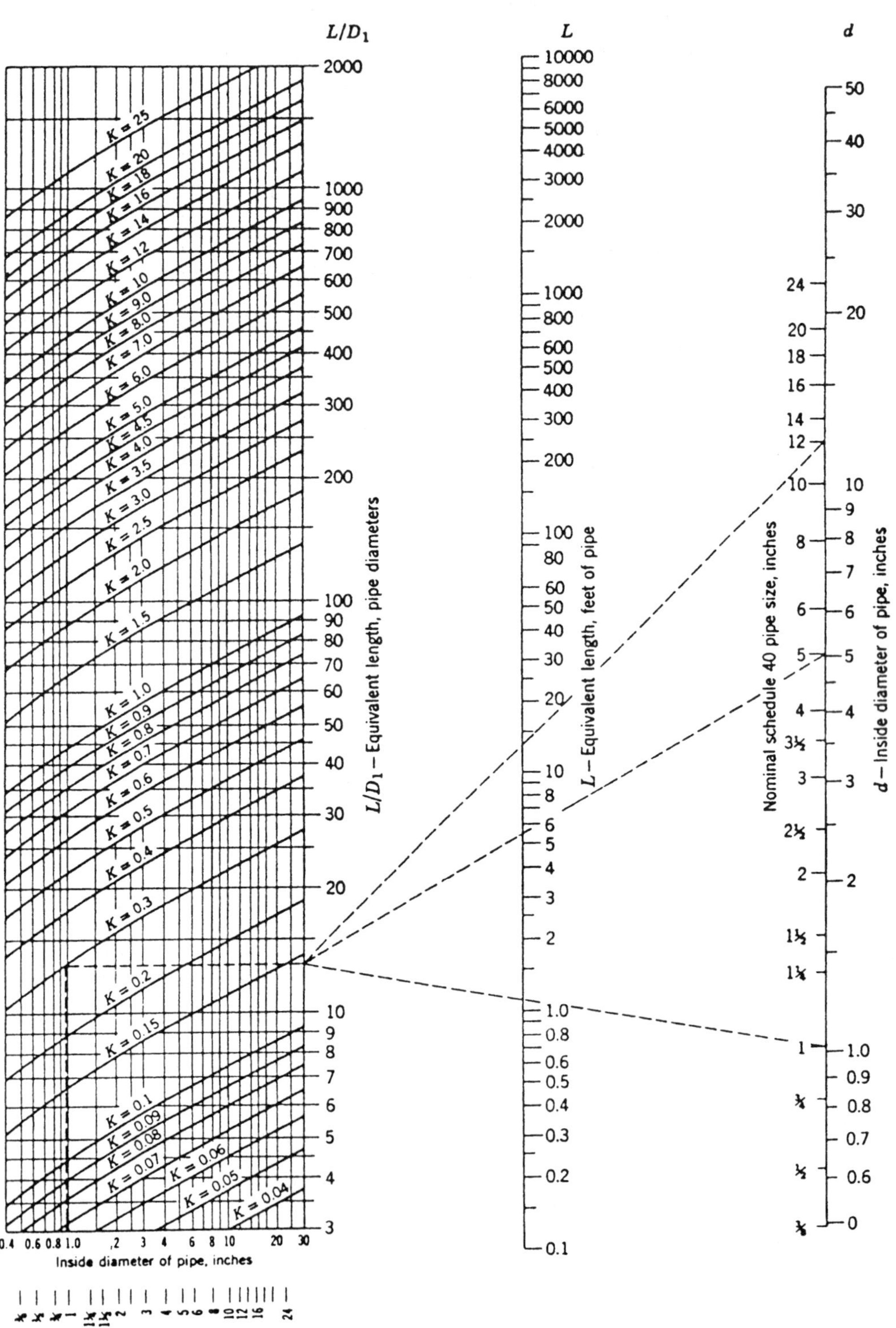

부록 6. 식품공업에 사용되는 물질의 성질

식품의 비열계산법

$$C_p = \frac{m_w}{m} c_w + \frac{m_c}{m} c_c + \frac{m_p}{m} c_p + \frac{m_f}{m} c_f + \frac{m_a}{m} c_a +$$

비열 : 물 $c_w \cong 4.2$ kJ/kg °K 탄수화물 $c_c \cong 1.4$ kJ/kg °K

단백질 $c_p \cong 1.6$ kJ/kg °K 지방 $c_f \cong 1.7$ kJ/kg °K

회분 $c_a \cong 1.4$ kJ/kg °K

여러 가지 물질의 성질

물 질	열전도도(W/m ℃)	비열(kJ/kg ℃)	비중(kg/m^3)	온도(℃)
1. 금속				
구리	388	0.38	8,900	0
놋쇠(20% Sn)	25	0.35	8,900	20
동관	97	0.38	8,650	0
스테인리스스틸	21	0.48	7,950	20
알루미늄	220	0.87	2,640	0
철관	55	0.42	7,210	0
크롬	69	0.44	7,100	20
2. 비금속				
가죽	0.16	1.51	900	-
골판지	0.07	1.26	640	20
나무	0.28	2.5	700	30
블록(brick)	0.7	0.92	1.760	20
석면판	0.17	0.84	890	51
섬유판 단열재	0.052	2.51	240	21
Celluloid	0.21	1.55	1,400	30
Silica gel	0.026	0.84	110	20
얼음	2.25	2.10	920	0
〃	2.77	1.71	890	-50
유리, soda	0.52	0.84	2,240	20
자기(porclain)	1.60	0.92	2,500	
코크	0.043～0.061	1.55～2.5	160～300	30
콘크리트	0.87～1.3	0.88～1.05	1,500～2,000	20
Polyethylene	0.55	2.30	950	20
Polystyrene foam	0.036		24	0
Polyurethane foam	0.026		32	0
Polyvinyl chloride	0.29	1.30	1,400	20
톱밥	0.09	0.88	150	
흑연	10	0.71	2,250	20

(계속)

물 질	열전도도(W/m ℃)	비열(kJ/kg ℃)	비중(kg/m³)	점도(N s/m³)	온도(℃)
3. 유체					
공기	0.0278	1.00	1.05	1.96×10^{-5}	50
글리세린	0.28	2.4	1,250	830×10^{-3}	20
돼지기름			900	18×10^{-3}	65
물	0.57	4.21	1,000	1.79×10^{-3}	0
		4.18	987	0.56×10^{-3}	50
	0.68	4.21	958	0.28×10^{-3}	100
20% 설탕용액	0.54	3.8	1,070	1.92×10^{-3}	20
				0.59×10^{-3}	80
22% 소금용액	0.54	3.4	1,240	2.7×10^{-3}	2
액체 암모니아	0.54	4.647	639	2.4×10^{-4}	0
	0.49	4.77	610	2.2×10^{-4}	20
에탄올	0.18	2.3	790	1.2×10^{-3}	20
올리브기름	0.17	2.0	910	84×10^{-3}	20
우유(전지)	0.56	3.9	1,030	2.12×10^{-3}	20
우유(스킴)			1,040	1.4×10^{-3}	25
유채기름			900	118×10^{-3}	20
식초산	0.17	2.2	1,050	1.2×10^{-3}	20
콩기름			910	40×10^{-3}	30
크림 20% fat			1,010	6.2×10^{-3}	3
크림 30% fat			1,000	13.8×10^{-3}	3

식 품	수분함량 %	비열(kJ/kg ℃)	열전도도(W/m ℃)
가금류		3.31	
감자	80	3.48	
건포도	24	1.97	
달걀		3.18	0.960
당근	88	3.77	
레몬	89	3.85	
멜론	92	3.94	
밀		1.63	0.150
바나나	75	3.35	
빵	35	2.93	
버섯	90	3.94	
버터	16	1.38	0.197
벌꿀	18	1.47	
사과	80	3.85	0.418
설탕		1.26	
쇠고기	79		0.43～0.48
아이스크림		3.35	
어류	80	3.60	
옥수수	74	3.35	
치즈	37	2.09	
크림	65	3.14	

부록 7. 각종 유체의 비중과 점도

물 질	온 도		비 중	점 도	
	°F	℃		cP, g/m s	lb_m/ft s
공기	32	0		0.0170	0.000011
	70	21		0.0181	0.000012
	212	100		0.0218	0.000014
물	32	0		1.793	0.000121
	70	21		0.984	0.000661
	120	49	1.000	0.559	0.000375
설탕 20% 용액	32	0	1.086	3.818	0.000256
	70	21	1.082	1.916	0.00256
	176	80	1.085	0.592	0.00129
60% 용액	70	21	1.289	60.2	0.0404
	176	80	1.252	5.42	0.00672
액체 암모니아	5	-15	0.66	0.25	0.000168
	80	26	0.60	0.21	0.000141
프레온 12	5	-15	1.44	0.33	0.000222
	80	26	1.30	0.26	0.000175
$CaCl_2$, 브라인, 24% 용액	-10	-23	1.238	12.5	0.00840
	0	-18	1.234	8.8	0.00591
	35	1.6	1.227	3.7	0.00248
NaCl, 브라인, 22% 용액	0	-18	1.19	6.1	0.00410
	35	1.6	1.17	2.7	0.00181
당밀	70	21	1.43	6600	4.43
	100	38	1.38	1872	1.26
	120	49	1.31	920	0.618
	150	66	1.16	374	0.251
콩기름	86	30	0.92	40.6	0.0273
올리브기름	86	30	0.92	84.0	0.0565
면실유	60	15	0.92	91.0	0.061
우유, 전지	32	0	1.035	4.28	0.00288
	68.4	20	1.03	2.12	0.00143
우유, 스킴	77	25	1.04	1.37	0.000922
우유크림, 20% 지방	37.4	2.8	1.01	6.20	0.00416
30% 지방	37.4	2.8	1.00	13.78	0.00936

부록 8. 공기와 물의 주요 성질

공기(air)

온도 °K	밀도, ρ kg/m^3	비열, C_p kJ/kg ℃	점도, μ kg/m s × 10^5	υ m/s × 10^6	열전도도, k W/m℃	열팽창계수, α m^2/s × 10^4
100	3.6010	1.0266	0.6924	1.923	0.009246	0.02501
150	2.3675	1.0099	1.0283	4.343	0.013735	0.05745
200	1.7684	1.0061	1.3289	7.490	0.01809	0.10165
250	1.4128	1.0053	1.488	9.49	0.02227	0.13161
300	1.1774	1.0057	1.983	15.68	0.02624	0.22160
350	0.9980	1.0090	2.075	20.76	0.03003	0.2983
400	0.8826	1.0140	2.286	25.90	0.03365	0.3760
450	0.7833	1.0207	2.484	28.86	0.03707	0.4222
500	0.7048	1.0295	2.671	37.90	0.04038	0.5564
550	0.6423	1.0392	2.848	44.34	0.04360	0.6532
600	0.5879	1.0551	3.018	51.34	0.04659	0.7512
650	0.5430	1.0635	3.177	58.51	0.04953	0.8578
700	0.5030	1.0752	3.332	66.25	0.05230	0.9672
750	0.4709	1.0856	3.481	73.91	0.05509	1.0774
800	0.4405	1.0978	3.625	82.29	0.05779	1.1951
850	0.4149	1.1095	3.765	90.75	0.06028	1.3097
900	0.3925	1.1212	3.899	99.3	0.06279	1.4271
950	0.3716	1.1321	4.023	108.2	0.06525	1.5510

물(saturated water)

온도 °K	밀도, ρ kg/m^3	비열, C_p J/kg ℃	점도, μ Pa s × 10^{-4}	열전도도, k W/m ℃	열팽창계수, α m^2/s × 10^{-7}
0	1002	4218	17.9	0.552	1.31
20	1001	4182	10.1	0.597	1.43
40	995	4178	6.55	0.628	1.51
60	985	4184	4.71	0.651	1.55
80	974	4196	3.55	0.668	1.64
100	960	4216	2.82	0.680	1.68
120	945	4250	2.33	0.685	1.71
140	928	4283	1.99	0.684	1.72
160	910	4342	1.73	0.680	1.73
180	889	4417	1.54	0.675	1.72
200	867	4505	1.39	0.665	1.71
220	842	4610	1.26	0.652	1.68
240	816	4756	1.17	0.635	1.64
260	786	4949	1.08	0.611	1.58
280	753	5208	1.02	0.580	1.48
300	714	5728	0.96	0.540	1.32

부록 9. 비정상상태의 열전달 도표

- Heisler chart -

9-a) 비정상상태에서 구형물체의 열전달 도표(Gurney-Lurie chart)

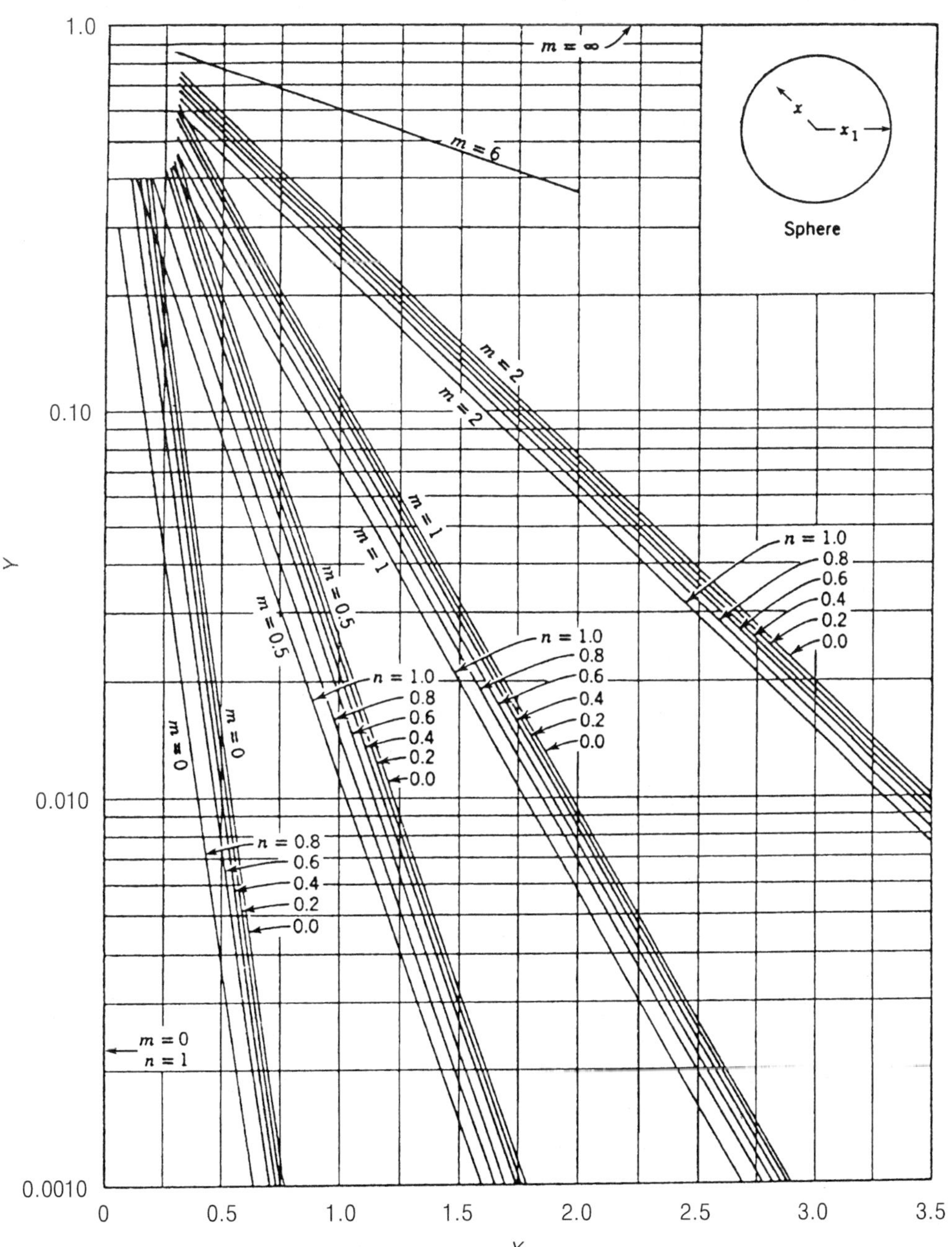

9-b) 비정상상태에서 실린더(cylinder)형 물체의 열전달 도표

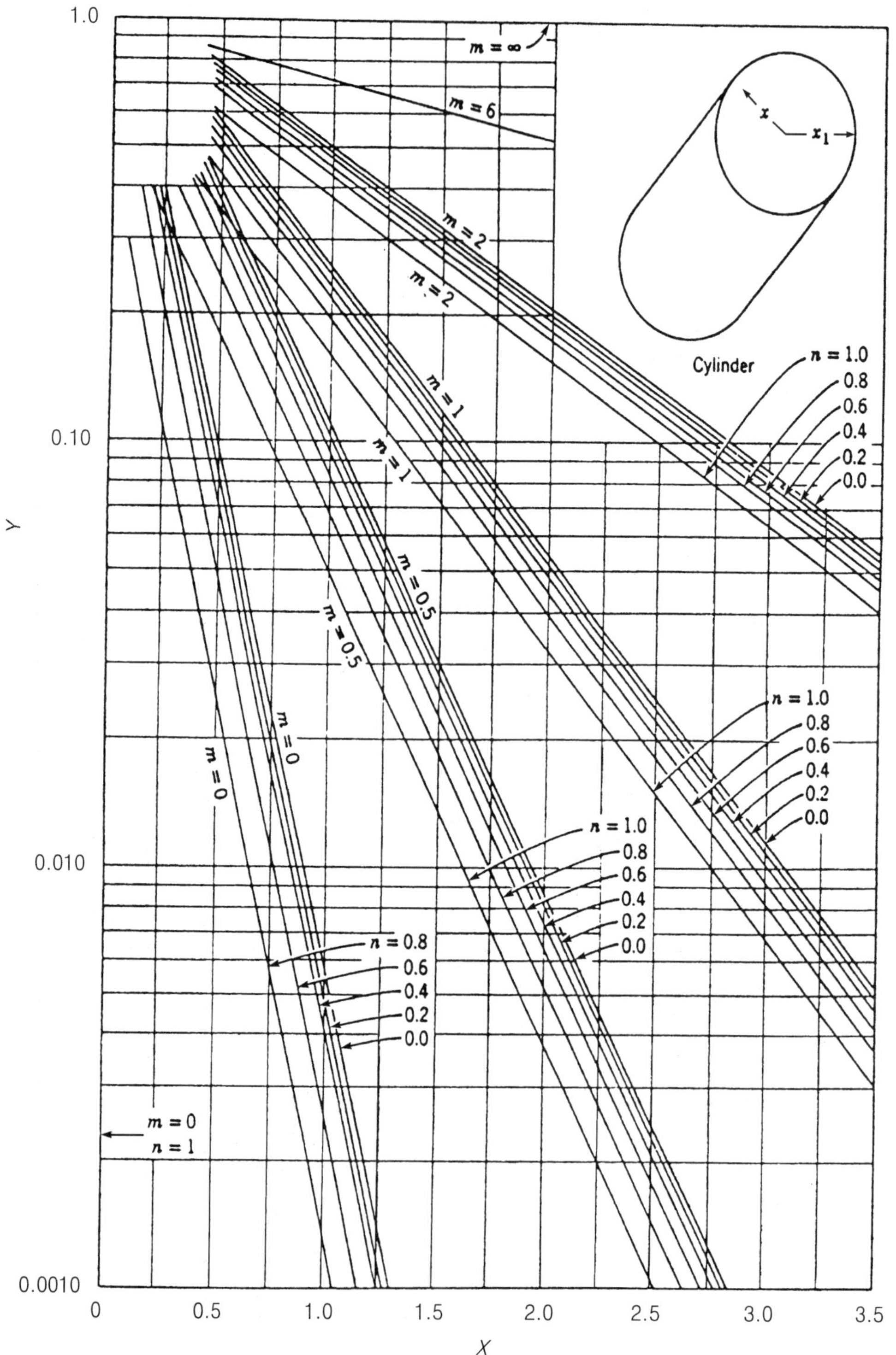

9-c) 비정상상태에서 평판형 물체의 열전달 도표(Gurney-Lurie chart)

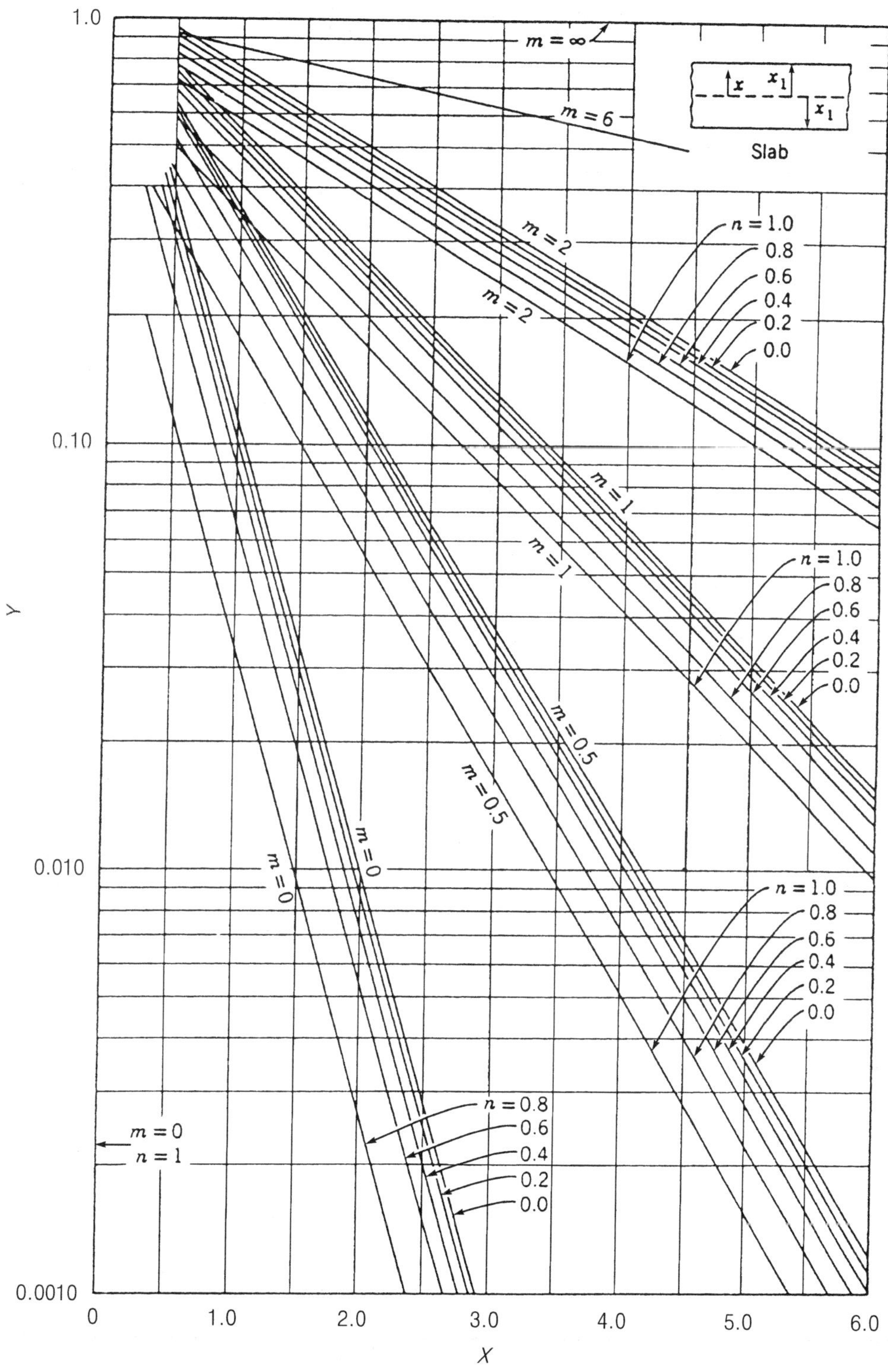

부록 10. 포화 수증기표

(온도표, temperature table)

온도(℃)	압력(kPa)	엔탈피(포화수증기, kJ/kg)	증발잠열(kJ/kg)	비용(m^3/kg)
0	0.611	2501	2501	206
1	0.66	2503	2499	193
2	0.71	2505	2497	180
4	0.81	2509	2492	157
6	0.93	2512	2487	138
8	1.07	2516	2483	121
10	1.23	2520	2478	106
12	1.40	2523	2473	93.8
14	1.60	2527	2468	82.8
16	1.82	2531	2464	73.3
18	2.06	2534	2459	65.0
20	2.34	2538	2454	57.8
22	2.65	2542	2449	51.4
24	2.99	2545	2445	45.9
26	3.36	2549	2440	40.0
28	3.78	2553	2435	36.7
30	4.25	2556	2431	32.9
40	7.38	2574	2407	19.5
50	12.3	2592	2383	12.0
60	19.9	2610	2359	7.67
70	31.2	2627	2334	5.04
80	47.4	2644	2309	3.41
90	70.1	2660	2283	2.36
100	101.35	2676	2257	1.673
105	120.8	2684	2244	1.42
110	143.3	2692	2230	1.21
115	169.1	2699	2217	1.04
120	198.5	2706	2203	0.892
125	232.1	2714	2189	0.771
130	270.1	2721	2174	0.669
135	313.0	2727	2160	0.582
140	361.3	2734	2145	0.509
150	475.8	2747	2114	0.393
160	617.8	2758	2083	0.307
180	1002.0	2778	2015	0.194
200	1554.0	2793	1941	0.127

(압력표, pressure table) (계속)

온도(℃)	압력(kPa)	엔탈피(포화수증기, kJ/kg)	증발잠열(kJ/kg)	비용(m^3/kg)
7.0	1.0	2514	2485	129
9.7	1.2	2519	2479	109
12.0	1.4	2523	2473	93.9
14.0	1.6	2527	2468	82.8
15.8	1.8	2531	2464	74.0
17.5	2.0	2534	2460	67.0
21.1	2.5	2540	2452	54.3
24.1	3.0	2546	2445	45.7
29.0	4.0	2554	2433	34.8
32.9	5.0	2562	2424	28.2
40.3	7.5	2575	2406	19.2
45.8	10.0	2585	2393	14.7
60.1	20.0	2610	2358	7.65
75.9	40.0	2637	2319	3.99
93.5	80.0	2666	2274	2.09
99.6	100.0	2676	2258	1.69
102.3	110.0	2680	2251	1.55
104.8	120.0	2684	2244	1.43
107.1	130.0	2687	2238	1.33
109.3	140.0	2690	2232	1.24
111.4	150.0	2694	2227	1.16
113.3	160.0	2696	2221	1.09
115.2	170.0	2699	2216	1.03
116.9	180.0	2702	2211	0.978
118.6	190.0	2704	2207	0.929
120.2	200.0	2707	2202	0.886
127.4	250.0	2717	2182	0.719
133.6	300.0	2725	2164	0.606
138.9	350.0	2732	2148	0.524
143.6	400.0	2739	2134	0.463
147.9	450.0	2744	2121	0.414
151.9	500.0	2749	2109	0.375
167.8	750.0	2766	2057	0.256
179.9	1000.0	2778	2015	0.194

부록 11. 각종 식품의 유동특성

(m, n은 식 4-6을 참고)

식 품	온도(℃)	조 성	consistency coefficient (m), dyne sec/cm^2	flow behavior index(n)
바나나 퓌레	20	-	68.9	0.46
바나나 퓌레	38	-	52.6	0.486
배 퓌레	32	45.75%	355.0	0.479
벌꿀	24	보통	56.0	1.0
복숭아 퓌레	27	10.0%	45.0	0.34
사과소스	25	31.7%	220.0	0.4
사과주스	27	20°Brix	0.138	1.0
사과주스	27	30°Brix	0.021	1.0
옥수수시럽	27	48.4%	0.053	1.0
올리브기름	20	보통	0.84	1.0
우유, 전지	20	〃	0.0212	1.0
우유, 스킴	25	〃	0.014	1.0
자두 퓌레	27	17.7%	54.0	0.29
콩기름	30	보통	0.4	1.0
크림	2.8	20% 지방	0.062	1.0
크림	2.8	30% 지방	0.138	1.0
포도주스	27	20°Brix	0.025	1.0
포도주스	27	60°Brix	0.3	1.0
토마토농축액	32	5.8%	2.23	0.59
토마토농축액	32	30%	187.0	0.4

부록 12. 열교환기 튜브 치수

외경 (in)	벽두께		내경 in	내부 단면적 ft^2	둘레길이	
	BWG	in			외부	내부
1/4	14	0.083	0.084	0.000039	0.0654	0.0219
	16	0.065	0.120	0.000079	0.0654	0.0314
	18	0.049	0.152	0.000126	0.0654	0.0397
1/2	14	0.083	0.334	0.000608	0.1309	0.0874
	16	0.065	0.370	0.000747	0.1309	0.0969
	18	0.049	0.402	0.000882	0.1309	0.1052
3/4	14	0.083	0.584	0.00186	0.1963	0.1529
	16	0.065	0.620	0.00210	0.1963	0.1623
	18	0.049	0.652	0.00232	0.1963	0.1707
1	14	0.083	0.834	0.00379	0.2618	0.2183
	16	0.065	0.870	0.00413	0.2618	0.2277
	18	0.049	0.902	0.00444	0.2618	0.2361
1¼	14	0.083	1.084	0.00641	0.3271	0.2839
	16	0.065	1.120	0.00684	0.3271	0.2932
	18	0.049	1.152	0.00724	0.3271	0.3015
1½	14	0.083	1.334	0.00971	0.3925	0.3492
	16	0.065	1.370	0.0102	0.3925	0.3587
	18	0.049	1.402	0.0107	0.3925	0.3670
2	14	0.083	1.834	0.0183	0.5233	0.4801
	16	0.065	1.870	0.0191	0.5233	0.4896
	18	0.049	1.902	0.0197	0.5233	0.4979

부록 13. Z 값이 10℃인 경우의 치사율표

온도(℃)	치사율(L)	온도(℃)	치사율(L)
90	0.000774	110.5	0.086880
90.5	0.000868	111	0.097465
91	0.000974	111.5	0.109373
91.5	0.001093	112	0.122729
92	0.001227	112.5	0.137703
92.5	0.001377	113	0.154487
93	0.001544	113.5	0.173340
93.5	0.001733	114	0.194476
94	0.001944	114.5	0.218245
94.5	0.002182	115	0.244857
95	0.002448	115.5	0.274725
95.5	0.002747	116	0.308261
96	0.003082	116.5	0.345901
96.5	0.003459	117	0.388048
97	0.003880	117.5	0.435540
97.5	0.004355	118	0.488519
98	0.004885	118.5	0.548245
98.5	0.005482	119	0.615006
99	0.006150	119.5	0.690131
99.5	0.006901	120	0.774593
100	0.007745	120.5	0.868809
100.5	0.008688	121	0.974658
101	0.009746	121.5	1.093493
101.5	0.010937	122	1.226993
102	0.012272	122.5	1.376051
102.5	0.013770	123	1.544640
103	0.015448	123.5	1.733102
103.5	0.017334	124	1.944390
104	0.019447	124.5	2.181500
104.5	0.021824	125	2.447980
105	0.024485	125.5	2.746498
105.5	0.027472	126	3.081664
106	0.030826	126.5	3.457814
106.5	0.034590	127	3.880481
107	0.038804	127.5	4.353504
107.5	0.043554	128	4.885197
108	0.048851	128.5	5.482456
108.5	0.054824	129	6.150061
109	0.061500	129.5	6.901311
109.5	0.069013	130	7.745933
110	0.077459	130.5	8.689097

부록 14. Freon(R-12)의 압력-엔탈피선도

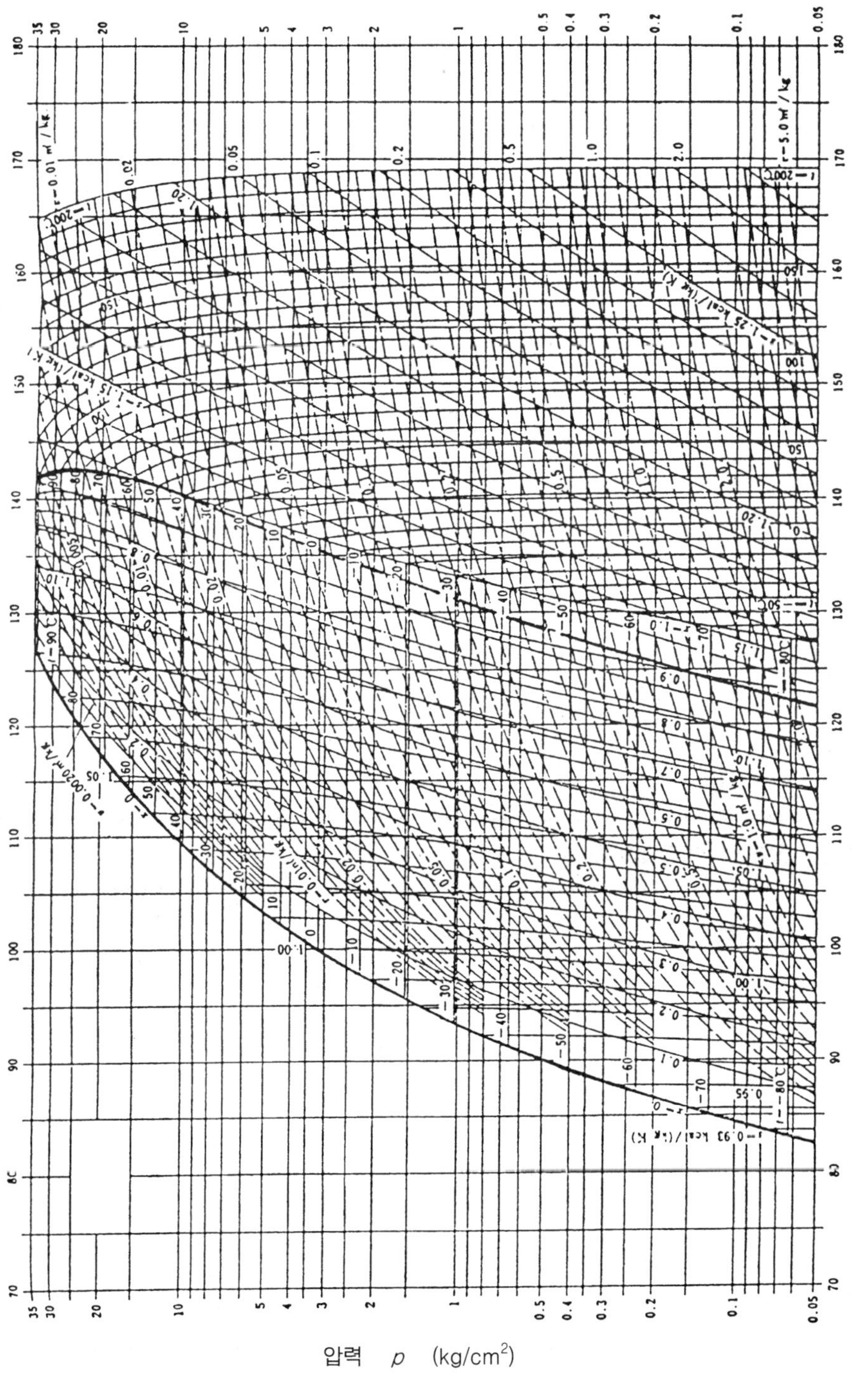

엔탈피 h (kcal/kg)

압력 p (kg/cm^2)

부록 15. 통조림의 규격과 유연포장재의 성질

표준 통조림통의 규격

형태	호칭	안지름(mm)	높이 (mm)	안부피 (ml)	종류	비고
원형						(일) mushroom 1호
	202	52.3	56.5	102.8	상하 2중권체관	(미) 2oz mushroom
	211-1	65.4	39.2	108.9		(일) tuna 3호, (미) No. 1/4
	211-2	65.4	52.7	152.5		(일) 8호, (미) 4oz pimento
	211-3	65.4	69.2	210.7		(일) mushroom 2호
	211-4	65.4	81.3	249.3		(미) 4oz mushroom
	211-5	65.4	101.1	318.1		(일) 과실 7호, (미) 8oz tall
	301-1	74.1	36.0	125.9		(일) 7호, (미) No. 1 picnic
	301-2	74.1	39.2	138.6		(일) 평 3호
	301-3	74.1	50.5	187.5		(일) 게 3호
	301-4	74.1	59.0	223.2		(일) 휴대관
	301-5	74.1	81.3	318.7		(일) 6호
						(일) 5호
	301-6	74.1	95.3	379.3		(일) mushroom 3호
						(미) 8oz mushroom
	307-1	83.5	45.5	208.9		(일) tuna 2호
	307-2	83.5	51.1	240.5		(일) 평 2호
	307-3	83.5	55.9	265.2		(일) 게 2호, (미) No. 1 flat
	307-4	83.5	113.0	572.7		(일) 3호, (미) A 2
	401-1	99.1	59.0	396.6		(일) tuna 1호, (미) No. 1¼
	401-2	99.1	68.5	468.2		(일) 평 1호
	401-3	99.1	71.7	493.7		(일) 게 1호
	401-4	99.1	120.9	872.3		(일) 2호, (미) No. 2½
타원형	125	125.7 × 83.0	31.5	225.2		(일) 타원 3호
	158	158.9 × 106.7	38.5	448.2		(일) 타원 1호

각종 유연포장재의 기체 확산계수

포장재	기체	확산계수		
		D (cm^2/s)	D_o (cm^2/s)	E_a (J/mole)
Polyethylene	He	10.4×10^{-6}	0.0019	3.1
	H_2	4.26	0.0036	4.0
	O_2	0.11	0.125	8.3
	CO_2	0.058	0.128	8.7
Polyvinyl acetate(glassy)	He	9.52	0.011	4.2
	H_2	2.10	0.013	5.2
	O_2	0.051	6.31	11.1
	CH_4	0.0019	2.3×10^5	19.3
Polyethylene(Density 0.964)	He	3.07	0.037	5.6
	O_2	0.17	0.43	8.8
	CO_2	0.124	0.19	8.5
	CO	0.096	0.251	8.8
	N_2	0.093	0.33	9.0
	CH_4	0.057	2.19	10.4

부록 16. Tyler 표준체의 규격

각종 표준체와의 관계

타일러 표준체(미국)			DIN 표준체(독일)			JIS표준체(일본)	
Mesh (체눈 수/in)	체눈 크기 (mm)	철사의 근사지름 (mm)	Mesh (체눈 수/cm)	체눈 크기 (mm)	철사의 지름 (mm)	체눈 크기 (mm)	철사의 지름 (mm)
3½	5.613	1.651				5.66	1.6
4	4.699	1.651				4.76	1.29
5	3.962	1.118				4.00	1.08
6	3.327	0.914				3.36	0.87
7	2.794	0.833				2.83	0.80
8	2.362	0.813				2.38	0.80
9	1.981	0.762				2.00	0.76
10	1.651	0.738				1.68	0.74
12	1.397	0.711	16	1.50	1.00	1.41	0.71
14	1.168	0.635	25	1.20	0.80	1.19	0.62
16	0.991	0.597	36	1.02	0.65	1.00	0.59
20	0.833	0.437	–	–	–	0.84	0.43
24	0.701	0.358	64	0.75	0.50	0.71	0.35
28	0.589	0.318	100	0.60	0.40	0.59	0.32
–	–	–	121	0.54	0.37	–	–
32	0.495	0.316	144	0.49	0.34	0.50	0.29
35	0.417	0.310	196	0.43	0.28	0.42	0.28
42	0.351	0.254	256	0.385	0.24	0.35	0.26
48	0.295	0.234	400	0.300	0.20	0.297	0.232
60	0.246	0.178	576	0.250	0.17	0.250	0.212
65	0.208	0.183	900	0.200	0.13	0.210	0.181
80	0.175	0.142	–	–	–	0.171	0.141
100	0.147	0.107	1,600	0.150	0.10	0.149	0.105
115	0.124	0.097	2,500	0.120	0.08	0.125	0.070
150	0.104	0.066	3,600	0.102	0.065	0.105	0.061
170	0.088	0.061	4,900	0.088	0.055	0.088	0.053
200	0.074	0.053	6,400	0.075	0.050	0.074	0.048
250	0.061	0.041	10,000	0.060	0.040	0.062	0.038
270	0.053	0.041				0.053	0.037
325	0.043	0.036				0.044	0.034
400	0.038	0.025				–	–

부록 17. 원심분리표

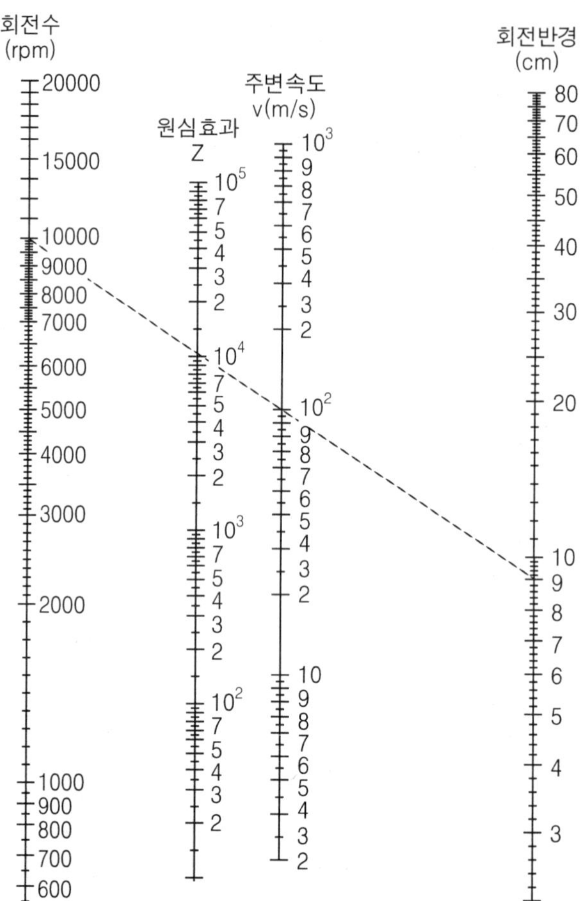
회전수
(rpm)
20000
15000
10000
9000
8000
7000
6000
5000
4000
3000
2000
1000
900
800
700
600
원심효과
Z
10^5
7
5
4
3
2
10^4
7
5
4
3
2
10^3
7
5
4
3
2
10^2
7
5
4
3
2
주변속도
v(m/s)
10^3
9
8
7
6
5
4
3
2
10^2
9
8
7
6
5
4
3
2
10
9
8
7
6
5
4
3
2
회전반경
(cm)
80
70
60
50
40
30
20
10
9
8
7
6
5
4
3

찾 아 보 기

ㅇ

저자 약력

고 정 삼

- 제주대학교 식품가공학과(공학사)
- 서울대학교 대학원 식품공학 전공(농학석사)
- 일본 동경대학 대학원 농예화학과(농학박사)
- UNESCO International Post-Graduate Course(미생물학) 이수
- 미국 Texas A&M University 객원연구원
- 제주대학교 생명자원과학대학 교수

최 종 욱

- 경북대학교 식품공학과(공학사)
- 경북대학교 대학원 농화학과 식품공학전공(농학석사, 농학박사)
- 일본 동경대학 농학부 농공학과 객원연구원
- 경북대학교 농과대학 식품공학과 교수

쉬운 식품공학

2021년 12월 20일 재판 인쇄
2021년 12월 25일 재판 발행

저 자 : 고정삼 · 최종욱
펴낸이 : 천승배
펴낸곳 : 도서출판 유한문화사

주소 : 경기도 고양시 덕양구 지도로124번길 8-35
전화 : 2668-2055
팩스 : 2668-2565
http://www.yuhansa.com
E-mail : yuhansa@hanmail.net
등록 : 제 5-31호. 1979. 3. 6.

값 24,000 원

ISBN : 978-89-7722-568-8 93570

저자와의 협의에 의해 인지는 생략합니다.